普通高等教育机电类专业系列教材

机电设备诊断与维修技术

第 3 版

张翠凤　编著

机 械 工 业 出 版 社

本书共六章，分别系统地阐述了机械设备润滑技术、机械设备状态监测与故障诊断技术、机械零件修复技术、电气设备故障诊断与维修、液压系统的故障诊断与处理、典型设备的修理等内容。各章内有应用实例，每章后面附有思考题，可供读者更好地理解和练习。本书在内容上体现出“机电液结合，以机为主，诊断、维修并重”的编写思路，理论联系实际，突出各类技术在工程技术中的实际应用。

本书可作为普通高等学校、高等职业院校、成人高校的机电工程类专业教材，也可供工业企业中从事设备诊断与维修的工程技术人员参考或作为培训教材。

本书配有电子课件，凡使用本书作为教材的教师可登录机械工业出版社教育服务网 www. cmpedu. com 注册后下载。咨询邮箱：cmpgaozhi117sina. com。咨询电话：010-88379375。

图书在版编目（CIP）数据

机电设备诊断与维修技术/张翠凤编著. —3 版 . —北京：机械工业出版社，2016. 6（2024. 6 重印）

普通高等教育机电类专业系列教材

ISBN 978-7-111-53182-1

Ⅰ. ①机… Ⅱ. ①张… Ⅲ. ①机电设备-故障诊断-高等学校-教材②机电设备-维修-高等学校-教材 Ⅳ. ①TM07

中国版本图书馆 CIP 数据核字(2016)第 045612 号

机械工业出版社（北京市百万庄大街 22 号　邮政编码 100037）

策划编辑：王海峰　责任编辑：刘良超　王海峰

版式设计：霍永明　责任校对：王　欣

封面设计：鞠　杨　责任印制：常天培

固安县铭成印刷有限公司印刷

2024 年 6 月第 3 版第 8 次印刷

184mm×260mm ·15. 5 印张 · 378 千字

标准书号：ISBN 978-7-111-53182-1

定价：46. 80 元

电话服务	网络服务
客服电话：010-88361066	机　工　官　网：www. cmpbook. com
010-88379833	机　工　官　博：weibo. com/cmp1952
010-68326294	金　　书　　网：www. golden-book. com
封底无防伪标均为盗版	机工教育服务网：www. cmpedu. com

前　　言

为了更好地适应目前高校工科教育的改革和创新，更好地满足社会对机电工程类应用型人才的需求，编者结合近年来机电设备诊断与维修技术的不断发展、课程教学改革的实践和广大读者的反馈意见，对《机电设备诊断与维修技术（第2版）》进行了修订。本次修订重新梳理了全书内容，对有关章节进行了整合，较多地融入了新的、实用的技术，增大了工程实例的比重。

在修订过程中，主要遵循以下指导原则：

1）对理论知识进一步整合。以工程应用为目的，以必需为度。理论联系实际，理论指导实践。

2）按照“机电液结合，以机为主，诊断、维修并重”的编写思路，做好各部分内容的编排。

3）提高实用的诊断与维修技术内容的比重，舍弃过时的技术及相关知识点。

4）通过较多案例介绍各类技术的应用，引导读者培养分析和解决实际问题的能力。

本书在修订过程中，参阅了较多的著作和教材，得到机械工业出版社的热情支持和帮助，在此表示衷心感谢。

由于设备诊断与维修技术涉及范围广，内容又在不断更新，加之编者学识水平有限，书中错漏之处在所难免，恳请广大读者批评指正。

编　者

目　　录

前言

第一章　机械设备润滑技术 ······ 1

第一节　机械零件的磨损 ······ 1

第二节　设备润滑原理 ······ 8

第三节　润滑材料 ······ 12

第四节　润滑油的选用、代用及更换 ······ 23

第五节　机械设备润滑系统 ······ 25

思考题 ······ 30

第二章　机械设备状态监测与故障诊断技术 ······ 31

第一节　概述 ······ 31

第二节　振动监测与诊断技术 ······ 32

第三节　噪声监测与诊断技术 ······ 50

第四节　温度监测技术 ······ 53

第五节　油液监测与诊断技术 ······ 60

第六节　无损检测技术 ······ 73

思考题 ······ 86

第三章　机械零件修复技术 ······ 87

第一节　焊接修复技术 ······ 87

第二节　热喷涂和喷焊技术 ······ 91

第三节　电刷镀修复技术 ······ 103

第四节　粘接与表面粘涂修复技术 ······ 117

第五节　表面强化技术 ······ 126

思考题 ······ 132

第四章　电气设备故障诊断与维修 ······ 134

第一节　电气设备的绝缘试验与温度监测 ······ 134

第二节　常用电气设备故障处理与维修技术 ······ 147

第三节　数控机床电气故障诊断与维修技术 ······ 161

思考题 ······ 168

第五章　液压系统的故障诊断与处理 ······ 169

第一节　液压系统的故障分类及诊断方法 ······ 169

第二节　液压油引起的故障分析及处理 ······ 172

第三节　液压系统主要液压元件的故障与维修 ······ 175

第四节　液压设备的合理使用与维护 ······ 184

思考题 ······ 187

第六章　典型设备的修理 ······ 188

第一节　机械设备的大修理 ······ 188

第二节　机床关键部件和机构的修理 ······ 198

第三节　数控机床的维修 ······ 213

第四节　内燃机的修理 ······ 220

思考题 ······ 240

参考文献 ······ 241

第一章　机械设备润滑技术

在机械设备使用过程中，零件表面磨损是机械零件失效的主要模式，而润滑则是减轻表面摩擦和减少材料磨损的最适宜、最安全的技术。为了保证设备安全无忧地运转，延长其使用寿命和降低能源消耗，了解并掌握设备的润滑技术是十分必要的，它对国民经济的可持续发展也具有重大意义。

第一节　机械零件的磨损

据估计，世界上的能源消耗中有1/3～1/2是由于摩擦和磨损造成的。一般机械设备中约有80%的零件因磨损而失效报废。摩擦是不可避免的自然现象，磨损是摩擦的必然结果，二者均发生于材料表面。磨损是一种微观和动态的过程，在这一过程中，零件不仅发生外形和尺寸的变化，还会发生其他各种物理、化学和机械的变化。

通常将磨损分为黏着磨损、磨料磨损、疲劳磨损、腐蚀磨损和微动磨损五种形式。

一、黏着磨损

当构成摩擦副的两个摩擦表面相互接触并发生相对运动时，由于黏着作用，接触表面的材料从一个表面转移到另一个表面所引起的磨损称为黏着磨损。黏着磨损又称黏附磨损。

1. 黏着磨损的机理

两个金属零件表面的接触，实际上是微凸体之间的接触，实际接触面积很小，仅为理论接触面积的1/100～1/1000。所以在载荷不大时，单位面积的接触应力也很大。如果当这一接触应力大到足以使微凸体发生塑性变形，并且接触处很干净时，那么两个零件的金属面将直接接触而产生黏着。而当摩擦表面发生相对滑动时，黏着点在切应力作用下变形以致断裂，造成接触表面的损伤破坏。如果黏着点的黏着力足够大，超过摩擦接触点两材料之一的强度，则材料就会从该表面上被扯下，使材料从一个表面转移到另一个表面，通常这种材料的转移是由较软的表面迁移到较硬的表面上。在载荷和相对运动作用下，两接触表面重复产生黏着—剪断—再黏着的循环过程，使摩擦表面温度显著升高，油膜破坏，严重时表层金属局部软化或熔化，接触点产生进一步黏着。因此，在金属件的摩擦中，黏着磨损是剧烈的，常常会导致摩擦副灾难性的破坏，应加以避免。但是，在由金属件和聚合物件构成的摩擦副中，摩擦时聚合物会转移到金属表面上形成单分子层，凭借聚合物的润滑特性，可以提高金属件的耐磨性，此时黏着磨损起到了有益的作用。

2. 黏着磨损的分类

根据零件摩擦表面的破坏程度，黏着磨损可分为五类，见表1-1。

3. 影响黏着磨损的因素

（1）摩擦表面的状态　这主要指表面自然洁净程度和表面粗糙度。摩擦表面越洁净、光滑，越可能发生表面的黏着。因此，应当尽可能使摩擦表面有较多的吸附物质、氧化物层和润滑剂。但是，温度对于金属表面氧化膜的形成也有重要影响。一些金属和合金，如不锈钢，随着温度的升高，可能形成足够厚的保护性氧化膜，使抗黏着力增强，磨损降低。

表 1-1　黏着磨损的分类

类别	破坏现象	损坏原因	实例
轻微磨损	剪切破坏发生在黏着结合面上，表面转移的材料极轻微	黏着结合强度比摩擦副的两基体金属都弱	轴与滑动轴承、缸套与活塞环
涂抹	剪切破坏发生在离黏着结合面不远的较软金属层内，软金属涂抹在硬金属表面	黏着结合强度大于较软金属的抗剪强度	主轴轴颈与巴氏合金轴瓦、重载蜗杆副
擦伤	剪切破坏，主要发生在软金属的亚表层内，有时硬金属的亚表面也有划痕	黏着结合强度比两基体金属抗剪强度都高，转移到硬面上的黏着物质又拉削软金属表面	减速器齿轮副表面、内燃机铝活塞壁与缸体
撕脱	剪切破坏发生在摩擦副一方或两方金属较深处	黏着结合强度大于任一基体金属的抗剪强度，剪切应力高于黏着结合强度	主轴－轴瓦
咬死	摩擦副之间咬死，不能相对运动	黏着结合强度比任一基体金属的抗剪强度都高，且黏着区域大，切应力低于黏着结合强度	齿轮泵中的轴与轴承、齿轮副、不锈钢螺栓与螺母

（2）摩擦表面材料的成分和金相组织　材料成分和金相组织相近的两种金属材料之间最容易发生黏着磨损。这是因为两摩擦表面的材料形成固溶体的倾向强烈，因此，作为摩擦副的材料应当是形成固溶体倾向最小的两种材料，即应选用不同材料成分和晶体结构的材料。此外，金属间化合物具有良好的抗黏着磨损性能，因此也可选用易于在摩擦表面形成金属间化合物的材料。如果这两个要求都不能满足，则通常在摩擦表面覆盖铅、锡、银、铟之类的软金属或合金，这些都是能有效地抗黏着磨损的材料。

二、磨料磨损

磨料磨损又称磨粒磨损。它是当摩擦副的接触表面之间存在着硬质颗粒，或者当摩擦副材料一方的硬度比另一方的硬度大得多时，所产生的一种类似金属切削过程的磨损，其特征是在接触面上有明显的切削痕迹。磨料磨损是十分常见又是危害最严重的一种磨损。其磨损速率和磨损强度都很大，致使机械设备的使用寿命大大降低，能源和材料大量损耗。

1. 磨料磨损的机理

磨料磨损的机理有以下几种假说：

（1）微量切削　即磨料磨损主要是由于磨料颗粒沿摩擦表面进行微量切削而引起的，微量切屑大多数呈螺旋状、弯曲状或环状，与金属切削加工的切屑形状类似。

（2）疲劳破坏　即磨料磨损是磨料使金属表面层受交变应力和变形，使材料表面疲劳破坏，并呈小颗粒状态从表层脱落下来。

(3) 压痕破坏　即塑性较大的材料，因磨料在载荷的作用下压入材料表面而产生压痕，并从表层上挤出剥落物。

(4) 断裂　即磨料压入和擦划金属表面时，压痕处的金属要产生变形，磨料压入深度达到临界值时，伴随压入而产生的拉伸应力足以产生裂纹。在擦划过程中产生的裂纹有两种主要类型：一种是垂直于表面的中间裂纹，另一种是从压痕底部向表面扩展的横向裂纹。当横向裂纹相交或扩展到表面时，便发生材料呈微粒状脱落，形成磨屑的现象。

总之，磨料磨损的机理是磨料颗粒与摩擦表面的机械作用。

2. 磨料磨损的分类

根据摩擦表面所受的应力和冲击的不同，磨料磨损的形式可分为三类，见表 1-2。

表 1-2　磨料磨损的分类

分类	产生条件	破坏形式	实例
凿削式	磨料对材料表面产生高应力碰撞	从材料表面上凿削下大颗粒金属，被磨金属有较深的沟槽	挖掘机斗齿、破碎机锤头、颚板
高应力碾碎式	磨料与金属表面接触处的最大压应力大于磨粒的压溃强度	一般材料被拉伤，韧性材料产生变形或疲劳，脆性材料发生裂碎或剥落	球磨机衬板与钢球、破碎机滚轮、轧碎机滚筒
低应力擦伤式	磨料作用表面的应力不超过磨料的压溃强度	材料表面产生擦伤或微小切削痕、累积磨损	球磨机的衬板、犁铧、溜槽、料仓、漏斗、料车

3. 影响磨料磨损的因素

由于磨料磨损主要是由磨料颗粒与摩擦表面的机械作用引起的，因而影响它的因素也就取决于这两方面。

(1) 磨料　磨料磨损与磨料的相对硬度、形状、大小（粒度）有密切的关系。磨料的硬度相对于摩擦面材料的硬度越大，磨损越严重；呈棱角状的磨料比圆滑状磨料的挤切能力强，磨损率高；在一定的粒度范围内，摩擦表面的磨损量随磨料尺寸的增大而按比例较快地增加，但当磨料粒度达到一定尺寸（称为临界尺寸）后，磨损量基本保持不变，如图 1-1 所示。这是因为磨料本身的缺陷和裂纹随着其尺寸的增大而增多，导致磨料的抗拉强度降低，易于断裂破碎。

(2) 摩擦表面材料　摩擦表面材料的显微组织、力学性能（如硬度、断裂韧度、弹性模量等），与磨料磨损也有很大的关系。一定范围内，硬度越高，材料越耐磨，因为硬度反映了被磨损表面抵抗磨料压力的能力。但断裂韧度反映了材料对裂纹的产生和扩散的敏感特性，对材料的磨损特性也有重要的影响。因此必须综合考虑硬度和断裂韧度的取值，只有二者配合合理时，材料的耐磨性才最佳。而弹性模量的大小，则反映出被磨材料是否能以弹性变形的方式去适应磨料，允许磨料通过而不发生塑性变形或切削作用，避免或减轻表面材料的磨损程度。

图 1-2 所示为常见的工业纯金属的相对耐磨性与其弹性模量的关系。

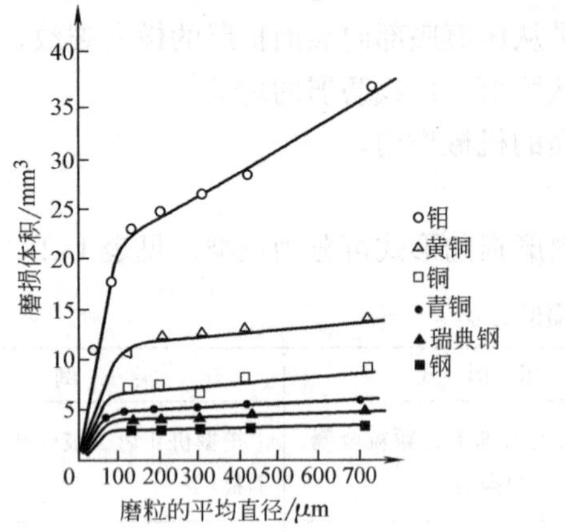

图1-1　磨料粒度对磨损的影响

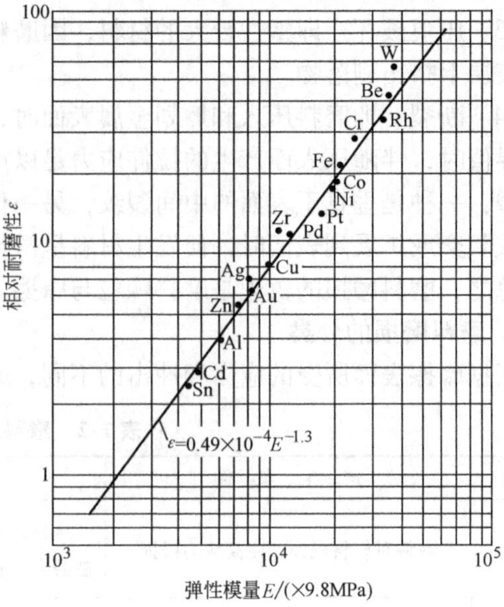

图1-2　工业纯金属的相对耐磨性与其弹性模量的关系

三、疲劳磨损

疲劳磨损是摩擦表面表层材料受循环接触应力作用产生重复变形，导致裂纹产生和分离出微片或颗粒的一种磨损。

1. 疲劳磨损的机理

按裂纹产生的位置不同，疲劳磨损的机理有两种情况：

（1）滚动接触疲劳磨损　在滚动接触过程中，材料表层受到周期性载荷作用，引起塑性变形、表面硬化，最后在表面出现初始裂纹，并沿与滚动方向呈小于45°倾角的方向由表向里扩展。表面上的润滑油由于毛细管的吸附作用而进入裂纹内表面，当滚动体接触到裂口处时将把裂口封住，使裂纹两侧内壁承受很大的挤压作用，加速裂纹向内扩展。在载荷的继续作用下，材料形成麻点状剥落，在表面上留下痘斑状凹坑，深度在0.2mm以下。

（2）滚滑接触疲劳磨损　根据弹性力学，两滚动接触物体在表面下0.786b处（b为平面接触区的半宽度）切应力最大。该处塑性变形最剧烈，在周期性载荷作用下的反复变形使材料局部弱化，并在该处首先出现裂纹，在滑动摩擦力引起的切应力和法向载荷引起的切应力叠加作用下，使最大切应力从0.786b处向表面移动，形成滚滑疲劳磨损，剥落层深度一般为0.2～0.4mm。

2. 疲劳磨损的分类

疲劳磨损根据其危害程度可分为非扩展性疲劳磨损和扩展性疲劳磨损两类。

（1）非扩展性疲劳磨损　在某些新的摩擦表面上，因接触点较少，压力较大，容易产生小麻点状的点蚀。经磨合后，接触面积扩大，实际压力降低，小麻点停止扩展。这种疲劳磨损对运动速度不高的摩擦副影响不大。

（2）扩展性疲劳磨损　当作用在两接触表面上的交变压应力较大时，由于材料塑性稍差或润滑不当，在磨合阶段就产生小麻点。在载荷继续作用下，小麻点就会发展成痘斑状坑，逐渐使零件失效。

3. 影响疲劳磨损的主要因素

（1）材质　钢中存在的非金属夹杂物，易引起应力集中，这些夹杂物的边缘最易形成裂纹，从而降低材料的接触疲劳寿命。

材料的组织状态对其接触疲劳寿命也有重要影响。通常，晶粒细小、均匀，碳化物成球状且均匀分布，均有利于提高滚动接触疲劳寿命。

硬度在一定范围内增加，其接触疲劳抗力将随之增大。此外，两接触滚动体表面硬度匹配也很重要。例如，滚动轴承中，滚道和滚动元件的硬度相近，或者滚动元件比滚道硬度高出10%为宜。对于不同滚动件和不同工况，其表面硬度的匹配要求也不同，可通过试验确定。

（2）接触表面粗糙度　试验表明，适当降低表面粗糙度可有效提高抗疲劳磨损的能力。例如，滚动轴承表面粗糙度值由 $Ra0.40\mu m$ 降低到 $Ra0.20\mu m$，寿命可提高2～3倍；由 $Ra0.20\mu m$ 降低到 $Ra0.10\mu m$，寿命可提高1倍；而表面粗糙度值降低到 $Ra0.05\mu m$ 以下对寿命的提高影响甚小。表面粗糙度值要求的高低与表面承受的接触应力有关。通常接触应力大，或表面硬度高时，均要求表面粗糙度低。

（3）表面残余压应力　一般来说，表层在一定深度范围内存在残余压应力，不仅可提高弯曲、扭转疲劳抗力，还能提高接触疲劳抗力，减小疲劳磨损。但是，过大的残余压应力反而有害。

（4）其他因素　装配精度影响齿轮齿面的啮合接触面的大小，自然也对接触疲劳寿命有影响。此外，润滑油的选择也很重要，润滑油黏度越高，则越有利于改善接触部分的压力分布，同时不易渗入表面裂纹中，这对抗疲劳磨损均十分有利；而润滑油中加入能产生化学反应形成酸类物质的添加剂，则会降低轴承的疲劳寿命。具有腐蚀作用的环境因素（如润滑油中的水）对疲劳寿命往往起有害作用。

四、腐蚀磨损

在摩擦过程中，金属同时与周围介质发生化学反应或电化学反应，引起金属表面的腐蚀产物剥落，这种现象称为腐蚀磨损。它是在腐蚀现象与机械磨损、黏着磨损、磨料磨损等相结合时才能形成的一种机械化学磨损，是一种极为复杂的磨损过程，经常发生在高温或潮湿的环境中，更容易发生在有酸、碱、盐等特殊介质的条件下。

按腐蚀介质的类型不同，腐蚀磨损可分为氧化磨损和特殊介质下腐蚀磨损两大类。

1. 氧化磨损

除金、铂等少数金属外，大多数金属表面都被氧化膜覆盖着。若在摩擦过程中，氧化膜被磨掉，摩擦表面与氧化介质反应速度很快，立即又形成新的氧化膜，然后又被磨掉，这种氧化膜不断被磨掉又反复形成的过程，就是氧化磨损。在通常情况下，氧化磨损比其他磨损轻微得多。

基于氧化磨损的特点，可以看出发生氧化磨损必须同时具备三个条件：①摩擦表面要能够发生氧化，而且氧化膜生成速度大于其磨损破坏速度；②氧化膜与摩擦表面的结合强度大于摩擦表面承受的切应力；③氧化膜厚度大于摩擦表面破坏的深度。

下面说明影响氧化磨损的因素。

（1）氧化膜生长的速度与厚度　纯净金属表面在几秒钟内就会产生5～50个分子厚度的氧化膜。金属表面在摩擦过程中，表面形成氧化物的速度要比非摩擦时快得多。在常温下，金属表面形成的氧化膜厚度非常小。

（2）氧化膜的性质　金属表面形成的氧化膜的性质对氧化磨损有重要影响。若氧化膜紧密、完整无孔，与金属表面基体结合牢固，则有利于防止金属表面氧化，不容易被磨掉；若氧化膜本身性脆，与金属表面基体结合差，则容易被磨掉。

（3）硬度　氧化磨损与金属表面氧化膜硬度及与其结合的基体金属的硬度的比值也有关系。当前者远大于后者时，例如铝的 Al_2O_3 氧化膜硬度达1800HBW，而铝本身硬度仅为15HBW，摩擦时，Al_2O_3 膜即使在小的载荷作用下，也易破碎和磨损；当两者相近时，例如CuO硬度为150HBW，铜硬度为120HBW，在小载荷小变形条件下，因两者变形相近，故CuO膜不易脱落，但若受大载荷作用而产生大变形时，CuO膜也易破碎。最有利的情况是氧化膜硬度和基体硬度都很高，例如镀硬铬时，其硬度为900HBW左右，铬的氧化膜硬度也很高，在载荷作用下变形小，膜不易破碎，耐磨性好。然而，大多数金属氧化物都比原金属硬而脆，厚度又很小，故对摩擦表面的保护作用很有限。但在不引起氧化膜破裂的工况下，表面的氧化膜层有防止金属之间黏着的作用，因而有利于抗黏着磨损。

2. 特殊介质下的腐蚀磨损

它是摩擦副金属材料与酸、碱、盐等介质作用生成的各种化合物，在摩擦过程中不断被除去的磨损过程。其机理与氧化磨损相似，但磨损速率较高。由于其腐蚀本身可能是化学的或电化学的性质，故腐蚀磨损的速率与介质的腐蚀性质和作用温度有关，也与相互摩擦的两金属形成电化学腐蚀的电位差有关。介质腐蚀性越强，作用温度越高，腐蚀磨损速率越大。但是，若摩擦表面受腐蚀时能生成一层结构致密且与金属基体结合牢固、可阻碍腐蚀继续发生或使腐蚀减缓速度的保护膜，则腐蚀磨损速率将减小。此外，机械零件或构件所处的应力状态对腐蚀影响很大，当它受到重复应力作用时，所产生的腐蚀速率比不受应力时快得多。

腐蚀介质来源常有以下四个方面：

1）工作介质。例如水泵，当它输送有腐蚀性介质时，其内壁和活塞表面受腐蚀。

2）摩擦金属表面受到工作过程中产生的腐蚀性介质作用。例如内燃机气缸活塞组零件在低温工况运行时，燃油燃烧的产物（废气）中可能有 SO_2、CO_2、NO_2 等物质，它们会与空气中的水蒸气结合，在内燃机的气缸壁上凝结成具有腐蚀性的亚硫酸、碳酸、硝酸等，引起气缸活塞组零件的腐蚀磨损。

3）极压齿轮油中由于有极压添加剂，在一定温度和压力下，油中的添加剂能放出活性元素硫、氯、磷等，它们与金属表面原子作用生成化学反应膜，防止金属表面产生黏着磨损，而代之以缓慢的腐蚀磨损。

4）润滑油在工作中因氧化形成有机酸，它们对滑动轴承材料中的铅、镉有很敏感的腐蚀作用，在轴瓦表面上生成黑点，逐渐扩展成海绵状空洞，并在摩擦过程中成小块剥落。若滑动轴承材料中含银、铝等元素，在温度不高时与润滑油中的硫化物生成硫化物膜，能起到减摩作用，但在高温时膜易破裂。

五、微动磨损

两个接触表面由于受到相对较低振幅的振荡运动而产生的磨损叫作微动磨损。它产生于相对静止的接合零件上，因而往往容易被忽视。微动磨损的最大特点是：在外界变动载荷的作用下，产生振幅很小（小于100μm，一般为2～20μm）的相对运动。例如在键连接处、过盈配合处、螺栓连接处、铆钉连接接头处等结合部位产生的磨损。微动磨损使配合精度下降，紧配合部件紧度下降甚至松动，连接件松动乃至分离，严重者引起事故。此外，微动磨损也易引起应力集中，导致连接件疲劳断裂。

1. 微动磨损的机理

由于微动磨损集中在局部范围内，同时两摩擦表面永远不脱离接触，磨损产物不易往外排除，磨屑在摩擦面之间起着磨料的作用。又因微动磨损摩擦表面之间的压力使表面凸起部分黏着，黏着处被外界小振幅引起的摆动所剪切，剪切处表面又被氧化，故其兼有黏着磨损和氧化磨损的作用。因此，微动磨损是一种兼有磨料磨损、黏着磨损和氧化磨损的复合磨损形式。

2. 影响微动磨损的主要因素

实践与试验表明，外界条件（载荷、振幅、温度、润滑等）及材质对微动磨损的影响相当大。

（1）振幅　图1-3所示为用低碳钢做试验得到的结果。从图中可以看出，在振幅较小时，单位磨损率比较小；当振幅超过50～150μm时，单位磨损率显著上升。

（2）载荷　图1-4所示为微动磨损量与载荷的关系。从图中可以看出，在一定条件下，随着载荷增大，微动磨损量将增加，但是当超过某临界载荷之后，磨损量则又减小。

（3）温度　试验发现，中碳钢在其他条件不变的情况下，当温度达到130℃时微动磨损发生转折。超过此温度，微动磨损量大幅度降低。对于低碳钢，在0℃以上，磨损量随温度的上升而逐渐降低，在150～200℃时磨损量突然降低，继续升高温度，磨损量又上升。温度从135℃升高到400℃时，磨损量增加了15倍。

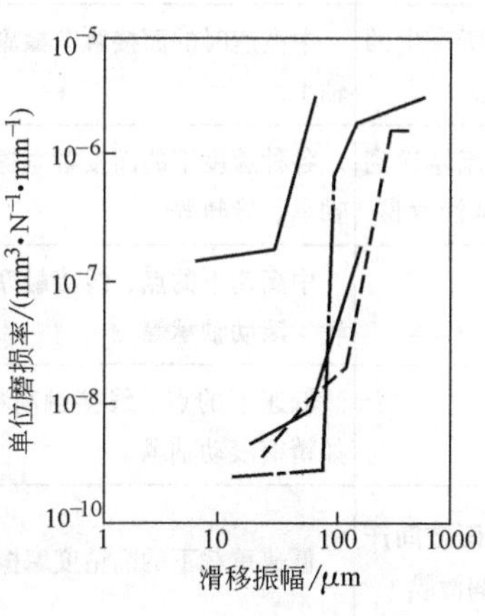

图1-3　滑移振幅与单位磨损率的关系

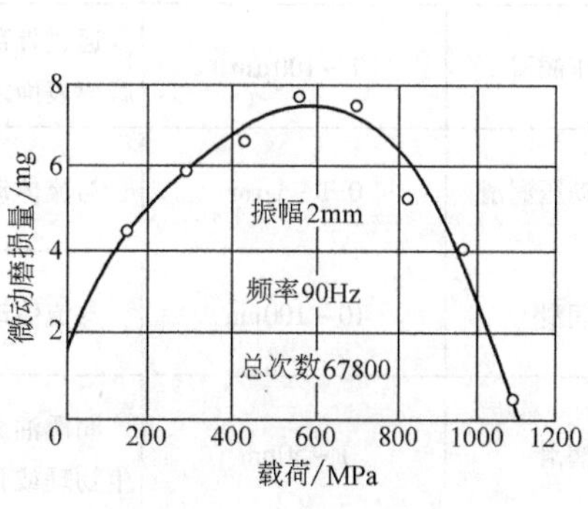

图1-4　微动磨损量与载荷的关系

（4）润滑　试验表明，普通的液体润滑剂对防止微动磨损的效果不佳。而用锥入度小、抗剪强度高的润滑脂则有一定的效果，固体润滑剂如 MoS_2、PTFE 等效果更好。

（5）材质性能　提高硬度及选择适当材料配副都可以减小微动磨损。将一般碳钢的表面硬度从 180HV 提高到 700HV 时，微动磨损量可降低 50%。一般来说，抗黏着性能好的材料配副对抗微动磨损的性能也好。采用表面处理，如硫化或磷化处理以及镀上金属镀层（镉、银、铜等），也是降低微动磨损的有效措施。

第二节　设备润滑原理

为了减少机器设备零件表面的摩擦阻力和降低材料磨损，其工作表面间需加入润滑剂进行润滑。

机器设备中各种摩擦副的材质、结构、工作条件和作用各不相同，对润滑的具体要求也会不同，但基本要求原则都是：按照摩擦副的工作条件，选用合适的润滑剂；确定正确的润滑方式和方法，将润滑剂加入到摩擦副表面间，使其处于良好的润滑状态。

一、润滑状态及其转化

润滑油加入到摩擦副两表面间，形成具有法向承载能力和低剪切强度的润滑膜。按照润滑膜的形成原理和特征的不同，润滑状态可以分为：边界润滑、薄膜润滑、弹性流体动压润滑、流体静压润滑和流体动压润滑等。通常也将弹性流体动压润滑、流体静压润滑、流体动压润滑统称为流体润滑。

各种润滑状态所形成的润滑膜厚度不同，但仍需与表面粗糙度结合起来考虑，这样才能正确地判断出润滑状态。机器设备中的摩擦副，通常总有几种润滑状态同时存在，可称为混合润滑状态。表 1-3 列出了各种润滑状态的基本特征。

表 1-3　各种润滑状态的基本特征

润滑状态	典型膜厚	润滑膜形成方式	应用
流体动压润滑	1～100μm	由摩擦表面相对运动所产生的动压效应形成流体润滑膜	中高速时的面接触摩擦副，例如滑动轴承
流体静压润滑	1～100μm	通过外部压力作用将流体送到摩擦表面之间，强制形成润滑膜	各种速度下的面接触摩擦副，如滑动轴承、导轨等
弹性流体动压润滑	0.1～1μm	与流体动压润滑相同	中高速下的点、线接触摩擦副，如齿轮、滚动轴承等
薄膜润滑	10～100nm	与流体动压润滑相同	低速下的点、线接触高精度摩擦副，如精密滚动轴承
边界润滑	1～50nm	润滑油分子和金属表面之间产生物理或化学作用形成润滑膜	低速重载下的高精度摩擦副

图 1-5 所示是著名的 Stribeck 曲线，纵坐标是摩擦系数，横坐标是轴承特性数，其中 η 为润滑油黏度、v 为滑动速度、p 为轴承单位面积上所承受的载荷。曲线表示滑动轴承在不

同的载荷、速度和润滑油黏度工况下与摩擦系数之间的关系，通过实验得出滑动轴承的润滑状态及其转化过程。为了消除温度对黏度的影响，实验时采用25℃作为计算摩擦系数的根据。图中的曲线表明以下三种润滑状态区域：边界润滑区、混合润滑区、流体润滑区，并表明它们的转化过程。

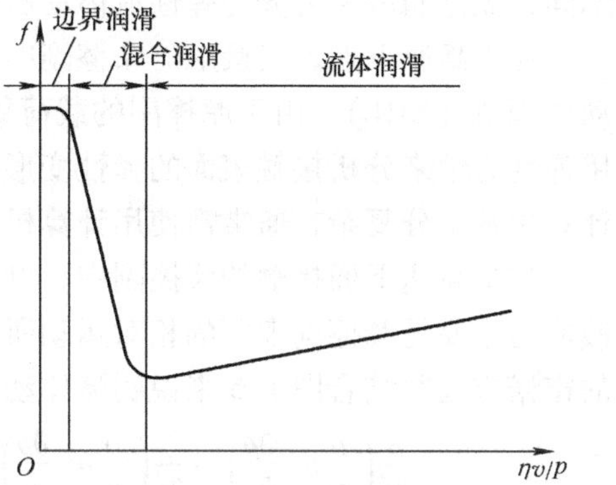

图1-5 Stribeck曲线

两摩擦表面间存在一层极薄的（有的只有一两层分子厚）起润滑作用的膜（称为边界膜）的状态称为边界润滑；两摩擦表面被一层油膜完全隔开的润滑状态称为流体润滑（油膜厚度可达0.1mm或更厚），由于没有金属的直接接触，不产生黏着磨损，所以它是一种比较理想的润滑状态；混合润滑是介于边界润滑和流体润滑之间的一种润滑状态，两摩擦表面之间的相互作用力靠边界膜和较厚的流体动压或静压油膜共同承担，也可能有个别的微凸体直接接触。究竟摩擦表面间处于何种润滑状态，要视膜厚比而定，即

$$A = h/Rq$$

式中 h——两摩擦表面粗糙峰中线间的距离，即平均润滑膜厚度；

Rq——两摩擦表面的综合表面粗糙度，$Rq = \sqrt{Rq_1^2 + Rq_2^2}$。

当 $A<1$ 时，为边界润滑状态；$A=1\sim3$ 时，为混合润滑状态；$A\geqslant3$ 时，为流体润滑状态。

从图1-5可以看出，随着工况参数（如载荷、速度、润滑油的黏度等）的改变，润滑状态将发生转化。在流体润滑中，摩擦副的表面被流体膜分开，流体膜厚度 h 远远大于表面粗糙度 Rq，由于摩擦副没有直接的接触，没有表面材料的磨损产生，但可能有气蚀或流体腐蚀产生；如果黏度或速度降低或载荷增加，油膜的承载能力则降低，油膜厚度逐渐减薄，两个表面被分开的程度也减小，如果产生了第一个凸峰接触，便达到了混合润滑区。

在混合润滑区中，载荷分别由流体膜及凸峰二者承担，摩擦阻力也由于油膜被剪切及凸峰之间的相互作用而产生。因此，在混合润滑区内，各种形式的磨损都可能产生；如果润滑的工况再逐步向左移动，凸峰接触及相互作用的数目增多，油膜厚度降低到几个分子层厚度或一个分子层厚度，则进入边界润滑区。

在边界润滑区中，摩擦系数显著增大，如果载荷再增加，边界膜破裂，就会出现明显的黏着现象，磨损率增大，表面温度升高，最后可能出现胶合。

摩擦系数最小值发生在混合润滑区域和流体润滑区域的转变处，在流体润滑区域中，由于流体内摩擦阻力因速度增高而增加，摩擦系数缓慢升高。

三种润滑状态在机器设备的运行中是相互转化的，单独存在的情况较少，只是有主次之分。对于高速运转的机器设备，通常采用流体润滑来保证其处于良好的润滑状态。

二、流体动压润滑

在相对运动的表面间加入流体，形成具有足够压力的润滑膜，将相互接触的表面分开，由流体摩擦代替材料表面间的固体摩擦，这种润滑状态称为流体润滑。按润滑膜形成的方式不同，流体润滑又可分为弹性流体动压润滑、流体动压润滑和静压润滑。

在中高速下点、线接触的摩擦副中，例如齿轮、滚动轴承等的润滑状态主要是弹性流体动压润滑（EHL）。由于摩擦副的载荷集中作用，使接触内压力很高，在润滑计算时要考虑用弹性力学来分析接触表面的弹性变形和根据润滑剂的流变学性能分析润滑剂的黏压效应，计算过程十分复杂，通常需使用计算机采用数值计算求解。

在中高速下面接触的摩擦副中，例如滑动轴承的润滑状态是流体动压润滑，其流体膜承载能力主要是摩擦副表面的相对运动所产生的动压效应和挤压效应而形成的。可用一般形式的雷诺方程并结合图1-6来说明流体动压润滑形成的机理。

$$\frac{\partial}{\partial x}\left(\frac{\rho}{\eta}h^3\frac{\partial p}{\partial x}\right)+\frac{\partial}{\partial y}\left(\frac{\rho}{\eta}h^3\frac{\partial p}{\partial y}\right)=6\left[\frac{\partial}{\partial x}(U\rho h)+\frac{\partial}{\partial y}(V\rho h)+2\rho(w_h-w_o)\right]$$

上式中等号左端表示润滑膜压力在润滑表面上随坐标 X、Y 的变化，等号右端表示润滑膜压力的各种效应。图1-6a表示滑动轴承的形状特征及其产生的动压效应，说明润滑油流体沿收敛方向流动将产生正压力，沿发散方向流动一般不能产生正压力；图1-6b表示伸缩效应，说明为了产生正压力，润滑油流体表面速度沿运动方向应逐渐降低；图1-6c表示变密度效应，说明润滑油密度沿运动方向逐渐降低时，也将产生流体压力，虽然变密度效应所产生的流体压力并不高，但也会使相互平行的表面具有一定的承载能力；图1-6d表示挤压效应，说明两个平行表面在法向力的作用下使润滑膜厚度逐渐减薄而产生压力流动。其中动压效应和挤压效应是形成承载润滑膜的主要因素。

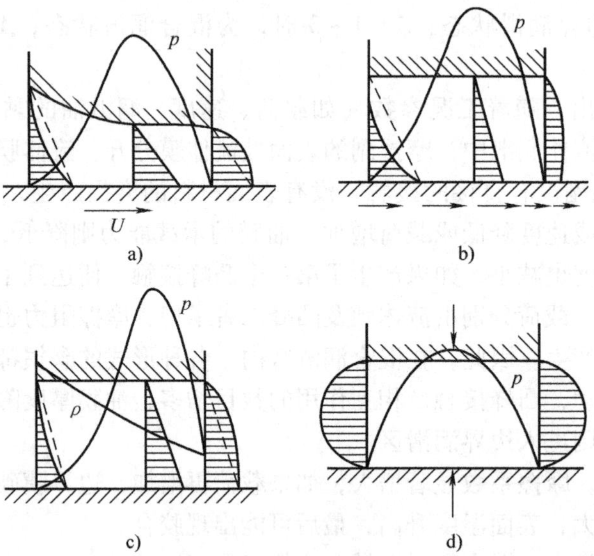

图1-6 压力形成机理

a）动压效应 b）伸缩效应 c）变密度效应 d）挤压效应

在机器设备中要实现流体动压润滑，应满足以下三个必要充分条件：

1）两摩擦表面间必须有相对运动。

2）两摩擦表面间的润滑油层必须沿相对运动方向呈收敛状，即形成油楔（有时，平行间隙由于热楔作用同样可以形成具有承载能力的润滑膜）。

3）润滑油必须有一定的黏度。

以高速的滑动轴承形成的流体动压润滑为例：轴不转动时，如图1-7a所示，由于轴的重量使轴与轴承接触面之间的润滑油被挤出来；当轴开始转动时，如图1-7b所示，由于油有一定的黏度，轴就会带着轴承内下方的楔形油层沿轴的转动方向向前移动，迫使轴向上抬起，并略向左偏；当轴转速提高时，轴的位置也随之提高，偏心度也随之减小，如图1-7c所示，直至轴与轴承的中心重合在一起，如图1-7d所示。

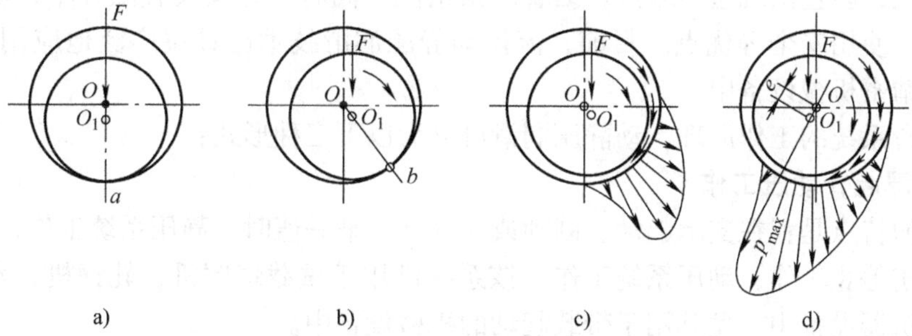

图1-7　滑动轴承流体动压润滑的形成

三、流体静压润滑

流体静压润滑是指利用外部压力源使润滑油具有一定的压力，形成具有足够承载力，并将两接触表面隔开的一种润滑状态。图1-8所示的静压轴承就是典型的流体静压润滑，油泵输出的压力油经节流器后进入对应的油腔，各油腔对称分布，面积相等。空载时，油腔产生的压力支承主轴，在不计主轴（及其轴上的零件）重量时，主轴处于平衡状态，并在轴承中心。各腔产生的压力均为 p_0，主轴与轴承的间隙均为 h_0，构成均匀油膜。在外载荷作用下，主轴向下移动一个位移 e，引起主轴与轴承的间隙，各油腔的压力发生变化。

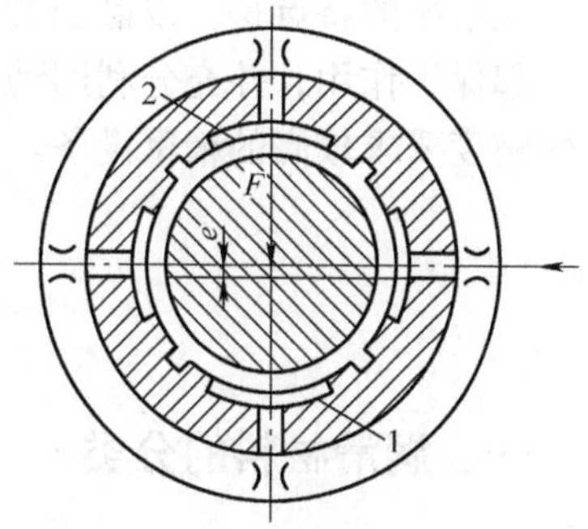

图1-8　静压轴承

油腔1处的压力变化：间隙由 h_0 变为 h_0-e；封油面上的油液流阻力增大，从油腔1流出的油液流量减小，与它相连的节流器在油液流过时产生的压降减小。所以，油腔1的压力升高到 p_1。

油腔2的压力因间隙增大到 h_0+e 反而下降（从 p_0 降到 p_2），即有 $p_1>p_2$。主轴在这样的两个力的作用下向上移动，直至达到新的平衡位置。

流体动压润滑最大的问题是，在低速或静止状态下无法形成足够的压力使油膜能够承受载荷，所以会出现边界润滑状态，使表面磨损；流体静压润滑却能使油膜在低速或静止状态任何速度范围内承受外载荷作用而不出现磨损。由于具有起动摩擦阻力小、适用速度范围较宽、运动精度较高、抗振性好、使用寿命长等优点，流体静压润滑得到了广泛应用，大量应用于重型机床、精密机床、高效率机床、数控机床、冶金机械和发电设备等中。

四、流体动静压润滑

综合动压润滑和静压润滑的优点，产生了新的润滑技术，这就是流体动静压润滑技术。

流体动静压润滑的结构不同于前两者。它既可以在运动状态下利用自身形成压力油膜，又可借助外部提供的压力支承零件，形成润滑油膜。这种润滑的最大特点是：支承面无论在静止、起动、停止时，或在稳定运动、交变工况时，都能形成具有足够压力的润滑膜，从而降低起动转矩，防止出现边界摩擦及黏着磨损情况。同时，它又具有温升小，功率损耗低，精度保持好，使用安全等优点。目前，流体动静压润滑技术已日益广泛地应用在大型、高速、重型、精密机械设备中。

按照润滑系统的工作原理，动静压润滑可分为以下三种形式：

1. 静压浮起，动压工作

该系统的特点是：在支承起动、制动或速度低于某一值时，静压系统工作；当正常运转时，静压系统停止工作，动压系统工作。该系统已用于重载球磨机、轧钢机、水轮发电机、重型机床等机器设备中，尤其用于带载起动的机械设备中。

2. 动静压混合作用

该系统的特点是：静压系统不只在起动、制动或速度低于某一值时起作用，即使在正常运行中也同样工作，与动压系统同时支承和润滑。常用于轴承刚度要求高的轻载场合，比如机床的主轴轴承。

3. 静压工作为主，动压作用为辅

该系统的特点是：以静压为主要作用，动压做辅助，一旦静压出现故障，动压可以补充，起保护作用；并充分利用动压油膜，增大支承能力。常用于既有安全要求，又有对主轴旋转精度要求较高的精密设备。

第三节　润滑材料

一、润滑材料的分类

润滑材料按其物质形态可分为四类，如图1-9所示。

1. 液体润滑剂

液体润滑剂是用量最大、品种最多的润滑材料，它包括矿物油、合成油、水基液和动、植物油。液体润滑剂有较宽的黏度范围，对不同的载荷、速度和温度条件下工作的摩擦副和运动部件都提供了较宽的选择余地。其中以矿物油为基础的润滑油，用途非常广泛。

合成油是以化学合成方法制备成有机液体，再经过调配或加工而制成的。它具有一定的化学结构和物理、化学性质，多使用在比较苛刻的工况下，例如极高温、极低温、高真空度、重载、高速、具有腐蚀性环境以及辐射环境等。

水基液多用作金属加工液及难燃性液压介质。常用的水基液有乳化液（油包水或水包油型）、水－乙二醇以及其他化学合成液或半合成液。

动、植物油常用作难燃液压介质。其优点是油性、生物降解性好，可满足环境保护的要求；缺点是氧化安全性、热稳定性和低温性能不理想。

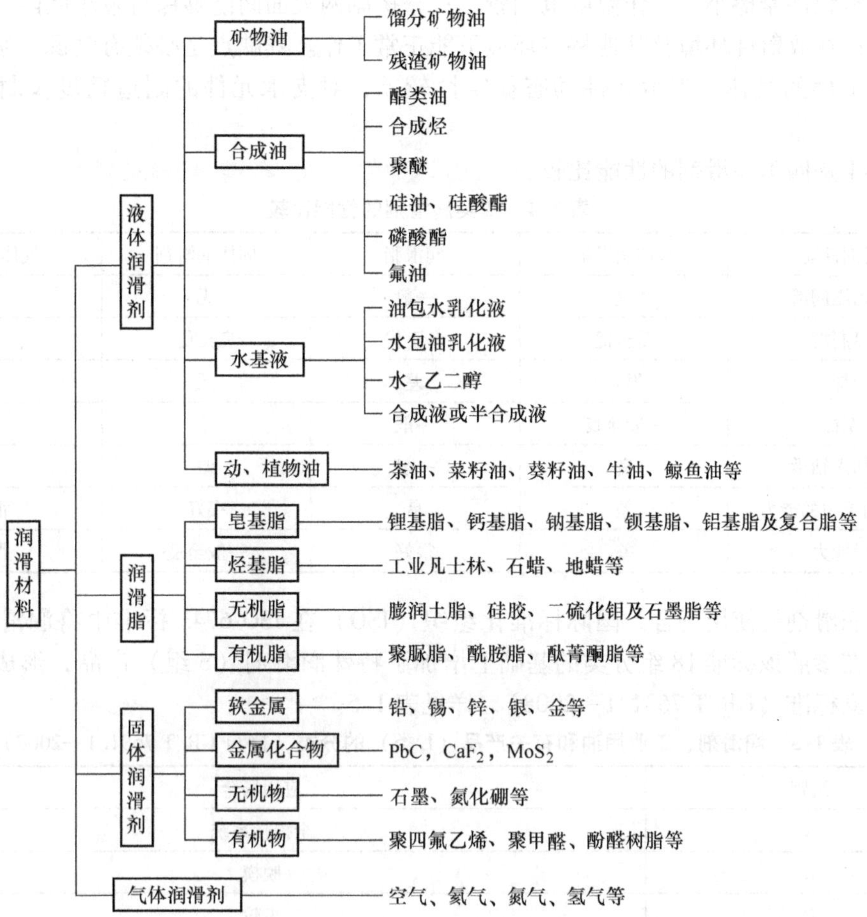

图 1-9 润滑材料的分类

2. 润滑脂

润滑脂主要由基础油、稠化剂和各种功能添加剂在高温下混合而成。主要品种按稠化剂的组成可分为皂基脂、烃基脂、无机脂和有机脂等。润滑脂除了具有抗磨、减摩和润滑性能外，还能起密封、减振、阻尼、防锈等作用。其润滑系统简单、维护管理容易，可节省操作费用；缺点是流动性小，散热性差，高温下易产生相变、分解等。

3. 固体润滑剂

固体润滑剂分为软金属、金属化合物、无机物和有机物等。按其物质形态可分为固体粉末、薄膜和自润滑复合材料等。固体粉末分散在气体、液体及胶体中使用；薄膜可通过喷涂、电泳沉积、真空沉积、电镀、烧结、粘结等工艺方法做成。

固体润滑剂的使用范围广，能够适应高温、高压、低速、高真空、强辐射等特殊使用工况，特别适用于给油不方便、维护拆卸困难的场合。它的缺点是摩擦系数较大，冷却散热较差，干膜在使用过程中补充困难等。

4. 气体润滑剂

气体润滑剂取用方便，不会变质，不会引起对周围环境及支承元件的污染；使用气体润滑剂的支承元件摩擦小；工作温度范围较广；摩擦副两表面间能够保持较小间隙，容易获得较高精度；在放射性环境及其他特殊环境下能正常工作。其缺点是必须有气源，须由外部提供干净而干燥的气体；支承元件动态稳定性较差，对支承元件的制造精度及材质有较高要求。

表1-4是四类润滑剂的性能比较。

表1-4 四类润滑剂的性能比较

润滑剂性能	液体润滑剂	润滑脂	固体润滑剂	气体润滑剂
液体动压润滑	优	一般	无	良
边界润滑	差至优	良至优	良至优	差
冷却	很好	差	无	一般
低摩擦	一般至良	一般	差	优
易于加入轴承	良	一般	差	良
保持在轴承中的能力	差	良	很好	很好
密封能力	差	很好	一般至良	很好

根据润滑剂的使用场合，国际标准化组织（ISO）在ISO 6743标准中将润滑剂分为18组。我国在参照该标准18组分类的基础上增加了特殊润滑剂（S组）产品，形成了润滑剂分类的国家标准（GB/T 7631.1—2008），详见表1-5。

表1-5 润滑剂、工业用油和有关产品（L类）的分类（摘自GB/T 7631.1—2008）

组别	应用场合
A	全损耗系统
B	脱模
C	齿轮
D	压缩机（包括冷冻机和真空泵）
E	内燃机
F	主轴、轴承和离合器
G	导轨
H	液压系统
M	金属加工
N	电器绝缘
P	气动工具
Q	热传导
R	暂时保护防腐蚀
T	汽轮机
U	热处理
X	用润滑脂的场合
Y	其他应用场合
Z	蒸汽气缸
S	特殊润滑剂应用场合

二、润滑油

1. 润滑油的组成

润滑油一般由基础油和添加剂两部分组成。基础油的性质决定了各类润滑油的基本性能，而添加剂不仅可以弥补基础油的某些性能的不足，还可以增加一些特定的性能。

2. 润滑油的黏度等级分类标准

在GB/T 3141—1994《工业液体润滑剂 ISO黏度分类》中规定了工业液体润滑剂的ISO黏度等级分类标准，可参见表1-6。表1-6中的黏度等级分类标准不适用于内燃机油和车辆齿轮油。

表1-6 ISO黏度分类

ISO黏度等级	中间点运动黏度（40℃）/(mm^2/s)	运动黏度范围（40℃）/(mm^2/s)	
		最小	最大
2	2.2	1.98	2.42
3	3.2	2.88	3.52
5	4.6	4.14	5.06
7	6.8	6.12	7.48
10	10	9.00	11.0
15	15	13.5	16.5
22	22	19.8	24.2
32	32	28.8	35.2
46	46	41.4	50.6
68	68	61.2	74.8
100	100	90.0	110
150	150	135	165
220	220	198	242
320	320	288	352
460	460	414	506
680	680	612	748
1000	1000	900	1100
1500	1500	1350	1650
2200	2200	1980	2420
3200	3200	2880	3520

注：对于某些40℃运动黏度等级大于3200的产品，如某些含高聚合物或沥青的润滑剂，可以参照本分类表中的黏度等级设计，只要把运动黏度测定温度由40℃改为100℃，并在黏度等级后加后缀符号“H”即可。如黏度等级为15H，则表示该黏度等级是采用100℃运动黏度确定的，它在100℃时的运动黏度范围应为13.5～16.5mm^2/s。

3. 润滑油的性能指标

掌握润滑油的性能指标，并进一步熟知其适用场合，为机器设备选择合适的润滑油提供必要的依据。

润滑油的性能指标主要有：

（1）黏度 黏度是一项主要性能指标，它用来表示润滑油内部产生相对运动时内摩擦阻力的大小。使用润滑油的目的是在运动的摩擦表面上形成油膜，而油膜的形成与润滑油的黏度有关。黏度过小，不易形成油膜，易形成边界润滑或混合润滑状态而加速磨损；黏度过大，则流动性小，渗透性差，不易流到所需要润滑的间隙部位，而且散热性差、内摩擦阻力大、起动困难、消耗功率多，以致不能起到应有的润滑作用，反而加速磨损。

表示黏度的单位和测定黏度的方法很多。润滑油按照国际标准均以40℃时运动黏度的平均值命名，黏度牌号有2、3、5、7、10、15、22、32、46、68、100、150、220、320、460、680、1000、1500共18级。

润滑油的黏度随温度的变化而变化。温度升高，则黏度降低；温度降低，则黏度增大。润滑油的这种性能称为“黏温性能”，常用黏度指数表示。黏度指数高说明油品黏度随温度的变化较小，黏温性能较好。要注意的是，在实际工作中的润滑油的黏度值并非是按规定的测试温度测得的黏度值，而是随工作温度变化而变化的一种暂时黏度值。

运动黏度可用运动黏度测定仪测定。

（2）油性和极压抗磨性 油性和极压抗磨性是表示润滑油抗磨损能力的指标。油性表示油膜的吸附能力，极压抗磨性是衡量润滑油在苛刻的工作条件下防止或减少摩擦表面磨损、擦伤或胶合的润滑能力的指标。

润滑油的油性取决于它的化学组成。两种黏度相同和使用条件相同的润滑油，若它们的油性不同，则润滑的效果也不同，特别是当油膜厚度为$10^{-5}\sim10^{-4}$mm的边界润滑时，油性就起决定性作用。当处于冲击性载荷或高温载荷时，摩擦部位的金属表面和润滑油中添加的极压抗磨剂生成化学反应膜，此时润滑油的极压抗磨性就起决定性作用。

评定润滑油极压抗磨性的实验室用摩擦磨损试验机种类很多，例如用四球试验机测定最大无卡咬负荷（P_B值）、烧结负荷（P_D值）等，用梯姆肯试验机测定OK值等，用法莱克司试验机测定摩擦系数和磨损值，用阿尔门试验机分别利用不同形状的试验件（如环、块、槽等）测试油品的摩擦磨损特性，还有用FZG齿轮试验机来测定工业齿轮油的卡咬负荷等。

需要指出的是：生产实际中使用的机械设备，其摩擦副的材质、工作表面的接触方式、压力和转速等多种参数都是变化的，上述各种试验机的测定结果都仅仅是在某一特定的条件下对润滑油极压抗磨性的一种评价。

（3）酸值 酸值是表示润滑油中含有酸性物质量的指标，单位mgKOH/g，它表示用于中和1g试样中酸性组分所需要的碱量。

润滑油的酸性组分主要是有机酸和酸性添加剂，同时也包括无机酸类、酯类、酚类化合物、重金属盐等。对于新油，酸值表示油品精制的程度，或者是酸性添加剂的加入量；对于旧油，酸值则表示其氧化变质的程度。润滑油在储存和使用过程中，由于在一定温度下与空气中的氧发生反应，生成一定的有机酸，或由于添加剂的消耗，酸值也会发生变化。所以，若油品的酸值过大，说明油品氧化变质严重，应考虑换油。

（4）水分 润滑油的水分是指润滑油中含水量的质量百分数或体积百分数。一般在润滑油中水分呈三种状态存在：游离水、乳化水和溶解水。游离水容易脱去，而乳化水和溶解水则不易脱去。润滑油中水分的存在会破坏润滑油膜，使润滑效果变差，并加速有机酸对金属的腐蚀作用，锈蚀设备。水分还会使一部分添加剂分解沉淀，堵塞油路，影响润滑油的循环和供应。

（5）水溶性酸或碱　水溶性酸或碱是指油中溶于水的游离无机酸和碱，以及低分子有机酸和碱性氧化物，它们将严重腐蚀设备，加速油品变质，降低油品的绝缘性能。油中如含有水溶性酸或碱，则表明油液已被污染或氧化分解。

（6）机械杂质　机械杂质是指存在于润滑油中所有不溶于汽油、乙醚和苯等溶剂的沉淀物或胶状悬浮物。它们大部分是砂石、铁屑以及由添加剂带来的一些难溶于溶剂的有机金属盐等杂质。机械杂质的存在会加速机器零件的磨损，加速油品老化，并且容易堵塞油路。机械杂质和颗粒污染度都反映油品的清洁程度。

（7）闪点　指在规定的实验条件下加热油品，使油面上方的油蒸汽与空气的混合气体在同给定的小火焰接触时产生闪火现象的最低温度即为油品的闪点。闪点是油品的安全指标，油品使用环境的温度一般应低于闪点 20 ~ 30℃为宜。

（8）凝点　在规定的实验条件下使油品冷却到停止流动时的最高温度即为凝点。凝点是油品低温流动性的重要指标，油品使用环境的温度一般比凝点高 15 ~ 30℃为宜。

（9）灰分　在规定的条件下，把试用油完全燃烧后所剩下的残留物称为灰分，以占试用油的质量百分数表示。灰分可作为判断油品精制深度的一项指标。润滑油中灰分过高，会使发动机零件表面产生积炭；柴油机油和燃料中的灰分，会增加气缸和活塞环的磨损。

（10）残炭　在规定条件下，将油加热、蒸发和燃烧后形成的焦黑色残留物称为残炭，以其占试用油质量的百分数表示。残炭是内燃机油和空气压缩机油的主要质量指标之一。在这些机器工作时，其活塞不断地将润滑油带入高温的气缸内，部分润滑油蒸发和燃烧，部分分解氧化结成胶膜，而与未烧尽的油及其他杂质一起沉积在气缸上温度较低的各部件上形成了积炭。积炭不易导热，因此气缸壁、活塞顶部积炭增加时就会妨碍散热，使零件过热。积炭沉积在火花塞上会引起点火不灵，沉积在阀门上会使阀门开关不灵甚至烧坏。如果空压机积炭太多，甚至会引起爆炸，应该予以注意。

现在很多油品都含有金属、硫、磷、氮等元素的添加剂，它们的残炭值很高，因此，测定含添加剂的新油的残炭已经失去了其本来的意义。对添加剂含量高的油品，通常是控制其基础油的残炭，而不控制成品油的残炭。

（11）抗腐蚀性　抗腐蚀性是判定油品在实验条件下对金属的腐蚀程度。它主要检查油品中有无对金属产生腐蚀作用的有害物质，用对铜片的腐蚀试验来测定。

（12）氧化安定性　氧化安定性是在实验条件下，判定润滑油在加热和金属催化作用下抵抗氧化变质的能力。它是用来评定变压器油、汽轮机油、压缩机油等油在使用、储存和运输中氧化变质的重要指标。

（13）抗乳化性　在规定条件下，使油和水搅拌混合乳化，然后在一定温度下静置，使油水能重新完全分离所需要的时间称为破乳化时间。破乳化时间越短，油品的抗乳化性就越好。油品抗乳化能力强，才能保证润滑作用；反之，会降低润滑作用，还会使油品氧化、酸值增大，极易腐蚀设备。对于液压油、齿轮油、汽轮机油等油，它们在使用中不可避免地与冷却水、蒸汽等接触，抗乳化性就是重要指标。

（14）抗泡沫性　油品在实际使用中，由于受到振荡、搅拌等作用，使得空气混入油中，以至形成泡沫，影响了油品的流动，润滑能力变差，特别是使液压系统不能正常工作。因此就要求油品有抗泡沫性，尤其是液压油。

三、润滑脂

润滑脂是一种常用润滑剂，广泛应用在机械设备中。与润滑油相比，它具有一系列的优点，例如温度范围比较宽；易于保持在滑动面上，不易流失和泄漏；润滑系统简化，密封简单，能有效地防止污染物和灰尘进入；防锈性与热氧化安定性优良。但是，更换润滑脂困难，散热不易，摩擦力矩比用润滑油大些，在高速场合应用的效果差些。

1. 润滑脂的组成

润滑脂主要由基础油、稠化剂和满足特殊性能要求的各种添加剂组成。它的构成不是一种简单的机械混合或物理变化，若从胶体化学的观点分析，可认为它是由作为稠化剂的分散相和作为基础油的分散介质高度分散而形成的二元胶分散体系。稠化剂分散于液体润滑剂中组成稳定的固体或半固体，加入添加剂是为了改善润滑脂的某些特性。

（1）基础油　润滑脂的基础油一般占润滑脂含量的80%～90%，润滑脂的流动性和润滑性主要取决于基础油。基础油的类型决定了润滑脂的高温蒸发性能，基础油的黏度和凝点决定了润滑脂的低温泵送性和相似黏度，基础油的黏温性能大致决定了润滑脂的高低温使用范围。

（2）稠化剂　稠化剂一般占润滑脂质量的10%～20%。它的主要作用是悬浮油液、保持润滑脂与摩擦表面紧密接触，比润滑油对金属的附着能力更高、流动性更小，故能降低润滑脂的流失、滴落或溅散。它也具有一定的润滑、抗压、缓冲和密封效应。稠化剂一般对温度不敏感，润滑脂的稠度随温度的变化较小，因而润滑脂比润滑油有更好的黏温性能。稠化剂的耐热性和耐水性好。

常用的稠化剂有皂基稠化剂和非皂基稠化剂。其中皂基稠化剂中脂肪酸金属皂是用的最多的稠化剂。

（3）添加剂　润滑脂的添加剂约占5%左右，它的作用是改善润滑脂的使用性能和寿命。按其功能不同可分为：

1）结构改善剂。这种添加剂主要用来稳定润滑脂中的胶体结构，提高矿物油对皂的溶解度，故又称为胶溶剂。它主要是一些极性较强的半极性化合物，如甘油、乙醇等。其他如锂基脂中添加的环烷酸皂、钙基脂中添加的醋酸钙等都属于结构改善剂。

2）抗氧剂。影响润滑脂氧化的因素很多，皂就是一种易起“氧化强化剂”作用的物质。为了提高润滑脂的抗氧化能力，可在其中添加二苯胺、苯基－α萘胺、苯基－β萘胺等抗氧剂。

3）极压抗磨剂。在高速、重载条件下，常在润滑脂中加入含硫、磷或氯的化合物，以提高润滑脂的油膜强度。这类添加剂有硫化、磷化的高级醇锌盐、磷酸酯类、有机酸皂类、氯化石蜡等。

4）防锈添加剂。在环境潮湿的条件下以及仪器仪表有防锈要求时，使用的润滑脂中常加入防锈添加剂。防锈添加剂为表面活性大的极性化合物，通常采用亚硝酸钠、石油磺酸钡、二壬基萘磺酸钡等。

5）抗水添加剂。指为了提高润滑脂的抗水性能加入的一种添加剂，主要用于无机稠化剂调制的润滑脂。例如，在硅胶表面覆盖一层有机硅氧烷，可提高硅胶基脂的抗水能力。

6）增黏剂。增黏剂可使润滑脂更牢固地附着于金属表面上，同时仍保持自身的可塑性。通常增黏剂是聚乙丁烯、聚甲基丙烯酸酯等高分子聚合物。

7）填料。填料是指加到润滑脂中的不溶解的固体物质。它可以提高润滑脂的抗磨性，也可在一定程度上提高使用温度。常用填料有石墨、二硫化钼、滑石粉、氧化锌、碳酸钙、炭黑、金属粉等。用的最多的是石墨和二硫化钼，它们的添加量一般为3% ~5%。

在润滑脂中加入带润滑性的固体填料可进一步提高润滑脂的润滑性和极压性。

2. 润滑脂的分类

常见润滑脂的分类方法有以下几种：

（1）按组成分类 按组成分类时，可以按基础油分为矿物油润滑脂和合成油润滑脂。按稠化剂分，基本上可分为皂基润滑脂和非皂基润滑脂。皂基润滑脂分为单皂基、混合皂基及复合皂基等类型；非皂基润滑脂分为有机润滑脂、无机润滑脂及烃基润滑脂等类型；还有皂基和非皂基混合基润滑脂（如锂皂 - 膨润土脂、复合铝 - 膨润土脂）、非皂基复合润滑脂（如聚脲醋酸钙复合脂）等类型。

（2）按应用分类

1）按主要作用可分为减摩润滑脂、保护润滑脂和密封润滑脂。

2）按应用范围可分为多效润滑脂、通用润滑脂和专用润滑脂。

3）按摩擦部件可分为滚动轴承润滑脂、齿轮润滑脂、阀门润滑脂和螺纹润滑脂等。

4）按应用的工业领域、机械设备可分为汽车工业用润滑脂、航空航天工业用润滑脂、钢铁工业用润滑脂、舰船用润滑脂、食品工业机械用润滑脂等，或分为车用、船用、飞机用、机械用润滑脂。

5）按使用的温度范围可分为：

① 低温用润滑脂。可工作于 -40℃以下，甚至 -60℃以下。

② 高温用润滑脂。可工作于100℃以上，甚至高达300℃以上。

③ 宽温用润滑脂。如 -60 ~120℃， -40 ~300℃等范围。

6）按负荷可分为重负荷极压润滑脂、普通用非极压润滑脂。

（3）按性能分类 按性能分类是指按润滑脂的理化性能进行分类。例如按稠度分为NLGI级的000号、00号、0号至6号几个等级。其中000号、00号润滑脂很软，外观类似流体，称为半流体润滑脂；很硬的、外观似固体的则称为砖脂。一般用固体油膏状的润滑脂，还有按抗水性、防锈性、基础油黏度等分类的润滑脂。

除按以上一般性能分类外，还可按特殊性能，如抗辐射性能分类。

为便于润滑脂的选择和使用，并注意到润滑脂的发展情况，国内外比较趋向于按应用并结合性能分类。如日本工业标准 JIS K2220—2013 按应用分类，并结合使用温度范围、负载大小等再分为若干种，分别制定产品标准。

关于润滑脂的分类，国际标准化组织（ISO）于1987年在ISO 6743/9—1987第9部分“润滑脂”中，公布了润滑剂和有关产品（L类）的分类标准。1990年我国也发布了与上述标准等效的国家标准 GB/T 7631. 8—1990。这套标准规定了润滑脂标记的字母顺序及定义，见表1-7及表1-8。

3. 润滑脂的主要性能指标

了解和认识润滑脂的性能指标，对于正确选用润滑脂，确保其使用效果有着重要的作用。

表1-7 润滑脂标记的字母顺序（GB/T 7631.8—1990）

L	X（字母1）	字母2	字母3	字母4	字母5	稠度等级
润滑剂类	润滑脂组别	最低温度	最高温度	水污染 （抗水性、防锈性）	极压性	稠度号

表1-8 X组（润滑脂）的分类

代号字母（字母1）	总的用途	使用要求									标记	备注
		操作温度范围				水污染	字母4	负荷EP	字母5	稠度		
		最低温度/℃①	字母2	最高温度/℃②	字母3							
X	用润滑脂的场合	0 -20 -30 -40 < -40	A B C D E	60 90 120 140 160 180 >180	A B C D E F G	在水污染的条件下，润滑脂的润滑性、抗水性和防锈性	A B C D E F G H I	在高负荷或低负荷下，表示润滑脂的润滑性和极压性，用A表示非极压型脂，用B表示极压型脂	A B	可选用如下稠度号： 000 00 0 1 2 3 4 5 6	一种润滑脂的标记是由代号字母X与其他4个字母及稠度等级号联系在一起来标记的	包含在这个分类体系范围里的所有润滑脂彼此相容是不可能的。而由于缺乏相容性，可能导致润滑脂性能水平的剧烈降低，因此，在允许不同的润滑脂相接触之前，应和产销部门协商

① 设备起动或运转时，或者泵送润滑脂时，所经历的最低温度。

② 在使用时，被润滑的部件的最高温度。

润滑脂的主要性能指标如下：

（1）理化性能

1）外观。通过目测和感观来检验润滑脂的外观质量，具体是判断润滑脂的颜色、光泽、软硬度、黏附性、均匀性及纤维状况和拉丝性等。

2）稠度。稠度表示润滑脂的软硬程度，一般用锥入度计测定。锥入度值越大，表示润滑脂稠度越小，润滑脂越软；反之，锥入度越小，表示润滑脂稠度越大，润滑脂越硬。

按照美国国家润滑脂协会（NLGI）的规定，润滑脂稠度按锥入度可分为000、00、0、1、2、3、4、5、6九个等级，其相对应的锥入度值和适用场合见表1-9。

3）含皂量。对未知组成的润滑脂，有必要测定其含皂量与含油量。通过测定润滑脂的含皂量和含油量，可以了解该润滑脂的其他物理性能是否与含皂量相对应。如果润滑脂中含皂量超过所要求的数量，尽管在常温下的锥入度合适，但是低温性、起动力矩、分油等性能等会有很大差异。

4）含水量。润滑脂中的水分有两种形式，一种是游离的水分，除了钙基润滑脂外，游离水分的存在会影响润滑脂的使用性能，加速润滑脂酸化，导致金属部件锈蚀，更为严重的是会破坏润滑脂体系的结构，降低胶体安定性和机械安定性，导致润滑脂无法起到润滑作用。特别是钠基润滑脂，对于游离水特别敏感，在生产、使用和储存过程中要特别注意。另外一种就是结合的水分，它作为润滑脂结构胶溶剂存在。

表 1-9　润滑脂稠度与锥入度值及适用场合对应表

NLGI 牌号	锥入度（25℃）	使用场合
000	445～475	开式齿轮，齿轮箱和减速器的润滑
00	400～430	
0	355～385	开式齿轮，齿轮箱或集中润滑系统
1	310～340	中速、中负荷的抗磨轴承润滑
2	265～295	较高速的针型轴承和滚子轴承润滑
3	220～250	中速、中负荷的抗磨轴承，汽车轮毂润滑
4	175～205	水泵，低速、高负荷的轴承和轴颈润滑
5	130～160	特殊条件下的润滑，如球磨机轴颈润滑
6	85～115	

5）灰分。润滑脂的组分中稠化剂和添加剂在经过高温燃烧后都会产生灰分，灰分来源于金属氧化物、矿物油中的无机物和原料中的杂质。根据灰分的多少可以粗略估计出润滑脂的皂含量和游离碱含量。灰分大的润滑脂，在使用过程中容易增加金属零件的磨损、腐蚀和积炭的产生，因而灰分对润滑脂的质量好坏有很重要的影响。

6）机械杂质。润滑脂中的机械杂质指除稠化剂、固体添加剂或填充物以外的固体物质。一般来源有未反应的无机盐类、从制脂设备上磨损下来的金属微粒和在制脂及储存过程中从外界混入的杂质（如尘土、沙粒等）等。这些杂质会造成零件的擦伤和磨损，尤其对于精密的轴承和机床等设备使用的润滑脂，应该严格控制其机械杂质的含量。

7）游离酸和游离碱。润滑脂中的游离酸特别是低分子有机酸或者过多的游离碱，都会引起金属部件的腐蚀以及润滑脂分油量的增大，稠度变软，滴点下降，影响实际使用性能。游离酸多数是矿物油氧化和皂化分解的产物。少量游离碱的存在对抑制皂的水解是有利的，但过多则易引起皂的凝聚。应该严格控制游离酸和游离碱的含量。

8）防锈性。润滑脂由于其良好的黏附特性，能在金属表面保持足够的脂膜，隔离水分、空气、酸性与腐蚀性气体或液体以免其腐蚀金属表面，因而润滑脂比润滑油更能使金属表面不受侵蚀。

9）橡胶配伍性。橡胶密封材料是防止外界污物进入设备零件的重要屏障，润滑脂与橡胶的配伍性直接影响到橡胶密封材料的使用寿命，因此要求润滑脂与橡胶的相容性好。一般采用润滑脂与合成橡胶的相容性和溶胀性来表征，即润滑脂与标准橡胶接触时，标准橡胶体积和硬度发生变化的程度。

（2）机械安定性和胶体安定性

1）机械安定性。润滑脂的机械安定性是指润滑脂在机械剪切力作用下，其骨架结构体系抵抗从变形到流动的能力。机械安定性取决于稠化剂纤维本身的强度、纤维间接触点的吸附力和稠化剂量，而与基础油的黏度无直接关系。它是影响润滑脂使用寿命的重要因素。但润滑脂在机械作用下，稠化剂纤维的剪断是在所难免的，故润滑脂的稠度必然会因使用时间的延长而降低。

2）胶体安定性。润滑脂的胶体安定性是指润滑脂在受热和受压的条件下，保持胶体结构稳定、基础油不被析出的能力。基础油析出是润滑脂的一种特性，微量的分油可以保持设备润滑，对润滑有利，但过度的分油会使胶体结构破坏、润滑脂变稠变硬、失去润滑作用，不能满足设备润滑的要求。胶体安定性取决于制备润滑脂的稠化剂含量、基础油的黏度以及稠化剂、基础油、添加剂之间的配伍性和制备工艺。

（3）氧化安定性和热安定性

1）氧化安定性。润滑脂氧化安定性是指润滑脂在储存和使用过程中抗氧化的能力。润滑脂的氧化安定性主要与基础油、稠化剂和添加剂有关。润滑脂的使用温度范围较宽、工作环境复杂、有害物质侵入、较长的使用时间等，都对润滑脂的氧化具有促进作用。特别是皂基润滑脂中的金属离子，它是润滑脂氧化反应的催化剂，这种促进作用使得皂基润滑脂比润滑油更容易氧化。氧化将会产生腐蚀性、胶质和破坏润滑脂结构的物质，这些物质容易引起金属部件的腐蚀和降低润滑脂的使用寿命。

2）热安定性。热安定性是指润滑脂在受热环境下的胶体安定性和使用寿命，它与润滑脂中的基础油和稠化剂有关。润滑脂在高温条件下使用时不仅会加速润滑脂基础油的蒸发，而且还会加速润滑脂的氧化和大量分油，导致润滑脂的胶体结构破坏而使润滑失效。一般用滴点作为润滑脂热安定性的指标，滴点是指润滑脂从不流动态转变为流动态的温度，用它预测润滑脂的最高使用温度界限。滴点越高，表明该润滑脂的热安定性越好。一般情况下应该选择滴点高于使用部位温度15℃以上的润滑脂产品，才能起到润滑和防护的作用。

（4）抗水性和防腐蚀性

1）抗水性。润滑脂抗水性是指润滑脂与水或水蒸汽接触时抗水冲洗和抗乳化的能力，主要与润滑脂的稠化剂类型有关。一些设备需要在水或水蒸汽存在的条件下运转，因而采用润滑的润滑脂必须具有良好的抗水性，否则润滑脂会在潮湿的环境中因吸水而逐渐乳化变质，最终导致其结构破坏流失、润滑失效、设备腐蚀损坏。

2）防腐蚀性。润滑脂的防腐蚀性主要是指润滑脂可以保护金属表面免于锈蚀的能力。设备处于空气、水及一些腐蚀性气体或液体环境中，如果润滑脂的防腐蚀性能较差，则设备容易被腐蚀。润滑脂的防腐蚀性主要是用“润滑脂铜片腐蚀试验”测定的。

（5）极压性和抗磨性

1）极压性。润滑脂涂在相互接触的金属表面形成脂膜，其能承载轴向和径向负荷的特性，叫作润滑脂的极压性。一般来说，在润滑脂中添加极压剂，如含有二硫化钼或有机钼化合物等可以提高润滑脂的极压性。

2）抗磨性。润滑脂涂在相互接触的金属表面形成脂膜，其能减轻表面的摩擦和磨损，防止烧结的特性，叫作润滑脂的抗磨性。

第四节　润滑油的选用、代用及更换

一、润滑油的选用

在购进新机器设备时，首先遇到的一个问题就是正确选用润滑剂。如果选用不当，设备就会出现故障，甚至产生设备毁坏的严重后果。润滑油的选择，原则上必须满足能够降低摩擦阻力和能源消耗，减小表面磨损，延长设备使用寿命，保障设备正常运转，并同时解决冷却、污染和腐蚀问题的要求。在具体选择油品时，主要根据机械设备摩擦副的工作条件选用。这时要考虑：

1. 载荷

摩擦副所承受的载荷大时，应选用黏度大或油性、极压性良好的润滑油；载荷小时，则选用黏度小的润滑油。

承受间隙性或冲击载荷时，应选用黏度较大或极压性好的润滑油。

2. 运动速度

摩擦副相对运动速度高时，选用黏度较小的润滑油；相对运动速度低时，可选用黏度大些的润滑油。

3. 温度

温度是指环境温度和工作温度。当环境温度低时，应选用低凝点的润滑油；当环境温度高时，则选用凝点较高的润滑油。设备零件所处的工作温度高时，应选用黏度较大、闪点较高、氧化安定性较好的润滑油，甚至可以选用固体润滑剂；在工作温度变化范围较大的润滑部位，要选用黏温性能好的润滑油。

4. 工作环境

在潮湿的工作环境里，或与水接触较多的工作条件下，应选用抗乳化性较强、油性和防锈性能较好的润滑油。

按照摩擦副选油的方法，可在工程手册中有关的图表上很方便地查到。

除上述最根本的选油方法外，还有以下两种选油思路：

1）选用的润滑油名称及其性能与所使用的机械设备或机器零件名称相一致。工业润滑油是按机械设备及润滑部位的名称来命名的，例如齿轮油用于齿轮传动部位，液压油用于液压传动系统，汽油机油用于汽油发动机的润滑等。所以，可按照油品名称选油。但应注意，不同厂家，其产品的质量也有所不同。

2）参考设备制造厂家推荐选用的油品。设备制造厂家应对润滑油有所了解和熟悉，并应按照摩擦副的工作条件选用合适的润滑油。但是使用设备的企业也应注意，生产厂家推荐的润滑油只能作为参考。

二、润滑油的代用

必须强调，应该正确选用润滑油，尽可能避免代用，更不允许乱代用。但在实际使用中，可能会出现一时买不到合适润滑油的情况，或新试制（或引进）的设备，相应的新的润滑油试制或生产尚未完成，这时则需要选择代用润滑油。

润滑油的代用原则：

1）代用的润滑油首先要满足设备的工作条件要求。例如，要考虑环境温度和工作温度：工作温度变化大的机械设备，代用油品的黏温性要好些；高温工作的机械设备，要考虑代用油的闪点和氧化安定性能否满足工作要求。

2）尽量用同种类润滑油或性能相近、添加剂类型相似的润滑油。

3）一般情况，使用黏度相同或黏度稍高一级的润滑油代用。

4）选用质量高一档的润滑油代用，保证设备润滑可靠。

选好代用润滑油后，应试运行，确认润滑可靠后方可正式代用。

三、润滑油的混用

在润滑油的实际使用中，有时会发生一种润滑油与另一种润滑油混用的问题，包括国产润滑油与国外润滑油之间、不同种类润滑油之间、同一种类不同厂家润滑油之间、同一种类不同牌号润滑油之间、新润滑油与正在使用润滑油之间混用等。润滑油混用后，能否保证质量、哪些润滑油可以混用、混用应注意哪些问题等，都需要认真探讨和试验。

1）一般情况下，应尽量避免混用。因为混用后，其黏度、闪点、比重、酸值、残炭及灰分均有变化，而且会因添加剂不同影响润滑油的相容性，产生沉淀等异常现象。

2）在以下特殊情况下，可以考虑混合。

① 高质量润滑油混入低质量润滑油，仍用于原使用的机器设备。

② 同一种类但不同牌号的润滑油若要混用，需经调整润滑油黏度、闪点等理化性能，经正确的掺配后方可混用。

3）对于尚不了解其性能的润滑油，如果确实需要混用，应在混用前做混用试验。如果混用试验中发现有异味或有沉淀生成，则不能混用。即使无异味，无沉淀生成，也最好测定混用前后润滑油的主要理化性能，以做判断和比较。

4）对混用油品的使用情况要跟踪检测。

四、润滑油的更换

润滑油的适时更换和更换周期的确定，应该科学、合理。比较科学可靠的方法是依据润滑油的质量指标来确定是否需要更换，也就是“以按质换油取代按时换油”。

按此原则实施的做法是：

1）参考设备制造厂的推荐换油周期和考察设备的实际运转情况，例如运转是否正常，有无振动、噪声，有无发热，油压是否正常，过滤器是否完好等，做出是否要抽取油样检验的决定。

2）根据润滑油检验情况确定是否更换润滑油。对于机械设备来讲，一般检验润滑油的黏度、酸值、水分、闪点、杂质、总酸值或总碱值等常规理化性能指标；特殊工况还要考虑检验相关指标，例如重载情况时需要检验极压性，若是液压油还要检验其清洁度等。

有了检验结果，还要分析这些指标对润滑油质量的具体影响，才能决定是否更换。例如黏度超标、酸值过大或水分引起油液乳化等，均应采取更换的方法。

润滑油的更换是一个比较复杂的问题，如上所述，要对设备的实际运转情况和油品的检验结果做具体分析，并在实践中不断总结，以制订出合理的设备换油指标和换油周期。相关手册中的各种润滑油换油指标的国家标准和专业标准也可供参考。

第五节　机械设备润滑系统

合理选择和设计机械设备的润滑方法、润滑系统和装置对于设备保持良好的润滑状态和工作性能，以及获得较长使用寿命都具有重要的意义。

润滑系统的选择和设计包含润滑剂的输送、控制、冷却、净化，以及压力、温度、流量等参数的监控。同时还应考虑以下三个方面的情况：摩擦副类型及工作条件、润滑类型及其性能、润滑方法及供油条件。

在对设备及其润滑要求全面了解和分析的基础上，选择润滑系统的原则如下。

1）确定润滑剂的品种。

2）首先保证主要零部件润滑，然后综合考虑其他部位润滑。

3）避免产生不适当的摩擦、噪声和温升，使摩擦副提前失效、损伤。

4）便于保养维修。

一、润滑方法

机械设备所使用的润滑方法主要有分散润滑和集中润滑两大类型，它们又可分为全损耗性和循环式两类。此外，还可根据润滑剂的类型分为润滑油润滑和润滑脂润滑。

1. 分散润滑

分散润滑是指针对个别的、分散的润滑点实施的润滑方式。润滑方式具体有手工加油润滑、油绳润滑、飞溅式润滑、油浴式润滑、油杯润滑及油链润滑等。常用的加油工具有油壶、油枪、气溶胶喷枪等。

2. 集中润滑

集中润滑是指对设备中众多的润滑点使用供油系统提供润滑的方式。根据操纵方法，集中润滑可分为手动、半自动及自动操纵三种类型。

按照润滑方式，集中润滑又可分为全损耗系统、循环系统和静压系统三种基本类型。其中全损耗润滑系统是指润滑剂送至润滑点以后，不再回收循环使用，常用于润滑剂回收困难或无须回收、需油量很小、难以安置油箱或油池的场合。循环系统是润滑剂送至润滑点进行润滑以后又流回油箱再循环使用。静压系统则是利用外部的供油装置，将具有一定压力的润滑剂输送到静压轴承中进行润滑的系统。

二、润滑系统的分类和形式

图 1-10 清楚地表示了润滑系统的分类情况。

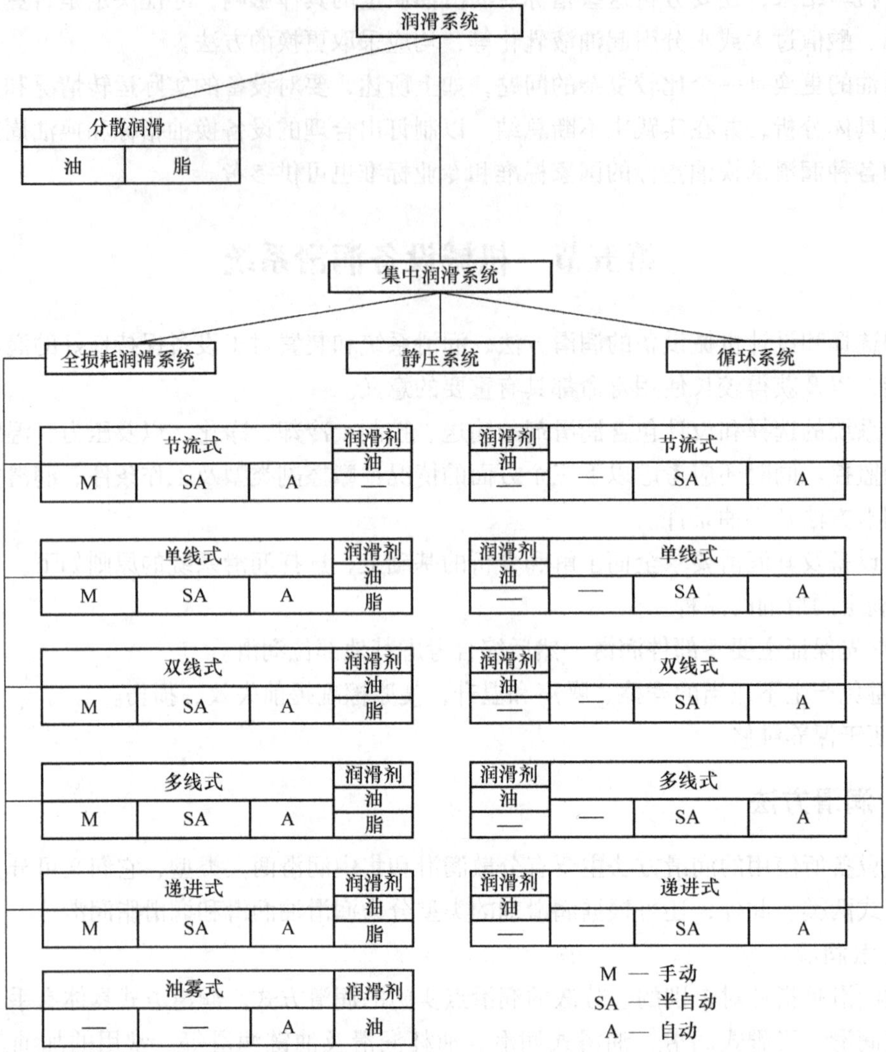

图1-10 润滑系统分类

机械设备中广泛使用的集中润滑系统有下列几种形式（见图1-11）：

1）节流式。利用流体阻力分配润滑剂，其流量正比于压力和节流孔孔径。

这种方式的供油压力为0.2～1.5MPa，润滑点可达300点以上。

2）单线式。主油管送油至方向阀，利用方向阀结构，间断地向润滑点供油。其供油压力在0.3～21MPa之间，可供200点以上的润滑点。

3）双线式。借助方向阀实现其后两条主油路的交替供油，再利用润滑剂交替变化的压力升降操纵定量分配器，把定量润滑剂供送至各润滑点。其供油压力在0.3～21MPa之间，可供2000个润滑点。

4）多线式。多头油泵的多个出口可通过管路直接将定量的润滑剂送至相应的润滑点。其供油压力在0.3～21MPa之间，可供2000个润滑点。

5）递进式。由压力升降操纵定量分配器，按预定的递进程序将润滑油送至各润滑点。

其供油压力在0.3～21MPa之间，可供800个润滑点。

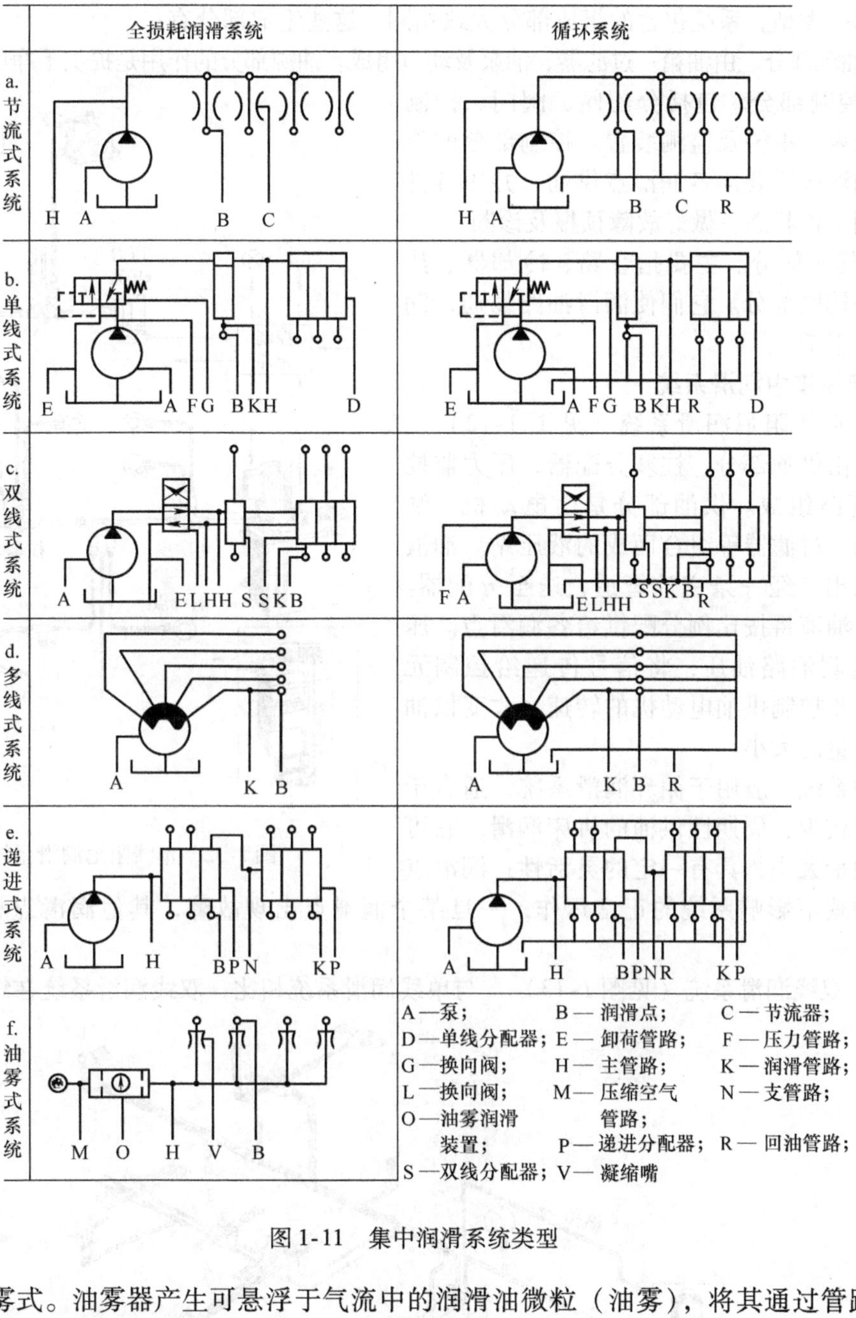

图1-11　集中润滑系统类型

6）油雾式。油雾器产生可悬浮于气流中的润滑油微粒（油雾），将其通过管路送至凝缩嘴，由凝缩嘴将油雾转变成所需粒度并送至润滑点。

三、集中润滑系统

集中润滑系统的主要特点是：准确、定时定量、效率高、使用方便；提高设备的使用寿命，保证机器的使用性能。

1. 集中润滑系统的分类与组成

集中润滑系统的分类方法较多，可按管路设置、回油方式、运动状态或润滑元件分类。无论是哪一类型，系统包含的组成部分大致相同，这些组成部分有：

1）油源部分。由油箱、过滤器、油泵及动力组成。油源部分的作用是提供干净的润滑油液。

2）控制部分。包括分配阀、阀门、控制装置、仪表、报警及监测装置。控制部分的作用是使油液按需要向各润滑点供油，并用各种方法监测工作状态，做好故障预报及诊断。

3）其他部分。主要指管路、冷却器、热交换器等辅助部分。它们使润滑油路畅通，润滑油供给正常。

2. 稀油集中润滑系统

（1）单线阻尼润滑系统（见图1-12）　这种系统由供油部分、柱塞分配器、压力监控部分及管路组成。供油部分是由电动机、油泵、油箱、过滤器等组合而成的液压站。油液经油泵泵出，经一条主油管道，送至分配器。在这里，油液将按比例分配供给各润滑点。压力开关监测油路油压，将信号传递给控制元件，进一步控制供油电动机的转速，改变供油泵输出油量的大小。

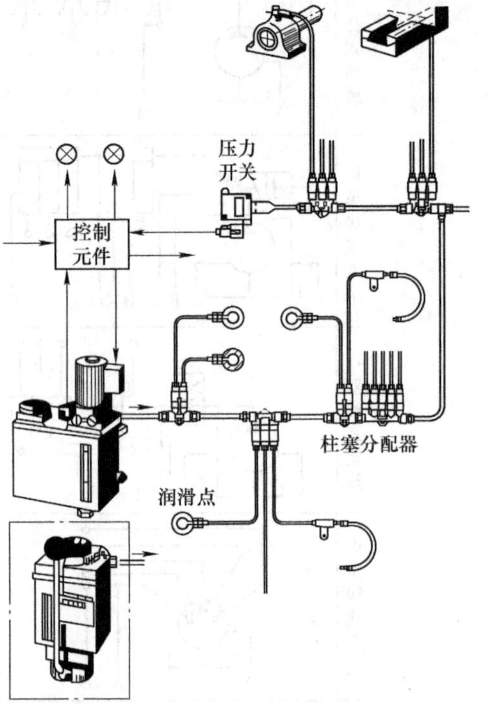

图1-12　单线阻尼润滑系统

这种系统一般用于循环润滑系统，适合于油量需要较少、周期性供油的机床润滑。它可以改变油量大小，具有一定的灵活性；润滑点的少量增减不影响系统的正常运作；一旦某个润滑点出现故障，其他润滑点也不会受到影响。

（2）双线润滑系统（见图1-13）　与单线润滑系统相比，双线润滑系统在结构上（元

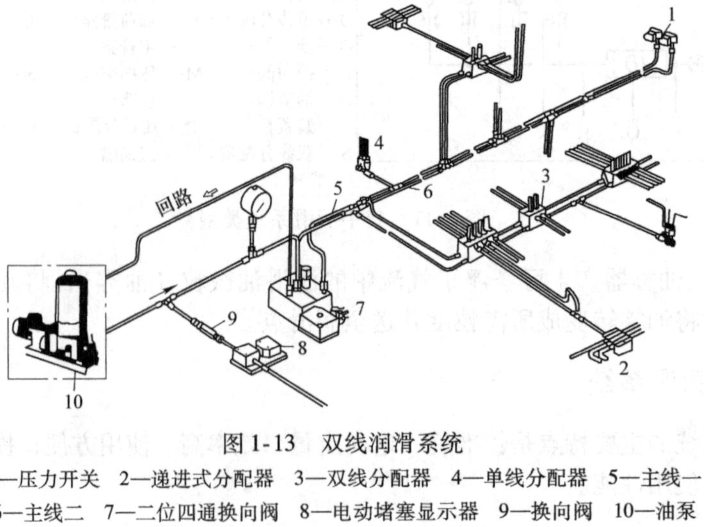

图1-13　双线润滑系统

1—压力开关　2—递进式分配器　3—双线分配器　4—单线分配器　5—主线一　6—主线二　7—二位四通换向阀　8—电动堵塞显示器　9—换向阀　10—油泵

件、管路）有所不同；使用了大流量油泵；除了分配器、压力开关外，增加了换向阀；主管路增至两条；监控系统也增加了堵塞显示器及调压阀。

油液从油泵出来后，由主管道向分配器（分流器）供油。本系统采用单线分配器、双线分配器及递进分配器向各润滑点提供润滑油。

二位四通换向阀的作用是改变主油管的功能。当换向阀是主油管之一（比如图中主线一）供油时，另一主油管则处于卸压状态，即该油管中未用的油液返回油箱。管路末端的压力开关则是换向阀的控制元件。当各润滑点已经得到润滑后，油路中的油液压力升高，压力开关动作，换向阀换向，并为另一主管路供油做准备。

（3）递进式润滑系统（见图1-14）　同其他润滑系统一样，递进式润滑系统主要由泵站、分配器、控制器组成。系统具有压力高、定量、准确的特点，并能对任一润滑点的故障做出准确预报，终止运行。

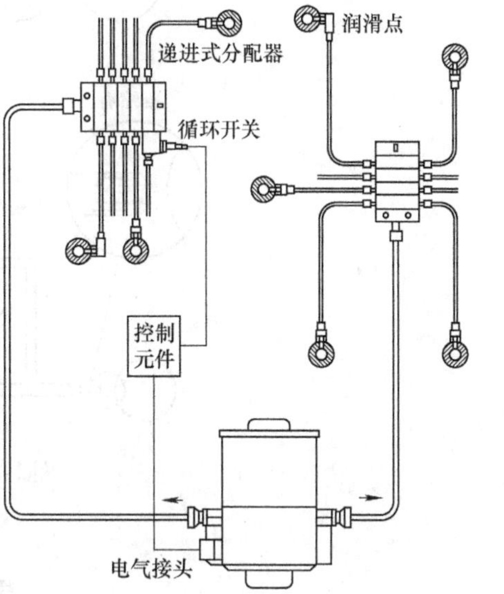

图1-14　递进式润滑系统

递进式分配器是该系统的关键，如图1-15所示。递进式分配器由进油板D、终端板E及若干供油板组成。每块供油板都有两个排油口，根据润滑点的数量选用供油板。

图1-15选用A、B、C三块供油板的分配器。图中1～6是出油口的代号，也是分配器的出油顺序。其工作原理如下（以图示工作状态为例）：

1）油液经供给口同时向A、B、C供油。

2）供油板B的阀芯在右位，油液经内部油路进入A板左腔（如箭头所示），迫使阀芯置于右位。

进入C板的油液经阀芯后再进入B板左腔，所以B板处于图示位置。

3）进入A板的油液，经左边通路进入C板右腔，迫使阀芯左移。左腔油液流出，经管路进入A板中部右腔，再经管路流出通路1。

由于C板阀芯左移，由供给口来的油液换位进入C板中部右边油腔，再进入B板右腔，使B板阀芯左移，左腔油液经换位后经C板阀芯中部左腔流向出口2。

4）B板阀芯移位，使通过供给口的油液经B板中部右腔进入A板右腔，其阀芯左移，左腔油液经B板中部左腔流向通路3。

三块板的阀芯均换至左位，实现1、2、3供油口向润滑点供油。

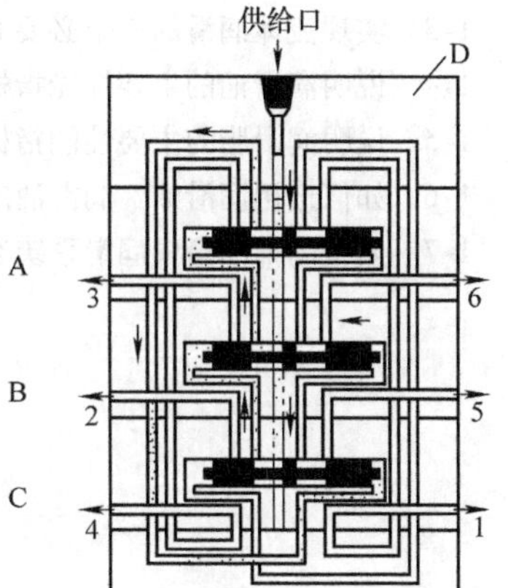

图1-15　递进式分配器工作原理
1～6—出油口　A、B、C—供油板
D—进油板　E—终端板

同理可分析出其他三个出油口的供油顺序。

（4）油雾润滑系统 指将油雾润滑装置与其他相应的部分组合而成的润滑系统，如图1-16所示。该润滑系统包括动力、控制、冷却、监测等部分。它具有油温、油雾压力、油雾浓度及油雾量等参数的监控功能，能对多种润滑点实施润滑。

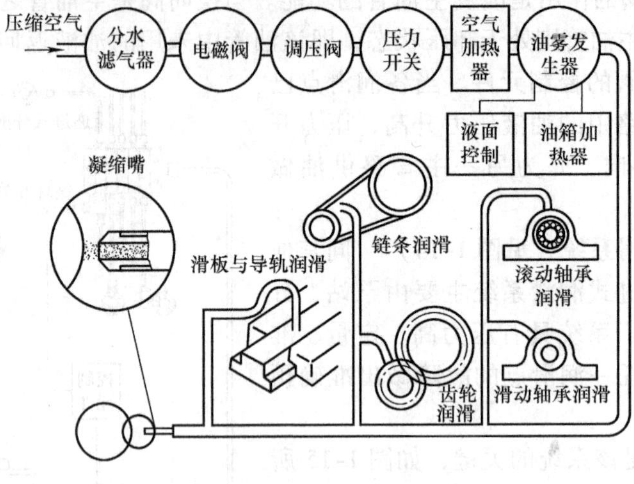

图1-16 油雾润滑系统图

思 考 题

1-1 磨损形式主要有哪几种？每一种磨损产生的机理是什么？影响因素有哪些？

1-2 绘出Stribeck曲线，并对其进行说明。

1-3 实现流体润滑的三个必要充分条件是什么？

1-4 说明润滑油的主要性能指标。

1-5 说明润滑脂的主要性能指标。

1-6 如何选用润滑油？润滑油的更换原则是什么？

1-7 典型的稀油集中润滑系统有哪些？

第二章 机械设备状态监测与故障诊断技术

第一节 概 述

机械设备的状态监测与故障诊断是指利用现代科学技术和仪器，根据机械设备（系统、结构）相关信息参数的变化来判断机器内部的工作状态或机械结构的损伤状况，确定故障的性质、程度、类别和部位，预报其发展趋势，并研究故障产生的机理。

一、机械故障及其分类

机械故障就是指机械系统因偏离其设计状态而丧失部分或全部功能的现象。例如：发动机发动不起来、机床运转不平稳、汽车制动不灵等。

故障的分类方法有多种，不同的分类方法反映了机械故障的不同侧面，对机械故障进行分类的目的是更好地针对不同的故障形式采取相应的对策。常见的故障分类见表 2-1。

表 2-1 常见的故障分类

分类的依据	故障名称	定 义
按发生的原因分	磨损性故障	机械系统因使用过程中的正常磨损而引发的一类故障
	使用性故障	因使用不当而引发的故障
	先天性故障	由于设计或制造不当造成机械系统中存在某些薄弱环节而引发的故障
按引发故障的过程速率分	渐发故障	通过事前测试或监控可以预测到的故障
	突发故障	通过事前测试或监控不能预测到的故障
按功能分	潜在故障	对运行中的设备如不采取预防性维修和调整措施而继续使用，到某个时候将会发生的故障。这类故障往往是随机发生的
	功能故障	产品不能继续完成自己功能的故障
按故障影响的程度分	轻微故障	设备略微偏离正常的规定指标，但设备运行几乎不受影响的故障
	一般故障	设备运行质量下降，导致能耗增加、噪声增大等故障
	严重故障	某些关键设备或部件整体功能丧失，造成停机或局部停机的故障
	恶性故障	设备遭受严重破坏造成重大经济损失，甚至危及人身安全或造成严重环境污染的故障

二、机械故障诊断的分类

机械故障诊断，就是对机械设备所处的状态进行监测，判断其是否正常，当出现异常时，分析其产生的原因和部位，并预报其发展趋势。机械故障诊断可以分类如下：

1. 按目的分

（1）功能诊断　即对新安装或刚维修过的机械设备诊断其功能是否正常。

（2）运行诊断　即对服役中的机械设备进行的诊断。

2. 按时间分

（1）定期监测　即每隔一定的时间对服役中的机械设备进行检查和诊断，也称离线监测。

（2）在线监测　即连续地对服役中的机械设备进行监测。

3. 按提取信息的方式分

（1）直接诊断　诊断对象与诊断信息来源直接对应的一种诊断方法。

（2）间接诊断　诊断对象与诊断信息来源不直接对应的一种诊断方法。

4. 按诊断时所要求的机械运行工况条件分

（1）常规工况诊断　在机械的正常运行条件下进行的一种故障诊断方式。

（2）特殊工况诊断　对某些机械需为其创造特殊的工作条件才能对其进行诊断的诊断方式。

5. 按诊断的程度分

（1）简易诊断　对机械设备的状态做出相对粗略的判断。一般只回答“有无故障”等问题，而不分析故障原因、故障部位及故障程度等。

（2）精密诊断　是在简易诊断基础上更为细致的一种诊断过程，它不仅要回答“有无故障”的问题，而且还要详细地分析出故障原因、故障部位、故障程度及其发展趋势等一系列的问题。

三、机械故障诊断技术的工作内容

对设备的诊断有不同的技术手段，较为常用的有振动监测与诊断、噪声监测、温度监测与诊断、油液诊断、无损检测技术等。设备诊断技术尽管很多，但基本上离不开信息的采集、分析和处理，状况的识别、诊断，预测和决策三个环节。

机械设备状态监测及诊断技术的主要工作内容是：

（1）保证机器的运行状态在设计的范围内　例如：监测机器振动位移可以对旋转零件和静止零件之间的临近接触状态发出报警；监测振动速度和加速度可以了解受力是否超过了极限；监测温度可以知晓强度是否降低和有无过热损伤等。

（2）随时报告运行状态的变化情况和恶化趋势　例如：虽然振动监测系统不能制止故障发生，但能在故障还处于初期和局部范围时就发现并报告它的存在，以防止恶性事故的发生和继发性损伤。

（3）提供机器状态的准确描述　机器的实际运行状态，是决定机器小修、项修、大修的周期和内容的依据，从而避免对机器不必要的拆卸。

（4）故障报警　警告某种故障的临近，特别是报警危及人身和设备安全的恶性事故。实施故障诊断技术可以保证设备安全、可靠、长周期、满负荷地运行。

第二节　振动监测与诊断技术

在机器、零部件及基础等表面能感觉到或能测量到的振动，往往是某一振动源在固体中的传播，而异常振动源的存在，又大都反映着设备的设计、材料或使用缺陷。随着零件的磨损，零件表面产生的剥落、裂纹等现象的发展，振动将相应发展。另一方面，机械设备还可能因为某个微小的振动，引起其结构或部件的共振响应，从而导致机械设备状态的迅速恶化。我们研究机械振动的目的是了解各种机械振动现象的机理，破译机械振动所包含的大量信息，进而对设备的状态进行监测，分析设备的故障。因此，根据对机械振动信号的测量和分析，就可在不停机和不解体的情况下对其劣化程度和故障性质有所了解。

由于振动诊断的理论和测量方法都比较成熟，诊断结果准确可靠、便于实施等，因此振动监测与诊断技术广泛地应用于各种设备的状态监测及故障诊断中。

一、机械振动的基本知识

机械振动是指物体在平衡位置附近做往复的运动，它表示机械系统运动的位移、速度、加速度量值的大小随时间在其平均值上下交替重复变化的过程。机械振动可分为确定性振动和随机性振动两大类，确定性振动的振动位移是时间 t 的函数，可表示为：$x=x(t)$。而随机性振动则因其振动波形呈不规则变化，只能用概率统计的方法来描述。机械设备状态监测中常遇到的振动有周期振动、近似周期振动、窄带随机振动和宽带随机振动及其中几种振动的组合。周期振动和近似周期振动属确定性振动范围，由简谐振动及简谐振动的叠加构成。

1. 简谐振动

简谐振动是机械振动中最基本、最简单的振动形式。其振动位移 x 与时间 t 的关系可用正弦曲线表示，表达式为

$$x(t)=D\sin(2\pi t/T+\varphi) \tag{2-1}$$

式中 D——振幅，又称峰值，$2D$ 称为峰－峰值，其单位为 mm 或 μm；

T——振动周期，即再现相同振动状态的最小时间间隔，单位为 s；

φ——振动的初相位，单位为 rad。

每秒振动的次数称为振动频率，显然振动周期的倒数即为振动频率，即

$$f=1/T$$

式中 f——振动频率，单位为 Hz。

频率 f 又可用角频率来表示，即

$$f=\omega/(2\pi)$$

因此，式（2-1）还可表示为

$$x(t)=D\sin(\omega t+\varphi) \tag{2-2}$$

此处令 $\psi=\omega t+\varphi$。ψ 称为简谐振动的相位，是时间 t 的函数，单位为 rad。

振幅、频率和相位是描述机械振动的三个基本要素。

简谐振动除可用位移表示外，同样可用相应的振动速度和加速度表示。速度和加速度的表达式可由式（2-2）经过一次和二次微分求得

$$v(t)=\mathrm{d}x/\mathrm{d}t=D\omega\cos(\omega t+\varphi)=V\sin(\omega t+\pi/2+\varphi) \tag{2-3}$$

$$a(t)=\mathrm{d}v/\mathrm{d}t=-D\omega^2\sin(\omega t+\varphi)=A\sin(\omega t+\pi+\varphi) \tag{2-4}$$

位移、速度和加速度是描述机械振动的三个特征量。

2. 实测的机械振动

机械设备的振动通过传感器转换成电信号，在测试仪器的显示屏上可以见到的是一条时间轴上的波形曲线。实际的振动信号是随机信号，无法用确定的时间函数来表达，只能用概

率统计的方法来描述。

一般在时域振动波形上提取和考察以下几个特征值对被测机器的振动状态做初步评价。

（1）振幅　振幅表征机械振动的强度和能量，通常以峰值、平均值和有效值表征。

1）峰值。X_p 表示振幅的单峰值。在实际振动波形中，单峰值表示振动瞬时冲击的最大幅值。X_{p-p}表示振幅的双峰值，又称峰-峰值，它反映了振动波形的最大偏移量。

2）平均值。$\overline{X}$ 表示振幅的平均值，是在时间 T 范围内设备振动的平均水平，其表达式为

$$\overline{X} = \frac{1}{T}\int_0^T x(t)\,\mathrm{d}t$$

3）有效值。X_{rms}表示振幅的有效值，它表征了振动的破坏能力，用来衡量振动能量的大小。ISO 标准规定，振动速度的方均根值即为有效值，称为“振动烈度”，作为衡量振动强度的一个标准。其数学表达式为

$$X_{rms} = \sqrt{\frac{1}{T}\int_0^T x^2(t)\,\mathrm{d}t}$$

（2）频率　频率是振动的重要特征之一。不同的结构、不同的零部件、不同的故障源，则产生不同频率的机械振动。

（3）相位　相位与频率一样都是用来表征振动特征的重要信息。不同振动源产生的振动相位不同。对于两个振源，相位相同可使振幅叠加，产生严重后果；反之，相位相反可能引起振动抵消，起到减振作用。

二、机械振动信号的分析方法

为从信号中提取对诊断有用的信息，我们必须对信号进行分析处理，提取与状态有关的特征参数。如果没有对信号的分析处理，就不可能得到正确的诊断结果。因此，信号处理是设备诊断中不可缺少的步骤。

振动信号的分析方法，可按信号处理方式的不同分为幅值域分析、时域分析以及频域分析。信号分析在波形的幅值上进行，如计算波形的最大值、最小值、平均值、有效值，研究波形幅值的概率分布等。这种在幅值上的各种处理称为幅值域分析。信号波形是某种物理量随时间变化的关系，研究信号在时间域内的变化或分布称为时域分析。频域分析是确定信号的频域结构，即信号中包含哪些频率成分，分析的结果是以频率为自变量的各种物理量的谱线或曲线。不同的分析方法是从不同的角度观察、分析信号，使信号处理的结果更加丰富。

1. 数字信号处理

各种机械状态量（如振动、转速、温度、压力等）一般用相应的传感器转换为电信号再进行处理。通常传感器获得的信号为模拟信号，它是随时间连续变化的。随着计算机技术的飞速发展，信号分析中一般都将模拟信号转换为数字信号再进行各种计算和处理。

（1）采样　采样是指将所得到的连续信号离散为数字信号，其过程包括取样和量化两个步骤。

将取样的一连续信号 $x(t)$ 按一定的时间间隔 Δt 逐点取得其瞬时值，称为取样值。量化是将取样值表示为数字编码。量化有若干等级，其中最小的单位称为量化单位。由于量化将取样值表示为量化单位的整数倍，因此必然会引入误差。由图 2-1 可知，连续信号 $x(t)$ 通过取样和量化在时间和大小上成为一组离散的数字信号。采样过程是通过专门的模数转换

（A/D）芯片实现的。

（2）采样间隔及采样定理 采样的基本问题是如何确定合理的采样间隔 Δt 和采样长度 T，以保证采样所得的数字信号能真实反映原信号 $x(t)$。显然，采样频率 f_s（$f_s=1/\Delta t$）越高，则采样越细密，所得的数字信号越逼近原信号。但当采样长度一定时，f_s 越高，数据量 $N=T/\Delta t$ 越大，所需内部存储量和计算量就越大。根据 Shannon 采样定理，带限信号（信号中的频率成分 $f<f_{max}$）不丢失信息的最低采样频率为

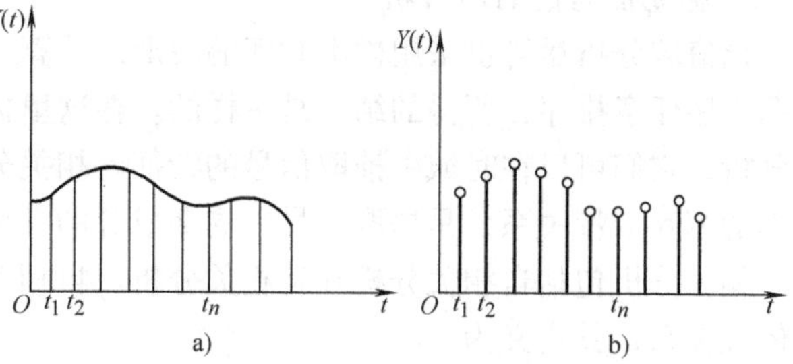

图 2-1 信号的采样过程

a）取样 b）量化

$$f_s \geqslant 2f_{max}$$

式中 f_{max}——原信号中最高频率成分的频率。

当不满足采样定理时，将会产生频率混淆现象，采样得到的数字信号将不能正确反映原有信号的特征。

解决频率混淆的办法是：

1）提高采样频率以满足采样定理。$f_s=2f_{max}$ 为最低限度，一般取 $f_s=(2.56\sim4)f_{max}$。

2）用低通滤波器滤掉不需要的高频成分以防止频混现象。此时的低通滤波器也称为抗混频滤波器。如滤波器的截止频率为 f_c，则有 $f_s=(2.56\sim4)f_c$。

（3）采样长度和频率分辨率 采样长度太长会使计算量增大；但采样长度过短则不能反映信号的全貌，信号分析的频率分辨率不够（$\Delta f=1/T$）。因此必须综合考虑采样频率和采样长度的问题。一般在信号分析仪中，采样点数是固定的（如 $N=1024$、2048、4096 等），各档分析频率的范围取

$$f_a=\frac{f_s}{2.56}=\frac{1}{2.56\Delta t}$$

则频率分辨率为

$$\Delta f=\frac{1}{N\Delta t}=\frac{2.56f_a}{N}=\left(\frac{1}{400},\ \frac{1}{800},\ \frac{1}{1600},\ \cdots\right)f_a$$

这就是信号分析仪的频率分辨率选择中通常所说的 400 线、800 线、1600 线等。

2. 振动信号的幅值域分析

通常振动位移、速度或加速度等特征量的有效值、峰值或平均值均可作为描述振动信号的一些简单的幅值域参数。具体选用什么参数则要考虑机器振动的特点，还要看哪些参数最能反映状态和故障特征。

常规幅值域参数通常又称为有量纲幅值域诊断参数，它们会随着故障的发展而上升，也会因工作条件的变化而改变。为此产生了对故障足够敏感的无量纲幅值域参数，以满足故障监测更高的需求。在机械故障诊断领域中，目前常用的无量纲指标有波形指标、峰值指标、脉冲指标、裕度指标、峭度指标等。

随机信号的幅值概率密度函数 $p(x)$ 是指振动信号幅值为 x 的概率。通过幅值概率密

度函数的形状可以判断信号的类型，它可直接用于机械设备的故障诊断。

3. 振动信号的时域分析

幅值域分析尽管也采用样本时间的波形来计算，但它不关心数据产生的先后顺序，若将数据次序任意排序，所得的结果是一样的。在这里提出的时域分析，主要是指相关分析和时序分析，它们可以在时域中抽取信号的特征。相关分析又称时延分析，用于描述信号在不同时刻的相互依赖关系，是提取信号中周期成分的常用手段。

相关分析包括自相关分析和互相关分析。自相关函数描述的是同一信号中不同时刻的相互依赖关系，其定义为

$$R_x(\tau) = \lim_{T\to\infty} \frac{1}{T}\int_0^T x(t)x(t+\tau)\mathrm{d}t$$

4. 振动信号的频域分析

时域分析往往只能粗略地回答机械设备是否有故障，有时也能得到故障严重程度的信息，但不能提供故障发生的部位等信息。频域分析能通过了解测试对象的动态特性，例如在振动信号中出现不同的频率成分，从而对设备的状态做出评价并准确而有效地诊断设备故障和对故障进行定位，为防止故障的发生提供分析依据。

实际的设备振动信号包含了设备许多的状态信息，因为故障的发生、发展往往会引起信号频率结构的变化，根据这些频率成分的组成和大小，就可对故障进行识别和评价。频域分析是基于频谱分析展开的，即在频域将一个复杂的信号分解为几个简单信号的叠加，这些简单信号对应各种频率分量并同时体现出幅值、相位、功率及能量与频率的关系。

频谱分析中常用的频谱有幅值谱和功率谱。另外，自回归谱也常用来作为必要的补充。幅值谱表示了振动参数（位移、速度、加速度）的幅值随频率分布的情况；功率谱表示了振动参数的能量随频率的分布情况；相应地自回归谱为时序分析中自回归模型在频域中的转换。频谱分析计算是以傅里叶积分为基础的，它将复杂信号分解为有限或无限个频率的简谐分量，目前频谱分析中已广泛采用了快速傅里叶分析方法（FFT）。

实际上设备的振动情况相当复杂，不仅有简谐振动、周期振动，而且还伴有冲击振动、瞬态振动和随机振动，必须用傅里叶变换的分析方法对这类振动信号进行分析。

时域函数 $x(t)$ 的傅里叶变换为

$$X(f) = \int_{-\infty}^{\infty} x(t)\mathrm{e}^{-i2\pi ft}\mathrm{d}t \tag{2-5}$$

相应的时域函数 $x(t)$ 也可用 $X(f)$ 的傅里叶逆变换表示为

$$x(t) = \int_{-\infty}^{\infty} X(f)\mathrm{e}^{i2\pi ft}\mathrm{d}f \tag{2-6}$$

式（2-5）和式（2-6）称为傅里叶变换对。

$|X(f)|$ 为幅值谱密度，一般称为幅值谱。

功率谱可由自相关函数的傅里叶变换求得，也可由幅值谱计算得到。其定义为

$$S_x(f) = \int_{-\infty}^{\infty} R_x(\tau)\mathrm{e}^{-i2\pi f\tau}\mathrm{d}\tau \tag{2-7}$$

$$S_x(f) = \lim_{T\to\infty} \frac{1}{2T}|X(f)|^2 \tag{2-8}$$

实际上，对于机械设备中的复杂振动，正是通过傅里叶变换得到频谱，再以频谱图为依

据来判断故障的部位以及故障的严重程度的。

三、简易振动监测参数及其选择

1. 测定参数的选定

通常用于描述机械振动响应的三个参数是位移、速度、加速度。从测量的灵敏度和动态范围考虑，高频时的振动强度由加速度值度量，中频时的振动强度由速度值度量，低频时的振动强度由位移值度量。但要注意，当冲击是主要问题时应测量加速度，振动能量和疲劳是主要问题时应测量速度，振动的幅度和位移是主要问题时应测量位移。

2. 测量位置的选定

首先应确定是测量轴振动还是轴承振动。一般说来，测量轴比测量轴承座或机壳的振动信息更为直接和有效。在出现故障时，转子上振动的变化比轴承座或机壳要敏感得多。不过，测量轴的振动常常要比测量轴承座或外壳的振动需要更高的测试条件和技术，其中最基本的条件是能够合理地安装传感器，因为测量转子振动的非接触式涡流传感器安装前一般需要加工设备外壳，保证传感器与轴颈之间没有其他物体。在高速大型的旋转设备上，传感器的安装位置常常是在制造时就留下的，目的是对设备实行连续在线监测。而对低速中、小型设备来说，常常不具备这种条件，在此情况下，可以选择在轴承座或机壳上放置传感器的方法进行测试。通过测量轴承振动可以检测机械的各种振动，这种测量方法因受环境影响较小而易于进行，而且所用仪器价格低，装卸方便，但测量的灵敏度和精度较低。

其次应确定测点位置。一般情况下，测点位置选择的总原则是：能对设备振动状态做出全面的描述；应是设备振动的敏感点；应是离机械设备核心部位最近的关键点；应是容易产生劣化现象的易损点。因此测点应选在接触良好、表面光滑、局部刚度较大的部位。值得注意的是，测点一经确定之后，就要经常在同一点进行测量。特别是高频振动，测点对测定值的影响更大。为此，确定测点后必须做出记号，并且每次都要在固定位置测量。如机座、轴承座，一般都选为典型测点。对于大型设备，通常必须在机器的前中后、上下、左右等多个部位上设测点进行测量。在监测中还可根据实际需要和经验增加特定测点。

不论是测轴承振动还是测轴振动，都需要从轴向、水平和垂直三个方向测量。考虑到测量效率及经济性，一般应根据机械容易产生的异常情况来确定重点测量方向。

3. 振动监测的周期

振动监测周期的确定应以能及时反映设备状态变化为前提，根据设备的不同种类及其所处的工况确定振动监测周期。通常有以下几类。

（1）定期监测　即每隔一定的时间间隔对设备监测一次，间隔的长短与设备类型及状态有关。高速、大型的关键设备，振动状态变化明显的设备，新安装及维修后的设备都应较频繁地检测，直至运转正常。

（2）随机检查　对不重要的设备，一般不定期地进行检测。发现设备有异常现象时，可临时对其进行测试和诊断。

（3）长期连续监测　对部分大型关键设备应进行在线监测，一旦测定值超过设定的门槛值即进行报警，进而对机器采取相应的保护措施。

对于定期监测，为了早期发现故障，以免故障迅速发展到严重的程度，监测的周期应尽可能短一些；但如果监测周期定得过短，则在经济上是不合理的。因此，应综合考虑技术上的需要和经济上的合理性来确定合理的监测周期。连续在线监测主要适用于重要场合或由于工况恶劣不易靠近的场合，相应的监测仪器较定期监测的仪器要复杂，成本也要高些。

四、振动监测标准

机械设备的振动标准，一般可分为绝对判断标准、相对判断标准和类比判断标准三大类。

（1）绝对判断标准　绝对判断标准是将被测量值与事先设定的“标准状态门槛值”相比较以判定设备运行状态的一类标准。常用的振动判断绝对标准有 ISO2372、ISO3495、VDI2056、BS4675、GB/T 6075.1—2012、ISO10816 等。常用的机械设备振动速度分级标准见表 2-2，其中：A 表示设备状态良好；B 表示允许；C 表示较差；D 表示不允许状态。

旋转机械的振动位移标准如图 2-2 所示。它适用于振动不直接影响加工质量的机器。

表 2-2　机械设备振动速度分级标准

<table>
<tr><td colspan="6">ISO2372
（适用于转速为 10～200r/s，信号频率在 10～1000Hz 范围内的旋转机械）</td><td colspan="2">ISO3495
（适用于转速为 10～200r/s 的大型机器）</td></tr>
<tr><td colspan="2">振动烈度</td><td rowspan="2">小型机器
（≤15kW）</td><td rowspan="2">中型机器
（15～75kW）</td><td rowspan="2">大型机器</td><td rowspan="2">汽轮机</td><td colspan="2">支承分类</td></tr>
<tr><td>范围</td><td>v_{max}/mm · s^{-1}</td><td>刚性支承</td><td>柔性支承</td></tr>
<tr><td>0.28</td><td>0.28</td><td rowspan="3">A</td><td rowspan="4">A</td><td rowspan="5">A</td><td rowspan="6">A</td><td rowspan="5">好</td><td rowspan="6">好</td></tr>
<tr><td>0.45</td><td>0.45</td></tr>
<tr><td>0.71</td><td>0.71</td></tr>
<tr><td>1.12</td><td>1.12</td><td rowspan="2">B</td></tr>
<tr><td>1.8</td><td>1.8</td><td rowspan="2">B</td></tr>
<tr><td>2.8</td><td>2.8</td><td rowspan="2">C</td><td rowspan="2">B</td><td rowspan="2">满意</td></tr>
<tr><td>4.5</td><td>4.5</td><td rowspan="2">C</td><td rowspan="2">B</td><td rowspan="2">满意</td></tr>
<tr><td>7.1</td><td>7.1</td><td rowspan="6">D</td><td rowspan="2">C</td><td rowspan="2">不满意</td></tr>
<tr><td>11.2</td><td>11.2</td><td rowspan="5">D</td><td rowspan="2">C</td><td rowspan="2">不满意</td></tr>
<tr><td>18</td><td>18</td><td rowspan="4">D</td><td rowspan="4">不能接受</td></tr>
<tr><td>28</td><td>28</td><td rowspan="3">D</td><td rowspan="3">不能接受</td></tr>
<tr><td>45</td><td>45</td></tr>
<tr><td>71</td><td></td></tr>
</table>

（2）相对判断标准　对于有些设备，由于规格、产量、重要性等因素难以确定绝对判断标准，因此将设备正常运转时所测得的值定为初始值，然后对同一部位进行测定并相互比较，实测值与初始值相比的倍数称为相对标准。振动相对判断标准见表 2-3。

表 2-3　振动相对判断标准

区域类别	低频振动	高频振动
注意区域	1.5～2 倍	约 3 倍
异常区域	约 4 倍	约 6 倍

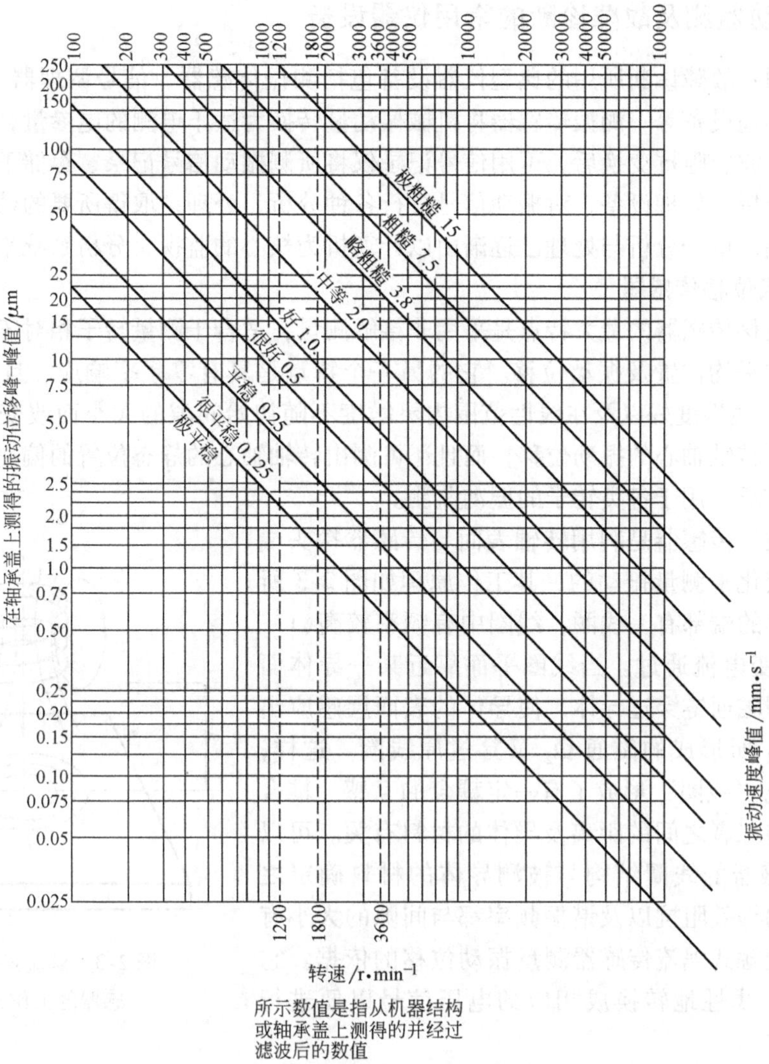

图 2-2　旋转机械振动位移标准

相对标准是应用较为广泛的一类标准，其不足之处在于标准的建立周期长，且门槛值的设定可能随时间和环境条件（包括载荷情况）而变化。因此，在实际工作中，应通过反复实验才能最终确定。

（3）类比判断标准　数台同样规格的设备在相同条件下运行时，通过对各台设备相同部件的测试结果进行比较，可以确定设备的运行状态。类比时所确定的机器正常运行时振动的允许值即为类比判断标准。

需要注意的是，绝对判断标准是在规定的检测方法的基础上制定的标准，因此必须注意其适用的频率范围，并且必须按规定的方法进行振动检测。适用于所有设备的绝对判断标准是不存在的，因此一般都是兼用绝对判断标准、相对判断标准和类比判断标准，这样才能获得准确、可靠的诊断结果。

五、振动监测及故障诊断的常用仪器设备

振动监测及故障诊断所用的典型仪器设备包括测振传感器、信号调理器、信号记录仪、信号分析与处理设备等。测振传感器将机械振动量转换为适于电测的电参量，经信号调理器进行放大、滤波、阻抗变换后，可用信号记录仪将所测振动信号记录、存储下来，也可直接输入到信号分析与处理设备，对振动信号进行各种分析、处理，取得所要的数据。随着计算机技术的发展，信号分析与处理已逐渐由以计算机为核心的监视、分析系统来完成。

1. 涡流式位移传感器

涡流式位移传感器的最大特点是采用非接触测量，适合于测量转子相对于轴承的相对位移，包括轴的平均位置及振动位移。它的另一个特点是具有零频率响应，且有频率范围宽(0～10kHz)、线性度好以及在线性范围内灵敏度不随初始间隙的大小而改变等优点，不仅可以用来测量转轴轴心的振动位移，而且还可测出转轴轴心的静态位置的偏离。目前涡流式位移传感器广泛应用于各类转子的振动监测。

涡流式位移传感器是利用转轴表面与传感器探头端部间的间隙变化来测量振动的，其工作原理如图2-3所示。在传感器的端部有一线圈，线圈中有频率较高(1～2MHz）的交变电流通过。当线圈平面靠近某一导体面时，由于线圈磁通链穿过导体，使导体的表面层感应出涡流 i_2，而 i_2 所形成的磁通 Φ_2 又穿过原线圈。这样，原线圈与涡流“线圈”形成了有一定耦合的互感。耦合系数的大小与二者之间的距离及导体的材料有关。可以证明，在传感器的线圈结构与被测导体的材料确定之后，传感器的等效阻抗以及谐振频率都与间隙的大小有关，此即非接触式涡流传感器测量振动位移的依据。它将位移的变化线性地转换成相应的电压信号以便进行测量。

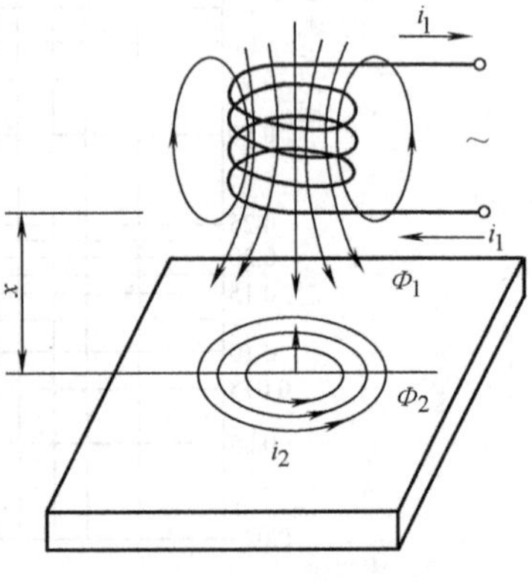

图2-3　涡流式位移传感器的工作原理

涡流式位移传感器的结构比较简单，主要是安置在框架上的一个绕成扁平圆形的线圈。线圈导线一般采用高强度漆包线；如果要求在高温下工作，应采用高温漆包线。CZF3型传感器的结构如图2-4所示。

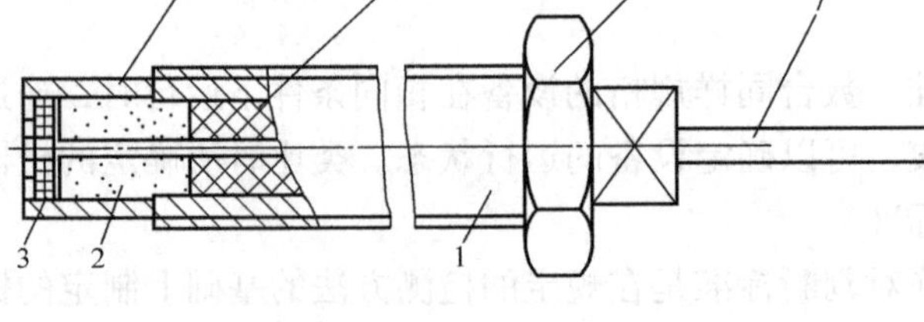

图2-4　CZF3型传感器的结构

1—壳体　2—框架　3—线圈　4—保护套　5—填料　6—螺母　7—电缆

为了实现位移测量，必须配备一个专用的前置放大器，一方面为涡流式位移传感器提供

输入信号，另一方面可以提取电压信号。

涡流式位移传感器一般直接利用其外壳上的螺纹安装在轴承座或机器壳体上。安装时，首先应注意的是平均间隙的选取。为了保证测量的准确性，要求平均间隙加上振动间隙（即总间隙）应在传感器线性段以内。一般将平均间隙选在线性段的中点，这样，在平均间隙两端就允许有较大的动态振幅。

安装传感器时还要注意，在传感器端部附近除了被测物体表面外，不应有其他导体与之靠近。另一方面，还应考虑到被测转子的材料特性以及温度等参数在工作过程中对测量的影响。

2. 磁电式速度传感器

磁电式速度传感器是测量振动速度的典型传感器，具有较高的速度灵敏度和较低的输出阻抗，能输出较强的信号功率。它无需设置专门的前置放大器，测量线路简单，加之安装、使用简单，故常用于旋转机械的轴承、机壳、基础等非转动部件的稳态振动测量。

磁电式速度传感器的结构和工作原理如图 2-5 所示。其主要组成部分包括线圈、磁铁和磁路。磁路里留有圆环形空气间隙，而线圈处于气隙内，并在振动时相对于气隙运动。磁电式速度传感器基于电磁感应原理制成，即当运动的导体在固定的磁场里切割磁力线时，导体两端就感应出电动势。其感应电动势（传感器的输出电压）与线圈相对于磁力线的运动速度成正比。

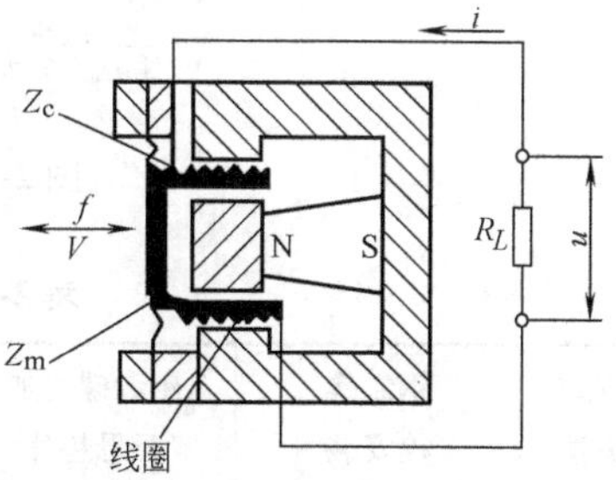

图 2-5　磁电式速度传感器的结构和工作原理

3. 压电式加速度传感器

压电式加速度传感器是利用压电效应制成的机电换能器。某些晶体材料，如天然石英晶体和人工极化陶瓷等，在承受一定方向的外力而变形时，会因内部极化现象而在其表面产生电荷，当外力去掉后，材料又恢复到不带电状态。这种将机械能转换成电能的现象称为压电效应，利用材料的压电效应制成的传感器称为压电式传感器。目前用于制造压电式加速度传感器的材料主要分为压电晶体和压电陶瓷两大类。当压电式传感器承受机械振动时，在其输出端能产生与所承受的加速度成正比例的电荷或电压量。与其他种类的传感器相比，压电式传感器具有灵敏度高、频率范围宽、线性动态范围大、体积小等优点，也因此成为振动测量的主要传感器形式。

压电元件在正应力及切应力作用下都能在极化面上产生电荷，因此其在结构上可分为中心压缩式和剪切式两种类型。

压电式加速度传感器的灵敏度有两种表示方法：电荷灵敏度 S_q 和电压灵敏度 S_v。当传感器的前置放大器为电荷放大器时，用电荷灵敏度；当前置放大器为电压放大器时，用电压灵敏度。目前，在压电式加速度传感器系统中较常用的是电荷灵敏度 S_q。

图 2-6 所示为典型的压电式加速度传感器的灵敏度随频率的变化曲线，即传感器的幅频特性。

加速度传感器在各种情况下的安装方法见表2-4。

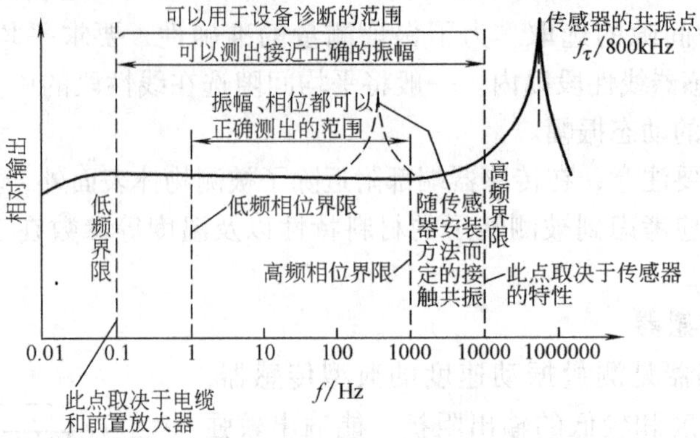

图2-6 压电式加速度传感器的幅频特性

表2-4 加速度传感器的安装方法及特点

安装方法	钢制螺栓安装	绝缘螺栓加云母垫片	用粘结剂固定	刚度高的蜡	永久磁铁安装	手 持
安装示意图	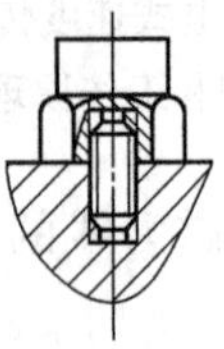	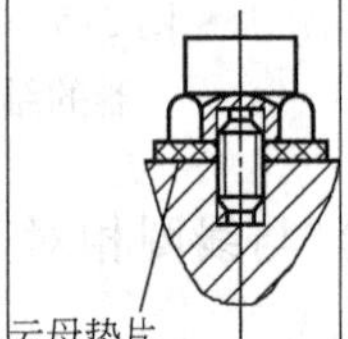	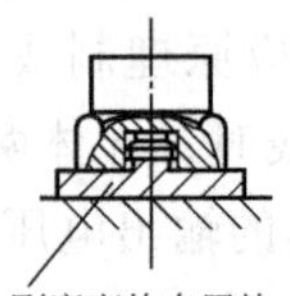	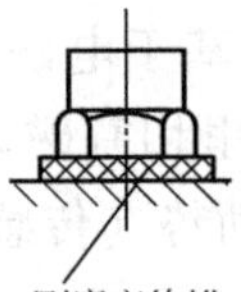	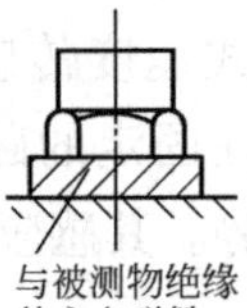	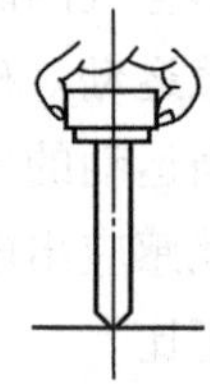
特点	频响特性最好，基本不降低传感器的频响性能。负荷加速度最大，是最好的安装方法，适合于冲击测量	频响特性近似于没加云母垫片的螺栓安装，负荷加速度大，适合于需要电气绝缘的场合	用粘结剂固定，和绝缘法一样，频率特性良好，可达10kHz	频率特性好，但不耐高温	只适用于1～2kHz的测量，负荷加速度中等（小于200g），使用温度一般小于150℃	用手按住，频响特性最差，负荷加速度小，只适用于小于1kHz的测量，其最大优点是使用方便

加速度传感器的安装特别重要，如安装刚度不足（用顶杆接触或厚层胶粘等）将导致安装谐振频率大幅度下降，这样，在测量高频振动时，将产生严重的失真。

为将正比于加速度的电荷量转变成一般电压输出，必须设置专用的测量线路（即前置放大器），其作用有两个：一是进行阻抗变换，把压电式传感器的高阻抗输出变换为低阻抗输出；二是放大压电式传感器输出的微弱信号。

目前，用于压电式传感器测量电路的有电荷放大器和电压放大器两种。电荷放大器是一种输出电压与输入电荷量成正比的前置放大器，它的一个主要优点是受电缆电容的影响很小，因此在长导线测量或经常要改变输入电缆长度时，较多采用电荷放大器。但电荷放大器的电路较复杂，价格较贵。另一种前置放大器是带电阻反馈的电压放大器，其输出电压与输入电压成正比。它对电缆的电容及电缆与地之间的电容的变化非常敏感，连接电缆的长度和形态的变化，都会导致传感器输出电压的变化，从而使仪器的灵敏度也发生变化。但电压放大器电路简单，价格便宜。

目前在现场测量中，大多采用内置电荷放大器式的加速度传感器。这种传感器使用非常方便，适合做便携式测试仪器。

4. 记录仪器

记录仪器用来记录和显示被测振动随时间的变化曲线（时域波形）或频谱图。它的种类很多，如电子示波器、光线示波器、磁带记录仪、*X-Y* 记录仪、电平记录仪等。对于测量冲击和瞬态过程时，可采用记忆式示波器和瞬态记录仪。

磁带记录仪是较常用的记录仪器，它利用铁磁性材料的磁化来进行记录，其工作频带宽，能储存大量的数据，并能以电信号的形式把数据复制重放出来。磁带记录仪分为两类，即模拟磁带记录仪和数字磁带记录仪。数字磁带记录仪的优点在于记录准确可靠，记录和重放电路简单；模拟式磁带记录仪可分为直接记录式（DR 式）和调频式（FM 式），在目前振动测试中仍较广泛地采用。

5. 振动监测及分析仪器

（1）设备简易诊断仪器　简易诊断仪器通过测量振动幅值的有关参数，对设备的状态做出初步判断。这种仪器体积小，价格便宜，易于掌握，适合由工段、班组一级来组织实施进行日常测试和巡检。按其功能可分为：振动计、振动测量仪和冲击振动测量仪等。

振动计一般只测一个物理量，读取一个有效值或峰值。读数可由指针显示或液晶数值显示。其形状有表式和笔式两种，小巧便携。

振动测量仪可测振动位移、速度和加速度三个物理量，频率范围较大，其测量值可直接由表头指针显示或液晶数字显示。它还通常备有输出插座，可外接示波器、记录仪、信号分析仪进行现场测试、记录和分析等。

冲击振动测量仪测量振动中高频成分的大小，常用于检测滚动轴承等的状态。

（2）振动信号分析仪　信号分析仪一般由信号放大、滤波、A-D 转换、显示、存储、分析等部分组成，有的还配有软盘驱动器或接口，可以与计算机进行通信。它能够完成信号的幅值域、时域、频域等多种分析和处理，功能强，分析速度快、精度高，操作方便。但是这种仪器的体积偏大，对工作环境的要求较高，价格也比较昂贵，适合于工矿企业的设备诊断中心以及大专院校、研究院使用。

（3）离线监测与巡检系统　离线监测与巡检系统一般由传感器、采集器、监测诊断软件和微机组成，也称为设备预测维修系统。操作步骤包括：利用监测诊断软件建立测试数据库、将测试信息传输给数据采集器、用数据采集器完成现场测试、将数据回放到计算机软件（数据库）中、分析诊断等。

数据采集器集测量、记录、存储和分析为一体，并且可以在非常恶劣的环境下工作，使得它在现场测量中显示出极大的优越性。采集器一次可以检测和存储几百个以至上千个测点的数据，同时在现场还可以进行必要的分析和显示，返回后与 PC 相联将数据传给计算机，由软件完成数据的分析、管理、诊断与预报等任务。功能较强的数据采集器除了能够完成现场数据采集之外，还能进行现场单、双面动平衡，开停车，细化谱，频率响应函数，相关函数，轴芯轨迹等的测试与分析，功能已相当完善。

这种巡检系统近年来在电力、石化、冶金、造纸、机械等行业中得到了广泛的应用，并取得了比较好的效果。

（4）在线监测与保护系统　在石化、冶金、电力等行业对大型机组和关键设备多采用在线监测系统，进行连续监测。常用的在线监测与保护系统包括：在主要测点上固定安装的振动传感器、前置放大器、振动监测与显示仪表、继电器保护等部分。

这类系统连续、并行地监测各个通道的振动幅值，并与门限值进行比较。振动值超过报警值时自动报警，超过危险值时实施继电保护，关停机组。这类系统主要对机组起保护作用，一般没有分析功能。

（5）网络化在线巡检系统　网络化在线巡检系统由固定安装的振动传感器、现场数据采集模块、监测诊断软件和计算机网络等组成，也可直接连接在监测保护系统之后。其功能与离线监测与巡检系统很相似，只不过数据采集由现场安装的传感器和采集模块自动完成，无需人工干预。数据的采集和分析采用巡回扫描的方式，其成本低于并行方式。

这类系统具有较强的分析和诊断功能，适合于大型机组和关键设备的在线监测和诊断。

（6）高速在线监测与诊断系统　对于石化、冶金、电力等行业的关键设备的重要部件，可采用高速在线监测与诊断系统，对各个通道的振动信号连续、并行地进行监测、分析和诊断。这样对设备状态的了解和掌握是连续的、可靠的，当然规模和投资也就比较大。

（7）故障诊断专家系统　诊断专家系统是一种基于人工智能的计算机诊断系统，能够模拟故障诊断专家的思维方式，运用已有的诊断理论和专家经验，对现场采集到的数据进行处理、分析和推断，并能在实践中不断修改、补充和完善知识库，提高诊断专家系统的性能和水平。

六、滚动轴承故障的振动诊断

滚动轴承是旋转机械中应用最为广泛的机械零件，它工作的好坏对机器的工作状态有很大影响，其缺陷会导致设备产生异常振动和噪声，甚至造成设备损坏。

1. 滚动轴承振动信号的频率特征

图2-7所示为滚动轴承的典型结构，它由内圈、外圈、滚动体和保持架四部分组成。假设滚道面与滚动体之间无相对滑动，承受径向、轴向载荷时各部分无变形，外圈固定，则滚动轴承工作时的特征频率如下。

（1）转动频率　滚动轴承工作时多数是内圈转动，也可能是外圈转动，但外圈转动时由于带动滚珠的线速度大，故轴承的寿命约减小1/3。转动频率f_r可由它们的转速n(r/min)求得，即

$$f_r=\frac{n}{60}$$

（2）滚动体自转频率

$$f_b=\frac{D}{2d}\left[1-\left(\frac{d}{D}\cos\alpha\right)^2\right]f_r$$

（3）滚动体公转频率（即保持架的转动频率）

$$f_c=\frac{1}{2}\left(1-\frac{d}{D}\cos\alpha\right)f_r$$

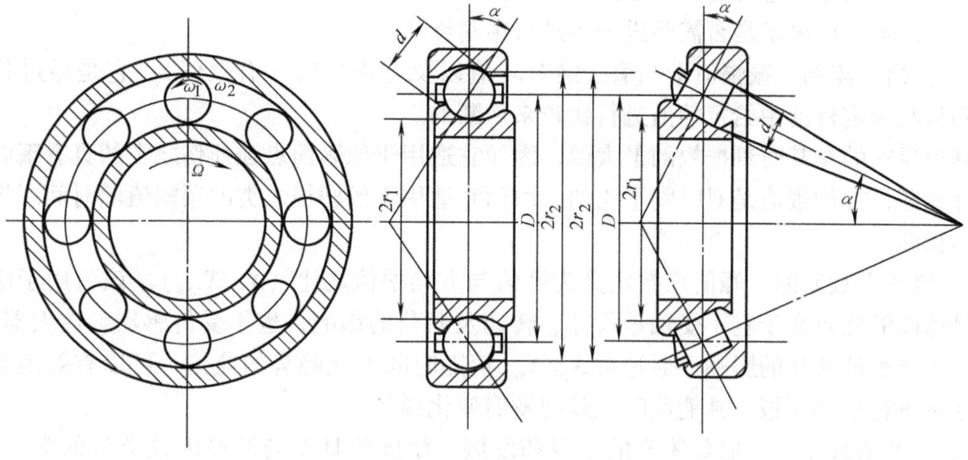

图 2-7　滚动轴承的典型结构

（4）滚动体通过内圈的一个缺陷时的冲击振动频率

$$f_{\mathrm{i}} = \frac{z}{2}\left(1 + \frac{d}{D}\cos\alpha\right)f_{\mathrm{r}}$$

（5）滚动体通过外圈的一个缺陷时的冲击振动频率

$$f_{\mathrm{o}} = \frac{z}{2}\left(1 - \frac{d}{D}\cos\alpha\right)f_{\mathrm{r}}$$

式中　D——滚动体节径（即滚动体中心所在圆的直径），单位为 mm；

d——滚动体直径，单位为 mm；

z——滚动体数目；

α——接触角。

以上各特征频率是利用振动诊断滚动轴承故障的基础。

2. 滚动轴承的振动测量

测量轴承的振动信号时，测定部位选择的基本思路是选择在离轴承最近、最能反映轴承振动的位置上。一般来说，若轴承座是外露的，测点位置可直接选在轴承座上；若轴承座是非外露的，测点应选择在轴承座刚度较好的部分或基础上。同时，应在测点处做好标记，以保证不会由于测点部位的不同而导致测量值的差异。

根据滚动轴承的固有特性、制造条件、使用情况的不同，它所引起的振动可能是频率为 1kHz 以下的低频振动，也可能是频率为 1kHz 以上、数千赫乃至数十千赫的高频振动，更多的情况是同时包含了上述两种振动成分。因此，通常检测的振动速度和加速度应分别覆盖上述的两个频带，必要时可用滤波器取出需要的频率成分。如果是在较宽的频带上检测振动级，则对于要求低频振动小的轴承检测其振动速度，而对于要求高频振动小的轴承检测其振动加速度。

3. 振动信号分析故障诊断方法

滚动轴承的振动信号分析故障诊断方法可分为简易诊断法和精密诊断法两种。

（1）滚动轴承故障的简易诊断法　通常是将测得的振幅值（峰值、有效值等）与预先给定的某种判定标准进行比较，根据实测的振幅值是否超出了标准给出的界限来判断轴承是否出现了故障，以决定是否需要进一步进行精密诊断。

1）振幅值监测。振幅值指峰值、绝对均值以及方均根值（有效值）。它是通过将实测的振幅值与判定标准中给定的值进行比较来诊断的。

峰值反映的是某时刻振幅的最大值，因而它适用于像表面点蚀损伤之类的具有瞬时冲击的故障诊断；方均根值是对时间平均的，因而它适用于像磨损之类的振幅值随时间缓慢变化的故障诊断。

2）峰值系数监测。峰值系数定义为峰值与方均根值之比（X_p/X_{rms}）。该值用于滚动轴承简易诊断的优点在于它不受轴承尺寸、转速及载荷的影响，也不受传感器、放大器等一、二次仪表灵敏度变化的影响。通过对 X_p/X_{rms} 值随时间变化趋势的监测，可以有效地对滚动轴承故障进行早期预报，并能反映故障的发展变化趋势。

3）峭度系数监测。随着故障的出现和发展，峭度值具有与波峰因数类似的变化趋势。此方法的优点在于该系数与轴承的转速、尺寸和载荷无关。

4）冲击脉冲法（SPM 法）。冲击脉冲法的原理是，滚动轴承运行中有缺陷（如疲劳剥落、裂纹、磨损和混入杂物）时，就会发生冲击，引起脉冲性振动，冲击脉冲的强弱反映了故障的程度。

当滚动轴承无损伤或有极微小损伤时，脉冲值（dB 值）很小；随着故障的发展，脉冲值逐渐增大。当冲击能量达到初始值的 1000 倍（60dB）时，就认为该轴承的寿命已经结束。当轴承工作表面出现损伤时，所产生的实际脉冲值用 dB_{SV} 表示，它与初始脉冲值 dB_i 之差称为标准冲击能量 dB_N，即

$$dB_N = dB_{SV} - dB_i$$

根据 dB_N 值可以将轴承的工作状态分为三个区域进行诊断：①$0 \leqslant dB_N < 20dB$，绿区，轴承工作状态良好，为正常状态；②$20dB \leqslant dB_N < 35dB$，黄区，轴承有轻微损伤，为警告状态；③$35dB \leqslant dB_N < 60dB$，红区，轴承有严重损伤，为危险状态。

5）共振解调法（IFD 法）。共振解调法也称为早期故障探测法，它是利用传感器及电路的谐振，将轴承故障冲击引起的衰减振动放大，从而提高了故障探测的灵敏度；同时，还利用解调技术将轴承故障信息提取出来，通过对解调后的信号做频谱分析，来诊断轴承故障。

（2）滚动轴承故障的精密诊断法　滚动轴承的振动频率成分十分丰富，既含有低频成分，又含有高频成分，而且每一种特定的故障都对应有特定的频率成分。

1）低频信号分析法。低频信号是指频率低于 1000Hz 的振动。一般测量滚动轴承振动时都采用加速度传感器，但对低频信号都分析振动速度。因此，加速度信号要经过电荷放大器后由积分器转换成速度信号，然后再经过上限截止频率为 1000Hz 的低通滤波器去除高频信号，最后对其进行频率分析，以找出信号的特征频率进行诊断。在这个频率范围内易受机械及电源干扰，并且在故障初期反映的故障频率能量很小，信噪比低，故障检测灵敏度较差。

2）中、高频信号分析法。中频信号的频率范围为 1000～20000Hz，高频信号的频率范围为 20000～80000Hz。由于对高频信号可直接分析加速度，因而由加速度传感器获得的加速度信号经过电荷放大器后，可直接通过下限截止频率为 1000Hz 的高通滤波器去除低频信号，然后对其进行绝对值处理，最后进行频率分析，以找出信号的特征频率。

滚动轴承各种常见故障的特征频率及故障原因见表 2-5，可参考此表诊断故障原因及故

障部位。

表 2-5　滚动轴承的特征频率及其故障原因

异常原因		振动特征频率
轴承构造	轴弯曲、倾斜	$zf_c \pm f_r$
	轴承元件受力变形	zf_c
	滚动体直径不一致	f_c、$nf_c \pm f_r$
轴承不同轴	两个轴承不对中	$0.5f_r$
	轴承架内表面划伤或进入异物	
	轴承架装配松动	
	轴承本身安装不良	
	内滚道的圆度误差	$2f_r$
	轴颈的圆度误差	
	轴颈面划伤或进入异物	
精加工波纹	内圈的波纹	$nf_i \pm f_r$
	外圈的波纹	nf_c
	滚动体的波纹	$2nf_b \pm f_c$
轴承元件损伤	由磨损产生偏心	nf_r
	内圈有缺陷	nf_i、$nf_i \pm f_r$、$nf_i \pm f_c$
	外圈有缺陷	nf_o
	滚动体有缺陷	$nf_b \pm f_c$

注：z 为滚动体数，f_r 为轴转动频率，f_i 为内圈特征频率，f_o 为外圈特征频率，f_b 为滚动体自转频率，f_c 为滚动体公转频率，n 为正整数 1，2，3，…。

七、齿轮故障的振动诊断

齿轮传动在机器中使用得非常广泛，其运行状况直接影响整个机器或机组的工作，因此开展齿轮故障诊断对降低维修费用和防止突发性事故具有实际意义。诊断方法可分为两大类：一类是检测齿轮运行时的振动和噪声，运用频谱分析、倒频谱分析和时域平均法来进行诊断；另一类是根据摩擦学理论，通过润滑油液分析来实现。

齿轮故障诊断的困难在于信号在传递中所经的环节较多（如齿轮—轴—轴承—轴承座—测点），高频信号在传递中基本丧失，故需借助于较为细致的信号分析技术以达到提高信噪比和有效地提取故障特征的目的。

1. 齿轮振动信号的频率特征

振动和噪声信号是齿轮故障特征信息的载体，目前能够通过各种振动信号传感器、放大器及其他测量仪器测量出齿轮箱的振动和噪声信号，再通过各种分析和处理方法提取其故障特征信息，从而诊断出齿轮的故障。作为实用特征信息，频域分析与识别仍然是最为有效的方法。但也应看到，在许多情况下，从齿轮的啮合波形也可以直接观察出故障。

（1）啮合频率　在齿轮传动过程中，每个轮齿周期性地进入和退出啮合。以直齿圆柱齿轮为例，其啮合区分为单齿啮合区和双齿啮合区。在单齿啮合区内，全部载荷由一对齿轮副承担；而一旦进入双齿啮合区，则载荷分别由两对齿轮副按其啮合刚度的大小分别承担

（啮合刚度是指啮合齿轮副在其啮合点处抵抗挠曲变形和接触变形的能力）。很显然，在单、双齿啮合区的交变位置，每对齿轮副所承受的载荷将发生突变，这必将激发齿轮的振动；同时，在传动过程中，每个轮齿的啮合点均从齿根向齿顶（主动齿轮）或从齿顶向齿根（从动齿轮）逐渐移动，由于啮合点沿齿高方向不断变化，各啮合点处齿轮副的啮合刚度也随之变化，相当于变刚度弹簧，这也是齿轮产生振动的一个原因；此外，由于齿轮的受载变形，其基节发生变化，在轮齿进入啮合和退出啮合时，将产生齿入冲击和齿出冲击，这更加剧了齿轮的振动。对于斜齿圆柱齿轮，产生振动的原因基本相同，但由于同时啮合的齿数较多，传动较平稳，所产生的啮合振动的幅值相对较低。

齿轮啮合产生的振动是以每齿啮合为基本频率进行的，该频率称为啮合频率f_g。其计算公式为

$$f_g = \frac{z_1 n_1}{60} = \frac{z_2 n_2}{60}$$

式中 z_1、z_2——主、从动齿轮的齿数；

n_1、n_2——主、从动齿轮的转速。

当齿轮的运行状态劣化之后，对应于啮合频率及其谐波的振动幅值会明显增加，这为齿轮的故障诊断提供了有力的依据。

（2）齿轮振动信号的调制　由于齿轮的故障、加工误差（如齿距不均）、安装误差（如偏心）等，使齿面载荷波动，影响振幅而造成幅值调制。由于齿轮载荷不均、齿距不等及故障造成载荷波动，除了影响振幅之外，也必然产生转矩波动，使齿轮的转速波动。这些波动就是振动上的频率调制（也称相位调制）。所以，任何导致幅值调制的因素也同时会导致频率调制。频率调制现象对小齿轮副尤为突出。

齿轮振动信号的调制中包含了许多故障信息。从频域上看，调制的结果是在齿轮啮合频率及其谐波周围产生以故障齿轮的转动频率为间隔的边频带，且其振幅随故障的恶化而加大。

（3）齿轮振动信号中的其他成分　如齿轮平衡不善、对中不良和机械松动等，均会在振动频谱图中产生转动频率及其低次谐波。

2. 齿轮振动的测量

齿轮所发生的低频和高频振动中，包含了诊断各种异常振动非常有用的信息。

测量齿轮振动的测点通常也选在轴承座上，所测得的信号中当然也包含了轴承振动的成分。轴承常规振动的水平明显低于齿轮振动，一般要小一个数量级。

齿轮发生的振动中，有固有频率、齿轮轴的转动频率及轮齿啮合频率等成分，其频带较宽。利用包含这种宽带频率成分的振动进行诊断时，要把所测的振动按频带分类，然后根据各类振动进行诊断。

通常在进行齿轮振动测定时，可选用频率范围较宽的加速度传感器。

3. 齿轮故障的简易诊断方法

齿轮故障的简易诊断，主要是通过振动与噪声分析法进行的，包括声音诊断法、振动诊断法以及冲击脉冲法（SPM）等。

简易诊断通常借助一些简易的振动检测仪器，对振动信号的幅域参数进行测量，通过监测这些幅域参数的大小或变化趋势，判断齿轮的运行状态。

（1）齿轮的振幅监测　监测齿轮的振动强度，如峰值、有效值等，可以判别齿轮的工作状态。判别标准可以用绝对标准或相对标准，也可以用类比标准。

（2）齿轮无量纲诊断参数的监测　为了便于诊断，常用无量纲幅域参数指标作为诊断指标。它们的特点是对故障信息敏感，而对信号的绝对大小和频率变化不敏感。这些无量纲诊断参数有：波形指标、峰值指标、脉冲指标、裕度指标及峭度指标。这些指标各适用于不同的情况，没有绝对优劣之分。

4. 齿轮故障的精密诊断方法

由于齿轮动态特性及故障特性的复杂性，齿轮的故障诊断通常需要进行较为细致的信号分析与处理，通过前后对比得出诊断结论。在工程实际中，目前应用较多的方法是频域分析、时域分析、倒频域分析等。

典型齿轮故障的振动波形及其时域特征见表2-6。

表2-6　典型齿轮故障的振动波形及时域特征

<table>
<tr><th>齿轮的状态</th><th>时域（低频）</th><th>频　域</th></tr>
<tr><td>正常</td><td>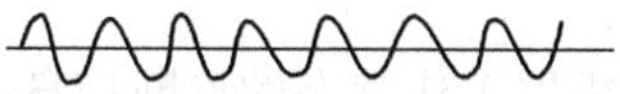</td><td>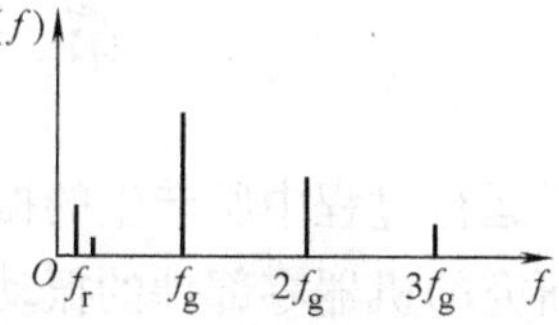</td></tr>
<tr><td>不同轴</td><td>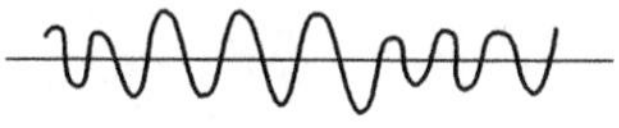</td><td>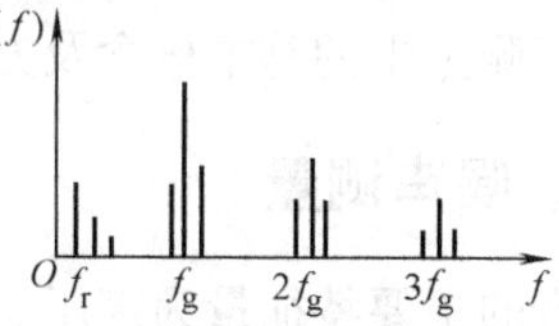</td></tr>
<tr><td>偏心</td><td>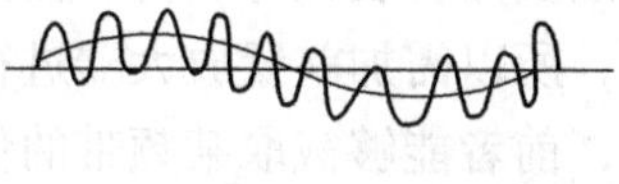</td><td>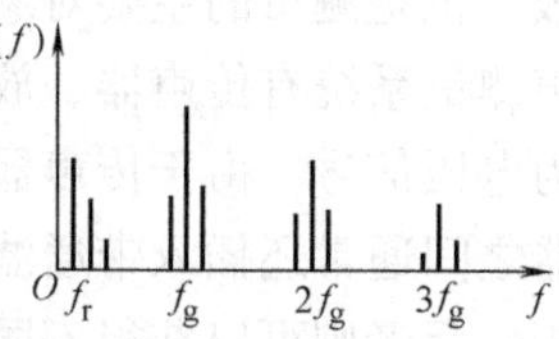</td></tr>
<tr><td>局部异常</td><td>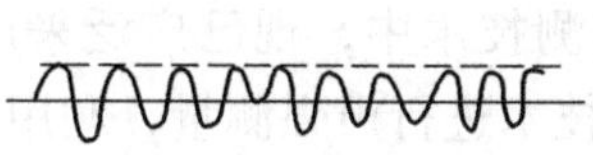</td><td>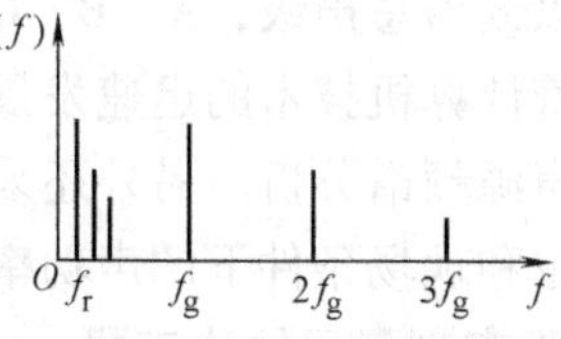</td></tr>
<tr><td>磨损</td><td>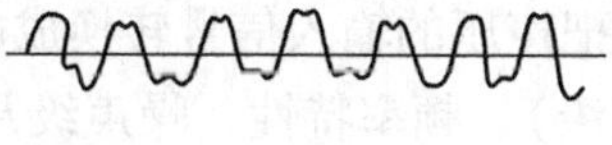</td><td>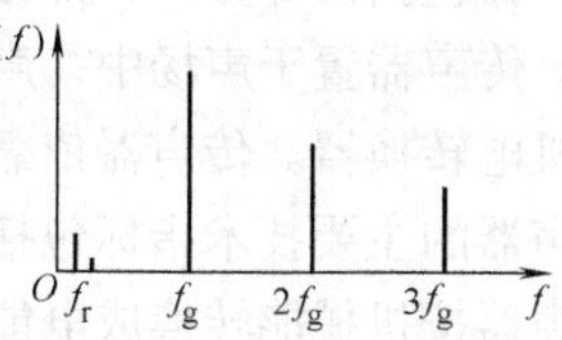</td></tr>
</table>

（续）

齿轮的状态	时域（低频）	频　域
齿距误差	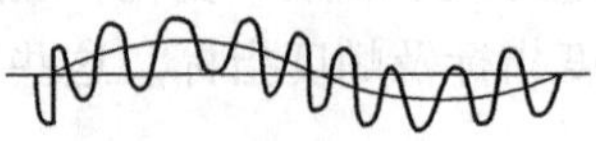	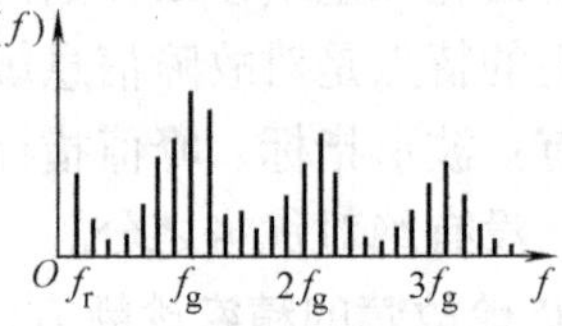
不平衡	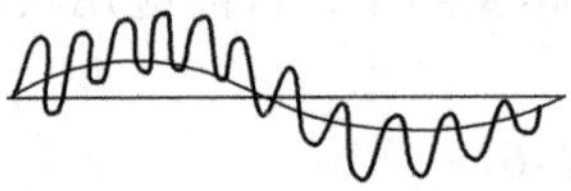	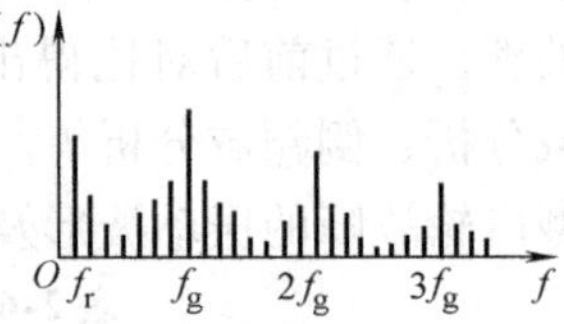

第三节　噪声监测与诊断技术

机器运行过程中所产生的振动和噪声是反映机器工作状态的诊断信息的重要来源。只要抓住所研究的机器零部件的振动发声的机理和特征，就可以对机器的状态进行诊断。

在机械设备状态监测与故障诊断技术中，噪声监测也是较常用的方法之一。本节将简单介绍噪声测量中的基本概念及方法。

一、噪声测量

声音的主要特征量为声压、声强、频率、质点振速和声功率等，其中声压和声强是两个主要参数，也是测量的主要对象。

噪声测量系统有传声器、放大器和记录器，以及分析装置等。传声器的作用是将声压信号转换为电压信号。由于传声器的输出阻抗很高，所以需加前置放大器进行阻抗变换。在两个放大器之间通常还插入带通滤波器和计权网络，前者能够截取某频带的信号，对噪声进行频谱分析；后者则可以获得不同的计权声级。输出放大器的输出信号必须经检波电路和显示装置，以读出总声级，A、B、C、D 计权声级或各频带声级。

随着计算机技术的迅速发展，在机器噪声监测技术中，现已广泛采用 FFT 分析仪进行实时的声源频谱分析。另外还采用了双话筒互谱技术进行声强测量，利用声强的方向性进行故障定位和现场条件下的声功率级的确定。

1. 噪声测量用的传声器

传声器包括两部分，一部分是将声能转换成机械能的声接受器，它具有力学振动系统，如振膜，传声器置于声场中，声膜在声的作用下产生受迫振动；另一部分是将机械能转换成电能的机电转换器。传声器依靠这两部分，可以把声压的输入信号转换成电能输出。

传声器的主要技术指标包括灵敏度（灵敏度级）、频率特性、噪声级及其指向特性等。

传声器按机械能转换成电能的方式不同，分为电容式传声器（其结构如图 2-8 所示）、压电式传声器（如图 2-9 所示）和驻极体式传声器。测量中常用前两种。

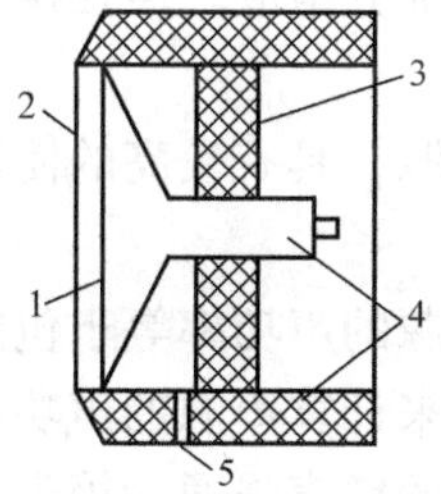

图 2-8　电容式传声器结构简图

1—后极板　2—膜片　3—绝缘体

4—壳体　5—静压力平衡孔

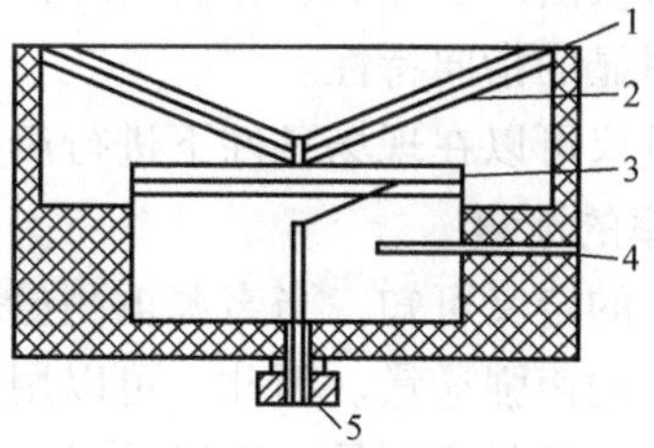

图 2-9　压电式传声器结构简图

1—金属薄膜　2—后极板　3—压电晶体

4—压力平衡毛细管　5—输出端

2. 声级计

声级计是现场噪声测量中最基本的噪声测量仪器，可直接测量出声压级。一般由传声器、输入放大器、计权网络、带通滤波器、输出放大器、检波器和显示装置组成，如图 2-10 所示。

声级计的频响范围为 20～20000Hz。传声器将声音信号转换成电压信号，经放大后进行分析、处理和显示，从表头或数显装置上可直接读出声压级的分贝（dB）数。

一般声级计都按国际统一标准设计有 A、B 和 C 计权网络，有些声级计还设有 D 计权网络。A、B、C、D 各计权频率特性如图 2-11 所示。由图可见，C 计权在绝大部分常用频率下是较平直的；B 计权较少用；A 计权用得最广泛，因为它较接近人耳对不同频率声音的响应，如人耳对低频不敏感，A 计权在低频处的衰减就很大。因此，工业产品的噪声标准及环境和劳动保护条例的标准都是用 A 计权声级表征的，记作 dB（A）。D 计权是专为飞机飞过时的噪声烦恼程度而设计的计权网络。

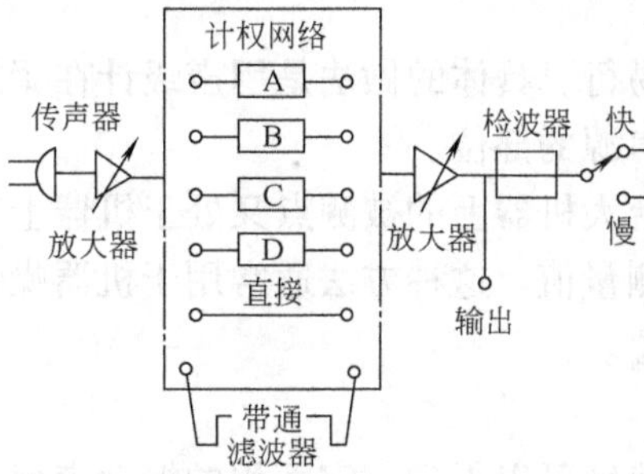

图 2-10　声级计组成框图

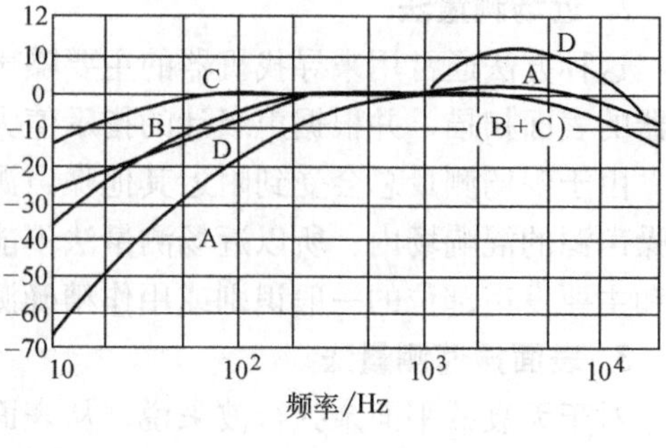

图 2-11　A、B、C、D 计权频率特性

按国际电工委员会公布的 IEC651 规定，声级计的精度分为四个等级，即 0、1、2、3 级。0 级精度最高，1 级为精密级。机器设备噪声监测常用精密型，如我国的 ND1 型精密声级计、丹麦 B&K 公司的 2203 型精密声级计和 2209 型脉冲精密声级计，以及美国的 1933 型声级计都符合 IEC 标准 1 级的规定。

声级计的传声器在使用过程中要经常校准。

3. 声强测量

声强测量具有许多优点，用它可判断噪声源的位置，求出噪声发射的功率。

声强测量仪由声强探头、分析处理仪器及显示仪器等部分组成。声强探头由两个传声器组成，具有明显的指向特性。

声强测量仪可以在现场条件下进行声学测量和寻找声源，具有较高的使用价值。

4. 声功率的测量

由声功率的定义可知，当声源被测量表面包围时，声源的声功率等于包围声源的面积乘以通过此表面的声强通量。因此，可以用测量声强的方法来计算声源的声功率。

当声源放在某封闭测量表面以外时，通过此封闭表面的净声强通量等于零。所以，凡是在封闭测量表面以外的声源，对封闭表面内声源的声功率没有影响。

用声强测声源声功率的精度是能满足要求的，但声源频率要在探头所推荐的使用范围内。

二、噪声源与故障源的识别方法

噪声监测的一项重要内容就是通过噪声测量和分析来确定机器设备故障的部位和程度。首先必须寻找和估计噪声源，进而研究其频率组成和各分量的变化情况，从中提取机器运行状况的信息。

识别噪声源的方法很多，从复杂程度、精度高低以及费用大小等方面均有很大差别，这里介绍几种实用的识别方法。

1. 主观评价和估计法

主观评价和估计法可以借助于听声器，对于那些人耳达不到的部位，还可以借助于传声器—放大器—耳机系统。

它的不足之处在于鉴别能力因人而异，需要有较丰富的经验，也无法对噪声源做定量的量度。

2. 近场测量法

这种方法通常用来寻找机器的主要噪声源，较简便易行。具体的做法是用声级计在紧靠机器的表面扫描，并根据声级计的指示值大小来确定噪声源的部位。

由于现场测量总会受到附近其他噪声源的影响，一台大机器上的被测点又处于机器上其他噪声源的混响场内，所以近场测量法不能提供精确的测量值。这种方法通常用于机器噪声源和主要发声部位的一般识别或用作精确测定前的粗定位。

3. 表面振速测量法

对于无衰减平面余弦行波来说，从表面质点的振动速度可以得到一定面积的振动表面辐射的声功率。为了对辐射表面采取有效的降噪措施，需要知道辐射表面上各点辐射声能的情况，以便确定主要辐射点，采取针对性的措施。这时可以将振动表面分割成许多小块，测出表面各点的振动速度，然后画出等振速线图，从而可形象地表达出声辐射表面各点辐射声能的情况以及最强的辐射点。

4. 频谱分析法

噪声的频谱分析与振动信号的分析方法类似，是一种识别噪声源的重要方法。对于做往复运动或旋转运动的机械，一般都可以在它们的噪声频谱信号中找到与转速和系统结构特性有关的纯音峰值。因此，通过测量得到的噪声频谱做纯音峰值的分析，可用来识别主要噪声源。但是纯音峰值的频率为好几个零部件所共有，或者不为任何一个零部件所独有，这时就要配合其他方法，才能最终判定究竟哪些零部件是主要噪声源。

5. 声强法

市面上有多种用于声强测量的双通道快速傅里叶变换分析仪，其声强探头具有明显的指向特性，因而在识别噪声源中更有其特色。声强测量法可在现场做近场测量，既方便又迅速，故受到多方面的重视和青睐。

第四节　温度监测技术

温度是工业生产中的重要工艺参数，也是表征设备运行状态的一个重要指标。设备出现故障的一个明显特征就是温度的升高，同时温度的异常变化又是引发设备故障的一个重要因素。因此，温度与设备的运行状态密切相关，温度监测在设备故障诊断技术体系中占有重要的地位。

一、温度测量基础

1. 温度与温标

（1）温度　温度是表示物体冷热程度的物理量，也是物体分子运动平均动能大小的标志。

（2）温标　用来度量物体温度高低的标准尺度叫作温度标尺，简称温标，有华氏、摄氏、列氏、理想气体、热力学和国际实用温标等。其中摄氏温标和热力学温标最常用，二者的关系为

$$t = T - 273.15$$

摄氏温度的数值以 273.15K 为起点（$t=0$℃），而热力学温度以 0K 为起点。这两种温标仅是起点不同，无本质差别。表示温度差时，1℃ =1K。

$T=0$K 称为热力学零度，在该温度下分子运动停止（即没有热存在）。一般 0℃以上用摄氏度℃表示，0℃以下用开尔文 K 表示，这样可以避免使用负值，又与一般习惯相一致。

2. 温度测量方式

温度的测量方式有接触式与非接触式两类。

当把温度计和被测物体的表面很好地接触后，经过足够长的时间达到热平衡，则二者的温度必然相等，温度计显示的温度即为被测物体表面的温度，这种方式称为接触式测温。

非接触式测温是利用物体的热辐射能随温度变化的原理来测定物体温度的。由于感温元件不与被测物体接触，因而不会改变被测物体的温度分布，且辐射热与光速一样快，故热惯性很小。

接触式与非接触式两种测温方式的比较见表 2-7。

表 2-7　接触式与非接触式测温的比较

	接触式测温	非接触式测温
必要条件	检测元件与测量对象有良好的热接触；测量对象与检测元件接触时，要使前者的温度保持不变	检测元件应能正确接收到测量对象发出的辐射；应明确知道测量对象的有效发射率或重现性
特点	测量热容量小的物体、运动的物体等的温度有困难；受环境的限制；可测量物体任何部位的温度；便于多点、集中测量和自动控制	不会改变被测物体的温度分布；可测量热容量小的物体、运动的物体等的温度；一般用来测量表面温度
温度范围	容易测量 1000℃以下的温度	适合于高温测量
响应速度	较慢	快

3. 常用测温仪器

常用测温仪器的分类见表2-8。

表2-8 测温仪器的分类

测温方式	分类名称	作用原理
接触式测温	膨胀式温度计{液体式、固体式}	液体或固体受热膨胀
	压力表式温度计{液体式、气体式、蒸气式}	封闭在固定容积中的液体、气体或某种液体的饱和蒸气受热体积膨胀或压力变化
	电阻温度计	导体或半导体受热电阻值变化
	热电偶温度计	物体的热电性质
非接触式测温	光电高温计	物体的热辐射
	光学高温计	
	红外测温仪	
	红外热像仪	
	红外热电视	

二、接触式温度测量

常用于设备诊断的接触式温度监测仪器有下列几种。

1. 热膨胀式温度计

这种温度计是利用液体或固体热胀冷缩的性质制成的，如水银温度计、双金属温度计、压力表式温度计等。

双金属温度计是一种固体热膨胀式温度计，它用两种热膨胀系数不同的金属材料制成感温元件，一端固定，另一端自由。由于受热后，两者伸长不一致而发生弯曲，使自由端产生位移，将温度变化直接转换为机械量的变化，如图2-12所示。利用这一特性，可以制成各种形式的温度计。双金属温度计结构紧凑、抗振、价廉、能报警和自控，可用于现场测量气体、液体及蒸气的温度。

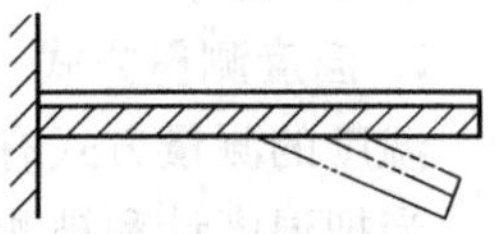

图2-12 双金属温度计

压力表式温度计利用被封闭在感温筒中的液体、气体等受热后体积膨胀或压力变化的原理，通过毛细管使波登管端部产生角位移，带动指针在刻度盘上显示出温度值，如图2-13所示。测量时感温筒需放在被测介质内，因此适用于测量对感温筒无腐蚀作用的液体、蒸气和气体的温度。

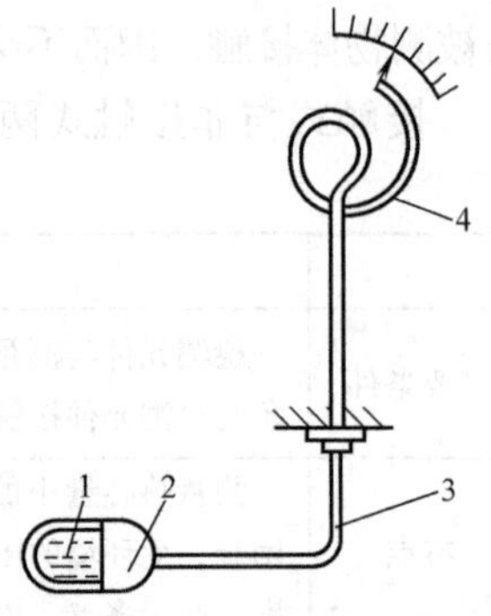

图2-13 压力表式温度计
1—酒精等 2—感温筒 3—毛细管 4—波登管

2. 电阻式温度计

电阻式温度计的感温元件是用电阻值随温度的变化而变化的金属导体或半导体材料制成的。当温度变化时，感温元件的电阻值随温度而变化，通过测量回路的转换，在显示器上显示出温度值。电阻式温度计广泛应用于各工业领域及科学研究部门。

用于电阻式温度计的感温元件有金属丝电阻及热敏电阻。

（1）金属丝电阻温度计　常用的测温电阻丝材料有铂、铜、镍等。铂电阻温度计的结构如图 2-14 所示。铂丝绕在玻璃棒上，置于陶瓷或金属制成的保护管内，引出的导线有二线式、三线式。工业热电阻的结构如图 2-15 所示。

为了测出金属丝的电阻变化，一般将其接入平衡电桥中。电桥输出的电压正比于金属丝的电阻值变化。该电压的变化由动图式仪表直接测量或经放大器放大后输出，从而实现自动测量或记录。

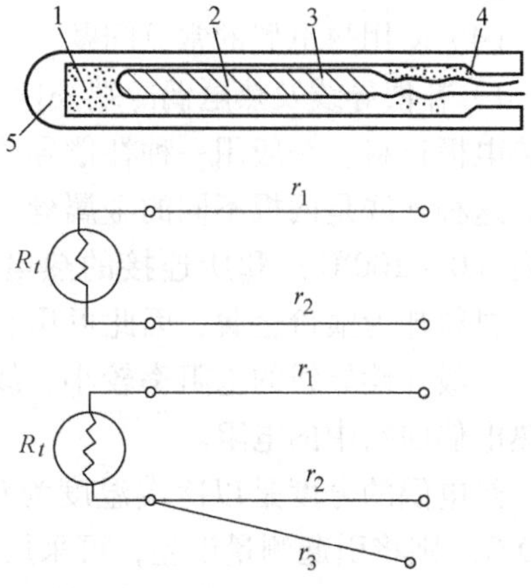

图 2-14　铂热电阻

1—氧化钴粉　2—玻璃棒　3—铂丝　4—引出导线　5—保护管

（2）半导体热敏电阻温度计　半导体热敏电阻通常用铁、锰、镍、铝、钛、镁、铜等一些金属的氧化物作为原料制成，也常用它们的碳酸盐、硝酸盐和氯化物等作为原料制成。它的电阻值随温度的升高而降低，具有负的温度系数。

与金属丝电阻相比，半导体热敏电阻具有电阻温度系数大、灵敏度高、电阻率大、结构简单、体积小、热惯性小、响应速度快等优点。它的主要缺点是电阻温度特性分散性很大、互换性差、非线性严重，且电阻温度关系不稳定，故测温误差较大。

3. 热电偶温度计

热电偶温度计由热电偶、电测仪表和连接导线组成，广泛地用于 300～1300℃温度范围内的测温。

热电偶可把温度直接转换成电量，因此对于温度的测量、调节、控制，以及对温度信号的放大、变换都很方便。它结构简单、便于安装、测量范围广、准确度高、热惯性小、性能稳定，便于远距离传送信号。因此，它是目前使用最普遍的接触式温度测量仪表。

（1）热电偶测温的基本原理　由两种不同的导体（或半导体）A、B 组成的闭合回路中，如果使两个接点处于不同的温度，回路就会出现电动势，称为热电势，这一现象即是热电效应，组成回路的导体称为热电偶。若使热电偶的一个接点温度 t_0 保持不变，即产生的热电势只和另一个接点的温度有关，因此，测量热电势的大小，就可知道该接点的温度值了。

组成热电偶的两种导体称为热电极。通常把 t_0 端称为自由端、参考点或冷端，而另一端称为工作端、测量端或热端。如果在自由端电流从导体 A 端流向导体 B，则 A 称为正热电极，而 B 称为负热电极，如图 2-16 所示。

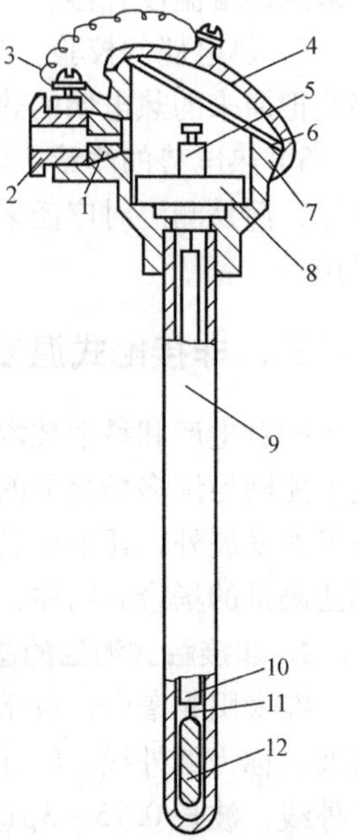

图 2-15　工业热电阻的结构

1—出线密封圈　2—出线螺母　3—小链　4—盖　5—接线柱　6—密封圈　7—接线盒　8—接线座　9—保护管　10—绝缘管　11—引出线　12—感温元件

（2）标准化热电偶　所谓标准化热电偶是指制造工艺比较成熟、应用广泛、能成批生产、性能优良而稳定并已列入工业标准化文件中的热电偶。这类热电偶性能稳定、互换性好，并有与其配套的显示仪表可供使用，十分方便。

（3）非标准化热电偶　非标准化热电偶没有被列入工业标准，一般用在某些特殊场合，如监测高温、低温、超低温、高真空和有核辐射时等。常用的非标准化热电偶主要有钨铼热电偶、铱铑系热电偶、镍铬-金铁热电偶、镍钴-镍铝热电偶、铂钼$_5$-铂钼$_{0.1}$热电偶、非金属热电偶等。

（4）使用热电偶的常见问题

1）补偿导线及热电偶冷端补偿。在测温时，为了使热电偶的冷端温度保持恒定，且节省热电极材料，一般用一种补偿导线和热电极的冷端相连接。这种导线是两根不同的金属丝，它们在一定的温度范围内（0～100℃）和所连接的热电偶具有相同的热电性质，材料却为廉价金属，因此可用它们来做热电偶的延伸线。一般补偿导线的电阻率较小，线径较粗，这有利于减小热电偶回路中的电阻。

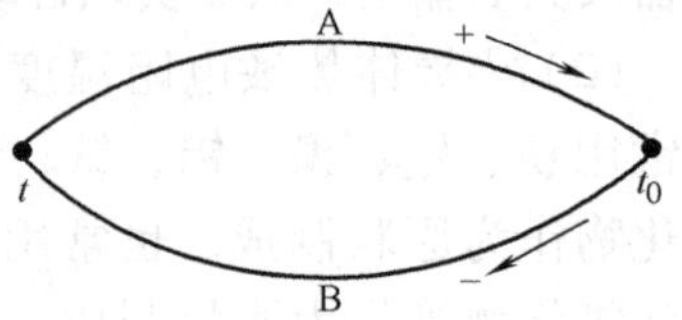

图2-16　热电极

热电偶的分度是以冷端温度为0℃制成的，如冷端不为0℃，则将引起测量误差，可采用下述几种方法进行补偿：①冰点槽法。将冷端置于0℃的冰点槽中即可，但现场测量时较麻烦。②仪表机械零点调整法。把用于热电势测量的毫伏计机械零点调整到预先测知的冷端温度处即可。③补偿电桥法（冷端补偿器）。利用不平衡电桥产生的电压来补偿热电偶冷端温度变化引起的热电势变化，该电桥称为冷端补偿器。④多点冷端温度补偿。

2）热电偶的校验。为了保证测量精度，热电偶必须定期进行校验。超差时要更换热电偶或把原来的热电偶的热端剪去一段，重新焊接并经校验后使用。

3）热电势的测量。热电势的测量有以下两种方法：①毫伏计法。此法准确度不高，但价廉，简易测温时广泛采用。②电位差计法。此法精度较高，故在实验室和工业生产中广泛采用。

三、非接触式温度测量

随着生产和科学技术的发展，对温度监测提出了越来越高的要求，接触式的测温方法已远不能满足许多场合下的测温要求。近年来非接触式测温获得了迅速发展，除了因敏感元件技术的发展外，还由于它不会破坏被测物体的温度场，适用范围大大拓宽。许多接触式测温无法测量的场合和物体，采用非接触式测温，便可得到很好的解决。

1. 非接触式测温的基本原理

在太阳光谱中，位于红光光谱之外的区域里存在着一种看不见的、具有强烈热效应的辐射波，称为红外线。红外线的波长范围相当宽，为0.75～1000μm。通常它又分为四类：近红外线，波长0.75～3μm；中红外线，波长3～6μm；远红外线，波长6～15μm；超远红外线，波长15～1000μm。

红外线和所有电磁波一样，具有反射、折射、散射、干涉和吸收等性质。红外辐射在介质中传播时，会产生衰减，这主要是由于介质的吸收和散射作用造成的。

自然界中的任何物体，只要它本身的温度高于热力学零度，就会产生热辐射。物体温度不同，辐射的波长组成成分不同，辐射能的大小也不同，该能量中包含可见光与不可见的红外线两部分。物体在1000℃以下时，其热辐射中最强的波均为红外线；只有在3000℃，近于白炽灯灯丝的温度时，它的辐射能中才包含了足够多的可见光。

斯蒂芬-玻尔兹曼定律指出：绝对黑体的全部波长范围内的全辐射能与热力学温度的四次方成正比。其数学表达式为

$$E_0(T)=\sigma T^4$$

对于非黑体，可表示为

$$E(T)=\varepsilon\sigma T^4$$

式中　E——单位面积辐射的能量，单位为W/m^2；

σ——斯蒂芬-玻尔兹曼常数，$\sigma=5.67\times10^{-8}W/(m^2\cdot K^4)$；

T——热力学温度，单位为K；

ε——比辐射率（非黑体辐射度/黑体辐射度）。

$\varepsilon=1$的物体称为黑体。黑体能够在任何温度下全部吸收任何波长的辐射，热辐射能力比其他物体都强。一般物体不能把投射到它表面的辐射功率全部吸收，发射热辐射的能力也小于黑体，即$\varepsilon<1$。但一般物体的辐射强度与热力学温度的四次方成正比，所以物体的辐射强度随温度升高而显著地增加。

斯蒂芬-玻尔兹曼定律告诉我们，物体的温度越高，辐射强度就越大。只要知道了物体的温度及其比辐射率，就可以算出它所发射的辐射功率；反之，如果测出了物体所发射的辐射强度，就可以算出它的温度，这就是红外测温技术的依据。由于物体表面温度变化时红外辐射将大大变化（例如：物体温度在300K时，温度升高1K，辐射功率将增加1.34%），因此，被测物体表层若有缺陷，其表面温度场将有变化，便可以用灵敏的红外探测器加以鉴别。

2. 非接触式测温仪器

由于物体在2000K以下的辐射大部分能量不是可见光而是红外线，因此红外测温得到了迅猛的发展和应用。红外测温的手段不仅有红外点温仪、红外线温仪，还有红外电视和红外成像系统等设备，除可以显示物体某点的温度外，还可实时显示出物体的二维温度场，温度测量的空间分辨率和温度分辨率都达到了相当高的水平。

（1）红外点温仪　红外点温仪是以黑体辐射定律为理论依据，通过对被测目标红外辐射能量的测量，经黑体标定，从而确定被测目标的温度。红外点温仪按其所选择使用的接收波长不同可分为三类：

1）全辐射测温仪。将波长从零到无穷的目标之全部辐射能量进行接收测量，由黑体校定出目标温度。其特点是结构简单、使用方便，但灵敏度较低、误差也较大。

2）单色测温仪。选择单一辐射光谱波段接收能量进行测量，靠单色滤光片选择接收特定波长下的目标辐射，以此来确定目标温度。其特点是结构简单、使用方便、灵敏度高，并能抑制某些干扰。

以上两类测温仪在测量的过程中会由于各种目标的比辐射率不同而带来误差。

3）比色测温仪。靠两组（或更多）不同的单色滤光片收集两相近辐射波段下的辐射能量，在电路上进行比较，由此比值确定目标温度。它基本上可消除比辐射率带来的误差。其特点是结构较为复杂，但灵敏度较高，在中、高温测温范围内使用较好。它受测试距离和其间吸收物的影响较小。

红外点温仪通常由光学系统、红外探测器、电信号处理器、温度指示器及附属的瞄准器、电源和机械结构等组成。

光学系统的主要作用是收集被测目标的辐射能量，使之汇聚在红外探测器的接收光敏面上。其工作方式分为“调焦式”和“固定焦点式”。光学系统的场镜有“反射式”“折射式”和“干涉式”三种。

红外探测器的作用是把接收到的红外辐射能量转换成电信号输出。测温仪中使用的红外探测器有两大类：光探测器和热探测器。

典型的光探测器具有灵敏度高、响应速度快等特点，适于制作扫描、高速、高温度分辨率的测温仪。但它对红外光谱有选择吸收的特性，只能在特定的红外光谱波段使用。

典型的热探测器有热敏电阻、热电堆、热释电探测器等。它们对红外光谱无选择性，使用方便、价格便宜，但响应慢、灵敏度低。其中热释电探测器对变化的辐射才有响应，因此为了实现对固定目标的测量，还需对入射的辐射进行调制，其灵敏度较其他热探测器高，适于中、低温测量。

电信号处理器的功能有：探测器产生的微弱信号放大，线性化输出处理，辐射率调整的处理，环境温度的补偿，抑制非目标辐射产生的干扰，抑制系统噪声，供温度指示的信号或输出，供计算机处理的模拟信息，电源及其他特殊要求的部分。

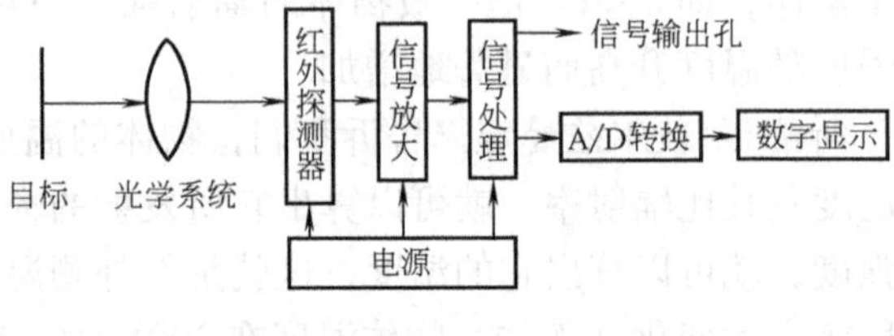

图 2-17　红外点温仪原理框图

温度指示器一般有两种：普通表头指示器和数字指示器。其中数字指示器显示读数直观、精度高。

红外点温仪的原理框图如图 2-17 所示。

（2）红外热成像仪　红外热成像系统是利用红外探测器系统，在不接触的情况下接收物体表面的红外辐射信号，将该信号转变为电信号后，再经电子系统处理传至显示屏上，得到与物体表面热分布相应的“实时热图像”。它可绘出空间分辨率和温度分辨率都较好的设备温度场的二维图形，从而就把物体的不可见热图像转换为可见图像，使人类的视觉范围扩展到了红外谱段。

1）红外热成像系统的基本构成。红外热成像系统（图 2-18）是一个利用红外传感器接收被测目标的红外线信号，经放大和处理后送至显示器上，形成该目标温度分布呈二维可视图像的装置。

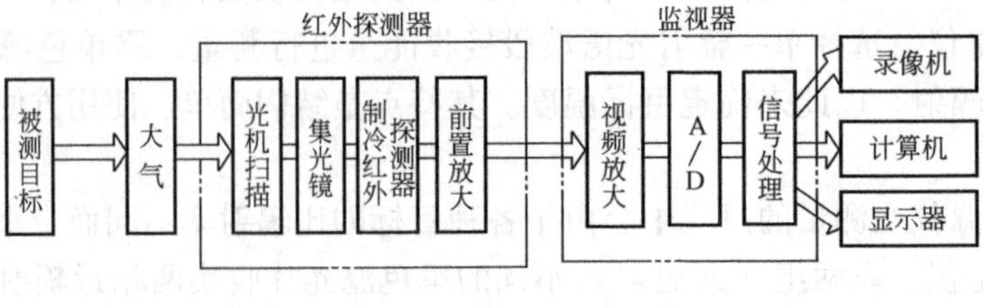

图 2-18　红外热成像系统

热成像系统的主要部分是红外探测器和监视器，性能较好的应有图像处理器。为了对图像实时显示、实时记录和进行复杂图像的分析处理，先进的热成像仪都要求达到电视兼容图像显示。红外探测器又称“扫描器”或“红外摄像机”，其基本组成有：成像物镜、光机扫描机构、制冷红外探测器、控制电路及前置放大器。

① 成像物镜。根据视物大小和像质要求，可由不同透镜组成。

② 光机扫描机构。扫描系统可分为两种：一种由垂直、水平两个扫描棱镜及同步系统组成，另一种只采用一个旋转扫描棱镜。

③ 制冷红外探测器。红外元件是一小片半导体材料，或是在薄弱的基片上的化学沉淀膜。不少红外敏感元件需要制冷到很低的温度才能有较大的信噪比、较高的探测率、较长的响应波长和较短的响应时间。因此，要想得到高性能的探测器就必须把探测器的敏感元件放在低温下。

现代的制冷方式有多种，有利用相变原理制冷、利用高压气体的节流效应制冷、利用辐射热交换制冷、温差电制冷等。

④ 前置放大器。由探测器接收并转换成的电信号是比较微弱的，为便于后面进行的电子学处理，必须在扫描前进行前置放大。

⑤ 控制电路。该控制电路有两个作用：一方面是为了消除由制造和环境条件变化产生的非均匀性；另一方面是使目标能量的动态大范围变化能够适应电路处理中的有限动态范围。

目前最先进的热成像系统为焦平面式的红外热像仪，其探测器无需制冷、无需光机扫描机构，体积小、智能化程度高，在现场使用起来非常方便。

2）红外热成像系统探测波段的选择。热成像红外探测器工作时要受到空气中的二氧化碳及水分子的吸收。为使水蒸气和二氧化碳分子的影响减至最小，可根据红外波长与大气传导率的关系来选择探测波长，有四个波段可供探测：1μm 左右的近红外段，2～2.5μm 段，3.5～4.2μm 段，8～14μm 段。

对红外探测器的主要要求是快速响应及高灵敏度，3.5～4.2μm 及 8～14μm 两个波段可适用。这两个波段称为“短波”和“长波”窗口。短波段能在较宽范围内提供最佳功能，达到良好的测温效果；而长波段则更多用于低温（－10～20℃）及远距离探测，多用于军事方面及气体的检查。

3）红外热成像仪的测温精度。测温精度与很多因素有关，如测试背景状况、目标特性（温度、光谱辐射率及尺寸）、热成像仪特性（瞬时视场角、波长范围、总光谱响应）、测量距离（影响大气透过率）等。

（3）红外热电视　红外热电视虽然只具有中等水平的分辨率，可是它能在常温下工作，省去制冷系统，设备结构更简单，操作更方便，价格也比较低廉，因而在测温精度要求不太高的工程应用领域，使用红外热电视是适宜的。

红外热电视采用热释电靶面探测器和标准电视扫描方式。被测目标的红外辐射通过红外热电视光学系统聚焦到热释电靶面探测器上，用电子束扫描的方式得到电信号，经放大处理，将可见光图像显示在荧光屏上。

近年来，由于器件性能的改善，特别是采用先进的数字图像处理和微机数据处理技术，红外热电视整机的性能显著提高，已能满足多数工业部门的实用要求。近年来已研制出具有温度测量功能的便携式红外热电视，该仪器把红外辐射温度计和红外热电视巧妙地结合在一起，因此在显示目标热像的同时，还可读出位于监视器屏幕中心位置的温度。

(4) 红外监测与诊断技术的应用 红外测温具有非接触、便携、快速、直观、可记录存储等优点，故其使用范围很广。它的响应速度快，可动态监测各种起动、过渡过程中的温度；它的灵敏度高，可分辨被测物体的微小温差；它的测温范围宽广，从 -10℃到2000℃，适于多种目标的测量。当被测物件细小、脆弱且不断移动时，或是在真空与其他控制环境下时，使用红外测温是可行的方法。对于有一定距离的温度、移动物体的温度、低密度材料的温度、需快速测量的温度、粗糙表面的温度、过热不能接近场所的温度以及高电压元件的温度等的测量，红外测温都具有突出的优势。

例如：电力生产中应用红外测温仪可对大型发电厂和变电站、输电线路等设备、接头以及热力管道隔热材料等进行红外温度监测。

冶金工业生产中应用红外热像仪可对炼钢、轧钢、浇注时的温度进行测量，对高炉、转炉、回转窑等大型炉窑进行检验，以及对热风炉、浇包、钢锭模、烟筒等进行温度测试。

铁路运输中，红外测温仪应用于轴、挂瓦、套轴等零部件的温度监测。

在化工生产中，红外测温仪可用于监测设备的热分布状况，检查热管道接口损耗、热泄漏故障，检查换热器的泄漏和堵塞情况；还可用于检测密封漏油故障，测量转化炉炉墙温度以及了解保温状况和热损失部位等。

在电子工业中，热像仪用于大规模集成电子仪器和控制系统的故障检查。

总之，红外测温技术和仪器已广泛应用于各行各业设备的故障诊断中。

第五节 油液监测与诊断技术

在机械设备状态监测与故障诊断中，油液监测与诊断技术是常用的和重要的技术，尤其在监测与诊断发动机、齿轮传动、轴承系统、液压系统等方面，该技术都取得了显著的成果，得到了广泛的应用。

油液监测与诊断技术通常包括理化性能分析技术、铁谱分析技术、光谱分析技术、颗粒计数技术等，它们通过对油样中所含磨粒的数量、大小、形态、成分以及油品的劣化变质程度等的分析，实现对设备故障的诊断。

一、油液性能分析技术

对机械设备的润滑油进行定期的油样理化性能测试分析，可以动态监测设备在使用过程中润滑油质量的变化情况，从而确定最合理和最经济有效的换油周期，确保机械设备处于良好的润滑状态。

润滑油在使用过程中质量的劣化主要包括两个方面：一是由于氧化、凝聚、水解、分解等作用使润滑油变质。可以采用检测润滑油油样黏度、水分、机械杂质、酸值及闪点等理化指标来分析判断。如果润滑油劣化程度超过一定限度（按照换油标准），则要及时换油。表2-9、表2-10给出了部分润滑油的质量界限值。二是润滑油中添加剂的消耗和变质。润滑油在使用过程中，添加剂及其反应物也会发生变化。

市场上有对油液的综合质量现场做出快速鉴定的技术及相应仪器的出售，例如润滑油质量分析仪，它是通过测定油液的透明度、介电常数及污染度等参数来评定油液质量的。

表 2-9　液压油质量界限

项目	理化性能极限指标			
	高黏度指数液压油	低温液压油	抗磨液压油	普通液压油
运动黏度(40℃)/(mm^2/s)	±10%	±10%	±（10%～15%）	±（10%～15%）
酸值增加/(mgKOH/g)	0.3	0.3	0.3	0.3
水分（%）	0.1	0.1	0.1	0.1
固体颗粒污染等级	20/16	20/16	20/16	20/16

表 2-10　汽轮机油换油界限

指　标	界　限
酸值	>0.2mgKOH/g 或 >0.3mgKOH/g
黏度	±20%
破乳化度	超过 60min
颗粒度	含有磨损杂质
水分	0.2%

二、各类油液监测与诊断技术性能比较和实施步骤

1. 各类技术性能比较

运用油液监测与诊断技术，在设备不停机、不解体的情况下监测工况，诊断设备的异常现象、异常部位、异常程度及产生原因，从而预报设备可能发生的故障，这是提高设备管理水平、改善维护保养的一个重要手段，也是保证设备正常运转、创造经济效益的有效途径。在对机械设备进行状态监测和故障诊断时，特别是在利用振动和噪声监测、诊断低速回转机械及往复机械的故障较为困难时，运用油液监测与诊断技术则较为有效。

油液监测与诊断技术包括光谱技术、铁谱技术、颗粒计数技术、磁塞技术等。它们在技术原理、仪器工作原理及结构、检测油样的制备、数据处理、结果分析和应用范围等方面各具特点，选用时应予以注意。表 2-11 为常用油液监测与诊断技术的性能比较。

表 2-11　常用油液监测与诊断技术的性能比较

项　目	铁谱分析	光谱分析	颗粒计数	磁　塞
磨粒浓度	好（铁磨粒）	很好	好	好（铁磨粒）
磨粒形貌	很好			好
尺寸分布	好		很好	
元素成分	好	很好		好
磨粒尺寸范围/μm	>1	0.1～10	1～80	25～400
局限性	局限于铁磨粒及顺磁性磨粒，元素成分的识别有局限性	不能识别磨粒的形貌、尺寸等	不能识别磨粒的元素成分和形貌等	局限于铁磨粒，不能做磨粒识别
检测用时间	长	极短	短	长
评价	磨损机理分析及早期失效的预报效果很好	磨损趋势监测效果好	用作辅助分析、污染度分析	可用于检测不正常磨损
分析方式	实验室分析、现场及在线分析	实验室分析、现场分析	实验室分析、现场分析	在线分析

2. 油液监测与诊断技术的实施

1）选择对生产、产品质量、经济效益影响较大的设备为监测对象，在深入了解该设备有关情况（如功能、结构、运转现状、润滑材料及润滑系统现状等）的基础上，选择并制订合理的油液监测方案及技术。

2）选取油样。这是实施技术的重要环节，应严格按规定的技术规范选取原始油样。原始油样是测定磨损微粒，进行数据处理和分析以及判断故障的基础。所取的油样中必须含有能够表征设备主要磨损部位信息的有代表性的磨粒，能正确反映磨损的真实情况。要合理地确定取样间隔时间。

3）制备检测油样。按照所选用的油液监测技术及仪器所规定的制备方法和步骤，认真制备。

4）将检测油样送入监测仪器，定性、定量测定有关参数。

5）进行数据处理与分析。视所选用的监测技术的不同，可以采用趋势法、类比法等处理数据和分析结果，可进一步应用数理统计、模糊数学等知识建立相应的计算机数据处理系统。

6）根据数据处理与分析的结果，诊断设备的异常现象、异常部位、异常程度及产生原因，预报可能出现的问题以及发生异常的时间、范围和后果。

7）提出改进设备异常状况的措施（包括处理异常的时间、内容、费用，具体的修理和实施方案）。

三、铁谱技术及仪器

油品铁谱分析技术利用高梯度的强磁场的作用，将润滑油样中所含的机械磨损微粒有序地分离出来，并借助不同的仪器对磨屑进行有关形状、大小、成分、数量及粒度分布等方面的定性和定量观测，从而判断机械设备的磨损状况，预报零部件的失效。

铁谱仪主要分为分析式铁谱仪、直读式铁谱仪、旋转式铁谱仪等。

1. 铁谱技术的特点

铁谱技术与其他技术相比，具有独特的优势，主要特点如下。

1）应用铁谱技术能分离出润滑油中所含较宽尺寸范围的磨屑，它对于0.1μm以上的颗粒都比较敏感，故应用范围广。

2）铁谱技术利用铁谱仪将磨屑沉积在基片或沉淀管中，进而对磨屑进行定性观察分析和定量测量，综合判断机械的磨损程度。同时还可对磨屑的组成元素进行分析，以判断磨屑的产生地，即磨损发生的部位。

铁谱技术的缺点在于：对润滑油中非铁系颗粒的检测能力较低；分析结果较多依赖操作人员的经验；不能理想地适应大规模设备群的故障诊断。

2. 分析式铁谱仪

分析式铁谱仪主要由铁谱制谱仪、铁谱显微镜和铁谱读数器组成。铁谱制谱仪的主要用途是分离油样中磨损微粒并制成铁谱谱片，它由微量泵、磁铁装置、玻璃基片、特种胶管及支架等部件组成。

分析式铁谱仪的工作原理如图2-19所示。从设备润滑系统或液压系统取出的原始油样经制备后，由微量泵输送到与磁场装置呈一定倾斜角度的玻璃基片上（也称铁谱基片）。油样由上端以约15m/h的流速流过高梯度强磁场区，从基片下端流入回油管，然后排入储油杯中。在随油样流下的过程中，可磁化的磨屑在高梯度强磁场作用下，由大到小依序沉积在玻璃基片的不同位置上，并沿磁力线方向（与油流方向垂直）排列成链状（有色金属磨损微粒及污染杂质颗粒主要靠重力作用，随机沉积在铁谱基片上），经清洗残油和固定颗粒的处理之后，制成铁谱片。在铁谱显微镜下，对铁谱基片上沉积的磨粒进行有关大小、形态、成分、数量方面的定性和定量分析后，就可以对被监测设备的摩擦、磨损状态做出判断。

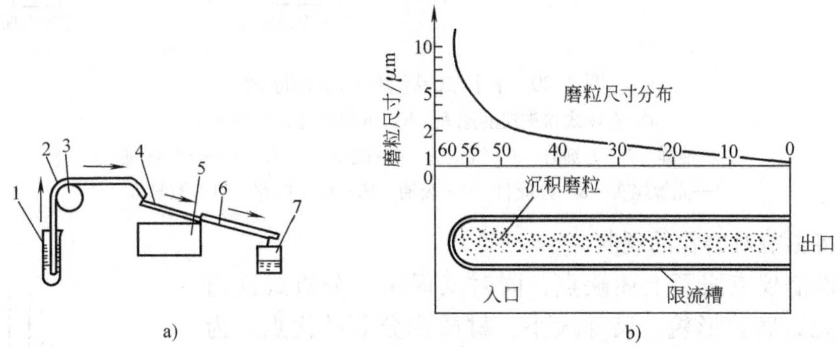

图2-19　分析式铁谱仪的工作原理

a）制谱仪的工作原理　b）铁谱片

1—油样　2—导油管　3—微量泵　4—玻璃基片　5—磁场装置　6—回油管　7—储油杯

铁谱显微镜通过对磨粒色泽和化学辨色，可以识别出铁磁材料、有色金属和一些非金属物质；通过铁谱读数器可直接得到被测部位的磨粒覆盖面积百分数，这样分析式铁谱仪就具有定性和定量分析两种功能。

3. 直读式铁谱仪

直读式铁谱仪主要用来直接测定油样中磨粒的浓度和尺寸分布（只能做定量分析），能够方便、迅速且较准确地测定油样内大小磨粒的相对数量。如果不仅要了解磨损微粒的数量及分布情况，而且还要观察分析磨粒的形态、表面形貌和成分等因素，做出较准确的诊断，就需使用分析式铁谱仪。

直读式铁谱仪的工作原理如图2-20a所示。取自机器的油样，经浓度及黏度稀释后，在虹吸作用下流经位于磁铁上方的玻璃沉淀管，油样中可磁化的微粒在高梯度磁场作用下，依其粒度顺序排列在沉积管内壁不同位置上。在沉积管入口处，即在1～2mm位置上沉积着尺寸大于5μm的大磨粒，而在大于5mm的位置上沉积着尺寸只有1～2μm的小磨粒，如图2-20b所示。

光导纤维将光线引至与上述两个位置相对应的固定测点上，并由两只光敏探头接收穿过磨粒层的光信号，经电子线路放大，A－D转换处理最终在D_L和D_S两个数显屏上直接显示出的光密度读数与该位置上沉积的磨损微粒的数量相对应。

4. 旋转式铁谱仪

以上铁谱仪对污染严重的油样（例如煤矿机械或工程机械内的润滑油等）的定量和定性分析效果不好，主要原因是制谱过程中，润滑油中的污染物会滞留在铁谱片上。如果滞留

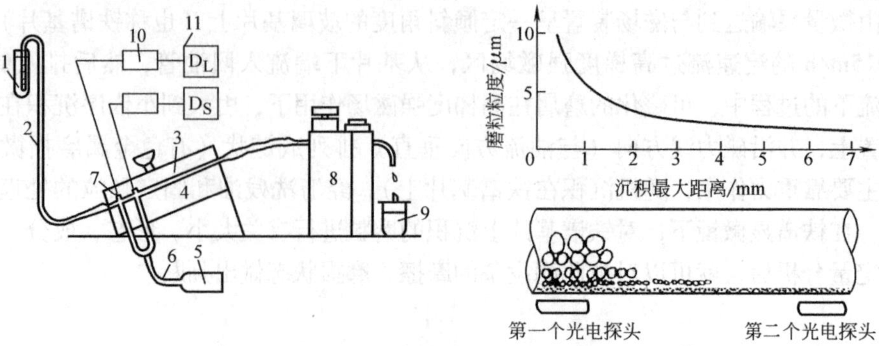

图2-20　直读式铁谱仪的工作原理

a）直读式铁谱仪的原理　b）沉积管内的磨粒排序

1—油样　2—毛细管　3—沉淀管　4—磁铁　5—灯　6—光导纤维

7—光敏探头　8—虹吸管　9—废油　10—电子线路　11—数显屏

数量较多，将影响对磨粒的观测。

旋转式铁谱仪克服了上述缺点，同时又保留了分析式铁谱仪可以分析观察磨粒形貌、尺寸大小、材质成分等的优点。为避免由于磁力线垂直于基片而造成铁磁性磨屑堆积重叠的缺点，旋转式铁谱仪重新设计了磁场，它是利用永久磁铁、极靴和磁轭共同构成闭合磁路，以极靴上的3个环形气隙（0.5mm的窄缝）作为工作磁场。工作位置的磁力线平行于玻璃基片，当含有铁磁磨屑的润滑油流过玻璃基片时，铁磁磨屑在磁场力的作用下，滞留于基片上，而且沿磁力线方向（径向方向）排列。

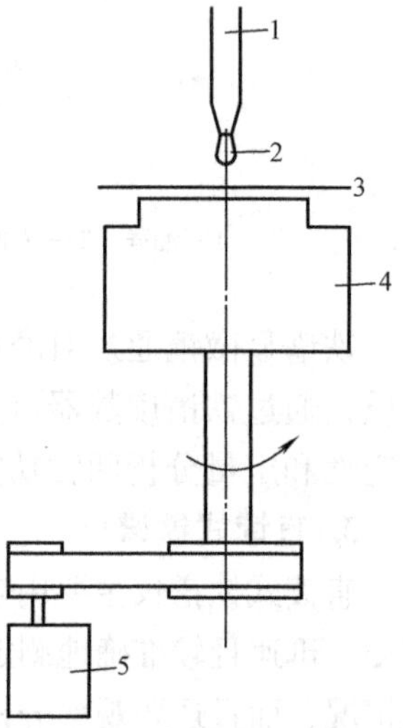

图2-21　旋转式铁谱仪的工作原理

1—移液管　2—油样　3—玻璃基片　4—磁头　5—电动机

旋转式铁谱仪的制谱原理如图2-21所示。制谱时，油样2由定量移液管1在定位漏斗的限位帮助下，被滴注到固定于磁头4上端面的玻璃基片3上。磁头、基片在电动机5的带动下旋转，由于离心作用，油样沿基片四周流动。油样中铁磁性及顺磁性磨屑在磁场力、离心力、液体的黏滞阻力和重力作用下，按磁力线方向（径向）沉积在基片上，残油从基片边缘甩出，经收集由导油管排入储残油杯。基片经清洗、固定和甩干处理后，便制成了谱片。

旋转式铁谱仪制出的铁谱片，磨屑排列为3个同心圆环。内环为大颗粒，大多数尺寸为1~50μm，最大可达几百微米；中环的颗粒尺寸为1~20μm；外环的颗粒尺寸不大于10μm。对于工业上磨损严重并有大量大颗粒及污染物的油样，采用旋转式铁谱仪可以不稀释油样一次制出；而对于磨屑比较少的油样则可以增加制谱油样量。制出的谱片还可以在图像分析仪上进行尺寸分布的分析。

5. 磨粒分析

运转中的设备的液压系统、润滑系统的油液经常受到污染，其污染物主要来源于三个方面：机械零部件在磨损过程中生成的磨损微粒；外界灰尘或水等物质侵入油液中；油液中添加剂反应后的余物。这些磨损微粒大多由各种金属、非金属材料组成，对油液起氧化、催化作用，能够加速油液劣化；另一方面，这些磨粒材质较硬，又随油液流入各摩擦表面，易划伤、研伤零件表面，造成间隙增大、精度下降，产生振动和噪声。在液压系统中，甚至会堵塞油路、研伤高精度阀芯的配合面，造成更大事故。这些磨损颗粒的数量、尺寸大小、尺寸分布、成分和形貌特征都直接与机械零件的磨损状态密切相关，它们是机械设备状态监测、故障诊断以及初期预报的重要依据。

铁谱技术的特点在于它不但能定量测量润滑油系统内大、小磨粒的相对浓度，而且能直接考察磨粒的形态、大小和成分。因此，在铁谱片上准确地识别各类磨粒，便是每个从事设备故障诊断工作的人员所必须掌握的一门独特技术。国外相关资料上曾发表了几百张典型磨粒图谱。我国也在一些专业领域中陆续编辑了有关轴承、齿轮、柴油机、液压系统等特定零件、系统和设备的磨粒图谱，这些都为运用铁谱技术定性分析提供了宝贵的参考资料。

（1）钢铁磨损微粒的识别　实验研究表明，由于磨损机理不同，其摩擦副表面会产生出不同形态及尺寸特征的磨屑。钢或合金钢材质组成的摩擦副，在运转时磨损产生的微粒可分为以下几类：

1）正常磨损微粒。正常磨损微粒是指设备在正常运行状态下，由于滑动磨损所产生的磨损微粒。

当摩擦副磨合时，磨损表面上会形成一层厚度大约为1μm的光滑表层——剪切混合层，形成稳定的剪切混合层后机器就处于正常磨损状态。在运行时，由于摩擦力的周期性作用，磨损表面因疲劳而产生小片剥落，这一层不断剥落下一层又不断产生，从而形成一个稳定的磨损状态。这时的磨屑是一些具有光滑表面的“鳞片”状颗粒，其尺寸范围是长轴尺寸0.5～15μm，甚至更小，厚度在0.15～1μm之间。较大的磨屑，其长轴尺寸与厚度的比例约为10∶1；长轴仅为0.5μm的小磨屑，长轴尺寸与厚度的比约为3∶1。

2）严重滑动磨损微粒。当滑动表面由于载荷或速度过大时，造成磨损表面接触应力迅速增大，这时开始发生严重滑动磨损。此时剪切混合层变得很不稳定，出现大颗粒脱落。如果表面应力继续增加，就会造成整个表面发生剥落，出现破坏性磨屑，磨损速度将迅速加快。大磨屑与小磨屑间的数量比，取决于表面应力超过极限值的程度。表面应力值越大，大磨屑物的比例就越高。

严重滑动磨损的磨屑尺寸在20μm以上，长轴尺寸与厚度的比约为10∶1，微粒表面有划痕，有直的棱边。随着磨损程度的加重，表面的划痕和直边也更显著。

3）切削磨损微粒。切削磨损微粒类似于车床切削加工产生的切屑，这种磨粒的形态一般有环状、螺旋状、曲线状等。产生切削磨损微粒的原因大约有两种：一是摩擦副中表面材料较硬的一方由于安装不良或出现裂纹，造成硬的刃边穿入较软的一方产生磨屑。这种磨屑通常都比较粗大，平均宽度为2～5μm，长度为25～100μm。另一种是润滑系统中的外来污染颗粒或是系统内的零件磨损微粒，均可嵌入摩擦副中较软的摩擦表面，在摩擦过程中产生切削磨损微粒。这种情况下产生的磨屑粒度与污染颗粒的粒度成正比，磨屑厚度可小到0.25μm，长度可达5μm。

切削磨损微粒是非正常磨损微粒，它们的存在和数量的多少都要仔细监测。如果系统中大多数切削磨损微粒的长度为几个微米，厚度小于1μm，则可以判断润滑系统中有粒状污染物存在；如果系统中长度大于50μm的大切削微粒快速增加，则零件即将可能发生失效。

4）滚动疲劳磨损微粒。这种微粒通常产生于滚动轴承的疲劳运转过程中，它包括三种不同的形态：疲劳剥离磨屑、球状磨屑和层状磨屑。

疲劳剥离磨屑是在点蚀时从摩擦副表面以鳞片形式分离出来的扁平形微粒，其表面光滑，有不规则的周边。磨屑的最大粒度可达100μm，其长轴尺寸与厚度之比约为10：1。如果系统中大于10μm的疲劳剥离微粒有明显的增加，这就是轴承失效的预兆，可对轴承的疲劳磨损进行初期预报。

球状磨屑是在轴承疲劳裂纹中产生的。它的出现表示轴承已经出现了故障，所以球状微粒是滚动轴承疲劳磨损的重要标志。一般说来，球状磨屑都比较小，大多数磨屑直径小于3μm，而其他原因例如液压系统中的气穴腐蚀、焊接和磨削加工过程中产生的球形金属微粒的直径往往大于10μm，两者粒度大小的差别可作为区分磨屑产生原因的依据。

层状磨屑是第三种滚动疲劳磨屑。其粒度在20～50μm范围内，长轴尺寸与厚度之比为30:1。这种层状磨屑被认为是因磨损微粒黏附于滚动元件的表面之后，又通过滚动接触碾压而成的。它的特征是呈片状，四周不规则，表面上有空洞。

层状磨屑在轴承的整个使用期内都会产生，特别是当疲劳剥落发生时，这种层状磨屑会大大增加，同时伴有大量球状磨屑产生。因此，如果系统中发现有大量层状磨屑和球状磨屑存在，而且数量还在增加，就表示滚动轴承已存在导致疲劳剥离的显微疲劳裂纹了。

5）滚动-滑动复合磨损微粒。滚动-滑动复合磨损也属于疲劳磨损，它是齿轮副、凸轮副等摩擦副的主要损坏原因。齿轮的齿面在啮合过程中，相对滚动和滑动同时并存，所以齿轮的磨损形式包括滚动疲劳磨损和黏着磨损两种。在节线处的磨损类型主要是疲劳、胶合和擦伤。疲劳磨屑与滚动轴承所产生的磨屑有许多共同之处，它们通常均具有光滑的表面和不规则的外形，磨屑的长轴尺寸与厚度之比为4:1到10:1（由齿轮设计决定）。滚动-滑动复合磨损微粒的特点是磨屑较厚（几个微米），长轴尺寸与厚度比值较大。

齿轮胶合时，因载荷和速度过高，摩擦过热使油膜破坏，致使处于啮合状态的齿轮发生黏着。摩擦表面被拉毛，这就更进一步导致了磨损的加剧。胶合区域一般发生在节线与齿顶或节线与齿根之间，这一现象一旦发生就会很快影响到每一个轮齿，产生大量的磨屑。这种磨屑都具有被拉毛的表面和不规则的轮廓，在一些大磨屑上还有明显的表面划痕。由于胶合的热效应，通常有大量氧化物存在，表面出现局部氧化的迹象，在白光照射下呈棕色或蓝色的回火色，其氧化程度取决于润滑剂的组成和胶合的程度。胶合产生的大磨损微粒比例并不十分高。

以上介绍的5种主要磨屑，是钢铁磨损微粒的主要形式，其中后4种都与钢铁部件的失效相联系。通过对谱片上磨屑形状、大小的识别就可以了解到机械的磨损原因和所处状态。不同的机械设备对部件精度要求不同，预报失效的磨屑粒度也不相同。通常，一般机械出现小于5μm的小片形磨屑时，表明机器处于正常磨损状态；当尺寸大于5μm的切削形、螺旋形、圈形和弯曲形微粒大量出现时，则是严重磨损的征兆。

（2）有色金属磨粒的识别　除钢铁磨屑外，一些系统内还含有有色金属的部件，因此必须对有色金属磨屑进行识别。在铁谱片上有色金属微粒不按磁场方向排列，而以不规则方式沉淀，大多数偏离铁磁性微粒链或处在相邻两链之间，它们的尺寸沿铁谱片的分布与铁磁性微粒有根本的区别。

1）白色有色金属。使用X射线能谱法可以准确无误地确定磨屑成分。在铁谱显微镜下不易简单地辨识白色的有色金属微粒，但用湿化学分析和铁谱片加热处理的方法还是能区分例如铝、银、铬、镉、镁、钼、钛和锌等金属微粒的。

2）铜合金。铜合金有特殊的红黄色，因而易于识别。但注意不要与其他金属微粒的回火色相混淆，例如钢铁微粒在磁力线上可与铜合金区分。其他金属如钛、巴氏合金等呈棕色，颜色不如铜合金均匀。

3）铝、锡合金。由于铝、锡合金有良好的塑性，在摩擦过程中擦伤后辗成片而不是大片剥落，同时磨屑往往是已经氧化了的，所以在铁谱片上经常可以看到许多游离的铝、锡合金磨屑。例如，如果轴承润滑不良，或者在设备起动和停车时，轴承的油膜被破坏产生氧化磨损，这时就会产生被氧化了的铝、锡合金磨屑。

铝、锡合金的另一种磨损是腐蚀磨损，例如柴油机燃料中的硫形成的硫酸，汽油发动机中油氧化形成的有机酸等都会腐蚀铝、锡轴承合金，造成极细的腐蚀磨损微粒，往往在铁谱片的出口端大量沉积。

（3）铁的氧化物的辨别　铁谱片上出现铁的红色氧化物，表明润滑系统中有水分存在；如果铁谱片上出现黑色氧化物，说明系统润滑不良，在磨屑生成过程中曾经有过高热阶段。

1）铁的红色氧化物。铁的红色氧化物磨屑有两类：一类是多晶体，在白色反射光下呈橘黄色，在反射偏振光下呈饱和的橘红色，如果铁谱片上有大量的此类磨屑存在（特别是大磨屑存在），说明油样中必定有水。另一类是偏平的滑动磨损微粒，在白色反射光下呈灰色，在白色透射光下呈无光的红棕色，因其反光程度高，容易与金属磨屑相混淆。如果仔细观察则会发现，这种磨屑在双色照明下不如金属颗粒明亮，在断面薄处有透射光。若铁谱片中有此类磨屑出现，说明系统润滑不良，应采取相应的对策。

2）铁的黑色氧化物。铁的黑色氧化物微粒外缘为表面粗糙不平的堆积物，因其含有 Fe_3O_4、α-Fe_2O_3、FeO 等混合物质，具有铁磁性，在铁谱片上以铁磁性微粒的方式沉积。当铁谱显微镜的分辨率接近极限时，有蓝色和橘黄色小斑点。铁谱片上存在大量黑色的铁的氧化物微粒时，说明系统润滑严重不良。

3）深色金属氧化物。局部氧化了的铁性磨屑属于这类深色金属氧化物，这些微粒是润滑不良的反映，说明在其生成过程中被过热氧化。大块的深色金属氧化物的出现，是部件毁灭性失效的征兆，而少量的较小的深色金属氧化物与正常摩擦磨损微粒一起沉积时，还不是发生毁灭性失效的表征。

（4）润滑剂的变质产物的识别　润滑剂在使用过程中会发生变质，下面介绍几种变质产物的识别方法。

1）摩擦聚合物。润滑剂在临界接触区受到超高的压力作用时，其分子发生聚合反应而生成大块凝聚物。油样中存在摩擦聚合物的特征是细碎的金属磨损颗粒嵌在无定形的透明或半透明的基体中，这种基体就是由上述凝聚物构成的。

油样中存在摩擦聚合物不一定就表示系统出现了问题，这要取决于润滑油使用的环境。若油的使用合适，油中适当有一些摩擦聚合物可以防止胶合磨损。但摩擦聚合物过量就会对机器产生危害，它会使润滑油黏度增加，堵塞油过滤器，使大的污染颗粒和磨屑进入机器的摩擦表面，造成更大的磨损。在一种通常不产生摩擦聚合物的油样中见到摩擦聚合物，则意味着已出现过载现象。

2）润滑剂变质产生的腐蚀磨屑是非常细小的微粒，其尺寸在亚微米级，腐蚀磨屑沉积的部位是在铁谱片的出口处。

3）二硫化钼。二硫化钼是一种有效的固体润滑剂，铁谱上的二硫化钼往往表现为多层剪切面，而且带有直角的直线棱边，具有灰紫色的金属光泽。二硫化钼具有反磁性，往往被磁场排斥。

4）污染颗粒。污染颗粒包括新油中的污染、道路尘埃、煤尘、石棉屑、过滤器材料等，必要时可参考标准图谱识别。

6. 铁谱技术在煤矿机械监测与诊断中的应用

机械设备监测与诊断可采用的技术方法很多，如振动监测、油液监测、温度监测、无损检测等。但用于煤矿采煤工作的采煤机械，其工作条件极为恶劣，潮湿、煤尘、粉尘极大，加之采煤机械多为低速、重载设备，工作空间狭小，工作时由于介质原因，常有冲击和振动，所以很多技术（监测仪器）无法适应这种井下工况，而铁谱技术是以油液为载体进行监测诊断的，可在工作现场提取油样，在实验室完成磨粒分析和诊断。所以铁谱技术应用于煤矿机械的监测与诊断较为普遍。

（1）铁谱监测的工作程序　图2-22所示为铁谱分析的工作程序。

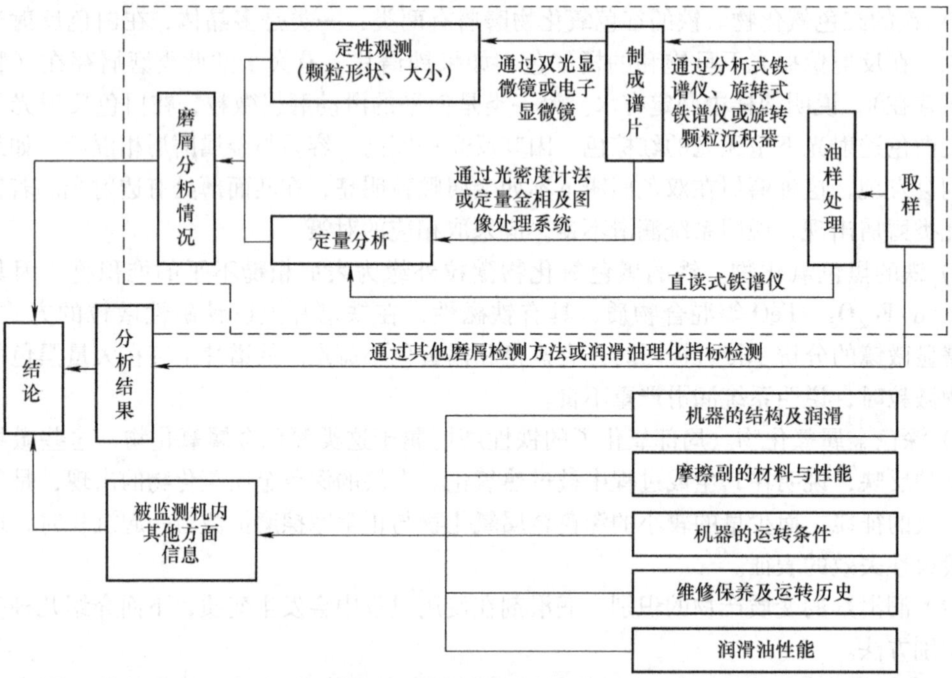

图2-22　铁谱分析程序图

（2）取样间隔时间　取样间隔时间参考值见表2-12。

表2-12　取样间隔时间参考值　（单位：h）

监测机械类型	磨合阶段	正常阶段磨损	失效前夕阶段
地面液压系统	80	200	80
煤矿井下液压系统	20	50	20
地面传动装置	100	300	100
煤矿井下传动装置	30	100	30
重型燃气轮机		250~500	
煤油机		200	
蒸汽轮机		250~500	
飞机燃气轮机		50	

（3）铁谱分析报告单　铁谱分析报告单见表2-13。

表2-13　铁谱分析报告单

委托单位			
取样日期		设备型号	
设备名称		取样部位	
润滑油型号		油使用时间	
运转时间			
编号			

谱片制备条件			
油样取量	mL	成谱转速	r/min
浓度稀释		清洗转速	r/min
黏度稀释		清洗液量	mL
其他处理		制谱者	

	$A_{内}$	$A_{中}$	$A_{外}$
1			
2			
3			
4			
平均			
$D=A_{内}-(A_{中}+A_{外})=$			

颗粒定量仪测试结果			
油样用量			读数
方法	盒		
	纸		
	谱		
	其他		

颗粒类型	没有	少量	中量	浓度	主要尺寸
正常磨损颗粒					
严重滑动磨损颗粒					
切削磨损颗粒					
疲劳剥块					
层状磨粒					
深色金属氧化物					
红色氧化物					
磨蚀磨损颗粒					
非铁金属颗粒					
摩擦聚合物					
非金属颗粒					
球状颗粒					
其他					

常规分析结果		
黏度	mm^2/s	
水分	%	
酸值	KOH/g	
闪点	℃	

结论
分析者________　审核者________

回执

编号：　　　　日期：　　　　填表人：

监测结论与实际吻合程度

吻合	基本吻合	错报

备注：

（4）煤矿常用机械的铁谱监测判据　采煤机的液压系统磨损的监测判据，见表2-14。

表2-14　AM-500型采煤机液压系统的磨损状态判据

设备状态 / 磨屑情况	正常	需要注意并采取的措施	严重警告
块状片屑	一般小于10μm；大于10μm者小于1/24	10～15μm者达1/12～1/6（偏少）；大于15μm者达1/12	10～15μm者达1/6～1/3（偏多）；大于15μm者达1/12～1/6（偏少）
切削磨损颗粒	无	达到1/24～1/12	达到1/12～1/6
球状颗粒	无	达到1/24～1/12	达到1/12～1/6
岩尘、沙粒	数个	达到1/24～1/12	达到1/12～1/6
煤尘	1/24～1/12	1/12～1/6	1/6～1/3
I_A 磨损度烈度	小于100	100～150	大于150

四、光谱技术及仪器

油液光谱技术可以有效地监测机械设备润滑系统、液压系统中油液所含磨损颗粒的成分及其含量的变化，同时也可以准确地检测油液中添加剂的状况及油液污染变质的程度。而润滑油液中各磨损元素的浓度与零部件的磨损状态有关，故可根据光谱监测结果来判断零部件磨损状态及发展趋势，从而达到诊断机器故障的目的。

光谱技术的局限性在于不能识别磨粒的形貌、尺寸，不能判断磨损类型。

用于油液监测与诊断的光谱技术主要有原子发射光谱技术和原子吸收光谱技术。

1. 原子发射光谱技术和仪器

气体的原子或离子受激发后辐射的光谱，是一些单一波长的光，即线光谱。利用物质受电能或热能激发后辐射出的特征线光谱来判断物质组成的技术，就是原子发射光谱技术。它根据特征谱线是否出现来判断某物质是否存在，根据特征谱线的强弱来判断该物质含量的多少。

采用光电直读光谱仪测定润滑油中各种金属元素的浓度，其工作原理是：用电极产生的电火花做光源，激发油中金属元素辐射发光，将辐射出的线光谱由出射狭缝引出，由光电倍增管将光能变成电能，再向积分电容器充电，通过测量积分电容器上的电压达到测量油内金属含量浓度的目的，如果测量和数据处理由微机控制，则速度更快。

图2-23所示是美国Baird公司生产的MOA型直读式发射光谱仪的原理图。它是较为先进的润滑油分析发射光谱仪。仪器工作原理是：激发光源采用电弧，一极是石墨棒，另一极是缓慢旋转的石墨圆盘，石墨圆盘的下半部浸入盛在油样盘的被分析油样中。当它旋转时，便把油样带到两极之间。电弧穿透油膜使油样中微量的金属元素受激发发出特征辐射线，经光栅分光，各元素的特征辐射照到相应的位置上，由光电倍增管接受辐射信号，再经电子线路的信号处理，便可直接检出和测定油样中各元素的含量。

该仪器具有分析容量大、精度高、分析可靠、分析速度快，且操作简单，原始油样不需处理即可直接送检，环境条件要求低的优点。特别适合大规模含有多种材质摩擦副（例如内燃机发动机、飞机发动机等）的设备群体监测。

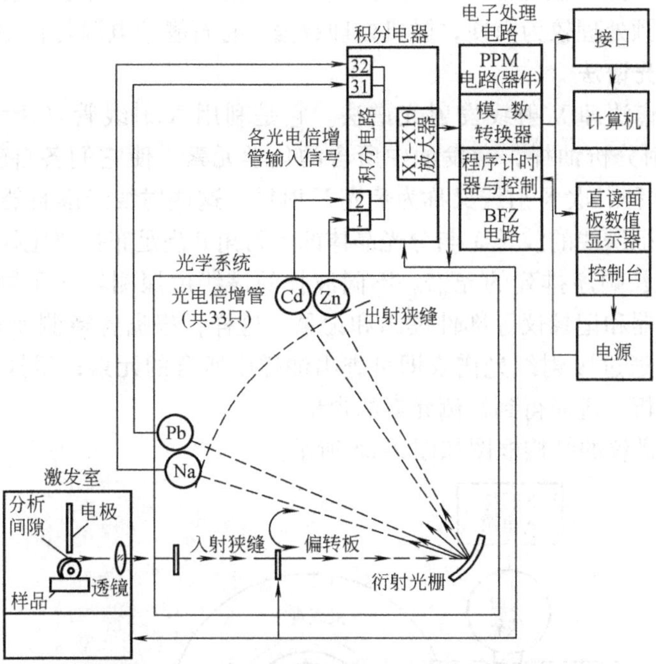

图 2-23 直读式发射光谱仪的工作原理

2. 原子吸收光谱技术和仪器

原子吸收光谱技术是将待测元素的化合物（或溶液）在高温下进行试样原子化，使其变为原子蒸气。当锐线光源（单色光或称特征辐射线）发射出的一束光，穿出一定厚度的原子蒸气时，光的一部分被原子蒸气中待测元素的基态原子吸收。透过光经单色器将其他发射线分离掉，检测系统测量特征辐射线减弱后的光强度。根据光吸收定律就能求得待测元素的含量。

图 2-24 所示是原子吸收光谱仪的工作原理图。润滑油试样经过预处理后送入仪器，由雾化器将试液喷成雾状，与燃料气及助燃气一起进入燃烧器的光焰中。在高温下，试样经去溶剂化作用、挥发及离解，润滑油中的待测物质（如铁元素）便转变为原子蒸气。由与待测含量的物质（如铁）相同元素做成的空心阴极灯辐射出一定波长（如铁元素为 372nm）的特征辐射光，当它通过火焰后，一部分光被待测物质（如铁）的基态原子吸收。测量吸光度后，利用标准系列试样作出的吸光度-浓度工作曲线图，即可查出未知油样中待测物质（如铁元素）的含量。

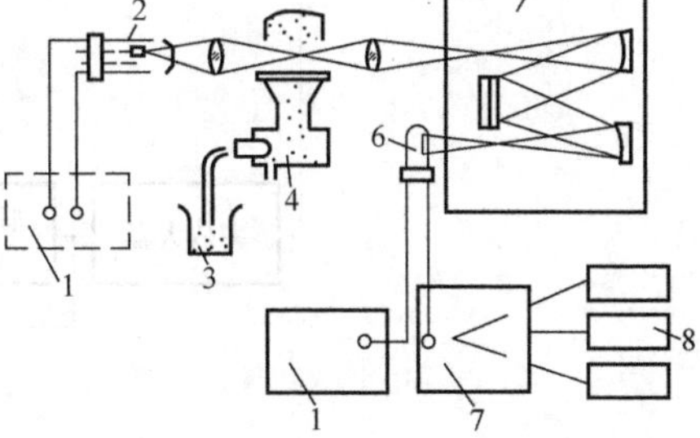

图 2-24 原子吸收光谱仪的工作原理
1—电源 2—光源 3—试样 4—火焰原子化器 5—光学系统 6—光电元件 7—放大器 8—读数系统

该技术的优点在于分析灵敏度高，适用范围广，取样量少，多采用微机进行数据处理，分析精度高，分析功能强，且价格适中。但测一种元素需要更换一种元素灯，油样预处理较发射光谱仪繁琐，用燃料气加热试样不方便也不安全（先进的仪器采用石墨加热炉加热）。美国生产的 PE 型系列原子吸收光谱仪，可同时测几种元素，油样预处理较为简便，微机处理数据，有石墨炉电源与自动取样器等。

3. X 射线荧光光谱法

X 射线荧光光谱法即 X 射线发射光谱法。它是利用 X 射线管（激发源）发射的初级（一次）X 射线照射分析油样，激发油中所含的化学元素，使它们各自辐射出二次 X 射线（特征 X 射线）。这种二次 X 射线又称为荧光 X 射线。这些射线经准直器准直后，到达分光晶体的表面，当特征谱线的波长 λ 与分光晶体的入射角 θ 满足布拉格定律时发生衍射，使二次谱线色散成按波长顺序排列的光谱。不同波长的谱线由探测器在不同的衍射角度（2θ）上接收，并由计数器和记录仪等部件读出和记录。这样，根据各待测元素的特征 X 射线波长（或 2θ 角度），通过 X 射线光谱表即可查出油样中所含的元素；根据谱线的强度即可进行半定量和定量分析，进而得到被测元素的含量。

X 射线荧光光谱仪的结构框图如图 2-25 所示。

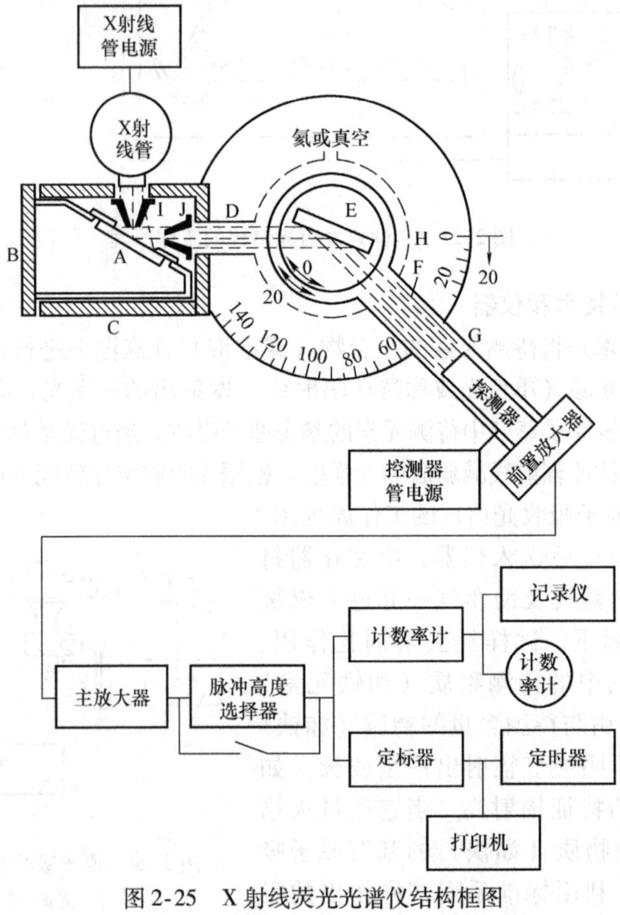

图 2-25 X 射线荧光光谱仪结构框图

4. 红外光谱分析法

润滑油内的添加剂在设备使用过程中会逐渐降解，为监测其变化趋势，可选用傅里叶变换红外光谱技术（FTIR）。

红外光谱主要是研究分子中以化学键连接的原子之间的振动光谱和分子的转动光谱，它是确定分子组成和结构的有力工具。根据待测油样的红外光谱中吸收峰的强度、位置和形状，可以测定它所包含的基因的构成和含量。所以，它主要用于新油成分的检查、在用油的衰变劣化及污染的检查等。

傅里叶变换红外光谱仪的核心部分是红外光学台（光学系统）。红外光学台由红外光源、光阑、干涉仪、样品室、检验器及光路所需的各种红外反射镜组成。

由于红外吸收光谱只反映分子结构的信息，因此红外分析技术对原子质点、溶解态离子和金属颗粒都不敏感。换言之，在通过油液分析技术对设备状态进行监测时，红外光谱仪不能代替原子发射光谱仪、原子吸收光谱仪和铁谱仪。由于原子发射光谱仪、原子吸收光谱仪和铁谱仪也不能互相代替，因此在以设备状态监测为目的的现代油液分析技术中，此四种技术——红外分析技术、原子发射光谱技术、原子吸收光谱技术和铁谱技术独立存在并相互补充。

五、其他油液监测技术

1. 显微镜颗粒计数技术

该技术的基本原理是将油样经滤膜过滤，然后将带污染颗粒的滤膜烘干，放在普通显微镜下统计不同尺寸范围的污染颗粒的数目。

该技术的优点是能直接观察和拍摄磨损微粒的形状、尺寸和分布情况，从而定性了解磨损类型和磨损微粒的来源，而且装备简单、费用低廉、应用广泛。世界各国都制订有显微计数法油液颗粒污染物的分析标准。但该技术操作较费时，人工计数误差较大，再现性差，对操作人员技术熟练程度要求苛刻。

2. 自动颗粒计数技术

自动颗粒计数技术，不需从油样中将固体颗粒分离出来，而是自动地对油样中颗粒的尺寸测定和计数。

该技术可以预报机器中部件的早期磨损情况。可用于实验室内进行的污染分析以及在线污染监测。

3. 磁塞技术

磁塞技术的基本原理是用带磁性的探头插入润滑系统或液压系统的管道内，收集油液中的铁磁性磨损微粒，再用放大镜或光学显微镜观察磨损颗粒的大小、数量和形状，从而判断机器零件的磨损状态。

4. 重量分析技术

重量分析技术是将油样用滤膜过滤，前后油样的重量之差作为油样中污染微粒的重量。

该技术特别适用于油液中含磨损微粒浓度较大时的油液分析，所需装备简单。当外部环境、过滤方法、油样稀释液种类、冲洗条件、烘干条件稍有变化时，就会发生较大偏差，测试精度较低，只能用于润滑状态的粗略判断。

第六节　无损检测技术

一、无损检测技术概述

无损检测技术是指在不破坏或不改变被检物体的前提下，利用物质因存在缺陷而使其某一物理性能发生变化的特点，完成对该物体的检测与评价的技术手段的总称。它由无损检测和无损评价两个不可分割的部分组成。

一个设备在制造过程中，可能产生各种各样的缺陷，如裂纹、疏松、气泡、夹渣、未焊透和脱粘等；在运行过程中，由于应力、疲劳、腐蚀等因素的影响，各类缺陷又会不断产生和扩展。现代无损检测与评价技术，不但要检测出缺陷的存在，而且要对其做出定性、定量评定，其中包括对缺陷的定量测量（形状、大小、位置、取向、内含物等），做而对有缺陷的设备分析其缺陷的危害程度，以便在保障安全运行的条件下，做出带伤设备可否继续服役的选择，避免由于设备不必要的检修和更换所造成的浪费。

无损检测技术包括超声检测、射线检测、磁粉检测、渗透检测、涡流检测等常规技术以及声发射检测、激光全息检测、微波检测等新技术。常见的分类形式见表2-15。其中X射线、超声、涡流、磁粉、渗透等常规的几种测试方法较成熟，并得到了广泛应用。

表2-15 无损检测的分类

类别	主要方法
射线检测	X射线，γ射线，高能X射线，中子射线，质子和电子射线
声和超声检测	声振动，声撞击，超声脉冲反射，超声透射，超声共振，超声成像，超声频谱，声发射，电磁超声
电学和电磁检测	电阻法，电位法，涡流，录磁与漏磁，磁粉法，核磁共振，微波法，巴克豪森效应和外激电子发射
力学与光学检测	目视法和内窥法，荧光法，着色法，脆性涂层，光弹性覆膜法，激光全息干涉法，泄漏检定，应力测试
热力学方法	热电动势，液晶法，红外线热图
化学分析方法	电解检测法，激光检测法，离子散射，俄歇电子分析和穆斯鲍尔谱

二、超声波检测

超声波检测就是利用电振荡在发射探头中激发高频超声波，入射到被检物体内部后，若遇到缺陷，超声波会被反射、散射或衰减的原理，再用接收探头接收从缺陷处反射回来（反射法）或穿过被检工件后（穿透法）的超声波，并将其在显示仪表上显示出来，通过观察与分析反射波或透射波的时延与衰减情况，即可获得物体内部有无缺陷以及缺陷的位置、大小和性质等方面的信息，并由相应的标准或规范判定缺陷的危害程度的方法。

1. 超声波基础

（1）超声波及其特性　超声波是一种质点振动频率高于20kHz的机械波。无损检测用的超声波频率范围为0.5～25MHz，其中最常用的频段为1～5MHz。

超声波有如下特性。

1）指向性好。超声波是一种频率很高、波长很短的机械波，在无损检测中使用的超声波波长为毫米数量级。它像光波一样具有很好的指向性，可以定向发射。

2）穿透能力强。超声波的能量较高，在大多数介质中传播时能量损失小、传播距离远、穿透能力强。

（2）超声波的分类　根据波动传播时介质质点的振动方向与波的传播方向间相互关系

的不同，可将超声波分为纵波、横波、表面波和板波等。

1）纵波。纵波是指介质中质点的振动方向与波的传播方向平行的波，用 L 表示。当弹性介质的质点受到交变的拉压应力作用时，质点之间产生相互的伸缩变形，从而形成纵波，又称压缩波或疏密波。纵波可在任何弹性介质（固体、液体和气体）中传播。由于纵波的产生和接收都比较容易，因而在工业无损检测中得到了广泛的应用。

2）横波。介质中质点的振动方向与波的传播方向互相垂直的波称为横波，常用 S 或 T 表示。当介质质点受到交变的切应力作用时产生切变变形，从而形成横波，故横波又称剪切波。横波只能在固体介质中传播。

3）表面波。当介质表面受到交变应力作用时，产生沿介质表面传播的波称为表面波，常用 R 表示。

表面波同横波一样也只能在固体介质中传播，而且只能在固体表面传播。表面波的能量随距表面深度的增加而迅速减弱。当传播深度超过两倍波长时，其振幅降至最大振幅的 37%。因此，通常认为，表面波检测只能发现距工件表面两倍波长深度内的缺陷。

4）板波。在厚度与波长相当的弹性薄板中传播的超声波称为板波。其特点是整个板都参与传声，适用于对薄的金属板进行无损检测。

2. 超声波检测设备

（1）超声波探头　超声波探头的功能就是将电能转换为超声能（发射探头）和将超声能转换为电能（接收探头），其性能的好坏对超声波检测的成功与否起关键性作用。超声波检测用的探头多为压电型，其作用原理为压电晶体在高频电振荡的激励下产生高频机械振动，并发射超声波（发射探头）；或在超声波的作用下产生机械变形，并因此产生电荷（接收探头）。

超声波检测中常用的探头主要有直探头、斜探头、表面波探头、双晶片探头、水浸探头和聚焦探头等。

直探头又称平探头，应用最普遍，可以同时发射和接收纵波，多用于手工操作接触法检测。它主要由压电晶片、阻尼块、壳体、接头和保护膜等基本元件组成。其典型结构如图 2-26a所示。

斜探头利用透声楔块使声束倾斜于工件表面射入工件。压电晶片产生的纵波，在斜楔和工作界面发生波型转换。根据入射角的不同，斜探头可在工件中产生纵波、横波和表面波，也可在薄板中产生板波。斜探头主要由压电晶片、透声楔块、吸声材料、阻尼块、外壳和电气接插件等几部分组成，其典型结构如图 2-26b 所示。

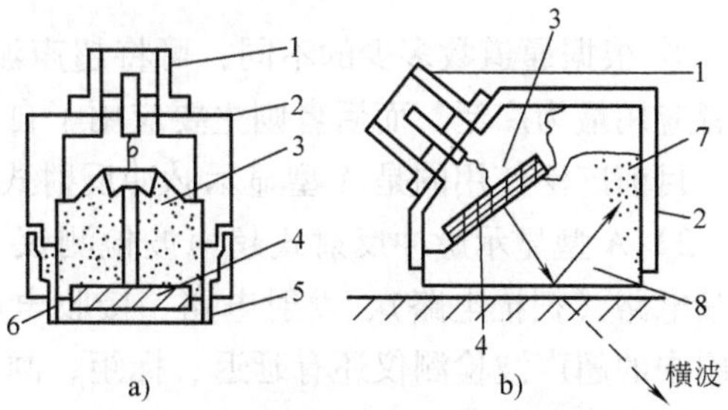

图 2-26　常见超声波探头的典型结构
a）纵波直探头　b）横波斜探头
1—接头　2—壳体　3—阻尼块　4—压电晶片
5—保护膜　6—接地环　7—吸声材料
8—透声楔块

（2）超声波检测仪　超声波检测仪的作用是产生电振荡并加于探头，使之发射超声波，同时，还将探头接收的电信号进行滤波、检波和放大等，并以一定的方式将检测结果显示出来。人们可据此获得被检工件内部有无缺陷以及缺陷的位置、大小和性质等方面的信息。

1）超声波检测仪的类型。超声波检测仪有以下几种分类方式。

① 按超声波的连续性，可将超声波检测仪分为脉冲波检测仪、连续波检测仪、调频波检测仪等。脉冲波检测仪通过向工件周期性地发射不连续且频率固定的超声波，根据超声波的传播时间及幅度来判断工件中缺陷的有无、位置、大小及性质等信息，这是目前使用最为广泛的一类超声波检测仪。

② 按超声波检测仪显示缺陷的方式不同，可将其分为A型、B型和C型三种。

A型显示是一种波形显示。检测仪示波屏的横坐标代表声波的传播时间或距离，纵坐标代表反射波的幅度。由反射波的位置可以确定缺陷的位置，而由反射波的波高则可估计缺陷的性质和大小。

B型显示是一种图像显示。检测仪示波屏的横坐标是靠机械扫描来代表探头的扫查轨迹，纵坐标是靠电子扫描来代表声波的传播时间（或距离），因而可直观地显示出被探工件任一纵截面上缺陷的分布及深度。

C型显示也是一种图像显示。检测仪示波屏的横坐标和纵坐标都是靠机械扫描来代表探头在工件表面的位置。探头接收信号的幅度以光点辉度表示，因而当探头在工件表面移动时，示波屏上便显示出工件内部缺陷的平面图像（俯视图），但不能显示缺陷的深度。

三种显示方式的图解说明如图2-27所示。

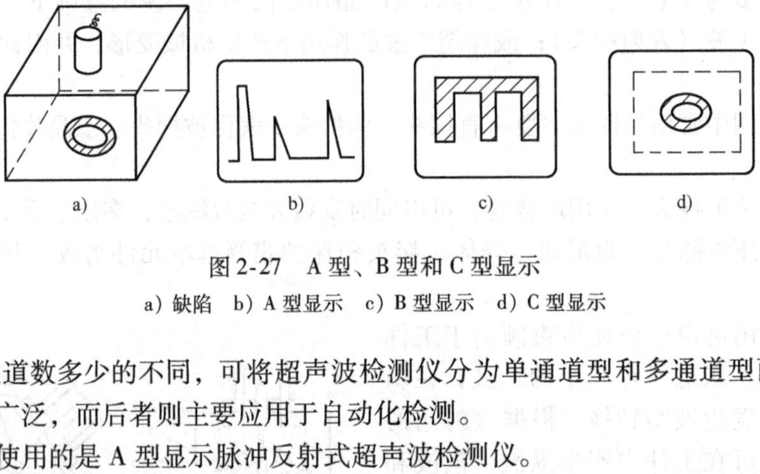

图2-27　A型、B型和C型显示

a）缺陷　b）A型显示　c）B型显示　d）C型显示

③ 根据通道数多少的不同，可将超声波检测仪分为单通道型和多通道型两大类，其中前者应用最为广泛，而后者则主要应用于自动化检测。

目前广泛使用的是A型显示脉冲反射式超声波检测仪。

2）A型显示脉冲反射式超声波检测仪。A型显示脉冲反射式检测仪主要由同步电路、时基电路（扫描电路）、发射电路、接收电路、显示电路和电源电路等几部分组成。此外，实用中的超声波检测仪还有延迟、标距、闸门和深度补偿等辅助电路。

其主要性能指标包括以下内容。

① 水平线性。它是表征检测仪水平扫描线扫描速度的均匀程度，水平线性的好坏会影响对缺陷的定位。

② 垂直线性。它是描述检测仪示波屏上反射波高度与接收信号电压成正比关系的程度。垂直线性的好坏将影响对缺陷的定量分析。

③ 动态范围。动态范围是检测仪示波屏上反射波高度从满幅降至消失时仪器衰减器的

变化范围。动态范围大，对小缺陷的检出能力就强。

④ 灵敏度，即在规定深度内能检出的最小缺陷。

⑤ 盲区，即由探头到能够检测出缺陷位置的最小距离。

⑥ 探测深度，即在示波屏上能获得一次底面反射时的超声波的最大距离。

⑦ 分辨力，指能够区分两个缺陷的最小距离。

与其他超声波检测仪相比，脉冲反射式超声波检测仪具有如下的突出特点。

① 在被检工件的一个面上，用单探头脉冲反射法即可检测，这对于诸如容器、管道等一些很难在双面放置探头进行检测的场合，更显示出明显的优越性。

② 可以准确地确定缺陷的深度。

③ 灵敏度远高于其他方法。

④ 可以同时探测到不同深度的多个缺陷，并分别对它们进行定位、定量和定性。

⑤ 适用范围广，用一台检测仪不仅可进行纵波、横波、表面波和板波检测，而且适用于探测很多种工件；不仅可以检测，而且还可用于测厚、测声速和测量衰减等。

（3）耦合剂　在超声波检测中，耦合剂的作用主要是排除探头与工件表面之间的空气，使超声波能有效地传入工件。当然，耦合剂也有利于减小探头与工件表面间的摩擦，延长探头的使用寿命。

一般要求耦合剂：能润湿工件和探头表面，流动性、黏度和附着力适当，易于清洗；声阻抗高，透声性能好；对工件无腐蚀，对人体无伤害；性能稳定，价格便宜等。

3. 超声波检测方法

（1）脉冲反射法　脉冲反射法是目前应用最为广泛的一种超声波检测法。它将持续时间极短的超声波脉冲发射到被检试件内，根据反射波来检测试件内的缺陷，检测结果一般用A型显示。其基本原理为：当试件完好时，超声波可顺利传播到达底面，在底面光滑且与探测面平行的条件下，检测图形中只有表示发射脉冲及底面回波的两个信号，如图2-28a所示；若试件内存在缺陷，则在检测图形中的底面回波前有表示缺陷的回波，如图2-28b所示。脉冲反射法可分为垂直检测与斜角检测两种。

垂直检测时，探头垂直地或以小于第一临界角的入射角耦合到工件上，在工件内部只产生纵波。这种方法常用于板材、锻件、铸件、复合材料等的检测。

斜角检测时，用不同角度的斜探头在工件中分别产生横波、表面波或板波。它的主要优点是：可对直探头探测不到的缺陷进行检测；可改变入射角来发现不同方位的缺陷；用表面波可探测复杂形状的表面缺陷；用板波可对薄板进行检测。

（2）穿透法　穿透法是依据超声波（连续波或脉冲波）穿透试件之后的能量变化来判断缺陷情况的一种方法。将两个探头分别置于被检测工件的两个相对表面，一个探头发射超声波，透过工件被另一面的探头所接收。当工件内有缺陷时，由于缺陷对超声波的遮挡作用，减少了穿透的超声波的能量。根据能量减少的程度即可判断缺陷的大

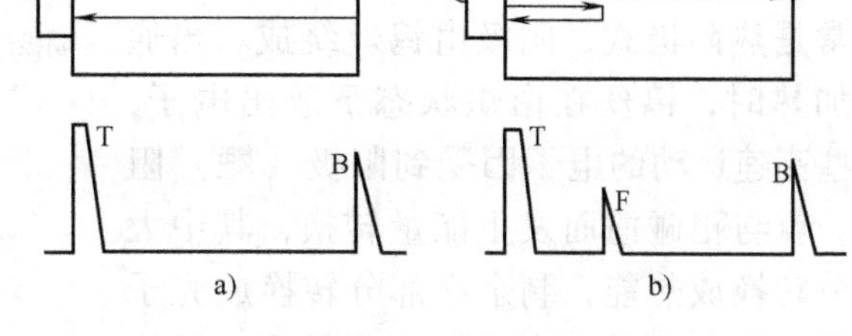

图2-28　脉冲反射法
a）无缺陷　b）有缺陷

小。这种方法的优点是不存在盲区，适于检测较薄的工件；缺点是不能确定缺陷的深度位置，且需要在工件的两个相对表面进行操作。

（3）共振法 一定波长的超声波，在物体的相对表面上反射，所发生的同相位叠加的物理现象称为共振。根据共振特性来检测试件的方法称为共振法。共振法常用于单面测试壁厚，其基本原理为：将频率可调（扫频）的连续超声波施加在被检试件上，当试件的厚度为超声波的半波长的整数倍时，由于入射波和反射波的相位相同而引起共振，转换器上能量增加，仪器可显示出共振频率点，并计算出试件的厚度。

4. 超声波检测的应用

超声波检测既可用于锻件、棒材、板材、管材以及焊缝等的检测，又可用于厚度、硬度以及材料的弹性模量和晶粒度等的检测。

三、射线检测

1. 射线检测的基本原理

射线检测是以X射线、γ射线和中子射线等易于穿透物质的特性为基础的。其基本工作原理为：射线在穿过物质的过程中，由于受到物质的散射和吸收作用而使其强度衰减，强度衰减的程度取决于物体材质、射线种类及其穿透距离。当把强度均匀的射线照射到物体上的一个侧面，在物体的另一侧使透过的射线在照相底片上感光、显影后，就可得到与材料内部结构或缺陷相对应的黑度不同的图像，即射线底片。通过观察射线底片，就可检测出物体表面或内部的缺陷，包括缺陷的种类、大小和分布情况并可对其做出评价。

射线检测缺陷的形状非常直观，对缺陷的尺寸、性质等情况判断比较容易。采用计算机辅助断层扫描法还可以了解断面的情况，进行自动化分析。射线检测对所测试检查的物体既不破坏也不污染，但射线检测成本较高，且对人体有害，在检测过程中必须注意做好保护措施。

工业上常用的是X射线、γ射线检测。

2. X射线、γ射线及其检测装置

X射线与γ射线都是电磁波。它们具有波动性、粒子性，都可产生反射、折射、干涉、光电效应、康普顿效应和电子效应等。它们又是不可见光，既不带电荷，又不受电场和磁场的影响；既能透过可见光不能透过的物质，使物质起光化学反应，又能使照相胶片感光，使荧光物质产生荧光。

在工业上使用的X射线是由一种特制的X射线管产生的。如图2-29所示，它的基本构造是一个保持一定真空度的两极管。通常是热阳极式，阴极由钨丝绕成。当通电加热时，钨丝在白炽状态下放出电子，这些高速运动的电子因受到阳极（靶）阻止，就与靶碰撞而发生能量转换，其中大部分转换成热能，剩余小部分转换成光子能量，即X射线。电子的速度越高，转换

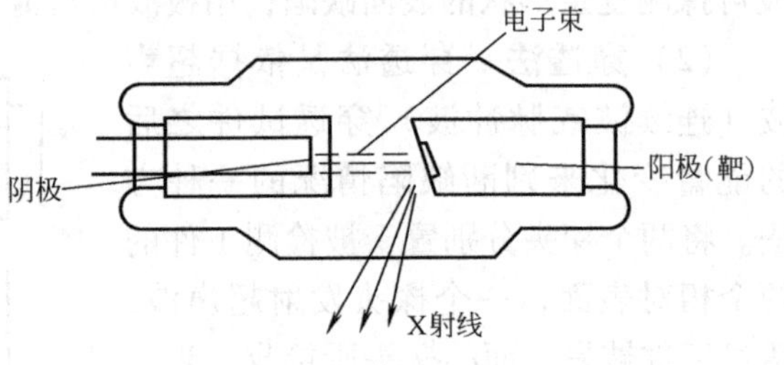

图2-29 X射线的产生

成 X 射线的能量就越大。X 射线的强度，即单位时间内发射 X 射线的能量，随着电流的增加而增加。

γ 射线是由放射性同位素的原子核在衰变过程中产生的。它是一种波长很短的电磁波，其辐射是从原子核里释放出来的。γ 射线是由原子核从激发能级跃迁到较低能级的产物，因此它的发生不同于原子核外电壳层放出的 X 射线。

γ 射线与 X 射线虽然产生的机理不同，但同属电磁波，性质很相似，只不过 γ 射线的波长比一般 X 射线的更短。

X 射线检测装置通常分为两大类：一类为移动式 X 射线机，另一类为携带式 X 射线机。移动式 X 射线机通常体积和重量都较大，适合于实验室或车间使用，它们采用的电压、电流也较大，可以透过较厚的物体和工件。便携式 X 射线机体积小、重量轻，适用于流动性检验或大型设备的现场无损检测。

γ 射线检测装置的结构比 X 射线检测装置要简单得多，而且价格便宜、使用方便。γ 射线检测一般采用照相方法进行工作。γ 射线检测装置使用灵活方便，不易发生故障，并且能按照需要的情况发射一定宽度的锥形射线束或进行圆周曝光探测管形工件的缺陷。但必须做好防护措施以预防 γ 射线对人体的危害。

3. 射线检测的操作过程

射线检测包括 X 射线、γ 射线和中子射线三种。对射线穿过物质后的强度检测方法有：直接照相法、间接照相法和透视法等多种。其中，对微小缺陷的检测以 X 射线和 γ 射线的直接照相法最为理想。其典型操作的简单过程如下。

一般把被检物安放在离 X 射线装置或 γ 射线装置 0.5 ~ 1m 处，将被检物按射线穿透厚度为最小的方向放置，把胶片盒紧贴在被检物的背后，让 X 射线或 γ 射线照射一定时间（几分钟至几十分钟不等）进行充分曝光。把曝光后的胶片在暗室中进行显影、定影、水洗和干燥。再将干燥的底片放在显示屏的观察灯上观察，根据底片的黑度和图像来判断缺陷的种类、大小和数量，随后按通行的要求和标准对缺陷进行等级分类。

4. 射线检测的特点和适用范围

射线检测是一种常用于检测物体内部缺陷的无损检测方法。它几乎适用于所有的材料，检测结果（照相底片）可永久保存。但从检测结果很难辨别缺陷的深度，要求在被检试件的两面都能操作，对厚的试件曝光时间需要很长。

对厚的被检测物体来说，可使用硬 X 射线或 γ 射线；对薄的被检物体则使用软 X 射线。射线穿透物质的最大厚度为：钢铁约 450mm、铜约 350mm、铝约 1200mm。

对于气孔、夹渣和铸造孔洞等缺陷，在 X 射线透射方向有较明显的厚度差别，即使很小的缺陷也较容易检查出来。而对于如裂纹等虽有一定的投影面积但厚度很薄的一类缺陷，只有用与裂纹方向平行的 X 射线照射时才能够检查出来，而用与裂纹面几乎垂直的射线照射时就很难查出。因此，有时要改变照射方向来进行照相。

观察一张透射底片能够直观地知道缺陷的二维形状大小及分布，并能估计缺陷的种类，但无法知道缺陷厚度以及距表面的位置等信息。要了解这些信息，就必须用不同照射方向的两张或更多张底片。

在进行检测时，应注意到射线辐射对人体健康（包括遗传因素）的损害作用。X 射线在切断电源后就不再发生，而同位素射线（如 γ 射线）是源源不断地发生的。此外，还应特别注意，射线不只是笔直地向前辐射，它还可通过被检物、周围的墙壁、地板以及天花板等障碍物进行反射与透射传播。其次还应注意，X射线装置是在几万乃至几十万伏高电压下工作的，通常虽有充分的绝缘，但也必须注意防止意外的高压触电危险。

四、涡流检测

1. 涡流检测的基本原理

涡流检测以电磁感应为基础，其基本原理是：通以交变电流的检测线圈靠近导电试件时，由于线圈交变磁场的作用，试件中会感生出涡流。涡流又产生使检测线圈阻抗发生变化的反作用磁场；由于试件表面或近表面缺陷的存在，会使涡流的大小、分布和流动形式等发生畸变，相应的涡流产生的反作用磁场也发生变化；通过检出由于反作用磁场的变化而引起的检测线圈阻抗的变化，便可检测出试件中的缺陷。

2. 涡流检测仪的组成

涡流检测仪按检测目的的不同可分为导电仪、测厚仪和探伤仪，它们的基本组成大致相同。电子电路主要有两大部分：一部分是基本电路，包括振荡器、信号检出电路、放大器、显示器和电源；另一部分是信号处理电路，即鉴别影响因素和抑制干扰的电路，完成产生激励信号、检测涡流信息、鉴别影响因素、指示检测结果等任务。

3. 涡流检测的适用范围

涡流检测适用于由钢铁、有色金属以及石墨等导电材料所制成的试件，而不适用于玻璃、石头和合成树脂等非导电材料的检测。

从检测对象来说，涡流方法适用于如下项目的检测。

（1）缺陷检测　检测试件表面或近表面的内部缺陷。

（2）材质检测　检测金属的种类、成分、热处理状态等变化。

（3）尺寸检测　检测试件的尺寸、涂膜厚度、腐蚀状况和变形等。

（4）形状检测　检测试件形状的变化情况。

五、磁粉检测

1. 磁粉检测的基本原理

把一根中间有横向裂纹的强磁性材料（钢铁等）试件进行磁化处理，在没有缺陷的连续部分，由于小磁铁的N、S磁极互相抵消，而不呈现出磁极，而在裂纹等缺陷处，由于磁性的不连续而呈现磁极。在缺陷附近的磁力线绕过空间出现在外面，此即缺陷漏磁，如图2-30所示。缺陷附近所产生的称为缺陷漏磁的磁场，其强度取决于缺陷的尺寸、位置及试件的磁化强度等。这样，当把磁粉散落在试件上时，裂纹处就会吸附磁粉。磁粉检测就是利用磁化后的试件材料在缺陷处会吸附磁粉，以此来显示缺陷存在的一种检测方法。

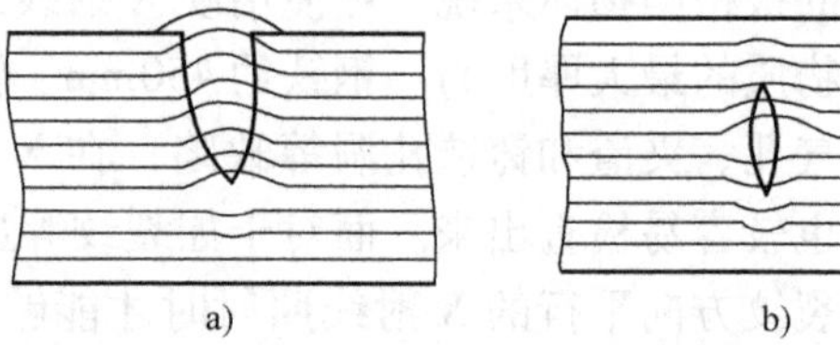

图2-30　缺陷漏磁
a）表面缺陷　b）表层缺陷

磁粉检测方法可以用于探测铁磁性材料及构件的表面和近表面缺陷。对存在于浅表面的裂纹、折叠、夹层、夹渣等缺陷极为敏感。一般情况下，采用交流电磁化适用于检查 2mm 以内的浅表面缺陷，采用直流电磁化适用于检查 6mm 以内的表面缺陷。随着深度的变化，探测缺陷的能力迅速下降。

2. 磁粉检测的基本步骤

（1）预处理　用有机溶剂清洗试件表面的油脂、涂料以及铁锈等。用干磁粉时还要使试件的表面干燥。

（2）磁化　磁化是磁粉检测的关键步骤。首先应根据缺陷特性与试件形状选定磁化方法，其次还应根据磁化方法、磁粉、试件的材质、形状、尺寸等确定磁化电流值，使得试件的表面有效磁场的磁通密度达到试件材料饱和磁通密度的 80% ~90%。

（3）施加磁粉　干磁粉是在空气中分散地撒上，湿磁粉是把磁粉调匀在水或无色透明的煤油中作为磁悬液来使用的。把干磁粉或磁悬液撒在磁化的试件上称为施加磁粉。它分连续法和剩磁法两种。连续法是在试件加有磁场的状态下施加磁粉的，且磁场一直持续到施加完成为止。而剩磁法则是在磁化过后施加磁粉的。

（4）观察与记录　磁粉痕迹的观察是在施加磁粉后进行的。用非荧光磁粉时，需在光线明亮的地方进行观察；而用荧光磁粉时，则在暗室用紫外线灯进行观察。

应该注意，在材质改变的界面处和截面大小突然变化的部位，即使没有缺陷，有时也会出现磁粉痕迹，此即假痕迹。要确认磁粉痕迹是不是缺陷，还需用其他检测方法重新进行检测才能确定。

（5）后处理　检测完成后，按需要进行退磁、除去磁粉和防锈处理。退磁时，一边使磁场反向，一边降低磁场强度。退磁有直流法和交流法两种。

3. 磁粉检测的适用范围

磁粉检测适用于检测钢铁材料的裂纹等表面缺陷，但要说明的是：①特别适用于钢铁等强磁性材料的表面缺陷检测；②表面没有开口但深度很浅的裂纹也可以检测；③对于奥氏体不锈钢类的非磁性材料是不适用的；④能检测出缺陷的位置和表面的长度，但不能检测出缺陷的深度。此外，对内部缺陷的检测还是有困难的。

六、渗透检测

1. 渗透检测的基本原理

渗透检测是一种简单的无损检测方法，用于检测表面开口缺陷，几乎适用于所有材质的试件和各种形状的表面。它所依据的基本原理是应用液体的表面张力对固体产生的浸润作用，以及液体的相互乳化作用等特性来实现检测的。检测时将渗透剂涂于被检试件的表面，当表面有开口缺陷时，渗透剂将渗透到缺陷中。去除表面多余的部分，再涂以显像剂，在适当的光线下即可显示放大了的缺陷图像的痕迹，从而能够用肉眼检查出试件表面的开口缺陷。渗透检测的原理如图 2-31 所示。

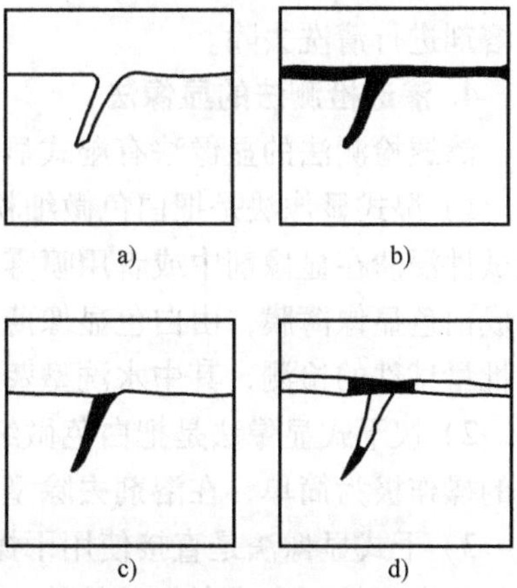

图 2-31　渗透检测的原理

a）预清洗　b）渗透　c）后清洗　d）显像和观察

2. 渗透检测的操作步骤

(1) 预处理 清除试件表面的油脂、涂料、铁锈及污物等。

(2) 渗透 将试件浸渍于渗透液中或者用喷雾器或刷子等工具把渗透液涂在试件表面，让渗透剂有足够的时间充分地渗入到缺陷中。渗透时间取决于渗透剂、试件材质、缺陷种类及大小等。

(3) 乳化处理 为了使渗透液容易被水清洗，对某些渗透液有时还要进行乳化处理，喷上乳化剂。

(4) 清洗 用水或清洗剂去除附着在试件表面的残余渗透剂。

(5) 显像 将显像剂涂敷在试件表面上，残留在缺陷中的渗透剂就会被显像剂吸出，到表面上形成放大的带色显示痕迹。此过程中，显像剂吸出全部渗透剂并使其充分扩散的时间称为显像时间。

(6) 观察 荧光渗透检测的观察必须在暗室内用紫外线灯照射。而着色渗透检测法在一定亮度的可见光下即可以观察出红色的缺陷痕迹。

(7) 后处理 检测结束后，清除表面残留的显像剂，以防腐蚀被检测物体的表面。

3. 渗透检测方法

根据不同的渗透液和不同的清洗方式，渗透检测法可以分为以下几种类型。

1) 根据渗透液的不同色调，渗透检测法可分为荧光法和着色法。其中，荧光渗透检测法是采用含荧光材料的渗透液进行检测，它用波长为 (360 ± 30) nm 的紫外线进行照射，使缺陷显示痕迹发出黄绿色的光线。荧光渗透检测法的观察必须在暗室里采用紫外线灯进行。而着色渗透检测法是采用含红色染料的渗透液进行检测的，它在自然光或在白光下均可以观察出红色的缺陷痕迹。与荧光渗透法相比，着色渗透检测法受场所、电镀和检测装置等条件的限制较小。

2) 根据清洗渗透液形式的不同，可以分为水洗型渗透检测法、后乳化型渗透检测法和溶剂去除型渗透检测法。水洗型渗透液可以直接用水清洗干净；而后乳化型渗透液要把乳化剂加到试件表面的渗透液上以后，再用水洗净；溶剂去除型渗透检测法所用的渗透液要用有机溶剂进行清洗去除。

4. 渗透检测法的显像法

渗透检测法的显像法有湿式显像、快干式显像、干式显像和无显像剂式显像等。

1) 湿式显像法是把白色微细粉末状的显像材料调匀在水中作为湿式显像剂的一种方法。把试件浸渍在显像剂中或者用喷雾器把显像剂喷在试件上，当显像剂干燥时，在试件表面就形成白色显像薄膜，由白色显像薄膜吸出缺陷中的渗透液而形成显示痕迹。这种方法适用于大批量试件的检测，其中水洗型荧光渗透检测法用得较多。

2) 快干式显像法是把白色微细粉末状的显像材料调匀在高挥发性的有机溶剂中。该方法的操作极为简单，在溶剂去除型荧光或着色渗透检测法中用得较多。

3) 干式显像法是直接使用干燥的白色微细粉末状显像材料作为显像剂的一种方法。把试件放在显像剂中或者把试件放在显像装置中，再用喷粉的办法来涂敷显像剂，使显像剂附着在试件表面，从缺陷中吸出渗透液而在表面形成固定的显示痕迹。用这种方法，缺陷部位所附着的显像剂粒子全都附在渗透剂上，而没有渗透剂的部分就不附着显像剂。因此，痕迹不会随着时间的推移而发生扩散，从而能显示出鲜明的图像，因此可用于要求获得与缺陷大小相接近的痕迹的检测。

4）无显像剂式显像法是在清洗处理之后，不使用显像剂来形成缺陷显示痕迹的一种方法。它在荧光辉度高的水洗型荧光渗透检测法中，或者在把试件加交变应力的同时检测缺陷显示痕迹等方法中使用。这种方法与干式显像法相同，其缺陷显示痕迹也不会扩散。该方法不能用于着色渗透检测法。

5. 渗透检测的特点和适用范围

1）渗透法的最小检出尺寸即灵敏度取决于检测剂的性能、检测方法、检测操作和试件表面粗糙度等因素，一般约为深20μm、宽1μm；此外，在荧光渗透检测时，若使用荧光辉度高的渗透液，在检测的同时在试件上加交变应力，可进一步提高检测的灵敏度。

2）检测效率高，对于形状复杂的试件或在试件上同时存在有多个缺陷时，只需一次检测操作即可完成。

3）适用范围广，检测一般不受试件材料的种类及其外形轮廓的限制。

4）设备简单，便于携带，操作简便。但是检测结果受试件表面粗糙度的影响，同时还受检测操作人员技术水平的影响；只能检测表面开口缺陷，对多孔性材料的检测仍很困难，无缺陷深度显示；不易实现自动化检测。

七、声发射检测技术

1. 声发射检测的基本原理

当材料受力作用发生变形或断裂时，或者构件在受力状态下使用时，以弹性波形式释放出应变能的现象称为声发射。声发射波的频率范围从次声频、声频到超声频，幅度从微观位错运动到宏观断裂。声发射源发出的弹性波，经介质传播到达检测体表面，引起表面产生机械振动。声发射传感器将表面的瞬态位移转换成电信号，再经放大、处理，其波形或特性参数被记录与显示，经数据分析与解释，评定出声发射源的特性。其基本原理如图2-32所示。

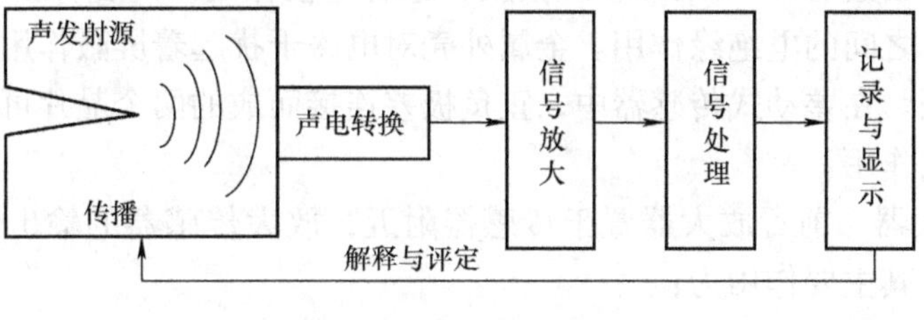

图2-32 声发射检测的基本原理

声发射检测的目的是确定声发射源的部位，鉴别声发射源的类型，确定声发射发生的时间或载荷，评定声发射源的状态。

声发射检测与多数无损检测的区别表现在两个方面：其一，多数无损检测方法是射线穿透检测，被检测零件处于静止、被动状态；而声发射检测是动态无损检测，只有被检测零件受到一定载荷，有开放性裂纹发生和发展的前提下才会有声发射可以接收，因而声发射检测可以实时地反映缺陷的动态信息，实现状态检测和险情报警。其二，多数无损检测方法是射线按一定途径穿透试件，而声发射是试件本身发射的弹性波，由传感器加以接收。因此接收到的信号，其幅度、相位、频率不能直接表征声发射源发出的信号。

2. 声发射检测设备与信号处理

（1）声发射检测仪 按接收声发射信号的通道数目，声发射仪器分为三类：单通道声发射仪、双通道声发射仪、多通道声发射仪。

1）单通道声发射仪。单通道声发射仪只有一个信号测量通道，图2-33所示是它的工作原理图。来自检测试样的声波被传感器接收，转变为电信号，经前置放大器放大，滤波器进一步提高信噪比，再由主放大器将信号进一步放大。

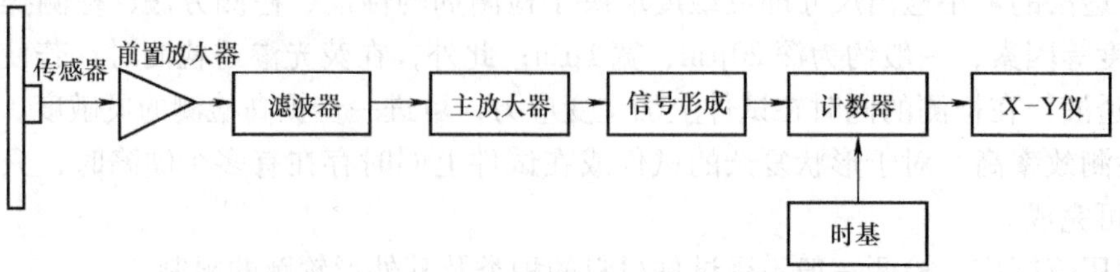

图2-33 声发射仪的工作原理

2）双声道声发射仪。双声道声发射仪包括两个声发射的信号通道，它的功能和单通道声发射仪基本相同，主要特点是可以进行声发射源的线定位，并具有较强的剔噪功能。它的两个传感器从试样接收声波后，分别经装有滤波器的前置放大器放大，并送入信号处理器。

3）多通道声发射仪。多通道声发射仪除具有单通道和双通道的功能以外，还能进行声发射源的平面定位，并配有小型计算机实时处理数据。多通道发射仪的通道数为2^n个，目前最高已达128个通道。

（2）声发射传感器 常用声发射传感器为压电、谐振型传感器，它的作用是将声发射波所引起的被检物体表面的振动转换成电压信号，供给信号处理器。锆钛酸铅（PZT－5）接收灵敏度高，是声发射传感器常用的压电晶片材料。

压电晶片两表面镀有5～19μm厚的银膜，起着电极作用。陶瓷保护膜起着保护晶片及传感器与被检物体之间的电绝缘作用。金属外壳对电磁干扰起着屏蔽作用。导电胶起着固定晶片与导电的作用。在差动式传感器中，正负极差连接而成的两个晶片可输出差动信号，起着抑制共模噪声的作用。

（3）前置放大器 前置放大器置于传感器附近，放大传感器的输出信号，并通过长电缆供给主机处理。其主要作用为：

1）高阻抗传感器与低阻抗传输电缆之间提供阻抗匹配，以防信号衰减。

2）通过放大微弱的输入信号，改善与电缆噪声有关的信噪比。

3）通过差动放大，降低由传感器及电缆引起的共模噪声。

4）提供频率滤波器。

（4）声发射信号探测与处理

1）信号类型。在示波器上观察到的传感器输出信号有突发型和连续型两种基本类型。突发型信号，指在时域上可分离的波形。实际上，所有声发射过程均为突发过程，如断续的裂纹扩展等。当声发射频率高达时域上不可分离的程度时，就以连续型信号形式显示出来，如塑性变形和泄漏信号等。

2）门槛比较器。为排除低幅度背景噪声及确定系统灵敏度，对前置放大器的输出，设置高于背景噪声水平的阈值电压，称为门槛值。门槛比较器仅将幅度高于门槛值的信号鉴别为声发射信号，其原理如图 2-34 所示。

3）信号特征参数。特征提取电路将高于门槛值的信号测量为几个信号特征参数。连续信号参数包括振铃计数、平均信号电平和有效值电压，而突发信号参数包括波击（事件）件数、振铃计数、幅度、能量计数、上升时间、持续时间和时差等，如图 2-35 所示。

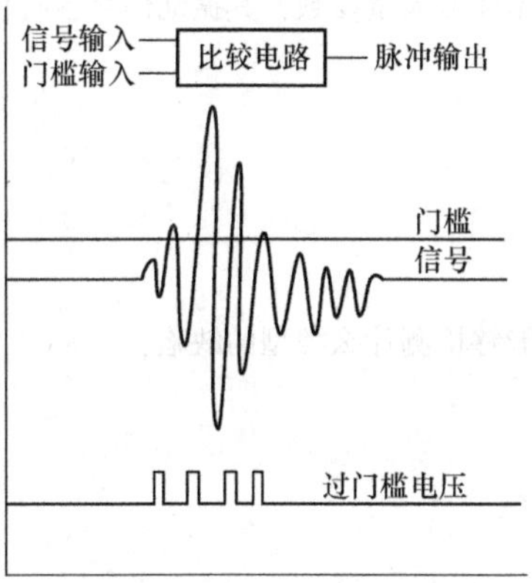

图 2-34　门槛比较电路

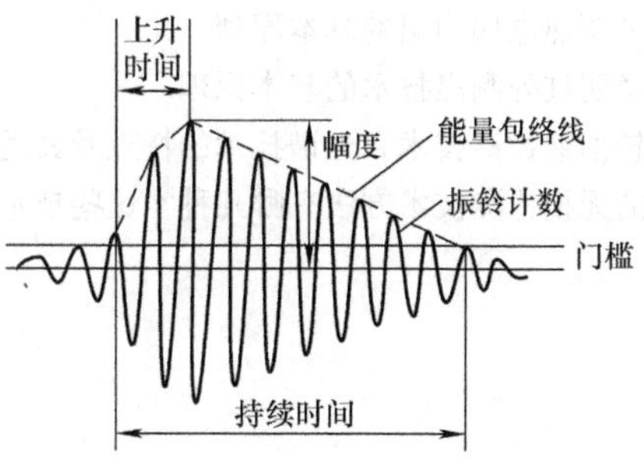

图 2-35　突发信号特征参数

（5）声发射源定位

1）一维源定位（线定位）。使用两个通道的声发射仪，便可在两个传感器的连接直线或弧线上定出声发射源的位置，如图 2-36 所示。常用于焊缝缺陷的定位。

2）二维源定位（面定位）。在声发射检测中，通常要求确定声发射源的平面位置，即二维源定位，此时可将三个或四个传感器排列成阵列，如三角形、方形、菱形等，再用阵列法进行源定位。由四个传感器构成的方形阵列平面定位原理如图 2-37 所示。

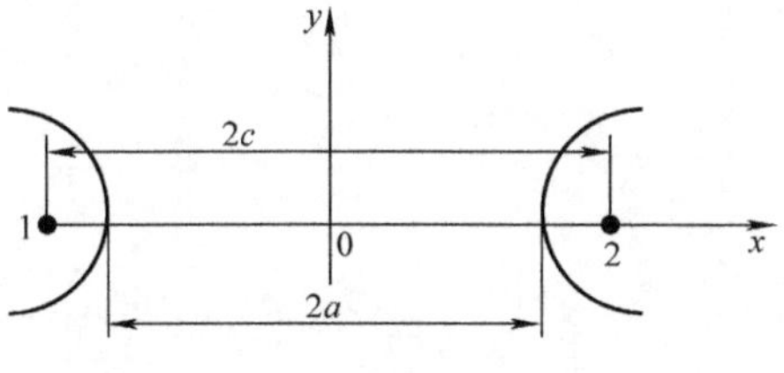

图 2-36　一维源定位（线定位）

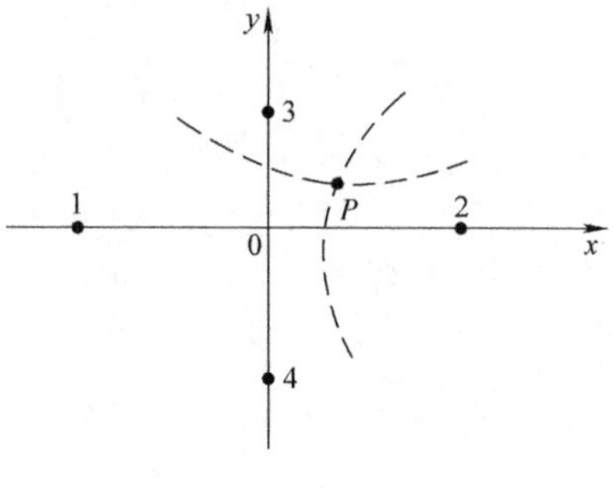

图 2-37　二维源定位（面定位）

3. 声发射检测技术应用

声发射检测技术主要应用在金属塑性变形的声发射分析、表面渗层脆性的评价、断裂韧性的声发射分析、疲劳裂纹扩张的检测，还有控制焊接质量、评价压力容器安全性、泄漏监测以及内部放电监测等。尤其是化学、石油和核工业在生产中使用的金属压力容器，由于其数量多、安全性强，因此在检测方面，声发射检测是必不可少的重要技术方法。

思 考 题

2-1 设备振动状态的判别常用哪几类标准？各种判别标准如何配合使用？

2-2 简要说明简易诊断设备振动所用的仪器。

2-3 设备振动监测时，传感器放置位置如何确定？传感器的安装方法有哪些？

2-4 轴承和齿轮采用振动监测技术诊断其故障时，分别常用什么测量参数？其振动信号各有什么基本特征？

2-5 衡量噪声大小时，常用哪些物理量？

2-6 简要说明热电偶测温的基本原理。

2-7 简要说明红外测温技术的基本原理。

2-8 试比较油液铁谱技术和光谱技术的特点及其适用范围。

2-9 常规的无损检测技术方法有哪几种？这些技术方法各能够检测什么类型的缺陷？

第三章　机械零件修复技术

失效的机械零件大部分都可以修复，尤其是磨损失效的零件，可以采用堆焊、热喷涂和喷焊、电刷镀等表面技术进行修复，不仅能使修复后的机械零件满足使用的技术要求，而且还能提高零件的某些性能，如耐磨性、耐蚀性等。本章将就以上修复技术进行介绍。

第一节　焊接修复技术

焊接技术用于使零件恢复尺寸与形状或修复裂纹与断裂时称为补焊；用于恢复零件尺寸、形状，并赋予零件表面以某些特殊性能的熔敷金属时称为堆焊。补焊和堆焊在机械零件的修复技术中占有重要的地位，其突出的优点是：结合强度高，可修复磨损失效的零件；可以焊补裂纹、断裂与局部损伤；可以用于矫正形状等。焊接技术由于焊修质量高、效率高、设备成本低以及便于现场抢修等特点，应用十分广泛。

但由于补焊和堆焊时对零件的局部不均匀的加热而使零件产生内应力和变形，所以一般不宜用于修复较高精度、细长和薄壳类零件。焊接时产生的气孔、夹渣等对焊缝强度和密封性都有影响，裂纹也是焊接中需注意的重点。此外，焊接还要受到零件焊接性的影响。所以，焊接的应用也受到一定的影响。随着焊接技术的发展和采取相应的工艺措施，上述缺点大部分已经可以克服。

一、补焊

1. 钢制零件的补焊

机械零件补焊比钢结构焊接困难。由于机械零件多为承载件，除对其材料有物理性能和化学成分的要求外，还有尺寸精度和几何精度的要求。在焊修时，还要考虑材料的焊接性以及焊后的加工性要求。加之零件损伤多是局部损伤，焊修时要保持未损伤部位的精度和物理、化学性能，焊修后的部位要保持设计规定的精度和材料性能。电弧焊由于能量集中、效率高，能减少对母材组织的影响和零件的热变形，涂药焊条品种多，容易使焊缝性能与母材接近，所以是目前应用最广泛的焊接方法。

为了保证焊修质量，焊接工艺措施要合理。

（1）低碳钢零件　由于低碳钢零件的焊接性良好，补焊时一般不需要采取特殊的工艺措施。

（2）中、高碳钢零件　由于中、高碳钢零件中含碳量高，焊接接头处容易产生焊缝内的热裂纹，热影响区内由于冷却速度快而易产生低塑性淬硬组织引起的冷裂纹，焊缝根部由于氢的渗入而易引起氢致裂纹等。

为了防止中、高碳钢零件在补焊过程中产生裂纹，可采取以下措施：

1）焊前预热。焊件的预热温度根据含碳量或碳当量、零件尺寸及结构来确定。中碳钢预热温度一般为150～250℃，高碳钢预热温度为250～350℃。某些在常温下保持奥氏体组织的钢（例如高锰钢）无淬硬情况可不预热。

2）选用多层焊。多层焊的优点是前层焊缝受后层焊缝热循环的作用使晶粒细化，改善性能。

3）焊后热处理。焊后热处理的作用在于消除焊接部位的残留应力，改善焊接接头的韧性和塑性，同时加强扩散氢的逸出，减少延迟裂纹的产生。一般中、高碳钢焊后先采取缓冷措施，再进行高温回火，推荐的回火温度为600～650℃。

4）尽可能选用低氢焊条以增强焊缝的抗裂性能。

5）加强焊接区域的清理工作，彻底清除油、水、锈以及可能进入焊缝的任何氢的来源。

6）设法减少母材溶入焊缝的比例，例如焊接坡口的制备，应保证便于施焊但要尽量减少填充金属。

2. 铸铁零件的补焊

铸铁零件在机械设备零件中所占的比例较大，而且多数铸铁零件是重要的基础件。由于它们一般体积大、结构复杂、制造周期长、有较高的精度要求，而且不作为备件储备，所以一旦损坏很难更换，只有通过修复才能使用。焊接是修复铸铁件的主要方法之一。

（1）铸铁件补焊的特点　铸铁含碳量高、组织不均匀、强度低、脆性大，是一种对焊接温度较为敏感而且焊接性差的材料。其补焊的特点在于：

1）焊缝处易产生白口组织（指熔合区呈现白亮的一片或一圈），它脆而硬，难以切削加工。产生原因是焊接中母材吸热后冷却迅速，石墨来不及析出而形成Fe_3C。

防止产生白口组织的措施有调整焊缝的化学成分、焊前预热和焊后缓冷、采用小电流焊接减少母材熔深等。

2）由于许多铸铁零件的结构复杂、刚性大、补焊时容易产生大的焊接应力，在零件的薄弱部位就容易产生裂纹。裂纹的部位可能在焊缝上，也可能在热影响区内。

防止产生裂纹的原则是减小焊接应力，可以从减小补焊区和工件整体之间的温度梯度或改善补焊区的膨胀和收缩条件等几方面采取措施。

（2）铸铁零件补焊的方法　常用的补焊方法列入表3-1中以供选用和参考。

表3-1　常用铸铁零件的补焊方法

补焊方法	分　类	特　点
气焊	热焊法	焊前预热至600℃左右，在400℃以上施焊，焊后在650～700℃间保温缓冷，采用铸铁填充料，焊件内应力小，不易裂，可加工
	冷焊法	也叫不预热气焊法，焊前不预热，只用焊炬烘烤坡口周围或加热减应区，焊后缓冷，填充料同气焊热焊法。焊后不易裂，可加工，但减应区选择不当时则有开裂危险
电弧焊	热焊法	采用铸铁芯焊条，温度控制同气焊热焊法，焊后不易裂，可加工
	半热焊法	采用钢芯石墨型焊条，预热至400℃左右，焊后缓冷，强度与母材相近，但加工性不稳定
	冷焊法	采用非铸铁组织的焊条，焊前不预热，要严格执行冷焊工艺要点，焊后性能因焊条而异
钎焊	用气焊火焰加热，铜合金做钎料，母材不熔化，焊后不易裂，加工性好，强度因钎料而异	

二、堆焊

堆焊修复的目的不是连接零件，而是在零件表面堆敷金属，使其满足零件的尺寸和精度要求，并使其具有一定的性能，以满足零件表面的耐磨、耐热或耐蚀等要求。堆焊技术既可用来制造新零件，也可用于修复旧零件。例如，堆焊可修复各种轴类、轴承类、轧辊类零件以及工模具等。堆焊技术应用于修复零件时，不仅可以恢复零件尺寸，而且可以改善零件的表面性能，从而节约了资金，延长了机械设备的使用寿命。

1. 堆焊技术特点

堆焊技术的物理本质、工艺原理、冶金过程和热过程的基本规律和一般的焊接技术没有区别。但是它也有自身的特点，主要是：

1）对堆焊技术的要求是除满足零件的尺寸要求外，还要满足零件性能方面的要求。

2）为了满足零件性能上的要求，首要的问题是选用合适的堆焊层合金。由于堆焊层的合金元素含量比母材的要高，有时会与母材成分有很大的不同，所以也带来一些新的问题。例如堆焊时由于两种材料性能不同引起的裂纹问题，母材对堆焊层的稀释问题等。这些都要求在堆焊技术中妥善解决。

3）由于堆焊技术在零件表面进行，使零件不对称受热极为显著，致使堆焊后零件变形明显，这也要求在堆焊技术中妥善解决。

2. 堆焊合金

堆焊合金的种类繁多，可满足不同工况的需要。表 3-2 列出了常用堆焊合金的类型、合金系列、堆焊层硬度、主要特点及用途等，可供使用中参考。

表 3-2　常用堆焊合金

序号	堆焊合金类型	合金系列	堆焊层硬度 HRC	焊条举例	特点及用途举例
1	低碳低合金钢	1Mn3Si 2Mn4Si 2Cr1.5Mo	≥22 ≥28 ≥22	D107 D127 D112	韧性好，有一定耐磨性，易加工、价廉；多用于常温下金属间的磨损件，如火车轮缘、齿轮、轴等
2	中碳低合金钢	3Cr2Mo 4Cr2Mo 4Mn4Si 5Cr3Mo2	≥30 ≥30 ≥40 ≥50	D132 D172 D167 D212	抗压强度良好；适于堆焊受中等冲击的磨损件，如齿轮、轴、冷冲模等
3	高碳低合金钢	7Cr3Mn2Si	≥50	D207	耐低应力磨料磨损的性能较好；用于推土机刀片、搅拌轴等
4	热稳定钢	5CrMnMo 3Cr2W8 5W9Cr5Mo2V	≥45 ≥48 ≥55	D397 D337 D322	热硬性和高温耐磨性较好；主要用于热加工模具
5	高铬钢	12Cr13 20Cr13 30Cr13	≥40 ≥45 40～49	D507 D517	耐磨、耐腐蚀和气蚀；主要用于耐磨和耐蚀零件的堆焊，如阀座、水轮机叶片耐气蚀层；Cr12 型主要用于冷冲模等零件的堆焊

（续）

序号	堆焊合金类型	合金系列	堆焊层硬度 HRC	焊条举例	特点及用途举例
6	奥氏体高锰钢、铬锰钢	Mn13 Mn13Mo2 2Mn12Cr13	≥170（HBW） ≥170（HBW） ≥20	D256 D266 D276	兼有抗强冲击，耐蚀、耐高温的特点；可用于道岔、挖掘机斗齿、水轮机叶片等
7	奥氏体镍铬钢	Cr18Ni8Mo3 Cr18Ni8Si5 Cr18Ni8Si7	≥170 270～320（HBW） ≥37	D547 D557	耐蚀、抗氧化，热强度等性能良好；用于化工石油部门耐蚀、耐热零件，如高、中压阀门的密封面堆焊，也可用于水轮机叶片抗气蚀层，开坯轧辊
8	高速工具钢	W18Cr4V	55	D307	热硬性和耐磨性很高；主要用于堆焊各种刀具
9	马氏体合金铸铁	W9B Cr4Mo4 Cr5W13	≥50 ≥55 ≥60	D678 D608 D698	有很好的抗高应力和低应力磨料磨损的性能及良好的抗压强度；常用于堆焊混凝土搅拌机叶片、混砂机叶片、犁铧等易磨损件
10	高铬合金铸铁	Cr30Ni7 Cr30 Cr28Ni4Si4 Cr30Mn2Si2B	≥40 ≥60 ≥48 ≥58	D567 D646 D667 D687	有很高的抗低应力磨料磨损和耐热、耐蚀性能；常用于铲斗齿、泵套、高温锅炉等设备的密封面堆焊
11	碳化钨合金	W45MnSi4 W60	≥60 ≥60	D707 D717	抗磨料磨损的性能很高，具有一定耐热性；适于强烈磨料磨损条件下工作的零件，如石油钻井钻头、推土机刀刃、犁铧等
12	钴基合金	Co基Cr30W5 Co基Cr30W8 Co基Cr30W12	≥40 ≥44 ≥53	D802 D812 D822	有很高的热硬性，抗磨料磨损、金属间磨损，耐蚀性、抗氧化、抗热疲劳性均好，价格贵；主要用于高温高压阀门、热剪切刀刃、热锻模等

选择堆焊合金时，一般按照以下原则：

（1）满足零件的工作条件　零件是在一定的速度、负载、温度和环境条件下工作的，它的修复好的表面（此处指堆焊合金表面）也应满足零件的工作条件。选择堆焊合金时，可结合零件的失效模式有针对性地去选择。

（2）考虑经济性　一般来讲，堆焊合金的使用寿命越长，其成本也越高，所以要综合考虑经济性。建议选用单位寿命成本最低的堆焊合金。

（3）考虑焊接性　在满足上述两点的原则下，需考虑选用焊接性较好的堆焊合金。

3. 堆焊方法

几乎所有熔化焊接的方法均可用于堆焊。常用的堆焊方法及其特点见表3-3。

表3-3　常用的堆焊方法及其特点

堆焊方法	特　点	注意事项
氧乙炔堆焊	设备简单，成本低，操作较复杂，劳动强度大。火焰温度较低，稀释率小，单层堆焊厚度可小于1.0mm，堆焊层表面光滑。常用合金铸铁及镍基、铜基的实芯焊丝。堆焊批量不大的零件	堆焊时可采用熔剂，熔深越浅越好。尽量采用小号焊炬和焊嘴

（续）

堆焊方法		特点	注意事项
电弧堆焊		设备简单、机动灵活、成本低，能堆焊几乎所有实芯和药芯焊条，目前仍是一种主要的堆焊方法。常用于小型或复杂形状零件的全位置堆焊修复和现场修复	采用小电流、快速焊、窄道焊、摆动小的焊接方法，以防止产生裂纹。大件应在焊前预热，焊后缓冷
埋弧堆焊	单丝埋弧堆焊	是常用的堆焊方法，堆焊层平整，质量稳定，熔敷率高，劳动条件好。但稀释率较大，生产率不够理想	应用最广的高效堆焊方法。用于具有大平面和简单圆形表面的零件。可配通用焊剂，也常用专用烧结焊剂进行渗合金
	双丝埋弧堆焊	双丝、三丝及多丝并列接在电源的一个极上，同时向堆焊区送进，各焊丝交替堆焊，熔敷率大大增加，稀释率下降10%～15%	
	带极埋弧堆焊	熔深浅，熔敷率高，堆焊层外形美观	
等离子弧堆焊		稀释率低，熔敷率高，堆焊零件变形小，外形美观，易实现机械化和自动化	有填丝法和粉末法两种

第二节 热喷涂和喷焊技术

热喷涂和喷焊技术不仅能够恢复机械零件磨损的尺寸，而且通过选用合适的喷涂（喷焊）材料，还能够改善和提高包括耐磨性和耐蚀性等在内的零件表面的性能，用途极为广泛，在零件的修复技术中占有重要的地位。

一、热喷涂技术

1. 热喷涂技术原理

利用氧乙炔火焰或电弧等热源，将喷涂材料（呈粉末状或丝材状）加热到熔融状态，在氧乙炔火焰或压缩空气等高速气流的推动下，喷涂材料被雾化并被加速喷射到制备好的工件表面上。喷涂材料呈圆形雾化颗粒喷射到工件表面即受阻变形成为扁平状。最先喷射到工件表面的颗粒与工件表面的凹凸不平处产生机械咬合，随后喷射来的颗粒打在先前到达工件表面的颗粒上，也同样变形并与先前到达的颗粒互相咬合，形成机械结合。这样大量的喷涂材料颗粒在工件表面互相挤嵌堆积，就形成了喷涂层。

2. 热喷涂技术分类

按照所用热源的不同，热喷涂技术可分为氧乙炔火焰喷涂、电弧喷涂、等离子喷涂、爆炸喷涂等。具体可见表3-4。

表3-4 常用热喷涂技术的分类

热喷涂技术	喷涂热源	喷涂材料状态	喷涂材料种类
火焰喷涂	火焰	粉末、丝材、棒材	金属、陶瓷、塑料
电弧喷涂	电弧	丝材（实芯、粉芯）	金属、金属陶瓷
等离子喷涂	等离子弧	粉末、丝材	金属、塑料、陶瓷
爆炸喷涂	爆炸热能	粉末	金属、陶瓷

3. 热喷涂技术特点

（1）适用范围广　涂层材料可以是金属、非金属（如聚乙烯、尼龙等工程塑料，金属氧化物、碳化物、硼化物、硅化物陶瓷材料等）以及复合材料，被喷涂工件也可以是金属和非金属材料。正因为如此，表面具有各种涂层材料，使表面具有各种功能，例如耐蚀性、耐磨性、耐高温性等。

（2）工艺灵活　施工对象小到 ϕ10mm 内孔，大到桥梁、铁塔等大型结构。喷涂既可在整体表面上进行，也可在指定区域内进行；既可在真空或控制气氛中喷涂活性材料，也可在现场作业。

（3）喷涂层减摩性能良好　喷涂层的多孔组织具有储油润滑和减摩性能。

（4）工件受热影响小　热喷涂技术对工件受热温度低，故工件热变形较小，材料组织不发生变化。

（5）生产率高　大多数喷涂技术的生产率可达到每小时喷涂数千克喷涂材料，有些工艺方法生产率更高。

热喷涂技术也存在缺点，例如喷涂层与工件基体结合强度较低，不能承受交变载荷和冲击载荷；工件表面粗糙化处理会降低零件的刚度；目前，涂层质量尚无有效的检测方法，所以只能靠严格实施工艺来保证。

二、氧乙炔火焰喷涂技术

该技术是以氧乙炔焰为热源，借助高速气流将喷涂粉末吸入火焰区，加热到熔融状态后再喷射到制备好的工件表面，形成喷涂层。其设备投资少，生产成本低、工艺简单、易用于现场维修，因此得到了广泛应用。

1. 氧乙炔火焰喷涂设备

氧乙炔火焰喷涂设备主要包括喷枪、氧气和乙炔储存器（或发生器）、喷砂设备、电火花拉毛机、表面粗化用工具及测量工具等。

喷枪是氧乙炔火焰喷涂技术的主要设备。中小型喷枪主要用于中小型和精密零件的喷涂和喷焊，适应性较强；大型喷枪主要用于对大型零件的喷焊，生产率高。

中小型喷枪的典型结构如图 3-1 所示。当粉阀不开启时，其作用与普通气焊枪相同，可做喷涂前的预热及喷粉后的重熔。当按下粉阀开关阀柄，粉阀开启时，喷涂粉末从粉斗流进枪体，随氧乙炔混合流被熔融、喷射到工件上。

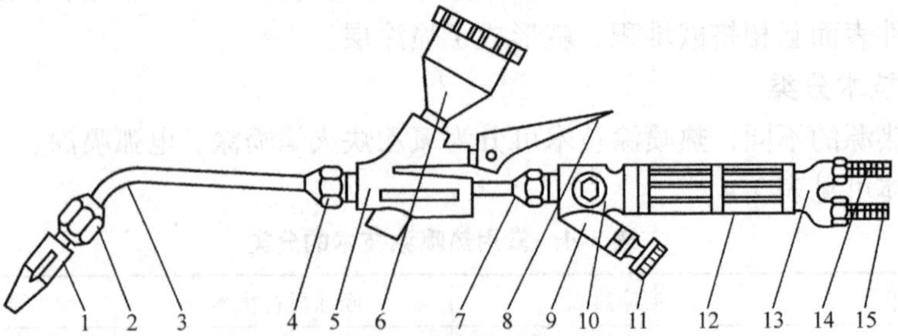

图 3-1　中小型喷枪的典型结构图

1—喷嘴　2—喷嘴接头　3—混合气管　4—混合气管接头　5—粉阀体　6—粉斗
7—气接头螺母　8—粉阀开关阀柄　9—中部主体　10—乙炔开关阀　11—氧气开关阀
12—手柄　13—后部接体　14—乙炔接头　15—氧气接头

大型喷枪内设置有专门的送粉通道，有些大功率喷枪在喷嘴上还设有水冷却装置，这样可以长时间地工作。图 3-2 所示为一种大型喷枪的结构图。

各种喷枪都配有 2～3 个不同孔径的喷嘴，以适应对火焰功率和生产率的不同要求。

对于氧气和乙炔气的供给，热喷涂时要求火焰功率和性质在调好后稳定不变。安全阀和减压器必须配备齐全并灵敏可靠。

喷砂设备一般采用压送式喷砂机。电火花拉毛机主要用于热处理过的淬硬工件表面的粗糙化处理。其他表面粗糙化处理和表面清理用的工具有钢丝刷、手持砂轮机、砂纸等。测量工具及仪器有钢直尺、卡尺、卡钳、温度计等。工件夹持可根据需要选用卧式车床等。

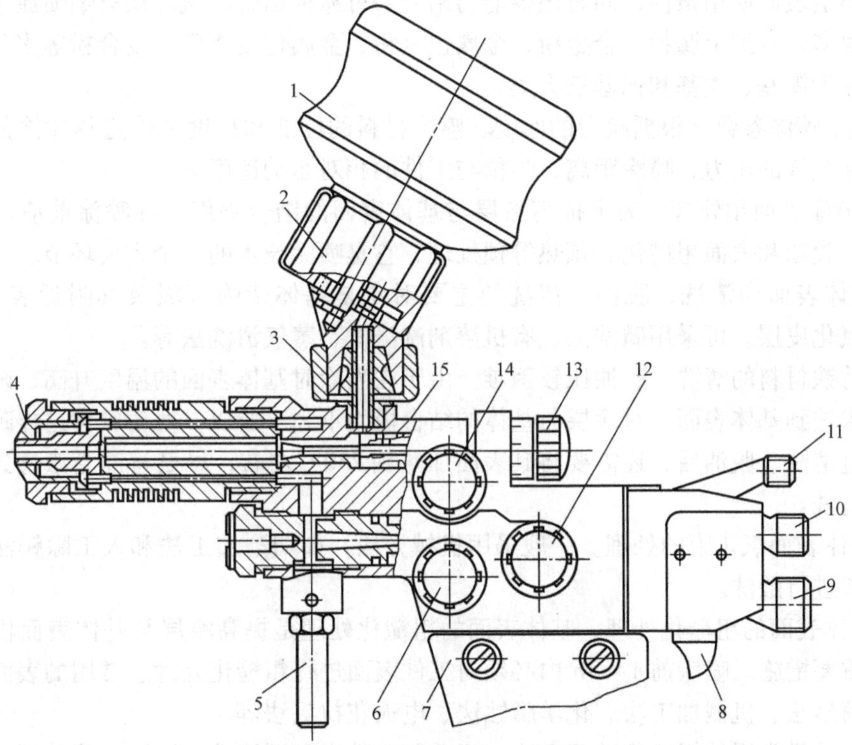

图 3-2　一种大型喷枪的结构图

1—粉斗　2—粉斗座　3—锁紧环　4—喷嘴　5—支柱　6—乙炔阀　7—手柄
8—气体快速关闭阀　9—乙炔进口　10—氧进口　11—送粉气进口
12—氧阀　13—粉阀柄　14—气体控制阀　15—本体

2. 氧乙炔火焰喷涂技术工艺过程

工艺过程包括喷涂前的准备、喷涂表面预处理、喷涂及喷涂后处理等。

（1）喷涂前的准备　喷涂前的准备工作有工艺制订，材料、工具和设备的准备两大方面。在工艺制订前首先需了解被喷涂工件表面的实际状况和技术要求并进行分析，从本企业设备、工装实际出发，努力创造条件，制订出最佳工艺方案。在工艺制订中主要考虑如下内容：

1）确定喷涂层厚度。由于喷涂后必须进行机械加工，因此涂层厚度中应包括加工余量，同时还要考虑喷涂时的热胀冷缩。

2）确定喷涂层材料。选择涂层材料的依据是涂层材料的性能应满足被喷涂工件的材料、配合要求、技术要求以及工作条件等，据此分别选择结合层和工作层用材料。

喷涂用粉末可分为结合层用粉（简称结合粉）和工作层用粉（简称工作粉）两类。结合粉喷在基体与工作层之间，故也称为底粉，它的作用是提高基体与工作层之间的结合强度。结合粉目前多用镍、铝复合粉，它的特点是每个粉末颗粒中镍和铝单独存在，常温下不发生反应。但在喷涂过程中，粉末被加热到600℃以上时，镍和铝之间就发生强烈的放热反应。同时，部分铝还被氧化，产生更多的热量。这种放热反应在粉末喷射到工件表面后还能持续一段时间，使粉末与工件表面接触处瞬间达到900℃以上的高温。在此高温下镍会扩散到母材中去，形成微区冶金结合。大量的微区冶金结合可以使涂层的结合强度显著提高。工作粉既要满足表面使用条件，同时还要能与结合层可靠地结合。氧乙炔火焰喷涂工作层用粉末的种类很多，有纯金属粉、合金粉、金属包复粉、金属包复陶瓷的复合粉等多种类型。但在成分上多为镍基、铁基和铜基三大类。

3）确定喷涂参数。根据涂层的厚度、喷涂材料的性能和粒度来确定热喷涂的参数，包括乙炔气和氧气的压力、喷涂距离、喷枪与工件的相对运动速度等。

（2）喷涂表面预处理　为了提高涂层与基体表面的结合强度，在喷涂前应对基体表面进行清洗、脱油和表面粗糙化、预热等预处理，它是喷涂技术的一个重要环节。

1）基体表面的清洗、脱油。清洗的主要对象是基体待喷区域及其附近表面的油污、水、锈和氧化皮层。可采用碱洗法、有机溶剂洗涤法、蒸气清洗法等。

对于铸铁材料的清洗、脱油比较困难。由于在喷涂时基体表面的温度升高，疏松孔中的油脂就会渗透到基体表面，对涂层与基体的结合极为不利。所以，对铸铁件这样疏松的基体表面，经过清洗、脱油后，还需要将其表面加热到250℃左右，尽量将油脂渗透到表面，然后再加以清洗。

2）基体表面氧化膜的处理。一般采用机械方法，如切削加工法和人工除锈法，也可用硫酸或盐酸进行酸洗。

3）基体表面的粗糙化处理。基体表面的粗糙化处理是提高涂层与基体表面机械结合强度的一个重要措施。喷涂前1～8h内必须对工件表面进行粗糙化处理。常用的表面粗糙化处理方法有喷砂法、机械加工法、化学腐蚀法、电火花拉毛法等。

喷砂法是最常用的粗糙化处理方法。喷砂前工件表面要清洗、脱油，喷砂用的压缩空气应去除油和水，砂粒应清洁锐利，喷砂时用喷砂机进行。喷砂过程中要有良好的通风吸尘装置。喷砂后除极硬的材料表面外，不应出现光亮表面。喷砂表面粗糙化完成后，工件表面要保持清洁，并尽快（一般不超过2h）转入喷涂工序。

对轴、套类零件表面的粗糙化处理，可采用车削粗浅螺纹、开槽、滚花等简易机械加工方法。

化学腐蚀法通过对基体表面进行化学腐蚀而形成粗糙的表面。

电火花拉毛法是将细的镍丝或铝丝作为电极，在电弧作用下，电极材料与基体表面局部熔合，产生粗糙的表面。

4）基体表面的预热处理。由于涂层与基体表面有温度差会使涂层产生收缩应力，引起涂层开裂和剥落，通过对基体表面预热处理可降低和防止上述情况。一般基体表面的预热温度在200～300℃之间。预热可直接用喷枪进行，如用中性氧乙炔焰对工件直接加热；预热也可在电炉、高频炉等中进行，可根据生产条件来选择。

5）非喷涂表面的保护。在喷砂和喷涂前，必须对基体的非喷涂表面进行保护。如对基体表面上的键槽或小孔等不允许喷涂的部位，喷砂前可以用金属、橡胶或石棉绳等堵塞，喷砂后换上碳素物或石棉等。

（3）喷涂　对预处理后的零件应立即喷涂结合粉。通常涂层厚度应控制在 Ni/Ae 层为 0.1～0.2mm，Ae/Ni 层为 0.08～0.1mm。但因涂层薄较难测量，故一般考虑用单位喷涂面积的喷粉量来确定，即为 0.08～0.15g/cm^2。喷粉时用中性或弱碳火焰，送粉后出现集中亮红火束，并有蓝白色烟雾。如果火焰末端呈白亮色，说明粉有过烧现象，应调整火焰，或减小送粉量，或增大流速；若火焰末端呈暗红色，说明粉末没有熔透，应加大火焰，控制粉量与流速。如果调整火焰和粉量无效时，可改变粉末粒度和含镍量，可改用粗粉末或用含镍量大的粉末。喷粉时喷射角度要尽量垂直于喷涂表面，喷涂距离一般掌握在 180～200mm。

结合层喷完后，用钢丝刷去除灰粉和氧化膜，然后更换粉斗喷工作层。使用铁基粉末时采用弱碳化焰，使用铜基粉末时采用中性焰，使用镍基粉末时火焰介于两者之间。喷涂距离一般也掌握在 180～200mm 为宜，距离太近会使粉末加热时间不足和工件温升过高，距离太远又会使粉末到达工件表面时的速度和温度下降，这些都将影响涂层质量。喷涂时喷枪与工件相对移动速度最好在 70～150mm/s。喷涂过程中，应经常测量基体温度，超过 250℃时应暂停喷涂。

圆柱形工件喷涂可装夹在车床上进行，工件表面旋转线速度控制在 15～25m/min，以使喷涂层熔融均匀。

（4）喷涂后处理　喷涂后处理包括封孔、机械加工等工序。

喷涂层的孔隙体积约占总体积的 15%。对于摩擦副零件，可在喷后趁热将零件浸入润滑油中，利用孔隙储油有利于润滑。但对于承受液压的零件、腐蚀条件下工作的零件，其涂层都需用封孔剂填充孔隙，这一工序称为封孔。常用的封孔剂有石蜡、环氧、聚氨酯、酚醛等合成树脂。

当喷涂层的尺寸精度和表面粗糙度不能满足要求时，需对其进行机械加工，可采用车削或磨削加工。

3. 氧乙炔火焰喷涂技术修复机械零件实例

一台 MQY－2700×3600 型球磨机传动轴轴颈因磨损需修复，传动轴外形及尺寸如图3-3所示。

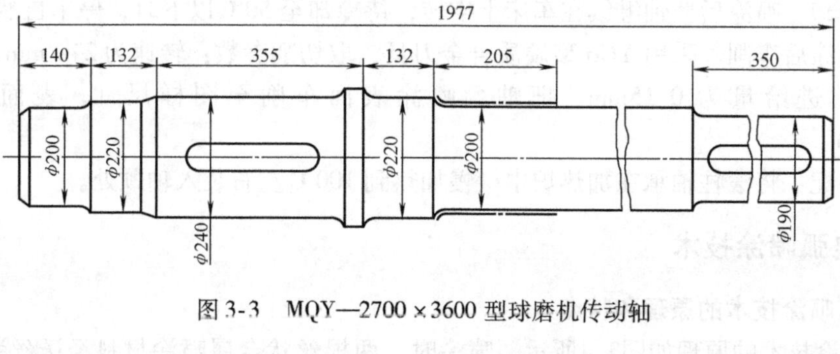

图 3-3　MQY—2700×3600 型球磨机传动轴

该传动轴全长 1977mm，质量为 500kg，材质为 45 钢。为了减少拆装工作量，在传动轴的中部有一个 ϕ500mm×410mm 的大齿轮没有拆卸下来，这样整个组件重达 900kg。

需修复的磨损部位为ϕ200mm轴颈处，经检查，该处直径磨损量为0.08～0.10mm，没有裂纹。此轴颈工作时与一滚柱轴承配合，不承受冲击载荷，无腐蚀。

经过技术分析，考虑到经济性，决定采用氧乙炔火焰喷涂技术修复。

具体修复过程如下：

（1）技术准备　根据工作条件和所选择的氧乙炔火焰喷涂技术，编制传动轴修复工艺规程。按要求准备喷枪（选用FPD－1型两用枪）、结合粉（选用Ni/Ae复合粉）、工作粉（选用G103型镍基喷涂粉末）等。该传动轴颈处的预热、喷涂和喷涂后处理都需把工件夹持在C61100车床上进行。同时还需准备氧气瓶、乙炔气瓶、胶管等供气装置及测温、清洗、车削加工等使用的器材。

（2）表面预处理　用清洁棉纱擦净待修复轴颈表面的油渍、污垢。再用丙酮清洗，同时检查待修复表面是否有裂纹。用千分尺测量，待修复轴颈直径为199.9mm。

（3）表面预热　将零件装夹于C61100车床上，另一端使用尾座顶尖孔，并用中心架支撑，再用千分表找正。调整车床转速为24r/min（保证待喷面线速度约15m/min），起动车床使工件低速旋转，使用喷枪，用微碳化焰预热待喷面，使其温度升高到120℃。

（4）表面粗糙化处理　将车刀刀尖用丙酮擦净，车去待喷面约0.2mm厚的表面疲劳层，然后，将待喷面车出螺距为0.6mm、螺纹深度为0.3mm的螺纹。车削前，刀尖磨成半径为0.5mm的圆角。

（5）喷结合粉　车床转速保持为24r/min，喷枪火焰为中性焰，用喷枪将Ni/Ae复合粉末喷涂于轴颈表面，喷涂厚度为0.1mm。要注意控制涂层厚度，使其厚薄均匀、覆盖严密。

（6）喷工作层粉　将粉末更换为G103型镍基粉末，继续用中性焰，24r/min车床转速，进行喷涂，直到轴颈直径达到计算值（即201.3mm）。

喷粉后的喷涂表面热测直径公式为

$$\phi' = (200 + \delta)(1 + \alpha\Delta t)$$

式中　ϕ'——喷涂表面热测直径，单位为mm；

δ——径向车削加工余量，取$\delta = 0.7$mm；

$\alpha\Delta t$——轴颈的热膨胀量，一般为直径的0.3%。

于是

$$\phi' = (200 + 0.7) \times (1 + 0.3\%)\,\text{mm} = 201.3\,\text{mm}$$

（7）冷却　喷涂后使轴继续在车床上空转，待冷却至50℃以下时，停车自然冷却。

（8）喷涂后车削　采用YG6型硬质合金刀具，取切削参数：转速为24r/min，背吃刀量为0.15mm，进给量为0.15mm。把轴颈喷涂表面车削至图样尺寸，表面粗糙度值为Ra6.3μm。

（9）装配　将滚柱轴承在加热炉中缓慢加热到100℃左右装入轴颈处。

三、电弧喷涂技术

1. 电弧喷涂技术的原理和特点

电弧喷涂技术的原理如图3-4所示。喷涂时，两根丝状金属喷涂材料经送丝装置通过送丝轮均匀、连续地送进电弧喷涂枪的两个导电嘴内，导电嘴两端分别接电源正、负极，并保证两根丝材在接触前的可靠绝缘。当两根丝材端部由于送进而相互接触时，在端部之间短路并产生电弧，使丝材端部瞬间熔化。压缩空气将熔化的金属雾化成微熔滴，并以高速喷射到工作表面，形成电弧喷涂层。

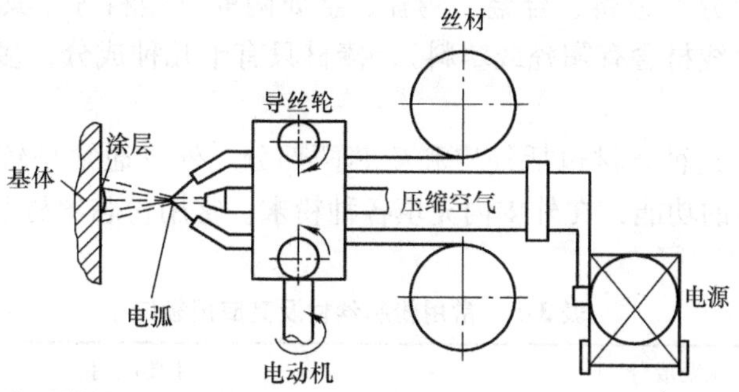

图 3-4 电弧喷涂技术原理示意图

与其他热喷涂技术比较，电弧喷涂技术具有以下特点：

(1) 涂层性能优异 应用电弧喷涂技术，可以在不提高工件温度、不使用贵重材料的情况下获得性能好、结合强度高的表面涂层。一般电弧喷涂涂层的结合强度是火焰喷涂涂层的2.5倍。

(2) 喷涂效率高 电弧喷涂单位时间内喷涂金属的质量大，其生产效率正比于电弧电流。

(3) 节能 电弧喷涂的能源利用率为57%，明显高于其他喷涂方法。等离子喷涂和火焰喷涂的能源利用率分别只有12%和13%。

(4) 经济性好 电弧喷涂技术的能源利用率很高，加之电能的价格又远远低于氧气和乙炔，故其费用通常约为火焰喷涂的1/10。设备投资一般为等离子喷涂设备的1/5以下。

(5) 安全性好 电弧喷涂技术仅使用电和压缩空气，不用氧气、乙炔等助燃易燃气体，安全性高。

(6) 使用简单方便 设备体积相对较小，重量轻，使用、调试非常简便，适合现场使用。

2. 电弧喷涂设备

电弧喷涂设备由喷涂电源、送丝机构、电弧喷涂枪、空气压缩机、油水分离器、冷却装置和气罐等组成，如图3-5所示。

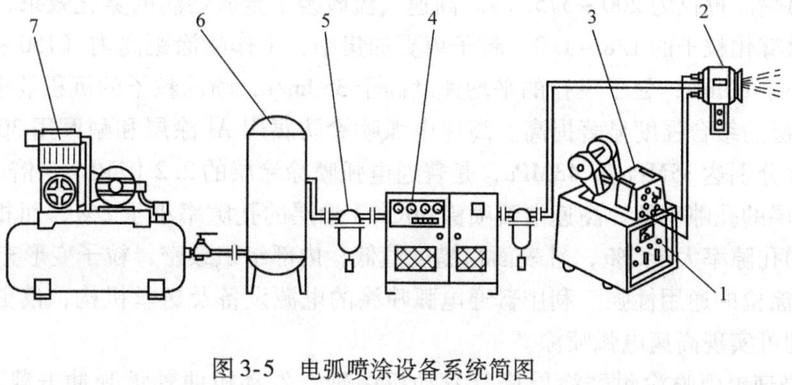

图 3-5 电弧喷涂设备系统简图

1—电源 2—喷枪 3—送丝机构 4—冷却装置 5—油水分离器 6—气罐 7—空气压缩机

3. 电弧喷涂材料和涂层实现的功能

（1）电弧喷涂材料　有实芯丝材（呈线、带、棒等形态）、粉芯丝材（外皮内充填粉末）之分。它们的成分是金属、合金、陶瓷、金属陶瓷及塑料等。其中线材、带材成分多为金属或合金（复合线材含有陶瓷或塑料）；棒材只有十几种成分，多为氧化物陶瓷。粉芯丝材种类较多。

（2）粉芯丝材　这种丝材包括外皮和粉芯两部分。外皮通常是较软的材料，如低碳钢等。根据涂层要实现的功能，在外皮内充填各种粉末。常用粉芯丝材及其主要应用领域见表3-5。

表3-5　常用粉芯丝材及其应用领域

丝材	主要成分	主要应用
7Cr13 耐磨丝材	FeCCrMn	马氏体不锈钢组织，涂层硬度高，可用于造纸烘缸、压力柱塞、曲轴等零部件的修复
低碳马氏体丝材	FeCrNiMo	低碳马氏体组织，膨胀系数小，可以喷涂较厚的涂层，具有较好的韧性和耐磨性，可以用作打底涂层
奥氏体不锈钢丝材	FeCrNi	奥氏体不锈钢组织，配合适当的封孔剂，涂层具有良好的耐晶间腐蚀与点腐蚀性能
FH－16 防滑丝材	Al/Al_2O_3	铝基复合陶瓷涂层，具有较高的摩擦系数和良好的摩擦系数保持能力，可用作防腐、防滑、耐磨涂层
WC 复合丝材	Fe_3Al/WC	可制备 Fe_3Al 金属间化合物复合涂层，可应用于电厂燃煤锅炉管道等的高温、冲蚀、磨损防护

（3）电弧喷涂涂层实现的功能　按实现的功能不同可将电弧喷涂涂层分为耐磨损涂层、耐热抗氧化涂层、抗大气和浸蚀磨蚀涂层、电导和电阻涂层、恢复尺寸涂层、耐化学腐蚀涂层等。

4. 高速电弧喷涂技术

（1）高速电弧喷涂技术的显著优点

1）粒子速度提高，雾化效果好。高速电弧喷涂枪的流场更加均匀，湍流减少，提高了雾化气流速度和粒子飞行速度。在距离喷枪嘴轴向80mm范围内的气流速度达600m/s以上，而普通电弧喷涂枪仅为200～375m/s。高速气流改善了金属熔滴的雾化效果，粒子平均直径为普通喷涂雾化粒子的1/8～1/3，粒子束更加集中，工作喷涂距离内（150～300mm）粒子束的直径小于80mm，粒子飞行的平均速度高于350m/s，喷涂粒子的沉积效率达75%。

2）涂层的结合强度显著提高。高速电弧喷涂防腐用Al涂层和耐磨用30Cr13涂层的平均结合强度分别达35MPa和43MPa，是普通电弧喷涂涂层的2.2倍和1.5倍。

3）涂层的孔隙率低。高速电弧喷涂30Cr13涂层的孔隙率小于2%，而相应的普通电弧喷涂涂层的孔隙率大于5%；且表面粗糙度值低，内部组织致密，粒子变形充分。

4）喷涂枪的通用性强。利用普通电弧喷涂的电源设备及送丝机构，仅更换一把高速电弧喷涂枪即可实现高速电弧喷涂。

（2）高速电弧喷涂耐磨涂层修复发动机曲轴　发动机曲轴承受冲击载荷和循环应力，要求修复涂层具有良好的耐磨性、较高的结合强度和硬度，因此采用高速电弧喷涂30Cr13

耐磨涂层进行修复。

1）表面预处理。表面预处理包括表面除油和表面粗糙化。首先用丙酮将表面油污彻底清洗干净，再采用棕刚玉进行喷砂处理，必要时可采用车去轴颈表面疲劳层和在轴颈表面车出螺纹等措施来增加接触面积，提高涂层与工件的结合强度，但是要防止应力集中的问题。

2）喷涂涂层设计。根据轴颈表面预处理后的尺寸和修复后要求的基本尺寸，考虑到还需要预留出加工余量，所以应使喷涂的厚度适当增加。

为了提高结合强度，根据曲轴材料选用 ϕ3mm 的铝青铜作为喷涂打底材料，ϕ3mm 的30Cr13 作为工作涂层，恢复轴颈尺寸。

3）喷涂涂层工艺参数。打底涂层喷涂工艺参数见表 3-6，打底层厚度为 0.05 ~ 0.1mm，喷涂完毕并检验合格后，在上面直接喷涂耐磨工作涂层，工作涂层喷涂工艺参数见表 3-7。喷涂后的工作涂层表面应无裂缝、翘起、脱漏等现象。

表 3-6 打底涂层喷涂工艺参数

材料	电压	电流	喷涂距离	雾化气压
ϕ3mm 铝青铜丝材	32 ~ 34V	170A	200mm	0.65 ~ 0.7MPa

表 3-7 耐磨工作涂层喷涂工艺参数

喷涂材料	电压	电流	喷涂距离	雾化气压
ϕ3mm30Cr13 丝材	32 ~ 36V	200A	200mm	0.6 ~ 0.7MPa

4）喷涂层的机械加工。经车削加工，留下磨削余量，然后在曲轴磨床上加工至标准尺寸。

5）喷层质量检测。磨削后的涂层表面致密无气孔和砂眼、无裂痕、无起皮和脱落，表面粗糙度达到使用要求。

四、等离子喷涂技术

1. 等离子喷涂技术的原理

气体发生电离后，在气体中不仅有原子，还有正离子和自由电子，这种状态叫“等离子体”。

等离子喷涂技术正是利用等离子弧电流密度大、温度高、能量集中等优点，作为热源对工件表面喷涂。其技术原理如图 3-6 所示。

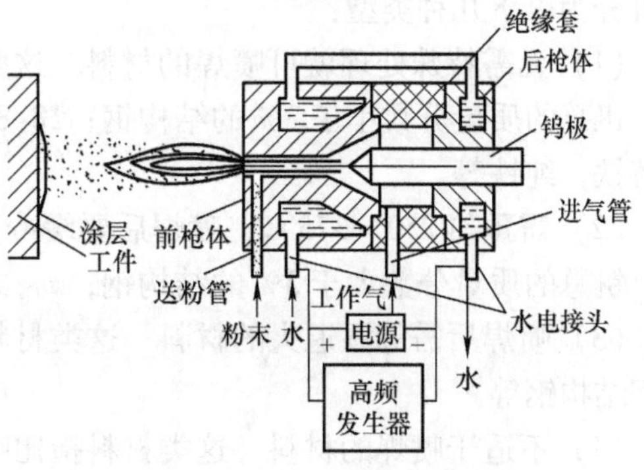

图 3-6 等离子喷涂原理示意图

如图 3-6 所示，根据工艺的需要，经过进气管通入氮气或氩气。这些气体进入等离子喷枪弧柱区后发生电离，成为等离子体。由于钨极与前枪体有一段距离，故在电源的空载电压加到喷枪上以后，并不能立即产生电弧，还需要在前枪体与后枪体之间并联一个高频电源。高频电源接通使钨极端部与前枪体之间产生火花放电，于是电弧被引燃。电弧引燃后，切断高频电路。引燃后的电弧在孔道中受到三种压缩效应，温度升高，喷射速度加大，此时往前枪体的送粉管中输送粉状材料，粉末在等离子焰流中被加热到熔融状态，并高速喷射在工件表面，形成涂层。

2. 等离子喷涂技术的主要特点

（1）零件无变形，不改变基体金属的热处理组织　由于喷涂时零件不通电，基体金属不融化，所以尽管等离子焰流的温度很高，但只要工艺得当，零件温升不超过200℃，零件就不会发生变形，基体金属的热处理组织就不会改变。

（2）涂层的种类多　由于等离子焰流的温度高，可以将各种喷涂材料加热到熔融状态，因而可供等离子喷涂的材料非常广泛，也就可以得到多种性能的涂层，如耐磨涂层、热障涂层、抗高温氧化涂层、绝缘涂层等。

（3）工艺稳定，涂层质量高　等离子喷涂的各工艺参数都可以定量控制，因而工艺稳定，涂层性能再现性好。在等离子喷涂中，熔融粒子的飞行速度可达180~480m/s，远比氧乙炔火焰粉末喷涂时的粒子飞行速度（45~120m/s）高。因此等离子喷涂涂层与基体的结合强度通常高达40~70MPa。

此外，等离子喷涂还和其他热喷涂方法一样，具有零件尺寸不受限制、基体材质广泛、加工余量小等特点。

等离子喷涂的缺点是：投资大，工作时需要一定纯度的氮气和氩气；设备体积较庞大，不便于现场作业；工作时需加强安全防护措施。

五、喷焊技术

喷焊是指对经预热的自熔性合金粉末喷涂层再加热，使喷涂层颗粒熔化（1000~1300℃），造渣上浮到涂层表面，生成的硼化物和硅化物弥散在涂层中，使颗粒间和基体表面润湿达到良好黏接，最终质地致密的金属结晶组织与基体形成0.05~0.10mm的冶金结合层。喷焊层与基体结合强度约为400MPa，它的耐磨、耐蚀、抗冲击性能都较好。这一加热过程称为重熔。

1. 喷焊技术的适用范围

由于喷焊时基体局部受热温度高，会产生热变形，所以适用于喷焊的工件金属材料大体上可分为以下几种类型：

（1）无需特殊处理就可喷焊的材料　这类材料有：$w_C<0.25\%$的一般碳素结构钢；锰、钼、钒总的质量分数小于3%的结构钢；18-8型不锈钢和镍不锈钢；灰铸铁、可锻铸铁和球墨铸铁，纯铁等。

（2）需预热250~375℃，喷焊后要缓冷的材料　这类材料指：$w_C>0.4\%$的碳钢，锰、钼、钒总的质量分数大于3%的结构钢；$w_{Cr}\geqslant 2\%$的结构钢等。

（3）喷焊后需等温退火的材料　这类材料指$w_{Cr}\geqslant 11\%$的马氏体不锈钢和$w_C\geqslant 0.4\%$的铬钼结构钢等。

（4）不适于喷焊的材料　这类材料指比喷焊用合金粉末的熔点还要低的材料，例如铝、镁及其合金，以及某些铜合金和$w_{Cr}\geqslant 18\%$的马氏体高铬钢等。

与喷涂层相比，喷焊层组织致密、耐磨、耐蚀、与基体结合强度高、可承受冲击载荷。

所以喷焊技术适用于承受冲击载荷、要求表面硬度高、耐磨性好的磨损零件的修复，例如混砂机叶片、破碎机齿板、挖掘机铲斗齿等。但在用喷焊技术修复大面积磨损或成批零件时，因合金粉末价格高，故应考虑其经济性。

2. 喷焊用自熔性合金粉末

喷焊用自熔性合金粉末是以镍、钴、铁为基材的合金，其中添加适量的硼和硅元素起到脱氧造渣焊接熔剂的作用，同时能降低合金熔点，适于氧乙炔火焰喷焊。

我国标准规定了氧乙炔火焰喷焊合金粉末的技术数据，见表 3-8，使用时可结合厂家产品样本选用。

表 3-8 氧乙炔火焰喷焊合金粉末化学成分和物理性能（JB/T 3168.1—1999）

类别	序号	牌号	化学成分 w_i(%)			
			C	B	Si	Cr
镍基	1	F11—25	<0.10	1.50～2.00	2.50～4.00	9.00～11.00
	2	F11—40	0.30～0.70	1.80～2.60	2.50～4.00	8.00～12.00
	3	F11—55	0.60～1.00	3.0～4.50	3.50～5.50	14.00～13.00
	4	F11—60	F11－55＋35% WC			
钴基	5	F21—46	1.00～1.40	0.50～1.20	1.00～2.00	25.0～32.0
	6	F21—52	0.30～0.50	1.8～2.50	1.0～3.0	19.0～23.0
铁基	7	F31—28	0.40～0.80	1.30～1.70	2.50～3.50	4.0～6.0
	8	F31—38	0.60～0.75	1.80～2.50	3.0～4.0	15.0～18.0
	9	F31—50	0.40～0.80	3.50～4.50	3.0～5.0	4.0～6.0
	10	F31—65	4.0～5.0	1.80～2.30	0.70～1.40	45.0～50.0

类别	序号	牌号	化学成分 w_i(%)			硬度	熔点/℃
			Ni	Fe	Co	HRC	
镍基	1	F11—25	其余	<8.00	—	20～30	985～1100
	2	F11—40	其余	<4.00	—	35～45	970～1050
	3	F11—55	其余	<5.00	—	>55	970～1050
	4	F11—60				>55	985～1100
钴基	5	F21—46	W4.0～6.0	<3.0	其余	40～48	1200～1280
	6	F21—52	W4.0～6.0	<3.0		45～55	1000～1150
铁基	7	F31—28	28.0～32.0	其余	—	26～30	1100
	8	F31—38	21.0～25.0	其余	—	36～42	1100～1140
	9	F31—50	28.0～32.0	其余	—	45～55	1050～1150
	10	F31—65	—	其余	—	63～68	1200～1280

注：镍基粉中氧的质量分数 $w_O \leq 0.08\%$，钴基粉中 $w_O \leq 0.10\%$，铁基粉中 $w_O \leq 0.12\%$。

3. 氧乙炔火焰喷焊技术

喷焊技术过程与喷涂技术过程基本相同。喷焊技术是在喷涂后加有重熔工序，而且由于操作顺序的不同，分为一步法喷焊和二步法喷焊。喷焊过程还应注意以下事项：

1）如果工件表面有渗碳层或渗氮层，预处理时必须清除，否则喷焊过程中会生成碳化硼或氮化硼，这两种化合物很硬、很脆，易引起翘皮，导致喷焊失败。

在对工件预热时，一般碳钢预热温度为 200～300℃，对耐热奥氏体钢可预热至 350～400℃。预热时火焰采用中性或弱碳化焰，以避免表面氧化。

2）重熔后，喷焊层厚度减小 25% 左右，在设计喷焊层厚度时要考虑。

下面简单叙述一步法喷焊和二步法喷焊。

（1）一步法喷焊　一步法喷焊就是指喷粉和重熔同时进行的操作方法。也就是说边喷粉边重熔，使用同一支喷枪即可完成喷涂、喷焊过程。

首先工件预热后喷0.2mm左右的薄层合金粉，以防止表面氧化。接着间歇按动送粉开关进行送粉，同时将喷上去的合金粉重熔。根据熔融情况及对喷焊层厚薄的要求，决定火焰的移动速度。火焰向前移动的同时，再间歇送粉并重熔。这样，喷粉—重熔—移动周期地进行，直到整个工件表面喷焊完成。

一步法喷焊对工件输入热量少，工件变形小。适用于小型零件或小面积喷焊。喷焊层厚度在2mm以内较合适。

（2）二步法喷焊　二步法喷焊就是喷粉和重熔分两步进行。不一定使用同一喷枪，甚至可以不使用同一热源。

首先对工件进行大面积或整体预热，接着喷预保护层，之后继续加热至500℃左右；再在整个表面多次均匀喷粉，每一层喷粉厚度不超过0.2mm，多次薄层喷粉有利于控制喷层厚度及均匀性；达到预计厚度后停止喷粉，然后开始重熔。

重熔是二步法喷焊的关键工序，对整个喷焊层质量有很大的影响。若有条件，最好使用重熔枪，火焰应调整成中性焰或弱碳化焰的大功率柔软火焰，将涂层加热至固－液相线之间的温度。重熔速度应掌握适当，即涂层出现“镜面反光”时，立即向前移动火焰进行下个部位的重熔。最终的喷焊层厚度可控制在2～3mm。

由于喷焊合金的热膨胀系数较大，重熔后冷却不当会产生变形，甚至引起裂纹。所以应在喷焊后视具体情况采用不同的冷却措施。对于中低碳钢、低合金钢的工件和薄喷焊层、形状简单的铸铁件采用空气中自然冷却方法；对于喷焊层较厚、形状复杂的铸铁件，锰、钼、钒合金含量较大的结构钢件，淬硬性高的工件等，可采取在石灰坑中缓冷或用石棉材料包裹缓冷的方法。

根据工件的需要，可对喷焊层进行精加工，用车削或磨削即可。但是，需注意所用刀具、砂轮和切削操作的规范性。

六、喷涂层、喷焊层质量测试

在实际工作中，喷涂层、喷焊层的质量是指它的硬度、组织、机械强度、耐磨性和耐蚀性等。

（1）喷涂层、喷焊层的硬度检测　对于喷涂层、喷焊层宏观硬度的检测一般采用洛氏硬度测定，其中薄层的检测使用洛氏表面硬度计。对于金属覆盖层及其他有关覆盖层，使用维氏（HV）和努氏（HK）硬度试验方法。

（2）喷涂层、喷焊层组织的定性检查　喷涂层的正常组织应是均匀细致的层状组织，外观为均匀分布的细砂状表面，表层硬实。镍基涂层颜色为银灰色，铁基涂层为灰黄色，铜基涂层为深黄色，镍铝复合涂层为银黄色。

喷焊层的正常组织应是金属结晶组织，与金属堆焊组织相同。表面焊渣去掉后，焊层表面光滑坚实。除铜基喷焊层颜色为银黄色外，其余镍、钴、铁基喷焊层均是呈金属光泽的银灰色，略有深浅之分。

喷涂层组织粗加工后，表面不应有裂纹、空洞、针孔等缺陷。喷焊层组织经直接检查后，表面也应无漏底、裂纹、夹渣、空洞、针孔等缺陷。

（3）喷涂层、喷焊层的强度、耐磨性、耐蚀性的检测 可参考材料的测试，取样进行。

七、热喷涂技术在设备维修中的应用

1. 热喷涂技术在设备防腐方面的应用

例如：6×105kW 汽轮发电机大轴过水表面喷涂耐蚀涂层。汽轮发电机大轴过水表面工作时长期受到80℃热水以7m/s 的速度冲刷而锈蚀，采用等离子喷涂技术修复，喷涂镍包铝，形成耐蚀涂层。从而确保在两年以上的长期运行中大轴不锈蚀，涂层不脱落，防水冲蚀效果理想。

2. 热喷涂技术在设备耐磨方面的应用

例如：石油取芯钻头喷涂耐磨涂层。石油取芯钻头的材料为人造金刚石，在地质复杂、岩层坚硬的深井中工作时，由于磨损导致金刚石颗粒脱落，无法工作。采用等离子喷涂技术，在取芯钻头上喷涂镍包铝和钴包碳化钨复合涂层，既增加了金刚石颗粒在钻头上的结合强度，又提高了钻头基体的抗磨性。

3. 热喷涂技术在耐高温零部件上的应用

例如：高炉渣口喷涂耐热涂层。渣口是高炉放渣的重要装置，在放渣时，渣口受到高炉碱性炉渣（渣中夹带的铁液及高炉煤气）的高温侵蚀、腐蚀和冲刷，铜制的渣口前端很容易破损，使用寿命短。采用等离子喷涂技术，在渣口前端30mm 范围内喷涂耐热复合涂层（金属+金属陶瓷+陶瓷）。经生产实践证明，渣口使用寿命提高了3倍以上。

第三节 电刷镀修复技术

电镀是指在含有欲镀金属的盐类液体中，以被镀基体金属为阴极，通过电解作用，使镀液中欲镀金属的阳离子在基体金属表面沉积，形成镀层的一种表面加工技术。电镀技术形成的金属镀层可补偿零件表面的磨损和改善表面性能，是最常用的修复技术之一。

一、电镀

1. 电镀的基本知识

（1）电镀液 电镀液是由主盐、络合剂、附加盐、缓冲剂、阳极活化剂、添加剂等组成的。

主盐是指电镀液中能在阴极上沉积出所要求镀层金属的盐，它的作用是提供金属离子。

当镀液中主盐的金属离子为简单离子时，为保证镀层晶粒质量，需加入络合剂，它的作用是络合主盐中的金属离子形成络合物。在含络合物的镀液中，影响电镀效果的主要是主盐与络合剂的相对含量，而不是络合剂的绝对含量。

附加盐是指电镀液中除主盐外的某些碱金属或碱土金属盐类，它们的作用是提高电镀液的导电能力。

缓冲剂是指用来稳定溶液酸碱度的物质，它一般由弱酸和弱酸盐或弱碱和弱碱盐组成，可使电镀液在遇到碱或酸时，溶液的 pH 值变化幅度较小。任何缓冲剂都只在一定的 pH 值范围内才有较好的缓冲作用。

阳极活化剂是指在电镀液中能促进阳极活化的物质，它的作用是提高阳极开始钝化时的电流密度，从而保证阳极处于活化状态而能正常地溶解。

添加剂是指那些不会明显改善镀层导电性，但能显著改变镀层性能的物质。

(2) 电镀反应 图3-7是电镀装置示意图。图中被镀的零件为阴极，与直流电源的负极相连，金属阳极与直流电源的正极连接，阳极与阴极均浸入电镀液中。

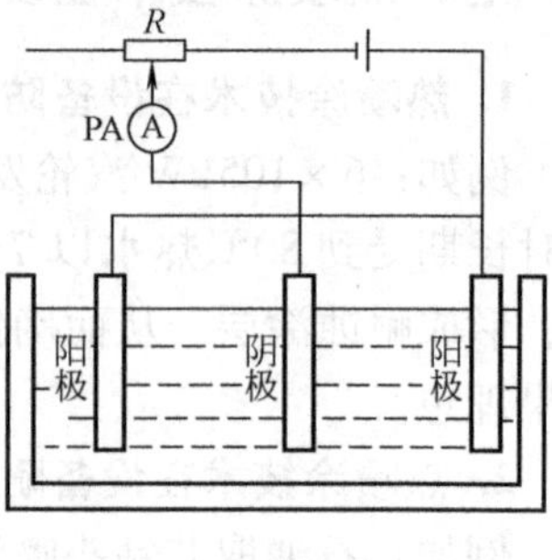

图3-7 电镀装置示意图

当在阴极与阳极间施加一定电位时，在阴极发生如下反应：从电镀液内部扩散到电极和电镀液界面的金属离子 M^{n+} 从阴极上获得 n 个电子，被还原成金属M，即

$$M^{n+} + ne \rightarrow M$$

另一方面，在阳极界面上发生金属M的溶解，释放 n 个电子生成金属离子 M^{n+}，即

$$M - ne \rightarrow M^{n+}$$

上述电极反应是电镀反应中最基本的反应。由于电子直接参加化学反应，故称为电化学反应。

(3) 金属的电沉积过程 电镀过程是电镀液中的金属原子在外电场的作用下，经电极反应还原成金属原子并在阴极上进行金属沉积的过程。图3-8是金属的电沉积过程示意图。完成金属的电沉积过程必须经过以下三个步骤：

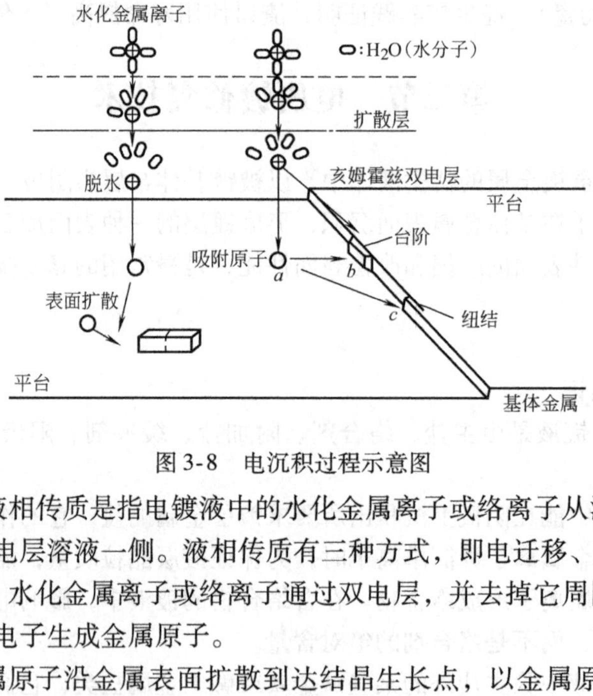

图3-8 电沉积过程示意图

1) 液相传质。液相传质是指电镀液中的水化金属离子或络离子从溶液内部向阴极界面迁移，到达阴极的双电层溶液一侧。液相传质有三种方式，即电迁移、对流和扩散。

2) 电化学反应。水化金属离子或络离子通过双电层，并去掉它周围的水化分子或配位体层，从阴极上得到电子生成金属原子。

3) 电结晶。金属原子沿金属表面扩散到达结晶生长点，以金属原子态排列在晶格内，形成镀层。

电镀时，以上三个步骤是同时进行的。

(4) 影响电镀质量的因素 影响电镀质量的因素很多，包括电镀液的成分以及电镀工艺参数。现对主要影响因素进行讨论。

1) pH值。电镀液中的pH值可以影响氢的放电电位、碱性夹杂物的沉淀、络合物的组成和平稳、添加剂的吸附程度等。最佳的 pH 值往往要通过试验来决定。

2）添加剂。电镀液中的光亮剂、整平剂、润湿剂等添加剂能明显改善镀层组织。

3）电流密度。任何电镀液都一定有一个能产生正常镀层的电流密度范围，这个范围是由电镀液的组成、浓度、温度和搅拌等因素决定的。

4）电流波形。电流波形对电镀质量的影响是通过阴极电位和电流密度的变化来影响的。

5）温度。温度升高使扩散加快，浓差极化、电化学极化降低，使晶粒变粗；但温度升高可以提高电流密度，从而提高生产率。

6）搅拌。搅拌可降低浓差极化，使晶粒变粗。注意应定期或连续过滤电镀液。

2. 电镀前预处理和电镀后处理

（1）电镀前预处理　预处理的目的是使待镀面呈现干净新鲜的金属表面，以便获得高质量镀层。首先通过表面磨光、抛光等方法使表面粗糙度达到一定要求，再采用溶剂溶解或化学、电化学方法使表面脱油，接着用机械、酸洗以及电化学方法除锈，最后把表面在弱酸中浸蚀一定时间进行镀前活化处理。

（2）电镀后处理　电镀后处理包括钝化处理和除氢处理。钝化处理是指把已镀表面放入一定的溶液中进行化学处理，在镀层上形成一层坚实致密的、稳定性高的薄膜的表面处理方法。钝化处理使镀层耐蚀性大大提高，并增加表面光泽和抗污染能力。有些金属，例如锌，在电沉积过程中，除自身沉积出来外，还会析出一部分氢，这部分氢渗入镀层中，使镀件产生脆性甚至断裂，称为氢脆。为了消除氢脆，往往在电镀后，使镀件在一定的温度下热处理数小时，称为除氢处理。

3. 电镀金属

槽镀时的金属镀层种类很多，设备维修中常用的有镀铬、镀镍、镀铁、镀铜及其合金等。

（1）镀铬　在钢铁材料或有色金属基体上可以镀铬。不带底镀层镀铬后直接使用，可作为抛光或珩磨精饰后的表面。

带底镀层的镀铬用于修复时可补偿较厚的尺寸，一般底层镀镍或铜，磨光后再镀铬层，最终磨削。

铬镀层的特点是：

1）耐磨损。镀层的硬度随工艺规范的不同而不同，可获得硬度 400 ~ 1200HV，300℃以下时硬度无明显下降。滑动摩擦系数小，约为钢和铸铁的 50%，抗黏附性好，可提高耐磨性2 ~ 50 倍。

2）耐腐蚀。在轻微的氧化作用下表面钝化，可保护镀层。除盐酸、热浓硫酸外，对其他酸碱都有耐腐蚀能力。

3）与基体结合强度高。铬镀层与基体结合强度高于自身晶粒间的结合强度。

但铬镀层不耐集中载荷与冲击，不宜承受较大的变形。

（2）镀镍　维修零件时表面镀镍厚度一般为 0.2 ~ 3mm，镍镀层的有些力学性能和耐氯化物腐蚀性能优于铬镀层，所以应用更为广泛。造纸、皮革、玻璃等制造业用轧辊表面镀镍可耐腐蚀、抗氧化等。另外还可用于维修时补偿零件尺寸。

（3）镀铁　铁镀层的成分是纯铁，它具有良好的耐蚀性和耐磨性，适宜对磨损零件做尺寸补偿。其特点有：

1）铁镀层的硬度高，最高可达500～800HV。

2）铁镀层与基体的结合强度较高，可达450MPa。

3）铁镀层表面呈网状，有较好的储油性能，加之其硬度高，具有优良的耐磨性。

镀铁采用不对称交-直流低温镀铁工艺，沉积效率高、成本低、应用广泛。

（4）镀铜　铜镀层较软、富有延展性、导电和导热性能好；对于水、盐溶液和酸，在没有氧化条件下具有良好的耐蚀性。常用作铬镀层或镍镀层的底层、热处理时的屏蔽层、减摩层等。

（5）电镀合金　电镀时，在阴极上同时沉积出两种或两种以上金属，形成结构和性能符合要求的镀层的工艺过程，称为电镀合金。通过电镀合金可以制取高熔点和低熔点金属组成的合金，以及获得许多单金属镀层所不具备的优异性能。在待修零件表面上可电镀铜-锡合金（青铜）、铜-锌合金（黄铜）、铅-锡合金等，作为补偿尺寸和耐磨层用。

二、电刷镀技术

电刷镀是在被镀零件表面局部快速电沉积金属镀层的技术，其本质是依靠一个与阳极接触的垫或刷提供电镀所需要的电解液的电镀。所以电刷镀也称快速镀、无槽镀等。

与槽镀相比，电刷镀技术具有设备简单、工艺简单、可现场修复、镀层种类多、可满足各种维修性能要求、沉积速度快等优点。

电刷镀技术主要用于修复磨损零件的表面，并使表面具有更好的性能，例如耐磨性、导电性、耐蚀性等。电刷镀技术在许多工业部门已得到广泛的应用，取得了很大的经济效益。

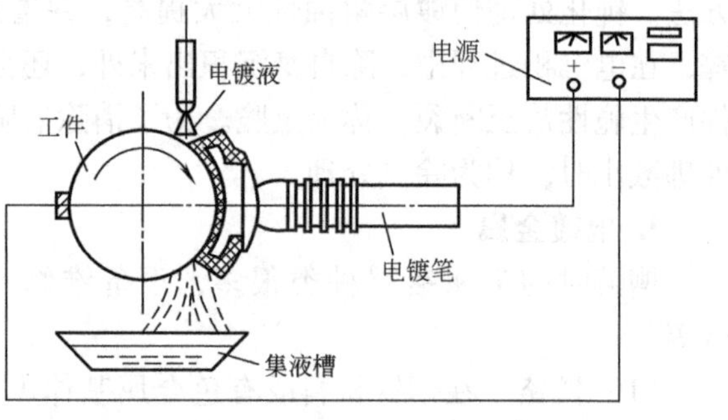

图3-9　电刷镀工作原理示意图

1. 基本原理

电刷镀和槽镀一样，都是一种电化学沉积过程，其基本原理如图3-9所示。将表面处理好的工件与电刷镀电源的负极相连，作为电刷镀的阴极；将镀笔与电源的正极相连，作为电刷镀的阳极。刷镀时，用棉花和针织套包套的镀笔浸满电刷镀液，镀笔以一定的相对运动速度在被镀零件表面上移动，并保持适当的压力。于是，在镀笔与被镀零件接触的那些部分，电刷镀镀液中的金属离子在电场力的作用下扩散到零件表面，在表面获得电子被还原成金属原子，这些金属原子沉积结晶就形成了刷镀层。随着镀笔在零件表面不断移动，镀层逐渐增厚，直至达到需要的厚度。

2. 电刷镀设备

电刷镀设备由电刷镀电源、镀笔和辅助装置组成。

（1）电刷镀电源　电刷镀电源是电刷镀的主要设备，它应能满足：直流电压可无级调节、平稳输出，输出极性能变换，能监控镀层厚度，有过电流保护功能等。同时还应满足体积小、重量轻、操作简单、易于维修等特点。

电刷镀电源由整流电路、极性转换装置、过载保护电路及安培小时计（或镀层厚度计）

等几部分组成。

整流电路的作用是用来提供平稳直流电流输出，输出电压可无级调节。一般输出电流范围为0～150A，输出电压范围为0～30V。极性转换装置用来进行任意选择正极或负极的电解操作，以满足电刷镀过程中各工序的需要。在电刷镀过程中，当电流超过额定值时或镀笔与零件发生短路时，过载保护电路可快速切断主电源，以保护电源和零件。安培小时计的原理是通过直接计量电刷镀时所消耗的电量来间接指示已镀镀层的厚度。为了便于操作人员控制镀层厚度，计数器还设有设定控制功能。在刷镀过程中当计数器显示的数字与设定的数字相同时，指示灯亮，蜂鸣器发响，可以结束电刷镀作业。

（2）镀笔　镀笔是电刷镀的重要工具，主要由阳极、绝缘手柄和散热装置组成，如图3-10所示。可根据电刷镀的零件大小和形状不同选用不同类型的镀笔。

1）镀笔的阳极材料要求具有良好的导电性，能持续通过高的电流密度，不污染镀液，易于加工等。一般使用高纯度石墨、铂-铱合金及不锈钢等不溶性阳极。根据被镀零件的表面形状，阳极可以加工成不同形状，如圆柱形、平板形、瓦片形等，如图3-11所示，其表面积通常为被镀面的1/3。

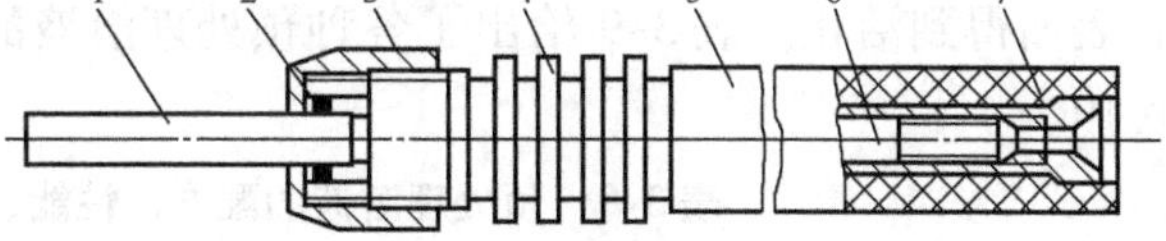

图3-10　镀笔结构图

1—阳极　2—O形密封圈　3—锁紧螺母　4—散热器体　5—绝缘手柄　6—导电杆　7—电缆线插座

2）阳极需用棉花和针织套进行包裹，以储存刷镀用的溶液，防止阳极与被镀件直接接触，并过滤阳极表面所溶下的石墨粒子。

3）镀笔上有绝缘手柄，常用塑料或胶木制成，套在用纯铜做的导电杆外面。导电杆一头连接散热器，另一头与电源电缆接头连接。散热器一般选用不锈钢制作，尺寸较大的镀笔也可选用铝合金制作。

4）电刷镀过程中电镀笔应专笔专用，不可混用。镀笔和阳极在使用过程中勿被油脂等污染。阳极包套一旦发生磨穿，应及时更换，以免阴、阳两极直接接触发生短路。用完镀笔，应及时拆下阳极，用水冲洗干净，并按镀种分别存放保管，不要混淆。

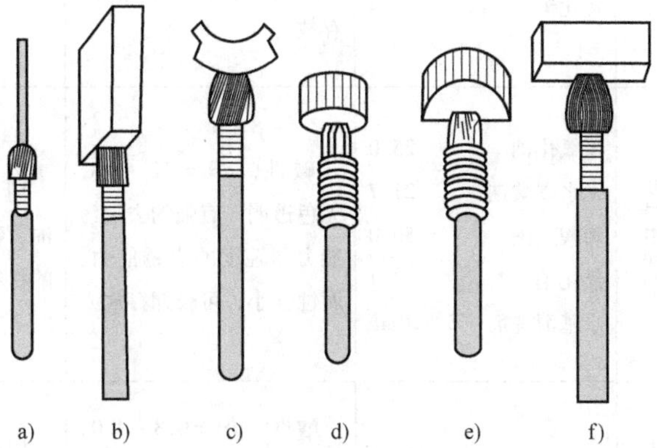

图3-11　各种不同形状的阳极

a）圆柱形　b）平板形　c）瓦片形　d）圆饼形　e）半圆形　f）板条形

（3）辅助装置

1）卧式车床。它用来夹持被镀工件并使其按一定转速旋转，保证镀笔与镀件的相对运动，以获得均匀的镀层。

2）供液、集液装置。电刷镀时，根据被镀零件的大小，可以采用不同的方式给镀笔供液，例如蘸取式、浇淋式和泵液式。但无论哪种方式供液，关键都是应连续供液，以保证金属离子的电沉积能正常进行。流淌下来的溶液一般使用塑料桶、塑料盘等容器收集，以供循环使用。

3. 电刷镀溶液

电刷镀溶液是电刷镀技术的关键部分。根据其作用可分为预处理溶液、镀液、钝化液和退镀液四大类。

（1）预处理溶液 预处理溶液的作用是除去待镀件表面的油污和氧化膜，净化和活化需电刷镀的表面，保证电刷镀时金属离子电化学还原顺利进行，获得结合牢固的刷镀层。预处理溶液有电净液和活化液两种。电净液为碱性，其主要成分是一些具有皂化能力（如NaOH）和乳化能力（如Na_3PO_4）的化学物质，它们用来化学脱油，如果用电解方法脱油，效果更佳。活化液均为酸性，主要成分为常用的无机酸，也有一些是有机酸。活化液具有化学溶解金属表面的氧化物和锈蚀产物的能力，用电解方法可增强去除表面氧化膜的能力，使金属表面得到活化。表3-9给出了各种预处理溶液的配方、性能、适用范围和工艺要点，以供选用。

表3-9 预处理溶液的配方、性能、适用范围和工艺要点

名称	溶液配方 /(g·L^{-1})	基本性能	适用范围	工艺规范与操作要点
1号电净液	氢氧化钠 25.0 无水碳酸钠 21.7 磷酸三钠 50.0 氯化钠 2.4	碱性，pH = 12 ~ 13，无色透明，有较强的去油污能力和轻度的去锈能力，腐蚀性小，可长期存放	用于各种金属表面的电化学脱油	工作电压8 ~ 15V，相对运动速度4 ~ 8m/min，零件接电源负极，时间尽量短，电净后用清水洗净
0号电净液	氢氧化钠 25.0 无水碳酸钠 21.7 磷酸三钠 50.0 氯化钠 2.4 水基清洗剂 5 ~ 10mL	碱性，pH = 12 ~ 18，无色透明，有强的去油污能力和轻度的去锈能力，腐蚀性小，可长期存放	用于各种金属表面的电化学脱油，特别适用于铸铁等组织疏松的材料	工作电压8 ~ 15V，相对运动速度4 ~ 8m/min，零件接电源负极，时间尽量短，电净后用清水洗净
1号活化液	浓硫酸 80.6 硫酸铵 110.9	酸性，pH = 0.8 ~ 1.0，无色透明，有去除金属氧化膜作用，对基体金属腐蚀性小，作用温和	用于不锈钢、高碳钢、高合金钢、铸铁以及难熔金属或旧的镍、铬镀层的活化处理	工作电压8 ~ 15V，相对运动速度6 ~ 10m/min，钢铁件用反接，镍铬不锈钢用正接
2号活化液	浓盐酸 (25.038% ~ 36%) 氯化钠 140.1	酸性，pH = 0.6 ~ 0.8，无色透明，有良好的导电性，去除金属氧化物和铁锈的能力较强，对金属的腐蚀作用较快，可长期保存	用于中碳钢、中碳合金钢、高碳合金钢、铝及铝合金、灰铸铁、不锈钢及难熔金属的活化处理。也可用于去除金属毛刺或剥蚀镀层	工作电压6 ~ 14V，相对运动速度6 ~ 10m/min，零件接阳极，活化后用水洗净

（续）

名称	溶液配方 /(g · L⁻¹)	基本性能	适用范围	工艺规范与操作要点
3号活化液	柠檬酸三钠 141.2 柠檬酸 94.2 氯化镍 3.0	酸性，pH = 4.5 ~ 5.5，浅绿色透明，导电性较差。腐蚀性小，可长期存放。对用其他活化液活化后残留的石墨或碳黑具有强的去除力	通常作为后继处理液使用。用于去掉高碳钢、铸铁、不锈钢等金属材料经用1号或2号活化液活化后残留于表面的碳黑或污物，但铝及铝合金经用2号活化液活化后，表面呈灰黑色，不宜用3号活化液再处理	工作电压10 ~ 25V，相对运动速度6 ~ 8m/min，零件接阳极
4号活化液	浓硫酸 116.5 硫酸铵 118.3	酸性pH = 0.2，无色透明，去除金属表面氧化物能力很强	用于经其他活化液活化后仍难以镀上镀层的基体金属材料的活化。并可用于去除金属毛刺或剥蚀镀层	工作电压10 ~ 15V，相对运动速度6 ~ 10m/min，零件接阳极
铬活化液	浓硫酸 87.5 浓磷酸 5.3 氟硅酸 5.0 硫酸铵 100.0	酸性，pH < 1.0，无色透明，对基体金属或镀层上的氧化膜有较强的去除能力	用于镍、铬基材或镀层表面的活化处理	工作电压6 ~ 16V，相对运动速度4 ~ 12m/min，零件接阴极

（2）镀液　电刷镀时使用的金属镀液很多，根据获得镀层的化学成分不同，金属镀液可分为单金属镀液、合金镀液和复合金属镀液三类。镀液的主要成分是各类金属盐（主盐），此外，溶液中还加入某些特定盐类和若干添加剂，它们分别起以下作用：提高溶液的导电性；稳定溶液的pH值；与主盐形成络合物；改善镀层的光亮度；增强溶液对金属表面的润湿能力等。

电刷镀溶液在工作过程中性能稳定，中途不需调整成分，可以循环使用。它无毒、不燃、腐蚀性小。表3-10列出了机械维修中常用的电刷镀溶液的组成、电刷镀工艺参数、性

表3-10　机械维修中常用的电刷镀溶液及工艺参数

电刷镀溶液名称	电刷镀溶液的成分 /(g · L⁻¹)	pH值 (26℃)	工作电压 /V	镀笔对工件的相对运动速度 /(m · min⁻¹)	耗电系数 /(A · h · dm⁻² · μm⁻¹)	电刷镀溶液的主要特点	主要用途
特殊镍	镍离子 70 ~ 75 醋酸 20 ~ 100 添加剂（Ⅰ） 20 ~ 100 添加剂（Ⅱ） 20 ~ 100 添加剂（Ⅲ） 微量	<2.0	10 ~ 18	5 ~ 10	0.744	工作温度范围较宽，镀层致密，耐磨性好，耐蚀性良好，与大多数金属（铸铁等除外）结合良好	在钢、不锈钢、铬、铜、铝等零件上做底层或中间夹心层，也可做耐磨和耐蚀镀层

（续）

电刷镀溶液名称	电刷镀溶液的成分/(g·L^{-1})	pH值(26℃)	工作电压/V	镀笔对工件的相对运动速度/(m·min^{-1})	耗电系数/(A·h·dm^{-2}·μm^{-1})	电刷镀溶液的主要特点	主要用途
快速镍	镍离子 50~55 氢氧化铵 80~120 有机酸 5~30 添加剂 微量	7.5	8~14	6~12	0.104	沉积速度快，镀层硬度高，耐磨性好，耐蚀性良好	用作零件表面工作层，适于做铸铁件镀底层
低应力镍	镍离子 75~80 醋酸 10~50 添加剂 适量	3~4	10~16	6~10	0.214	使用中电流效率基本稳定，预热至50℃刷镀，镀层致密，应力低	专用作组合镀层的夹心层，改善应力状态，不宜做耐磨层使用
半光亮镍	镍离子 60~65 醋酸 30~60 各类添加剂 适量	2~4	4~10	10~14	0.122	使用时耗量增多，pH值下降，电流效率及沉积速率降低	镀层适用做耐磨和耐蚀镀层
镍-钨	镍离子 80~95 钨离子 10~15 醋酸 适量	2~3	10~15	4~12	0.214	循环使用，镍和钨离子含量基本稳定，镀层致密，平均硬度高，耐磨性很好	用作耐磨工作层，但厚度限制在0.03~0.07mm
镍-钨(D)	镍离子 80~85 钨离子 5~30 有机酸 40~100 各类添加剂 适量	1.4~2.4	10~15	4~12	0.214	性能比镍-钨溶液更佳，镀层硬度高，残余内应力小，同某些难电镀金属有较好的结合力	用于各种零件的工作层，修复尺寸和强化表面
铁合金(Ⅰ)	铁离子 65~70 钴离子 0.75~1.5 酸度缓冲剂 20~30 阳极防钝化剂 60~70	1.9~2.0	5~12	25~30	0.11	适用于采用可溶性阳极，镀液可循环使用至消耗溶液70%（体积）为止。镀层致密	主要用于修复零件表面尺寸，强化表面，提高耐磨性
铁合金(Ⅱ)	铁离子 55~60 镍离子 70~75 钴离子 1.5~2.0 酸度缓冲剂 10~20 阳极防钝化剂 20~40 添加剂 0.4~0.6	3.4~3.6	5~15	25~30	0.09	硬度高，耐磨性高于淬火45钢，镀层与金属基体结合良好，成本低廉	主要用于修复零件表面尺寸，强化表面，提高耐磨性

（续）

电刷镀溶液名称	电刷镀溶液的成分 /（g·L^{-1}）	pH 值（26℃）	工作电压 /V	镀笔对工件的相对运动速度 /（m·min^{-1}）	耗电系数 /（A·h·dm^{-2}·μm^{-1}）	电刷镀溶液的主要特点	主要用途
快速酸性铜	铜离子 100～150 有机酸 300～500	1.5	6～16	10～15	0.073	沉积速度快，可循环使用至消耗镀液 60%，镀液腐蚀性大，不宜直接在钢及少数贵金属上刷镀，镀前需用镍打底层	用于铜类零件的修复尺寸、填充凹坑，也可在钢和铝制件上局部刷镀铜代替铜件
碱性铜	铜离子 60～65 有机碱 100～150	9.2～9.8	8～14	6～12	0.079	沉积速度快，腐蚀性小	用于快速恢复尺寸、填充沟槽，特别适用于在铝、铸铁、锌等难镀零件上刷镀
高堆积碱性铜	铜离子 75～80 有机酸 200～300 有机碱 150～250 添加剂 微量	8.5～9.5	8～14	6～12	0.079	沉积速度较快，能获得厚的、内应力小的镀层，镀液无腐蚀性	主要用于刷镀修复尺寸，用途很广
酸性钴	钴离子 65～74 有机酸 20～100 添加剂 适量	1.5～2.0	8～10	10～14	0.037	沉积速度较快，镀层应力低，硬度高，镀层白亮	可用作零件的工作层和装饰防腐，以及夹心层

能与主要用途，可供使用时参考。

在使用过程中，镀液中金属离子的含量、pH 值、耗电量、镀液的实际损耗、镀层厚度或重量、硬度和力学性能等，以及随着电刷镀所耗用的电量或时间变化而变化的情况，均是镀液的重要综合工艺性能，它可通过试验做出的“综合工艺性能图”给出。图 3-12 为快速镍刷镀液的综合工艺性能图。

（3）钝化液和退镀液

1）钝化液。它是指用在铝、锌、镉等金属表面，生成能提高表面耐蚀性的钝态氧化膜的溶液。

2）退镀液。它是指用于退除镀件不合格镀层或多余镀层的溶液，退镀时一般采用电化学方法，在镀件接正极的情况下操作。使用退镀液时应注意退镀液对基体的腐蚀问题。

4. 电刷镀工艺过程

电刷镀工艺过程主要包括镀前预处理、电刷镀层的选择和设计、镀件刷镀和镀后处理等。

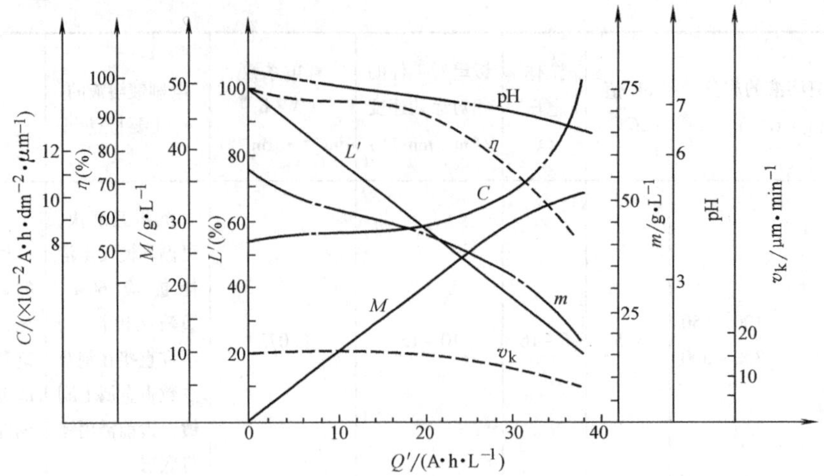

图 3-12 快速镍刷镀液的综合工艺性能图

（1）镀前预处理 镀件镀前预处理是电刷镀顺利进行和获得成功的必要条件。它包括镀件表面整修、表面清理、表面的电净处理和活化处理。

1）表面整修。镀件表面存在的毛刺、磨损层和疲劳层，都要用切削机床修整，或用砂布打磨，以使表面平滑，并获得正确的几何形状和暴露出基体金属的正常组织。

2）表面清理。它是指采用化学及机械的方法对镀件表面的油污、锈斑等进行清理。当镀件表面有大量油污时，可先用汽油、煤油等有机溶剂去除绝大部分油污，然后再用化学脱油溶液除去残留油污，并用清水洗净。若表面有较厚的锈蚀物，可用砂布打磨、钢丝刷刷除或喷砂处理，以除去锈蚀物。

3）表面电净处理。它是指采用电解方法去除表面油脂。镀件经表面修整和表面清理后，用镀笔沾电净液，在电刷镀表面上反复刷抹，通电后，油膜撕破，成为细碎油粒。油粒被电净液乳化和皂化，并被镀笔和镀液带走。由于阴极上产生的氢气泡多于阳极，撕破油膜的作用加强，所以镀件电净时通常接电源负极。但对于某些易渗氢的钢件，则应接电源正极。

电净时的工作电压和时间应根据镀件的材质而定。电净后的表面应无油迹，且对水润湿良好，不挂水珠。

凡经电净的部位，都要用水清除干净，彻底除去残留的电净液和其他污物。

4）表面活化处理。电净处理之后紧接着就是活化处理。它是指使用活化液，通过化学的和电化学的腐蚀作用，除去表面的氧化膜并使表面受到轻微刻蚀而呈现出金属结晶组织。

活化时，镀件一般接电源正极，用镀笔蘸活化液反复在电刷镀表面刷抹。活化液、工作电压和处理时间应根据镀件材质来选择。活化质量可用直观表面的色泽及其均匀性来判断。低碳钢件活化后，表面应呈均匀银灰色，无花斑。中碳或高碳钢件用 1 号或 2 号活化液活化至表面出现黑色，再用 3 号活化液活化至表面出现银灰色。活化后，用清水彻底洗清表面。

（2）电刷镀层的选择和设计

1）过渡镀层。它位于镀件基体金属和工作镀层之间，是被直接刷镀在经过活化处理后的基体金属上。它是一种具有特定功能、起特殊作用的镀层，称之为过渡镀层，也叫底镀层。它的特定功能是：①改善基体金属的可镀性。由于在某些基体金属上直接刷镀工作镀层有困难（指工作镀层与基体结合性能差），可采用适当过渡层。②提高工作镀层的稳定性。有些镀层直接刷镀到基体金属上，虽然具有良好的结合强度，但是由于电化学腐蚀的原因，镀层工作能力会下降。如果在基体金属上预先刷镀适当的过镀层，再刷工作镀层，就可以避免工作镀层工作能力的下降。

常用的过渡镀层有以下几种：①特殊镍溶液。用于在一般金属，特别是钢、不锈钢、铬、铜、镍等材料上做底层。②碱铜溶液。常用在铸钢、铸铁、锡、铝等材料上做底层。

2）工作镀层。它作为镀件的工作表面，直接承受工作载荷、运动速度、温度等工况。选择工作镀层时应考虑以下要求：①与基体金属或过渡层金属有良好的结合性能；②能满足工况要求；③在满足以上要求的前提下，工作镀层的电刷镀液沉积速度要快，而且经济性要好。

3）镀层设计。在设计镀层时，要注意控制同一种镀层一次连续电刷镀的厚度。因为随着镀层厚度的增加，镀层内残余应力也随之增大，同种镀层厚度过大可能使镀层产生裂纹或剥离。因此，同一镀层一次连续刷镀存在一个“安全厚度”限制，即指这时所允许的镀层最大厚度值。由经验总结出的单一电刷镀层一次连续电刷镀的安全厚度列入表3-11中，供设计镀层参考。

表3-11 单一电刷镀层一次连续电刷镀的安全厚度 （单位：mm）

电刷镀液种类	镀层单边厚度	电刷镀液种类	镀层单边厚度
特殊镍	过渡层0.001～0.002	铁合金	0.2
快速镍	0.2	铁	0.4
低应力镍	0.13	铬	0.025
半光亮镍	0.13	碱铜	0.13
镍-钨合金	0.013	高速酸铜	0.13
镍-钨(D)合金	0.13	高堆积碱铜	—
镍-钴合金	0.05	锌	0.13
钴-钨合金	0.005	低氢脆镉	0.13

当需要电刷镀较厚的镀层时，可以采用分层电刷镀的方法，即在一种电刷镀层达到一定厚度之后，换用另一种电刷镀层加厚，交替电刷镀来增加镀层厚度，直至达到所需的厚度为止。这种镀层叫作组合镀层，或复合镀层。

（3）镀件电刷镀　镀件电刷镀表面经预处理后，应及时进行电刷镀。首先电刷镀过渡层，例如在钢、不锈钢等材质镀件上用特殊镍做过渡层，厚度在2μm左右。先不通电流，用蘸满特殊镍溶液的镀笔在待镀表面上擦拭，时间为3～5s。然后在较高工作电压下刷镀3～5s，随后转入正常规范刷镀（见表3-10）。刷镀好过渡层后，把残存的镀液用清水冲洗干净。

最后选用工作层镀液，按工艺规范刷镀至所需厚度。若厚度超过安全厚度，可进行组合镀层设计，但要保证组合镀层的最外一层必须是所选用的工作镀层。

（4）镀后处理　刷镀完毕要立即进行镀后处理。清洗干净镀件表面并干燥后，用肉眼检查镀层色泽，有无起皮、脱层等缺陷，测量镀层厚度。若镀件不再加工，需抛光、涂油等。

5. 电刷镀层的主要性能

（1）电刷镀层与基体金属的结合性能　根据试验测定，刷镀镍镀层与低碳钢基体的结合强度为235~294MPa（剥离试验）；刷镀铁镀层与低碳钢基体的结合强度为85.3MPa（拨销法）；刷镀铁合金镀层与低碳钢基体的结合强度为74MPa（拨销法）。其他各种刷镀层与基体金属刷镀均可获得满足要求的结合性能。

（2）电刷镀层的硬度　电刷镀层具有较高的硬度，其硬度值取决于镀液种类、电刷镀工艺规范等因素。若干金属刷镀层的平均硬度列于表3-12中。

表3-12　若干刷镀层的平均硬度HB

镀层种类	镀层平均硬度	镀层种类	镀层平均硬度
特殊镍	575	快速铜	300
中性镍	550	铬	600
低应力镍	350	锌	50~70
铁	580	银	60
铁合金Ⅰ和铁合金Ⅱ	56~57HRC	镉	40
镍-钨	700~750	铅	20
镍-钴	500	铟	1
钴-钨	800	锡	1
钴	600		

（3）电刷镀层的残余内应力　电刷镀层通常都有残余内应力，它的大小与镀层结构、厚度、镀液种类、镀液温度等有关。由于内应力的性质和数值与镀层厚度有关，故给出的内应力数值都是指在某种厚度下测定的。表3-13给出了低应力镍刷镀层在镀液不同温度下的内应力值。

表3-13　低应力镍刷镀层在镀液不同温度下的内应力

项　目	镀液温度/℃			
	50		19	
镀层厚度/mm	0.02	0.058	0.031	0.08
横向应力/MPa	−689.9	−276.3	414.5	344.9
纵向应力/MPa	−689.9	−276.3	414.5	344.9

注：表中数值为负的表示压应力。

（4）电刷镀层的耐磨性　用特殊镍、快速镍、镍-钨合金三种刷镀层和经淬火的45钢在MHK－500型环块式试验机上做磨损试验，结果表明，三种电刷镀层的耐磨性都比经淬火的45钢高。

另外三种电刷镀层（快速镍、铁合金Ⅰ、铁合金Ⅱ）和经淬火的45钢在M－200型磨损试验机上做磨损试验，结果也表明，这三种电刷镀层的耐磨性也比经淬火的45钢高，其中铁合金Ⅰ电刷镀层最高。

6. 电刷镀技术的应用实例

电刷镀技术的设备及工艺简单，可现场操作，对被刷镀件的材质和几何形状的适应性较广，所以得到了广泛应用。但是它不适用于大面积、厚镀层的刷镀；也不适用于修复承受高接触应力的零件表面，如滚动轴承的滚道或者齿轮轮齿的工作面。

下面为一电刷镀技术修复实例，如图3-13所示。修复一传动轴，材料是45钢，其滑动配合轴颈$\phi110f8$处磨损，并有轻度研伤。

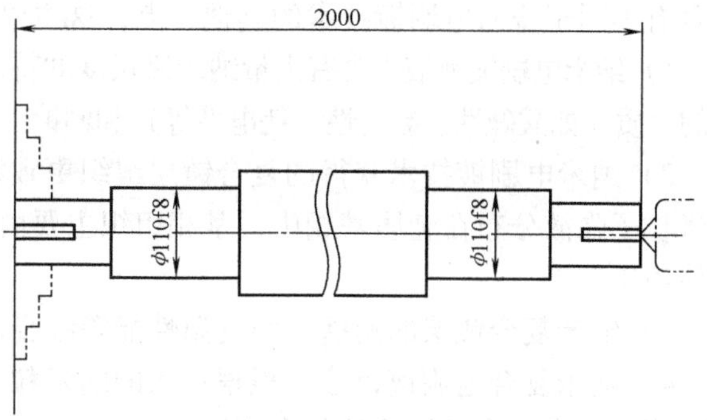

图3-13 传动轴电刷镀修复

修复工艺过程如下：

（1）修整基体表面 在两端的$\phi110f8$处进行实测，直径尺寸分别为$\phi109.90$mm和$\phi109.88$mm，用磨床修去研伤，修后直径分别为$\phi109.80$mm和$\phi109.78$mm。再用有机溶剂清洗。

（2）装夹 将工件装夹在车床上。

（3）电净处理 用1号电净液电净处理，工件接负极，转速约34r/min，电压12V，时间5～30s。电净处理完，不停车，用清水冲洗。

（4）活化处理 一次活化处理用2号活化液，工件接正极，转速不变，电压14V，时间10～60s，直至表面发黑后用清水冲洗。接着二次活化处理，用3号活化液，工件接正极，转速不变，电压15V，时间30～90s，直至表面呈银白色后用清水彻底冲洗。

（5）刷过渡层 选用特殊镍溶液。先不通电，用镀笔涂刷工件表面15s。接着通电，工件接负极，电压由低到高调到12V，转速为24r/min，刷过渡层2～5μm。最后用清水冲洗。

（6）刷尺寸层 选用快速镍溶液。工件接负极，电压14V，转速为24r/min，镀厚到$\phi109.97$mm左右。再用清水冲洗。

（7）刷工作层 选用镍-钨合金镀液。工件接负极，电压12V，转速为24r/min，镀层厚度约0.03mm。再用清水冲洗。

（8）涂防锈剂 测量工件尺寸，若符合尺寸精度要求，再用清水冲洗，涂防锈剂。

三、纳米电刷镀技术

纳米电刷镀技术是一种新兴的复合涂层技术。它是在电刷镀镀液中加入一种或几种纳米粒子，使它们在刷镀过程中与金属发生共沉淀，从而获得具有特定优异性能复合镀层的技术。纳米电刷镀技术在设备维修中具有广阔的应用前景及重要的经济价值。

1. 纳米电刷镀技术的基本原理及特点

（1）纳米电刷镀技术的基本原理 纳米电刷镀技术的基本原理与普通电刷镀技术相似。该技术采用专用的直流电源设备，电源的正极接镀笔，作为刷镀时的阳极；电源的负极接工件，作为刷镀时的阴极。镀笔通常采用高纯细石墨块做阳极材料，石墨块外面包裹上棉花和耐磨的涤棉套。刷镀时使浸满复合镀液的镀笔以一定的相对运动速度在工件表面上移动，并保持适当的压力。在镀笔与工件接触的部位，复合镀液中的金属离子在电场力的作用下扩散到工件表面，并在工件表面获得电子被还原成金属原子，这些金属原子在工件表面沉积结晶，形成复合镀层的金属基相；复合镀液中的纳米粒子在电场力的作用下或在络合离子挟持作用下，沉积到工件表面，成为复合镀层的颗粒增强相。纳米粒子与金属发生共沉积，形成复合刷镀层。随着刷镀时间的增长，刷镀层逐渐增厚。

（2）纳米电刷镀技术的特点 纳米电刷镀技术具有普通电刷镀技术的一般特点，同时又具有不同于普通电刷镀技术的其他特点，这主要表现在刷镀液、镀层组织和性能等方面。

1）纳米电刷镀镀液中含有大量纳米级尺度的特定粒子，而特定粒子的存在并不显著影响镀液的性质（如酸碱性、导电性、耗电性等）和刷镀工艺性能（如镀层沉积速度、镀覆面积等）。

2）纳米电刷镀技术获得的复合镀层组织更致密、晶粒更细小。复合刷镀层显微组织中纳米粒子弥散分布在金属基相中，基相组织主要由微晶体构成，并且含有大量纳米晶体和非晶体组织。

3）纳米复合镀层的耐磨、耐高温性能等综合性能高。

4）纳米复合电刷镀镀液，根据加入的纳米粒子材料体系的不同，可获得具有耐蚀、润滑减摩、耐磨等多种性能的复合刷镀层。

5）通过加入具有吸波（电磁波和红外波）、杀菌等特殊功能的纳米粒子材料，可以获得相应功能的刷镀层。

2. 纳米电刷镀液体系

纳米电刷镀技术中所用的电净液、活化液与普通电刷镀技术相同，形成工作镀层的镀液则不同。

纳米电刷镀液是把纳米粒子和某些添加剂添加到金属镀液中，经特殊工艺处理而形成的复合镀液。其中，原来的金属镀液称为基质镀液。例如，$n-Al_2O_3/Ni$（快镍）镀液就是在快镍镀液中加入 $n-Al_2O_3$ 粒子和一些添加剂，并经过处理而形成的复合镀液；其中，快镍镀液就称为 $n-Al_2O_3/Ni$ 镀液的基质镀液。

纳米电刷镀液除具有普通电刷镀液的一般特点外，最显著的特点是其中含有大量纳米粒子，且纳米粒子在基质镀液中均匀分散和悬浮稳定。纳米粒子在基质镀液中的均匀分散和悬浮稳定，会直接影响到纳米复合镀层的性能。

常用的纳米电刷镀液的基质镀液主要包括：镍系、铜系、铁系、钴系等单金属镀液及镍钴、镍钨、镍铁、镍磷、镍铁钴、镍铁钨、镍钴磷等二元或三元合金镀液。

新加入的纳米粒子可以是单质金属或非金属元素，如纳米铜、纳米石墨、纳米碳管、纳米金刚石等；也可以是无机化合物，如金属和非金属的氧化物（$n-SiO_2$、$n-Al_2O_3$、$n-TiO_2$、$n-ZrO_2$）、碳化物（$n-TiC$、$n-SiC$、$n-WC$）、氮化物（$n-BN$、$n-TiN$）、硼化物（$n-TiB_2$）、硫化物（$n-MoS_2$、$n-FeS$）等；还可以是有机化合物，如聚氯乙烯、聚四氟乙烯、尼龙粉等。表3-14列出了常见的纳米电刷镀镀层的组成。

表3-14 常见的纳米电刷镀镀层组成

基质金属	纳米粒子
Ni、Ni基合金	Cu、Al_2O_3、TiO_2、ZrO_2、ThO_2、SiO_2、SiC、B_4C、Cr_3C_2、TiC、WC、BN、MoS_2、金刚石、PTFE（聚四氟乙烯）
Cu	Al_2O_3、TiO_2、ZrO_2、SiO_2、SiC、ZrC、WC、BN、Cr_2O_3、PTFE
Fe	Cu、Al_2O_3、SiC、B_4C、ZrO_2、WC、PTFE
Co	Al_2O_3、SiC、Cr_3C_2、WC、TiC、ZrB_2、BN、Cr_3B_2、PTFE
Zn	Al_2O_3、SiC、PTFE

在纳米电刷镀液中可根据复合镀层的用途、镀液的种类、电刷镀工艺来选择纳米粒子的种类、粒度和加入量。

纳米粒子由于其材料种类的不同，它们的性能有的硬度高、耐磨性好，有的耐高温、热稳定性好，有的耐蚀性好，有的自润滑性好。纳米粒子还有导电与不导电之分、活性与惰性之分、亲水与憎水之分、在水溶液中其表面带正电荷与负电荷之分。因此，应当针对不同的基质镀液，合理选择所用纳米粒子的种类，并控制其加入量，必要时对纳米粒子进行预处理，如憎水性粒子不宜在镀液中混合和吸收，必须用表面活性剂处理后才能使用。

纳米粒子种类和加入量的选择原则主要包括：镀层使用性能原则、纳米粒子与基质镀液的匹配性原则、刷镀工艺原则和经济性原则。

3. 纳米电刷镀工件材料

纳米电刷镀技术所适用的工件材料与普通电刷镀技术基本相同，可以是各类钢（碳钢、不锈钢、模具钢等）、（铸）铁、铜、铝合金等金属，还可以是陶瓷、塑料等非导电材料。但是，在非导电材料表面刷镀纳米复合刷镀层时，需首先对非导电材料表面进行金属化（导电）处理，在其表面施加一层导电膜。这样纳米电刷镀技术的适用范围就可以不受工件材料的限制。

但是，针对不同的工件材料（这里仅限于金属材料进行讨论），其刷镀工序略有不同，见表3-15。

表3-15 不同工件材料表面的刷镀工序

工件材料	不锈钢	低碳钢	高碳钢	铸铁	铜合金	铝合金
刷镀工序	表面准备	表面准备	表面准备	表面准备	表面准备	表面准备
	电净处理	电净处理	电净处理	电净处理	电净处理	电净处理
	2号活化液活化	1号或2号活化液活化	1号活化液活化	1号活化液活化	—	2号活化液活化
	—	—	3号活化液活化	3号活化液活化	3号活化液活化	—
	特殊镍打底	特殊镍打底	特殊镍打底	快速镍打底	特殊镍打底	中性镍或碱铜打底
	镀尺寸层	镀尺寸层	镀尺寸层	镀尺寸层	镀尺寸层	镀尺寸层
	镀工作层	镀工作层	镀工作层	镀工作层	镀工作层	镀工作层
	后处理	后处理	后处理	后处理	后处理	后处理

第四节 粘接与表面粘涂修复技术

一、粘接修复技术

凡是能把各种材料紧密粘合在一起的物质，称为胶粘剂。采用胶粘剂来进行连接达到修复目的的技术就是粘接修复技术。粘接修复技术可部分代替焊接、铆接、过盈配合和螺栓连接，将各种金属和非金属零件牢固地连接起来，达到较高强度要求。粘接修复技术工艺、设备简单，操作方便，成本低廉，粘接层密封防腐性能好，耐疲劳强度高，因此得到广泛应用。但是，粘接层抗剥离强度、不均匀扯离强度和抗冲击强度较低，胶粘剂耐热性不高、耐老化性能差等缺点限制了它的发展。

1. 粘接的基本原理

胶粘剂之所以能牢固粘接两个相同或不同的材料，是由于胶粘剂能在它们之间形成粘接力。但是，粘接是个复杂的过程，它包括表面浸润，胶粘剂分子向被粘物表面移动、扩散和渗透，与被粘物形成物理和机械结合等问题。所以，人们通过长期的研究，提出了不少理论来解释粘接原理。目前有如下几种得到公认的理论。

（1）机械理论　该理论认为被粘物表面都有一定的微观不平度，胶粘剂渗透到这些凹凸不平的沟痕和孔隙中，固化后便形成无数微小的“销钉”，在界面区产生了啮合力。在粘接多孔材料、布、织物及纸等时，这种作用力是很重要的。

（2）吸附理论　该理论认为粘接是在表面上产生类似吸附现象的过程。胶粘剂中的有机大分子通过链段与分子链的运动逐渐向被粘物表面迁移，极性基团逐渐靠近，当其距离小于0.5nm时，相互吸引产生分子间力和氢键形成粘接。

分子间作用力是粘接力的最主要来源，它广泛存在于粘接体系中。

（3）扩散理论　该理论认为分子或链段的热运动（微布朗运动）产生了胶粘剂和被粘物分子之间的相互扩散，由于扩散，胶粘剂和被粘物中间的界面逐渐消失，相互“交织”而牢固地结合。

扩散理论主要用来解释聚合物之间的粘接。

（4）化学键理论　该理论认为胶粘剂与被粘物表面产生化学反应而在界面上形成化学键结合，因为化学键力比分子间力要大1~2个数量级，所以能获得高强度的牢固粘接。

（5）静电理论　该理论认为胶粘剂和被粘物之间存在双电层，由于静电的相互吸引而产生粘接力。

当被粘物金属材料表面与高分子胶粘剂密切接触时，由于金属对电子的亲和力低，容易失去电子；而非金属对电子的亲和力高，容易得到电子，故电子可以从金属移向非金属，使界面两侧产生接触电势，并形成双电层。双电层电荷性质相反，从而产生了静电引力。总之，当胶粘剂与被粘物体系是一种电子接受体与供给体的组合形式时，都可能产生界面静电引力。

在上述各种产生粘接力的因素中，分子间作用力是普遍存在于所有粘接体系中的，其他作用仅在某些情况下成为产生粘接力的因素。

2. 胶粘剂

（1）胶粘剂的分类　胶粘剂品种繁多，常见的分类有以下几种。

1）按照胶粘剂的基本成分性质分类。这种分类方法比较常用，见表3-16。

表3-16　胶粘剂的分类

<table>
<tr><td rowspan="5">分类</td><td colspan="15">胶粘剂</td></tr>
<tr><td colspan="11">有机胶粘剂</td><td colspan="4">无机胶粘剂</td></tr>
<tr><td colspan="7">合成胶粘剂</td><td colspan="4">天然胶粘剂</td><td rowspan="3">磷酸盐</td><td rowspan="3">硅酸盐</td><td rowspan="3">硫酸盐</td><td rowspan="3">硼酸盐</td></tr>
<tr><td colspan="2">树脂型</td><td colspan="2">橡胶型</td><td colspan="3">混合型</td><td rowspan="2">动物胶粘剂</td><td rowspan="2">植物胶粘剂</td><td rowspan="2">矿物胶粘剂</td><td rowspan="2">天然橡胶胶粘剂</td></tr>
<tr><td>热固性胶粘剂</td><td>热塑性胶粘剂</td><td>单一橡胶</td><td>树脂改性</td><td>橡胶与橡胶</td><td>树脂与橡胶</td><td>热固性树脂与热塑性树脂</td></tr>
</table>

2）按照固化过程的变化分类。按照固化过程的变化不同可分为反应型、溶剂型、热熔型、压敏型等胶粘剂。

3）按照胶粘剂的用途分类。按照胶粘剂的用途可分为结构胶、非结构胶、特种胶三大类。结构胶粘接强度高、耐久性好，用于承受较大应力的场合；非结构胶用于不受力或次要受力的部位；特种胶主要是满足特殊的需要，如耐高温、耐磨、耐腐蚀、密封等。

（2）胶粘剂的组成　天然胶粘剂的组成比较简单，多为单一组分；无机胶粘剂主要由磷酸盐、硫酸盐、硅酸盐、硼酸盐、氧化锌、氧化镁等配制而成，具有独特的耐高温性能。

有机合成胶粘剂则较为复杂，它由多种组分配制而成，以获得优良的综合性能。它通常由具有粘性和弹性体的改性天然高分子化合物或合成高分子化合物为基料，加入诸如固化剂、填料、增韧剂、稀释剂等组成一种混合物质，这些添加的组成成分是否需要加入，主要取决于胶粘剂的性能要求。

1）基料。基料也称为胶料或粘料，是胶粘剂的主要成分，它使胶粘剂具有粘接的性能，如热固性树脂、热塑性树脂、合成橡胶、热塑性弹性体等。

2）固化剂。固化剂参与化学反应，使胶粘剂发生固化，将其线体结构转变为交联或体型结构。它对胶粘剂的性能有着重要的影响，应根据胶粘剂中基料的性能、胶粘剂的使用条件、工艺方法和成本等选择合适的固化剂。

3）填料。填料是为改善胶粘剂的工艺性、耐久性、强度及其他性能而加入的一种非黏性固体物质。加入填料可增加黏度，降低线膨胀系数和收缩率，提高抗剪强度、硬度、耐磨性、耐蚀性、导电性等。

填料应不与胶粘剂中各组分起化学反应，不含水分和油脂，易与基料混合，且分散均匀。它的种类、粒度、酸碱性和用量等，都对胶粘剂的性能有较大的影响，故应根据胶粘剂的类型和性能要求来选择添加。

4）增韧剂。增韧剂是为改善胶粘剂的脆性，提高其柔韧性而加入的成分，它可减少胶粘剂固化时的收缩性，提高胶层的剥离强度和抗冲击性能。

5）稀释剂。稀释剂是用来降低胶粘剂黏度的液体物质。

（3）胶粘剂的选择

1）熟悉胶粘剂的性能。选用胶粘剂时，其性能是重要根据。只有熟悉胶粘剂的性能，才能很好地选用。表3-17列出了机械设备修理中常用的胶粘剂。

表3-17　机械设备修理中常用的胶粘剂

类别	牌号	主要成分	主要性能	用途
通用胶	HY-914	环氧树脂，703固化剂	双组分，室温快速固化，室温抗剪强度22.5~24.5MPa	60℃以下金属和非金属材料粘补
	农机2号	环氧树脂，二乙烯三胺	双组分，室温固化，室温抗剪强度17.4~18.7MPa	120℃以下各种材料
	KH—520	环氧树脂，703固化剂	双组分，室温固化，室温抗剪强度24.7~29.4MPa	60℃以下各种材料
	JW—1	环氧树脂，聚酰胺	三组分，60℃2h固化，室温抗剪强度22.6MPa	60℃以下各种材料
	502	α-氰基丙烯酸乙酯	单组分，室温快速固化，室温抗剪强度9.8MPa	70℃以下受力不大的各种材料

（续）

类别	牌号	主要成分	主要性能	用途
结构胶	J—19C	环氧树脂，双氰胺	单组分，高温加压固化，室温抗剪强度52.9MPa	120℃以下受力大的部位
	J—04	钡酚醛树脂丁腈橡胶	单组分，高温加压固化，室温抗剪强度21.5～25.4MPa	250℃以下受力大的部位
	204（JF—1）	酚醛-缩醛有机硅酸	单组分，高温加压固化，室温抗剪强度22.3MPa	200℃以下受力大的部位
密封胶	Y—150厌氧胶	甲基丙烯酸	单组分，隔绝空气后固化，室温抗剪强度10.48MPa	100℃以下螺纹堵头和平面配合处紧固密封堵漏
	7302液体密封胶	聚酯树脂	半干性，密封耐压3.92MPa	200℃以下各种机械设备平面法兰螺纹连接部位的密封
	W—1密封耐压胶	聚醚环氧树脂	不干性，密封耐压0.98MPa	

2）清楚被粘物的性质。必须根据被粘物的具体特性去选择合适的胶粘剂。不同材料的相互粘接可参考表3-18。

表3-18　粘接各种材料时可选用的胶粘剂

胶粘剂代号 / 材料名称（行） / 材料名称（列）	软质材料	木材	热固性塑料	热塑性塑料	橡胶制品	玻璃、陶瓷	金属
金属	3、6、8、10	1、2、5	2、4、5、7	5、6、7、8	3、6、8、10	2、5、6、7	2、4、6、7
玻璃、陶瓷	2、3、6、8	1、2、5	2、4、5、7	2、5、7、8	3、6、8	2、4、5、7	
橡胶制品	3、8	2、5、8	2、4、6、8	5、7、8	3、8		
热塑性塑料	3、8、9	1、5	5、7、9	5			
热固性塑料	2、3、6、8	1、2、5	2、4、5				
木材	1、2、5	1、2、5					
软质材料	3、8、9、10						

注：表中1—酚醛树脂胶粘剂；2—酚醛-缩醛树脂胶粘剂；3—酚醛-氯丁树脂胶粘剂；4—酚醛-丁腈树脂胶粘剂；5—环氧树脂胶粘剂；6—环氧-丁腈树脂胶粘剂；7—聚丙烯酸酯胶粘剂；8—聚氨酯胶粘剂；9—热熔性树脂溶液胶粘剂；10—热熔胶粘剂。

3）明确粘接的用途和目的。粘接具有多种用途，可实现多重目的，包括连接、紧固、密封、耐油等。任何一种胶粘剂的使用都会同时达到几个目的，应以其中之一为主去选用。

4）注意胶粘剂使用时的工作条件。胶粘剂都要在一定的工作条件下使用，如温度、湿度、化学介质等，选用时必须考虑。

① 温度。胶粘剂的性能与温度关系密切。一般胶粘剂随着温度升高，粘接强度会降低；

温度降低，易发生脆裂。

② 湿度。湿气和水分对粘接界面的稳定很不利。粘接件在使用中难免要接触空气和水分。水分子体积小、极性大，可通过胶层类似毛细管作用渗透、扩散并积累在粘接面，取代已形成的次价链，水解某些化学链，使粘接界面破坏或自行脱开，造成粘接强度和耐久性降低。上述影响和胶粘剂中聚合物的结构有关，在湿度大或潮湿环境下不宜选用厌氧胶、环氧-尼龙胶、环氧-聚酰胺胶、α-氰基丙烯酸酯胶、环氧-聚砜胶等，而宜选用酚醛-丁腈胶、酚醛-聚硫胶、氯丁-酚醛胶等。最好经高温固化，减小或防止湿气和水分的影响。

③ 化学介质。不同类型的胶粘剂，不同的固化条件，具有不同的承受化学介质如酸、碱、盐、溶剂等的能力，应根据粘接件接触的介质选用胶粘剂。

5）考虑工艺实施的可能。各种不同的胶粘剂，都需要不同的工艺条件，所以选用时还必须考虑工艺条件是否允许。

6）尽量兼顾经济性。采用粘接技术收益是很大的，往往使用很少的胶粘剂就会解决大问题，而且节约材料和人力。但也要尽量兼顾经济性，在用胶粘剂量大的情况下，尤其要注意，在保证性能的同时，尽量选用便宜的胶粘剂。

3. 粘接工艺

要得到性能优良的粘接接头，应合理选择胶粘剂，采用适当的接头设计（尽可能设计使胶层承受切应力，避免承受剥离应力或不均匀扯离应力，尽可能增加粘接面积）。此外，采用正确合理的粘接工艺十分重要。

（1）确定粘接部位　对粘接部位的情况，例如材料、表面状态、清洁程度及损伤程度、粘接位置等，要认真观察与检查，为施行具体的粘接工艺做准备。

（2）被粘物表面预处理　粘接接头的连接主要是表面吸附作用（分子间作用力），因此，被粘物的表面处理是决定粘接接头的强度和耐久性的主要因素之一。

表面预处理的作用主要有：除去表面污物及疏松层，增加表面积，提高表面能。

表面处理的方法有：

1）溶剂、碱液和超声波脱油。溶剂脱油法是指用有机溶剂除去表面油脂的方法。常温下使用的丙酮、甲乙酮、汽油、甲苯等都是优良的有机溶剂，但是易燃，使用时应注意通风。

碱液脱油方法是用碱性溶液除去表面油脂。它是一种价廉而有效的方法，在工业上使用普遍。但是，这种方法对矿物油的清洗效果很差。

超声波脱油方法是用超声波除去表面油脂。在复杂结构部件的细缝、低坑等死角处的杂质很难用溶剂清理，便可采用这种脱油方法。

2）机械加工、打磨和喷砂。机械加工可以去除表面上的污染物并得到一定的表面粗糙度。用砂纸、钢丝刷等手工方法打磨表面，操作简便，但操作的均匀性较差，因此常在要求不严的地方使用。喷砂对于清除表面上的锈斑、脱模剂等污物很有效。一般是将被粘接表面先脱油再喷砂，这样可避免油污转移，而且喷砂还能进一步除去微量的油污。

3）化学腐蚀法。不少被粘物表面经过上述方法处理后还要放在碱液、酸液以及其他活性溶液中进行化学腐蚀处理，这样可以进一步地去除表面上的残留油污，而且更重要的是使表面活化或钝化。

4）涂底胶法。在已经处理好的表面上，立即涂一层很薄的底胶，可以有效地防止金属表面被污染或被腐蚀，而且还能改善粘接性能。

(3) 配胶 表面处理之后进行调胶配胶。单组分胶粘剂，一般可以直接使用，但一些相容性差、填料多、存放时间长的胶粘剂会沉淀或分层，使用之前按规定的比例严格称取后，必须搅拌均匀。

配胶时随用随配，配胶的容器和工具须配套购置，使用前用溶剂清洗干净。配胶场所宜明亮、干燥、通风。

(4) 涂胶 涂胶就是用适当的方法和工具将胶粘剂涂布在被粘物表面。涂胶操作质量对粘接质量有很大影响。

在用粘接技术对零件磨损或划伤修复时，一般胶层要达到尺寸要求并留出一定的加工余量。对于结构件胶接，在胶层完全浸蚀被粘物表面的情况下，胶层越薄越好。因为胶层越薄，缺陷越少，变形、收缩、内应力越小，粘接强度也越高。所以，结构件粘接时，在保证不缺胶的前提下，胶层应尽量薄。一般胶层厚度控制在0.08～0.15mm为宜。

涂胶的方法因胶粘剂的形态不同而不同，对于液态、糊状或膏状胶粘剂，可用刷胶、喷涂、刮涂、滚涂、注入等方法。

无论采取何种方法涂胶，都要求涂胶均匀，避免空气混入，达到无漏胶、不缺胶、无气孔、不堆积，粘接后有适当厚度胶层的目的。

(5) 晾置 溶剂型胶粘剂涂胶后晾置，其目的是使溶剂挥发，黏度增大，促进固化。对于无溶剂的环氧胶粘剂，一般无需晾置，涂胶后即可叠合。

(6) 粘合 粘合是将涂胶后或适当晾置的已粘表面叠合在一起的过程。粘合后适当按压、锤压或滚压，以赶出空气，使胶层密实。粘合后以能挤出微小胶圈为好，表示不缺胶。如果发现有缝隙或缺胶应补胶填满。

(7) 固化 固化是使胶粘剂通过溶剂挥发、熔体冷却、乳液凝聚的物理作用或交联、接枝、缩聚、加聚的化学作用变为固体并具有一定强度的过程。固化是获得良好粘接性能的关键过程。

为了获得固化良好的胶层，固化过程必须在适当的温度、时间、压力条件下进行。胶粘剂固化都需要一定的温度，胶粘剂的品种不同，固化温度也不同，每种胶粘剂都有特定的固化温度。加温固化的方式有电热鼓风干燥箱加热法、蒸气干燥室加热法、电吹风加热法、红外线加热法、高频电加热法、电子束加热法等，可根据实际情况选择。在固化过程中对胶粘剂施加一定的压力是很有利的，不仅能够提高胶粘剂的流动性，使其易润湿、渗透和扩散，而且可以保证胶层与被粘物紧密接触，防止气孔、空洞，还会使胶层厚度更加均匀。施加压力的大小随胶粘剂种类和性质的不同而不同。注意应在基本凝胶后施压，加压要均匀。固化时间是指在一定的温度、压力下，胶粘剂固化所需的时间。固化时间因胶粘剂的种类不同，差别很大。固化时间的长短也与固化温度有关，升高温度可以缩短固化时间，降低温度可以适当延长固化时间。

(8) 胶层检验 粘接之后，应对胶层质量认真检验。目前简单的检验方法主要有目测法、敲击法、溶剂法、水压或油压试压法等。近年来一些先进技术方法如超声波法、X射线法、声阻法、激光法等也都应用于胶层的质量检验。

(9) 修整或后加工 对于检验合格的粘接件，为满足装配要求需修整、刮掉多余的胶，将粘接表面修整得光滑平整；也可进行机械加工，达到装配要求。但要注意，在加工过程中要尽量避免胶层受到冲击力和剥离力。

二、表面粘涂修复技术

表面粘涂修复技术是指以高分子聚合物与特殊填料（如石墨、二硫化钼、金属粉末、陶瓷粉末和纤维）组成的复合材料胶粘剂涂敷于零件表面，赋予零件某种特殊功能（如耐磨、耐蚀、绝缘、导电、保温、防辐射等）的一种表面强化和修复的技术。粘接主要是通过胶粘剂实现各种零件的连接，表面粘涂则是指通过特种胶粘剂在零件表面形成功能涂层。

1. 表面粘涂修复技术的特点

表面粘涂修复技术具有粘接修复技术的优点，如粘涂层应力分布均匀，又具有耐蚀、导电或绝缘等功能，可以满足表面强化和修复的需要。而且，粘涂工艺简便，不需专门设备，不会使零件产生热影响区和热变形；粘涂层厚度可以从几十微米到几十毫米，与基体金属具有良好的结合强度，可以解决用其他表面修复技术（如焊修、热喷涂等）难以解决的技术难题。

2. 粘涂层

（1）粘涂层的分类　常见分类方法如下：

1）按化学成分分类。按基料分，粘涂层可分为无机涂层和有机涂层。有机涂层又可分为树脂型、橡胶型、复合型三大类。

若按填料分，粘涂层可分为金属修补层、陶瓷修补层、陶瓷金属修补层三大类。

2）按用途分类。按用途分类分为填补涂层、密封堵漏涂层、耐磨涂层、耐蚀涂层、导电涂层、耐高（低）温涂层等。

3）按应用状态分类。按应用状态分类分为一般修补涂层和紧急修补涂层。

（2）粘涂层的组成　粘涂层的组成有：

1）基料。基料也称粘料，它的作用是把粘涂层中的各种材料包容并牢固地粘着在基体表面形成涂层。其种类有热固性树脂类、合成橡胶类等。

2）固化剂。它的作用是与基料产生化学反应，形成网状立体聚合物，把填料包络在网状体中，形成三向交联结构。

3）特殊填料。它在粘涂层中起着非常重要的作用，如耐磨、耐蚀、导电、绝缘等。粘涂层填料包括一种或多种具有一定大小的粉末或纤维，如金属粉末、氧化物、碳化物、氮化物、石墨、二硫化钼、聚四氟乙烯等，可根据不同粘涂层的功能选择不同的填料。这些填料是中性或弱碱性的，与基料亲和性好，不吸附液体和气体；有足够的耐热性和一定的纯度；密度小，分散性好，在树脂中沉降小。

4）辅助材料。它的作用是改善粘涂层性能如韧性、抗老化性等，以及降低胶粘剂的黏度、提高涂敷质量等。它包括增韧剂、增塑剂、固化促进剂、消泡剂、抗老剂、偶联剂等。

按照不同的使用条件和性能要求，根据上述各组分的作用，经过试验，选择合适的组分，配制成适合各种使用条件的粘涂层。

（3）粘涂层的主要性能

1）粘着强度。粘着强度是指粘涂层与被粘物基体的结合强度，它与粘涂层材料的性能、粘涂工艺、基体的材质、表面粗糙度和清洁度等有关。

一般要求粘涂层与基体的抗剪强度在10MPa以上，抗拉强度在30MPa以上。

2）耐磨性。粘涂层的耐磨性要求包括两个方面：首先是要求粘涂层应保护配对表面不被磨损，其次要求粘涂层本身要具有尽可能高的耐磨性。粘涂层的耐磨性主要取决于填料性质。

粘涂层本身的磨损过程大致可分为磨合阶段和稳定磨损阶段。图3-14所示是环氧耐磨涂层在不同压力和速度下的磨损曲线。从图中可以看出，初期磨合阶段时磨损率较高，进入稳定磨损阶段后磨损率逐步降低。

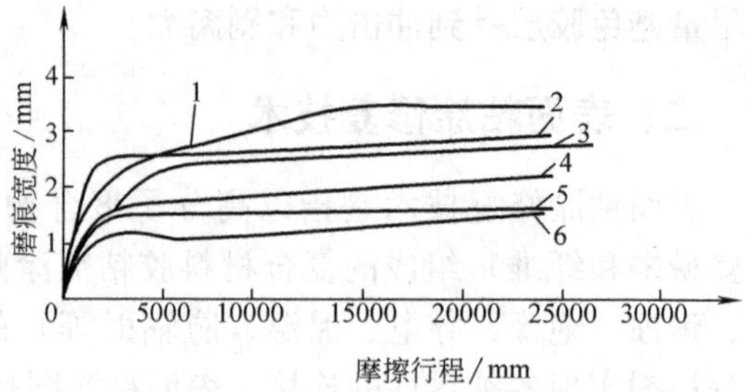

图3-14 环氧耐磨涂层的磨损曲线

1—$F=600N$，$n=400r/min$ 2—$F=1000N$，$n=400r/min$ 3—$F=1000N$，$n=200r/min$ 4—$F=600N$，$n=200r/min$ 5—$F=250N$，$n=400r/min$ 6—$F=250N$，$n=200r/min$

目前生产的耐磨胶在低应力工况下的耐磨性要比普通中碳钢好。

3）摩擦特性。摩擦特性是指粘涂层与基体金属之间的摩擦系数随运动速度改变而变化的特性。图3-15所示为几种不同摩擦副的摩擦特性曲线。从图中可以看出，德国SKC-3粘涂层-铸铁摩擦副的摩擦系数比铸铁-铸铁摩擦副的小得多，在整个速度范围内的摩擦系数的变化也比铸铁-铸铁摩擦副小得多。因此，SKC-3粘涂层-铸铁摩擦副的防止爬行性能十分突出。

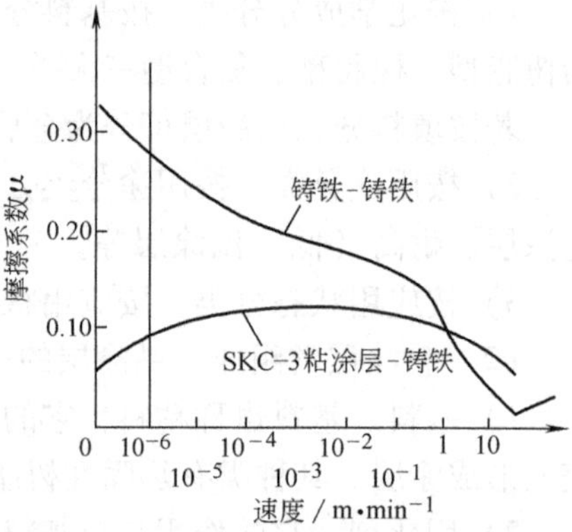

图3-15 不同摩擦副的摩擦特性曲线

4）耐蚀性。耐蚀性是指粘涂层抵抗化学变化的能力，它包括耐介质腐蚀性和耐溶剂腐蚀性。耐蚀性和环境温度、介质浓度等因素有关。一般来说，温度升高，腐蚀性增大；溶液浓度升高，腐蚀性也增大。和金属相比，粘涂层具有较好的耐蚀性。大多数粘涂层可耐浓度10%的酸碱，一些耐蚀粘涂层如TS416、TS426，可耐浓度为50%甚至更高的酸碱腐蚀。

5）绝缘性和导电性。一般粘涂层都不导电，绝缘性极好。绝缘性最好的是陶瓷修补涂层。只有导电涂层才能导电，如TS930导电修补涂层。

6）抗压强度。抗压强度是指粘涂层固化后，为保证其在外来压力的作用下不产生塑性变形所能承受的最大压力。一般粘涂层的抗压强度在80MPa以上，高的可达200MPa。

7）硬度。硬度表示粘涂层抵抗其他较硬物体压入的性能。粘涂层的硬度与耐磨性、抗压强度等有一定的关系。与金属相比，粘涂层的硬度较低。

8）冲击强度。冲击强度是指粘涂层抵抗冲击能所消耗的功。它反映了粘涂层承受冲击载荷的能力，与粘涂层的韧性有关。与金属相比，粘涂层的韧性较低，橡胶修补剂的冲击强度较高。

9）耐温性。耐温性是指粘涂层耐高温和低温的能力。有机粘涂层的耐热温度一般为60~200℃，个别可在500℃以下使用；无机粘涂层的耐热温度一般在500℃以上。

3. 粘涂层涂敷工艺

粘涂层材料一般是双组分糊状物质，使用时必须按规定配方比例称取，混合均匀后涂敷在处理过的基体表面上。

粘涂层材料从混合开始到失去黏性、不能涂敷为止所经历的时间称为它的适用期。环氧粘涂层在常温下（25℃）的适用期通常在1h以内，固化时间则需要几小时到几十小时。固化时间与环境温度有密切关系，温度低，固化慢；温度高，固化快。因此，粘涂层涂敷前必须事先做好准备，操作必须熟练、正确，各个环节必须安排妥当，配合周密。正确且熟练地掌握粘涂层涂敷工艺是取得修复成功的关键。

粘涂层涂敷工艺一般归纳为以下几个步骤：

（1）表面预处理　表面预处理包括初清洗、预加工、最后清洗及活化处理。初清洗是用汽油、柴油或煤油粗洗，再用丙酮清洗，除掉待修表面的油污、锈迹。预加工是指涂胶前对零件表面进行机械加工，将其加工成粗糙表面，以增加粘接面积，提高粘接质量。最后清洗是用丙酮或专用清洗剂来彻底清除表面油污或其他污染物。通过喷砂、化学处理等方法，不仅能彻底清除表面氧化层，还能提高表面活性。

（2）配胶　粘涂层材料必须严格按所规定的配合比称取并充分混合，在混合过程中要尽量避免产生气泡，并注意环境温度。完全搅拌均匀之后，立即进行涂敷操作。

（3）涂敷　涂敷的具体施工方法有刮涂法、刷涂压印法和模具成形法。选择哪种方法必须根据涂层设计方式、涂敷面大小以及零件形状、施工现场的工作条件等来确定。

（4）固化　涂层应在规定的固化条件下固化。胶的固化反应的速度与环境温度有关，温度高，则固化快。

（5）修整、清理或后加工　对于不需后续加工的涂层，可用锯片、锉刀等修整零件边缘多余的胶。对于需后加工的涂层，可用车削或磨削的方法进行加工以达到修复尺寸和精度的要求。

三、表面粘涂修复技术的应用

表面粘涂修复技术是一项非常重要的表面修复和强化技术，它除用于绝缘、导电、密封、堵漏外，还广泛应用于零件的耐磨损、耐腐蚀修复和预保护涂层，也用于修补零件上的各种缺陷，如裂纹、划伤、尺寸超差、铸造缺陷等。表面粘涂修复技术尤其适用于以下情况的修复：

1）难于或无法焊接的材料制成的零件，如铸铁、铸铝、铝合金、塑料等，用表面粘涂修复技术修复效果很好。

2）薄壁零件用堆焊修复时，容易变形和产生裂纹，用表面粘涂修复技术可以避免这些问题的产生。

3）结构形状复杂的零件中的内外沟槽、内孔磨损修复时，用表面粘涂修复技术十分方便。

4）在某些特殊工况和特殊部位如燃气罐、储油箱、井下设备等修复时，用表面粘涂修复技术是最为安全可靠的。

5）需现场修复的拆卸困难的大型零件，油、气泄漏的管道等，均可采用表面粘涂修复技术现场快速修复。

四、典型涂层产品及应用

国外的一些著名产品如美国Belzona高分子合金修补剂、美国Devcom修补剂、德国Diamant 系列产品、瑞士 MeCaTeC 系列涂层早已进入我国市场，并在设备维修中取得了很好的效果。我国在引进外国产品的基础上也研制出了自己的系列产品，如天山系列工业修补剂，HNT、BNT 涂层等。

（1）Belzona 高分子合金修补剂　美国 Belzona Molecular 公司从事高分子合金修补剂和修复技术的研究开发已几十年，主要产品有超金属、石英材料、弹性体材料、保温材料等，可用来修补金属、混凝土、木材、橡胶、陶瓷等，在石油、化工、造纸、食品、机械等行业都得到了广泛应用。

（2）Devcom 系列修补剂　Devcom 系列修补剂是美国 Devcom 公司的产品，主要有金属修补剂、紧急修补剂、橡胶修补剂、地面修补剂及模具制造材料等系列产品。其中钛合金修补剂性能优良，耐冲击、耐磨性高于一般金属。

Devcom 系列修补剂广泛应用于设备零部件修理，模具、夹具制造，紧急性修补，防锈除锈，填补铸件砂眼及机器密封等。

（3）Diamant 系列产品　Diamant 系列产品由德国 Schulz 公司制造生产，距今也有几十年历史了。主要产品有可塑金属粘接胶、多金属冷焊胶、耐磨涂料等。其中可塑金属粘接胶可对不同材料的零件进行修复，其涂层不仅颜色与零件颜色一样，而且具有金属光泽。

（4）MeCaTeC 系列产品　MeCaTeC 系列产品是瑞士 Castolin Eutectic 公司的新成果，共有十几个品种。它们主要应用于密封、堵漏、耐腐蚀、耐气蚀、耐磨损等各种工况，在铸造、水泥、制糖、铁路、电力等行业设备维修领域中起着重要作用。

（5）Chesterton 和 E. Wood 产品　美国 Chesterton 和英国 E. Wood 公司主要生产聚合物金属、聚合物陶瓷等复合材料修补剂，并广泛应用于设备磨损零件和腐蚀零件的修复与预保护涂层。

（6）天山系列工业修补剂　天山系列工业修补剂是北京天山新材料技术有限公司的产品，产品性能指标达到甚至超过同类进口产品的性能指标，已广泛应用于设备维修领域。它是由金属、陶瓷、纤维、高韧耐热树脂、固化剂构成的胶泥状（或液状）复合材料，用于零件修复和预保护涂层。其主要产品有金属填补系列、耐磨修补系列、耐腐蚀修补系列、紧急修补系列、特殊工况修补系列、密封固定系列等。

（7）HNT、BNT 涂层　HNT、BNT 涂层是我国机床行业研制的用于修复大型机床导轨的涂层，并且效果很好。

第五节　表面强化技术

零件修复，不仅仅是补偿尺寸、恢复配合关系，还要赋予零件表面更好的性能，如耐磨性、耐高温性等。采用表面强化技术便可以使零件表面获得更好的性能。

表面强化技术是指采用某种工艺手段使零件表面获得与基体材料的组织结构和性能不同的一种技术，它可以延长零件的使用寿命，节约稀有、昂贵材料，对各种高新技术的发展具有重要作用。

一、表面机械强化

表面机械强化的基本原理是，通过机械手段使零件金属表面产生压缩变形，在表面形成形变硬化层，其深度可达0.5～1.5mm。这种表层组织结构产生的变化，有效地提高了金属的表面强度和疲劳强度。

表面机械强化成本低廉，强化效果显著，在机械设备的维修中经常使用。表面机械强化方法主要有滚压、内挤压和喷丸等，其中喷丸强化应用最为广泛。

1. 滚压强化

滚压强化的原理是利用球形金刚石滚压头或者表面有连续沟槽的球形金刚石滚压头以一定的滚压力对零件表面进行滚压，使表面形变强化产生硬化层。目前，滚压强化用的滚轮、滚压力大小等工艺规范尚无标准。

2. 内挤压

内挤压是使孔的内表面获得形变强化的工艺方法。美国就此方法已发表专利。

3. 喷丸

喷丸是利用高速弹丸强烈冲击零件表面，使之产生形变硬化层并引进残余应力的一种机械强化工艺方法。该方法已广泛应用于弹簧、齿轮、链条、轴、叶片等零件的强化，能显著提高零件的抗弯强度、抗腐蚀疲劳、抗微动磨损等性能。

（1）喷丸强化设备　根据弹丸获得动能的方式，可将喷丸机分为两种类型：气动式喷丸机和机械离心式喷丸机。根据其使用场合又可分为可携式喷丸机和固定式喷丸机。

喷丸机通常包括以下几个主要部分：喷丸强化室（主机）、弹丸提升机构、弹丸筛选机构、排尘机构、电控系统等。也可根据所需要强化零件的种类及产量，专门设计制造专用的喷丸机。

超声速表面喷丸的生产效率是普通喷丸的2～4倍，所以它特别适用于大型结构件表面高效喷丸强化；超声速喷枪射出的弹丸速度为300～500m/s，随着零件的转动即可实现整个零件表面的喷丸强化。

（2）喷丸介质材料　喷丸强化所用的介质是弹丸，首先要求它具有圆球形状，其次是在具有一定冲击韧性的情况下，硬度越高越好。常用的弹丸材料及其要求如下：

1）钢弹丸。钢弹丸一般是用弹簧钢丝切制而成的，弹簧钢丝的直径为0.6～1.2mm。用专门的自动切割机将一束钢丝首先切成与其直径相同长度的圆柱体，然后将这些圆柱体在废旧零件中喷射或置入滚筒中滚动，直至圆柱体尖棱角完全消除为止，由此获得较为圆滑的钢弹丸。作为喷丸强化用的钢弹丸，最适宜的硬度为45～50HRC。钢弹丸的使用寿命取决于其金相显微组织。实践证明，回火马氏体和贝氏体组织的钢弹丸寿命最长。另外钢弹丸的使用寿命还取决于弹丸的直径大小，直径小的使用寿命相对较长。例如直径为1.1mm的钢弹丸使用寿命平均为840次（撞击次数），而直径为0.55mm的钢弹丸使用寿命平均为1390次。

2）玻璃弹丸。玻璃喷丸强化较为广泛地应用在航空工业中。在喷丸强化中，玻璃弹丸的破碎率较小。若弹丸出现破碎或磨损，在喷丸强化过程中往往需要更换或补充弹丸。

二、表面热处理强化和表面化学热处理强化

1. 表面热处理强化

常用的表面热处理强化包括：高频和中频感应淬火、火焰淬火、接触电阻加热淬火、浴

炉（高温盐浴炉）加热淬火等。以上除接触电阻加热淬火外，其他均为常规的热处理方法。

接触电阻加热淬火工艺方法是利用铜滚轮或碳棒和零件间接触电阻使零件表面加热，并依靠自身热传导来实现冷却淬火。这种方法设备简单、操作灵活、零件变形小且淬火后不需回火。它可以显著提高零件的耐磨性和抗擦伤能力，但是淬硬层较薄（0.15～0.30mm），金相组织及硬度的均匀性较差，多用于机床铸铁导轨、气缸套还有曲轴等的表面淬火。

2. 表面化学热处理强化

表面化学热处理强化可以提高金属表面的强度、硬度和耐磨性，提高表面疲劳强度及表面的耐蚀性，使金属表面具有良好的抗黏着能力和低的摩擦系数。

常用的表面化学热处理强化方法有渗硼（可提高表面硬度、耐磨性和耐蚀性）、渗碳、渗氮、碳氮共渗（可提高表面硬度、耐磨性、耐蚀性和疲劳强度）、渗金属（渗入金属大多数为W、Mo、V、Cr等，它们与碳形成碳化物，硬度极高、耐磨性很好、抗黏着能力强、摩擦系数小）等。

三、电火花强化

电火花强化以直接放电的方式向零件表面提供能量，并使之转化为热能和其他形式的能量，从而达到改变表面层的化学成分和金相组织，提高表面性能的目的。

1. 电火花强化原理

图3-16是电火花强化机原理图，它主要由脉冲电源和振动器两部分组成。较简单的脉冲电源，采用图中的*CR*弛张式脉冲发生器。其中直流电源、限流电阻*R*和储能电容器*C*组成充电回路，而电容器*C*、电极、工件及其连接线组成放电回路。通常，电极接电容器*C*正极，而工件接负极。电极与振动器的运动部分相连接，振动的频率由振动器的振动电源频率来决定，振动电源和脉冲电源组成一体，成为设备的电源部分。

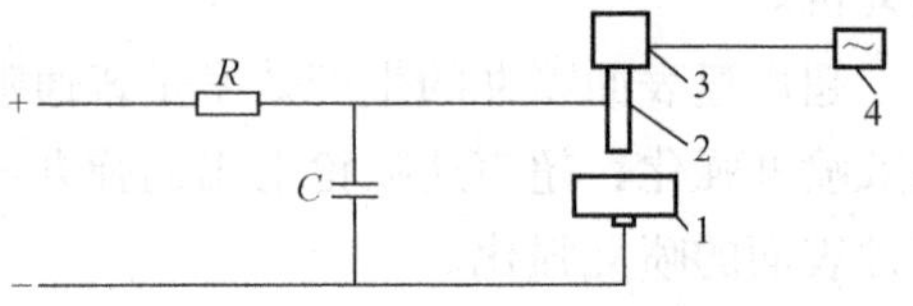

图3-16 电火花强化机原理图

1—工件 2—电极 3—振动器 4—振动器电源

电火花强化一般在空气介质中进行，强化过程如图3-17所示，图中箭头表示当时电极的运动方向。其中图3-17a表示电极并未接触到工件时，强化机直流电源经电阻*R*对储能电容器*C*充电；图3-17b表示电极向工件运动而无限接近工件时，间隙击穿而产生火花放电，强化机电容*C*上所储存的能量以脉冲形式瞬时输入火花间隙，形成放电回路通道，这时产生高温，使电极和工件上的局部区域熔化甚至汽化，随之发生电极材料向工件迁移和化学反应过程；图3-17c表示电极仍向下运动接触工件，在接触处流过短路电源，使电极和工件的接触部分继续加热；图3-17d表示电极以适当的压力压向工件，使熔化了的材料相互熔接、扩散，并形成新的合金或化合物；图3-17e表示电极离开工件，除了有电极材料熔渗进入工件表层深部以外，还有一部分电极材料涂覆在工件表面。这时放电回路被断开，电源重新对强化机电容器*C*充电。至此，一次电火花强化过程完成。重复这个充放电过程并移动电极的位置，强化点相互重叠和融合，便在工件表面形成一层强化层。

在强化过程中，由于火花放电所产生的瞬时高温，使放电微区的电极材料和工件表面的基体材料瞬间被高速熔化，发生了高温物理化学冶金过程。在此冶金过程中，电极材料和被

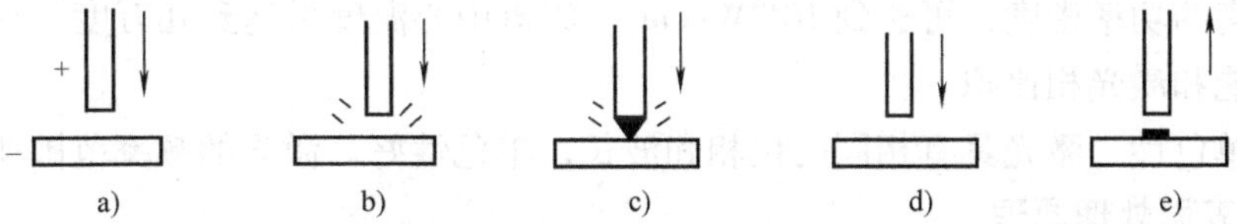

图 3-17　电火花强化过程示意图

电离的空气中的氮离子等，熔渗、扩散到工件表层，使其重新合金化。工件表面的化学成分也随着发生明显变化。同时，由于熔化微区体积极小，脉冲放电瞬时停止之后，在基体材料上的被熔化的金属微滴因快速冷却凝固而被高速淬火，大大改变了工件表面层的组织结构和性能。所以，用适当的电极材料强化工件，能在工件表面形成一层具有高硬度、高耐磨性和耐蚀性的强化层，显著地提高被强化工件的使用寿命。

2. 电火花强化过程

该过程包括强化前准备、实施强化和强化后处理三个方面。

（1）强化前准备　首先应了解工件材料硬度、工件表面状况、工作性质及经强化后希望达到的技术要求，以便确定是否可以采用该工艺。其次确定强化部位，并清洁表面。选择设备和强化规范，对于要求较低表面粗糙度值的中小型模具、刀具的强化及量具的修复，通常选用 D9105A、D9110A、D9110B 等小功率的强化机；对于表面粗糙度值较高而需要较厚强化层的大型工件的强化和修复，可选用 D9130 型强化机。强化规范的选择要根据工件对表面粗糙度和强化层厚度的要求进行。一般为了同时保证厚度和表面粗糙度，往往采取多规范强化的方法。在选择电极材料上最常用的是 YG8 硬质合金材料。

（2）实施强化　它是电火花强化的重要环节，包括调整电极与工件强化表面的夹角，选择电极移动方式和掌握电极移动速度等。

（3）强化后处理　包括表面清理和表面质量检查。

3. 电火花强化在机械设备维修中的应用

电火花强化工艺除了可应用于模具、刀具和机械零件易磨损表面的强化外，还可广泛地应用于修复各种模具、量具、轧辊、零件的已磨损表面，修复质量较好，经济性也较佳。

必须指出，电火花强化工艺由于其强化层较薄（最厚可达 0.06mm）、经强化后零件表面较粗糙、多数为手工操作、生产效率低等原因，其应用受到一定限制。

四、激光表面处理

激光表面处理是高能密度表面处理技术中的一种主要手段，在一定条件下它具有传统表面处理技术或其他高能密度表面处理技术不能或不易达到的特点，所以它已用于汽车、冶金、石油、机床以及刀具、模具等的生产和修复中，而且显示出越来越广泛的应用前景。

激光表面处理的目的是改变表面层的成分和显微结构，从而提高表面性能。

1. 激光的特点

（1）高方向性　激光光束的发散角很小，小到一至几毫弧度，所以可以认为其光束基本上是平行的。

（2）高功率密度　激光器发射出来的光束非常强，通过聚焦集中到一个极小的范围内，可以获得极高的功率密度，可达到$10^{14}W/cm^2$。集斑中心温度可达到几万度。只有电子束的功率密度才能和激光相比拟。

（3）高单色性　激光具有相同的位相和波长，单色性好。激光的频率范围非常窄。

2. 激光表面处理原理

激光束向金属表面层进行热传递，金属表层和其所吸引的激光进行光热转换。由于光子穿过金属的能力极低，仅能使金属表面的一薄层温度升高，加之金属电子的平均自由时间只有$10^{-3}s$左右，因此，这种交换和热平衡的建立是非常迅速的。从理论上分析，在激光加热过程中，金属表面极薄层的温度在微秒（$10^{-6}s$）级，甚至纳秒（$10^{-9}s$）或皮秒（$10^{-12}s$）级内就能达到相变或熔化温度。

3. 激光表面处理设备

激光表面处理设备包括激光器、功率计、导光聚焦系统、工作台、数控系统和软件编程系统。激光器是主要设备，它由激活物质（也称工作物质）、激活能源和谐振器组成。激光器的种类很多，主要有固体激光器（如红宝石激光器、钕玻璃激光器）、气体激光器（如CO_2气体激光器、准分子激光器）、液体激光器（如染料激光器）等。

4. 激光表面处理技术

激光表面处理技术包括激光表面强化、激光表面涂敷、激光表面非晶态处理、激光表面合金化、激光气相沉积等。

（1）激光表面强化　激光表面强化是用激光向零件表面加热，在极短的时间内，零件表面极薄层就达到相变或熔化温度，淬火后使表面性能（耐磨性）提高。表3-19是激光表面淬火实例。

表3-19　激光表面淬火实例

材料或零件名称	采用的激光设备	效　果	应用单位
齿轮转向器箱体内孔（铁素体可锻铸铁）	5台500W和12台1kW CO_2激光器	每件处理时间18s，耐磨性提高9倍，操作费用仅为高频淬火或渗碳处理的1/5	美国通用汽车公司Saginaw转向器分部
EDN系列大型增压柴油机气缸套（灰铸铁）	5台500W CO_2激光器	15min处理一件，提高耐磨性，成为该分部EMD系列内燃机的标准工艺	美国通用汽车公司电力机车分部
轴承圈	1台1kW CO_2激光器	用于生产线，每分钟处理12个	美国通用汽车公司
操纵器外壳	CO_2激光器	耐磨性提高10倍	美国通用汽车公司
渗碳钢工具	2.5kW CO_2激光器	寿命比原来提高2.5倍	美国通用汽车公司
中型卡车轴管圆角	5kW CO_2激光器	每件耗时7s	美国光谱物理公司
特种柴油机缸套	每条生产线4台5kW CO_2激光器	每2min处理一个缸套（包括辅助时间），大大提高耐磨性和使用寿命	美国通用汽车公司
汽车转向机导管内壁	每条生产线3台2kW激光器	每天处理600件，耐磨性提高3倍	美国福特汽车公司塞金诺转向器公司
汽车缸套	3.5kW激光器	处理一件需21s	意大利菲亚特汽车公司研究中心

（续）

材料或零件名称	采用的激光设备	效　果	应用单位
汽车与拖拉机缸套	国产 1～2kW CO_2 激光器	提高寿命约 40%，降低成本 20%，汽车缸套大修期从（10～15）万 km 提高到 30 万 km。拖拉机缸套寿命达 800h 以上	西安内燃机配件厂
手锯条（T10 钢）	国产 2kW CO_2 激光器	使用寿命比国家标准提高 61%，使用中无脆断	重庆机械厂
发动机气缸体	4 条自动生产线 2kW CO_2 激光器	寿命提高一倍以上，行车超过 20 万 km	第一汽车制造厂
东风 4 型内燃机气缸套	2kW CO_2 激光器	使用寿命提高到 50 万 km	大连机车车辆厂
2—351 组合机导轨	2kW CO_2 激光器	硬度和耐磨性远高于高频淬火的组织	第一汽车制造厂
硅钢片模具	美国 820 型横流 1.5kW CO_2 激光器	变形小，模具耐磨性和使用寿命提高约 10 倍	天津渤海无线电厂
柴油机气缸套	HJ—3 型千瓦级横流 CO_2 激光器	可取代硼缸套，耐磨性和配副性优良	青岛激光加工中心
转向器壳体	2kW 横流 CO_2 激光器	耐磨性比未处理的提高 4 倍	江西转向器厂

（2）激光表面涂敷　用激光进行表面陶瓷涂敷，可避免热喷涂方法造成的涂层内有过多的气孔、焊渣夹杂、微观裂纹和涂层结合强度低等缺点。用激光涂敷陶瓷，涂层质量高，零件使用寿命长。激光还可用来在有色金属表面涂敷非金属涂层。

（3）激光表面非晶态处理　激光加热金属表面至熔融状态后，以大于一定临界冷却速度的速度快速冷却至某一特征温度以下，防止了金属材料的晶体成核和生长，从而获得表面非晶态结构，这种表面也称为金属玻璃，这种方法称为激光表面非晶态处理。激光表面非晶态处理可减少表层成分偏析，消除表面的缺陷和可能存在的裂纹，使表面具有良好的韧性，高的屈服强度，非常好的耐蚀性、耐磨性以及优异的磁性和电学性能。例如汽车凸轮轴和柴油机铸钢套外壁经激光表面非晶态处理后，强度和耐蚀性均明显提高。

（4）激光表面合金化　激光表面合金化是一种既改变表面的物理状态，又改变其化学成分的激光表面处理技术。它预先用电镀或喷涂等技术把所需合金元素涂敷在金属表面，再用激光照射该表面，也可以涂敷与激光照射同时进行。由于激光照射使涂敷层合金元素和基体表面薄层熔化、混合，而形成物理状态、组织结构和化学成分都不同的新的表层，从而提高了表层的耐磨性、耐蚀性和高温抗氧化性等。

（5）激光气相沉积　激光气相沉积是以激光束作为热源在金属表面形成金属膜，通过控制激光的工艺参数可精确控制膜的形成。用这种方法可以在普通材料上涂敷与基体完全不同的具有各种功能的金属或陶瓷，节省资源、效果明显。

例如，采用 CO_2 连续激光照射 $TiCl_4+H_2+CO_2$ 或 $TiCl_4+CH_4$ 的混合气体，由于激光的分解作用，在石英板等材料上可化学气相沉积 TiO_2 或 TiC 薄层。

五、电子束表面处理

当高速电子束照射到金属表面时，电子能深入金属表面一定深度，与基体金属的原子核发生弹性碰撞。而与基体金属的电子碰撞可看作主要是能量传递，这种能量传递立即以热能形式传给金属表层原子，使金属表层温度迅速升高。

电子束加热与激光加热不同，激光加热时金属表面吸收光子能量，激光并未穿过金属表面，所以电子束加热的金属深度和尺寸都比激光大。

1. 电子束表面处理主要特点

(1) 加热和冷却速度快　电子束将金属材料表面由室温加热至奥氏体相变温度或熔化温度仅需几分之一到千分之一秒，其冷却速度可达 $10^6 \sim 10^8$℃/s。

(2) 与激光相比，使用成本低　电子束设备一次性投资约为激光的三分之一，实际使用成本也只有激光的一半。

(3) 结构简单　电子束靠磁偏转动、扫描，而不需要工件转动、移动和光传输机构。

(4) 能量利用率高　电子束能量利用率远高于激光，能量控制也比激光方便，它通过灯丝电流和加速电压很容易实施准确控制。

(5) 熔化层厚　电子束加热时熔化层至少有几微米厚，液相温度低于激光，温度梯度较小。

2. 电子束表面处理技术

(1) 电子束表面相变强化　采用散焦方式的电子束轰击金属工件表面，控制加热速度为 $10^3 \sim 10^5$℃/s，使金属表面加热到相变点以上，随后高速冷却产生马氏体，使表面强化。这种方法适用于碳钢、中碳低合金钢、铸铁等材料的表面强化。

(2) 电子束表面重熔　在真空条件下利用电子束轰击工件表面，使表面产生局部熔化并快速凝固，从而细化组织，提高或改善表面性能。电子束表面重熔主要用于工件模具的表面处理。

(3) 电子束表面合金化　预先将具有特殊性能的合金粉末涂敷在金属表面上，再用电子束轰击加热熔化，或在电子束作用的同时加入所需合金粉末使其熔融在工件表面上，在工件表面上形成一层新的，具有耐磨、耐蚀、耐热等性能的合金表层。

(4) 电子束表面非晶态处理　电子束表面非晶态处理与激光表面非晶态处理相似，只是热源不同。由于聚焦的电子束的功率密度高以及作用时间短，使工件表面在极短的时间内迅速熔化，又迅速冷却，冷却速度高达 $10^4 \sim 10^8$℃/s。工件表面几乎保留了熔化时液态金属的均匀性。

3. 电子束表面处理设备

电子束表面处理设备包括：高压电源、电子枪、低真空工作室、传动机构、高真空系统和电子控制系统。

思考题

3-1　为了保证焊修质量，碳钢零件补焊时应采取哪些技术措施？

3-2　铸铁零件补焊的特点是什么？

3-3　用堆焊技术修复的目的是什么？

3-4　堆焊合金的选择原则有哪些？试对下列两个零件选择合适的堆焊合金：①拖拉机支重轮零件，用中碳钢制造，外圆表面磨损约 8mm；②混凝土输送泵的阀块，表面受到混凝土的强烈磨损，尺寸小了 3mm 左右。

3-5　简述氧乙炔火焰喷涂技术的原理、特点、所用装置和过程。

3-6　对磨损的曲轴轴颈拟采用氧乙炔火焰喷涂技术修复，试说明其修复过程。

3-7　热喷涂技术与喷焊技术的区别是什么？由此引起的性能和用途有何区别？

3-8　简述电弧喷涂和氧乙炔火焰喷涂的相同点和不同点。

3-9　电刷镀与槽镀的基本原理是什么？两者有何不同？

3-10　简述电刷镀技术所用设备和电刷镀过程。

3-11　电刷镀溶液有几类？它们有何作用？

3-12　结合图 3-12 说明什么是镀液的综合工艺性能图，并说明它的用途。

3-13　用电刷镀修复零件，在设计刷镀层结构时应考虑哪些问题？

3-14　纳米电刷镀技术的显著特点是什么？

3-15　如何合理选择胶粘剂？

3-16　简述粘接技术过程。

3-17　什么是表面粘涂技术？它有什么特点？

3-18　说明粘涂层的组成和主要性能。

3-19　简述粘涂层涂敷技术过程。

3-20　比较粘接技术和表面粘涂技术的异同。

3-21　什么是表面强化技术？有哪些表面强化技术？

3-22　机械设备修理中常用的表面强化技术有哪些？各自的技术原理是什么？

第四章　电气设备故障诊断与维修

电气系统的安全运行直接关系到供电、用电的安全，一旦发生故障，尤其是潜在故障和突发故障，不仅会影响系统的正常运行，甚至会损坏设备、威胁人身安全，故电气系统采取了相应的监测保护措施，以降低故障率。而故障发生之后，只有迅速而准确地判断和排除故障，才能将故障的影响降为最小。

第一节　电气设备的绝缘试验与温度监测

电气设备种类繁多，故障也不尽相同，但由于绝缘不良、温升和老化引起的故障在电气设备中占有相当的比例。为此，对电气设备进行绝缘试验和温度监测。

一、电气设备的绝缘预防性试验

绝缘材料在电场作用下会漏电，在强电场作用下还会被击穿，丧失绝缘性能。电气设备的事故大多是因绝缘损坏造成的，所以绝缘可靠非常重要。为了提高电气设备运行的可靠性，需要定期对设备的绝缘性进行预防性试验，检测其电气性能、物理性能和化学性能，并对其绝缘状况做出评价。

电气设备的绝缘预防性试验是指按规定的试验条件、试验项目和试验周期进行试验，其目的是通过试验手段，掌握设备的绝缘强度情况，及早发现电气设备内部隐蔽的缺陷，以便采取措施加以处理，从而保证设备的正常运行，避免造成停电或设备损坏等事故。

电气设备的绝缘预防性试验包括以下内容：

1. 绝缘电阻和吸收比测量

电气设备的绝缘电阻反映了设备的绝缘情况，当绝缘受潮、表面脏污或有局部缺陷时，绝缘电阻 R 会显著降低。通常用兆欧表进行测量，对试品施加一定数值的直流电压，读取试品在 1min 时的绝缘电阻值。

由于电气设备的绝缘电阻常常由多种材料组成，即使是同一介质制成的绝缘电阻，也会在制造和运行中发生电气性能的变化，因此，介质均是不均匀的。不均匀介质在直流电压的作用下，其中流过的电流会逐渐下降，经过 1min 后趋于稳定，而电流的这种变化带来绝缘电阻值的变化。通常测量第 15s 和第 60s 的绝缘电阻值 $R_{15''}$ 和 $R_{60''}$，求出比值 $R_{60''}/R_{15''}$（即吸收比），它可以反映绝缘是否受潮或是否有绝缘缺陷，一般绝缘干燥时，吸收比大于或等于 1.3。

试验步骤如下：

(1) 放电　试验前先断开试品的电源，拆除一切对外连线，将试品短接后接地放电 1min。对于电容量较大的试品（如变压器、电容器、电缆等）应至少放电 2min，以免触电。

放电工作应使用绝缘工具（如绝缘手套、棒、钳等），先将接地线的接地端接地，然后再将另一端挂到试品上，不得用手直接触及放电的导体。

（2）清洁试品表面　用干燥清洁的柔软布或棉纱擦净试品的表面，以消除表面对试验结果的影响。

（3）校验兆欧表　将兆欧表水平放置，摇动手柄于额定转速（120r/min），指针应指“∞”；然后再用导线短接兆欧表“线路”（L）端和“接地”（E）端，并轻轻摇动手柄，指针应指“0”。这样才认为兆欧表正常。

（4）正确接线　兆欧表的E端接试品的接地端、外壳或法兰处，L端接试品的被测部分（如绕组、铁心柱等），注意E与L的两引线不得缠绕在一起。如果试品表面潮湿或脏污，应装上屏蔽环，即用软裸线在试品表面缠绕几圈，再用绝缘导线引接于兆欧表的“屏蔽”（G）端。

（5）测量　以恒定转速转动手柄，兆欧表指针逐渐上升，待1min后读取其绝缘电阻值。如需测量吸收比，则在兆欧表达到额定转速（即在试品上加上全部试验电压）时，分别读取15s和60s的读数。

试验完毕或重复进行试验时，必须将试品对地充分放电。

记录试品名称、规范、装设地点及气象条件等。

试验完毕后，所测得的绝缘电阻值应大于各种电气设备的绝缘电阻允许值。也可将测得的结果与有关数据进行比较，如同一设备的各相间数据、同类设备间的数据、出厂试验数据、耐压前后数据等。如发现异常，应立即查明原因或辅以其他测试结果进行综合分析判断。

2. 介质损耗的测量

电介质就是绝缘材料。在电场作用下，电介质中有一部分电能将会转化为热能。如果介质损耗过大，绝缘材料的温度会升高，促使材料发生老化、变脆和分解；如果介质温度不断上升，甚至会使绝缘材料熔化、烧焦、丧失绝缘能力，导致热击穿的后果。因此电介质损耗的大小是衡量绝缘电性能的一项重要指标。

电场中电介质内单位时间消耗的电能称为介质损耗。可以用功率因数角ψ反映这一损失，但由于介质损耗数量值不大，ψ接近90°，使用上很不方便。因此工程上常用ψ的余角δ（$\delta=90°-\psi$）的正切$\tan\delta$来反映电介质的品质。

$$\tan\delta=\frac{1}{\omega CR}=\frac{1}{2\pi fCR} \tag{4-1}$$

同时

$$P=\omega CU^2\tan\delta=2\pi fCU^2\tan\delta \tag{4-2}$$

由此可见，当电介质一定，外加电压及频率一定时，介质损耗P与介质损耗因数$\tan\delta$成正比。通过测量$\tan\delta$的大小，就可以判断绝缘的优劣情况。

对于绝缘良好的电气设备，$\tan\delta$值一般都很小；当绝缘受潮、劣化或含有杂质时，$\tan\delta$值将显著增大。

$\tan\delta$值的测试可用高压西林电桥和2500V介质损耗角试验器等设备，测量的方法一般采用平衡电桥法、不平衡电桥法、伏安法。下面介绍平衡电桥法。

平衡电桥法又称西林电桥法，所用设备为高压西林电桥，它是一种平衡交流电桥，具有灵敏、准确等优点，应用较为普遍。其接线原理如图4-1所示。图中C_x、R_x是试品并联等值电容及电阻，C_N是标准空气电容器，R_3是可调无感电阻箱，C_4是可调电容箱，R_4是无感电阻，G是检流计。

根据交流电桥平衡原理，当检流计G的指示数为零时，电桥平衡，各桥臂阻抗值应满足如下关系：

$$Z_4 Z_x = Z_N Z_3 \tag{4-3}$$

其中

$$Z_4 = \frac{1}{\frac{1}{R_4} + j\omega C_4};\ Z_x = \frac{1}{\frac{1}{R_x} + j\omega C_x};\ Z_3 = R_3$$

代入式（4-3），得

$$\tan\delta = \omega R_x C_x = \omega R_4 C_4 \tag{4-4}$$

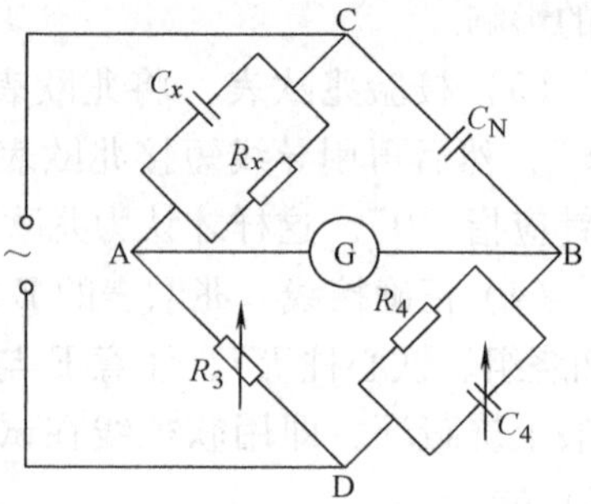

图4-1　西林电桥原理图

对于50Hz的电源，$\omega = 100\pi$，在仪表制造时，取$R_4 = 10^4/\pi\Omega$，则有

$$\tan\delta = 10^6 C_4 \tag{4-5}$$

式中，C_4的单位为F。

当C_4的单位为μF时，则$\tan\delta = C_4$。C_4是可调电容箱，在电桥面板上直接以$\tan\delta$（%）来表示，以便读数。

同时，可以求得

$$C_x = C_N \frac{R_4}{R_3}$$

测量C_x也可帮助判断绝缘状况。如电容式套管，当其内部电容层发生短路，或有水分浸入时，C_x值会显著增大。

为了保证$\tan\delta$测量结果的准确性，应尽量远离干扰源（如电场及磁场），或者加电场屏蔽。

测量结果可与被试设备的历次测量结果相比较，也应与同类型设备的测试结果相比较。若悬殊很大，$\tan\delta$值明显地升高，则说明绝缘可能有缺陷。

判断设备的绝缘情况，必须将各项试验结果结合起来，进行系统、全面地分析、比较，并结合设备的历史情况，对被试设备的绝缘状态和缺陷性质做出科学的结论。例如，当用兆欧表和西林电桥分别对变压器绝缘进行测量时，若绝缘电阻和吸收比较低，$\tan\delta$值也不高，则往往表示绝缘中有局部缺陷；如果$\tan\delta$值很高，则往往说明绝缘整体受潮。

3. 直流耐压试验和泄漏电流的测量

进行直流耐压试验时，试验电压往往高于设备正常工作电压的几倍，所以直流耐压试验既能考验绝缘的耐压能力，又往往能揭露危险性较大的集中性缺陷。

进行直流耐压试验时，试验电压值通常应参考该绝缘的交流耐压试验电压值，它往往根据运行经验确定。例如，对电动机通常取（2~2.5）U_e；对电力电缆，额定电压在10kV及以下时常取为（5~6）U_e，额定电压升高时，倍数降低。

直流耐压试验的时间一般超过1min。

直流耐压试验和泄漏电流试验的原理、接线及方法完全相同，差别在于直流耐压试验电压较高。在进行直流耐压试验时，一般都兼做泄漏电流测量。

泄漏电流试验同绝缘电阻试验的原理是相同的。当直流电压加于被试设备时，即在不均匀介质中出现可变电流，此电流随时间增长而逐渐减小，在加压一定时间后（1min）趋于稳定，这个电流即为泄漏电流，其大小与绝缘电阻成反比，而兆欧表就是根据这个原理将泄漏电流换算为绝缘电阻画在刻度盘上的。

泄漏电流试验同绝缘电阻测量相比具有以下特点：①试验电压比兆欧表的额定电压高得多，容易使绝缘本身的弱点暴露出来；②用微安表监视泄漏电流的大小，方法灵活、灵敏，测量重复性也较好。

测量泄漏电流的接线多采用半波整流电路，其接线方法如图4-2所示。

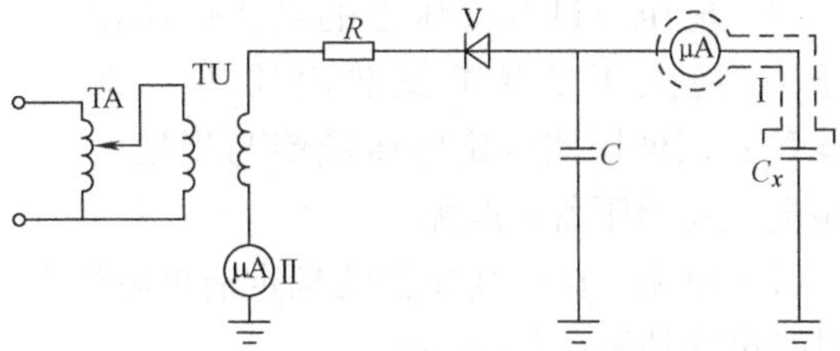

图4-2　泄漏电流试验接线图

TA—自耦变压器　TU—升压变压器　V—高压硅堆

R—保护电阻　C—稳压电容器　C_x—被试品

图中微安表有两个不同的位置，微安表Ⅰ处于高电位，微安表Ⅱ处于低电位。微安表处于高电位的接法适用于试品的接地端不能对地隔离的情况，将微安表放在屏蔽架上，并通过屏蔽线与试品的屏蔽环相连，故测出的泄漏电流值准确，不受杂散电流的影响。但在试验中改变微安表的量程时，应用绝缘棒，操作不便；且微安表距人较远，读数时不易看清，有时需要望远镜，也不太方便。微安表处于低电位的接线，可以克服处于高电位时的缺点，在现场试验时较多采用，但此接线方法无法消除试品绝缘表面的泄漏电流和高压导线对地的电晕电流对测量结果的影响。

此试验所必需的直流电压是由自耦变压器及升压变压器产生的交流高压经整流装置整流而获得的。整流装置包括高压整流硅堆和稳压电容器，高压硅堆具有良好的单向导电性，可将交流变为直流，稳压电容器的作用是使整流电压波形平稳，减小电压脉动，其电容值越大，加在试品上的直流电压就越平稳，因此稳压电容应有足够大的数值。一般在现场常取的电容最小值为：当试验电压为（3～10）kV时取0.06μF；当试验电压为（15～20）kV时取0.015μF；当试验电压为30kV时取0.01μF。

对于像大型发电机、变压器及电力电缆等大容量试品，因其本身电容较大，可省去稳压电容。

在试验过程中要注意以下几点：

1）按接线图接好线后，应由专人认真检查，当确认无误时，方可通电及升压。在升压过程中，应密切监视试品、试验回路及有关表计，分阶段读取泄漏电流值。

2）在试验过程中，若出现闪络、击穿等异常现象，应马上降压，断开电源后，查明原因。

3）试验完毕、降压、断开电源后，均应将试品对地充分放电。

对某一设备进行泄漏电流试验后，对测量结果要进行认真、全面地分析，可以换算到同一温度下与历次试验结果相比较，与规定值相比较，也可以同一设备各相之间相互比较，以判断设备的绝缘情况。

4. 交流工频耐压试验

交流工频耐压试验与直流耐压试验一样，均是在设备上施加比正常工作电压高得多的电压，它是考验设备绝缘水平，确定设备能否继续参加运行的可靠手段，也是避免发生绝缘事故的有效措施。

常见的试验接线方法如图4-3所示。

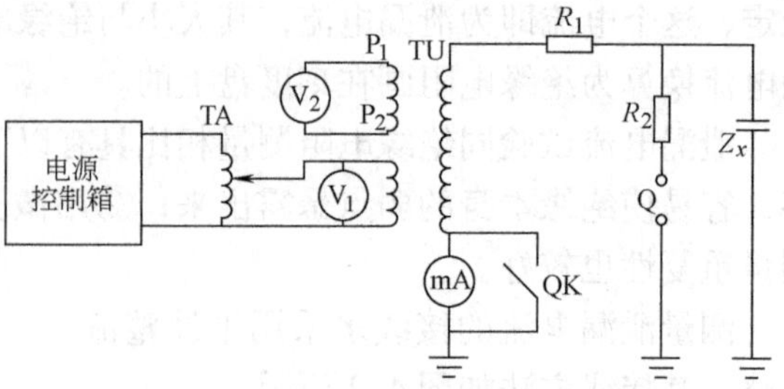

图4-3　交流工频耐压试验接线图

交流高压电源是由交流电源调压器及高压试验变压器组成的。试验时应根据被试设备的电容量和试验时的最高电压来选择试验变压器。具体步骤如下：

（1）电压　试验变压器的高压侧额定电压 U_e 应大于试品的试验电压 U_s，即 $U_e > U_s$；而低压侧额定电压应能与现场的电源电压及调压器相匹配。

（2）电流　试验变压器的额定输出电流 I_e 应大于试品所需的电流 I_s，即 $I_e > I_s$；且 I_s 可按试品电容估算，$I_s = U_s \omega C_x$。

（3）容量　根据试验变压器输出的试验电流及额定电压，即可确定变压器的容量。

对于大电容量的电气设备，如发电机、电容器、电力电缆等，当试验电压很高时，所需高压试验变压器的容量很大，给试验造成困难。故一般不进行交流工频耐压试验，而进行直流耐压试验，试验设备较为轻便。

常用的调压器有自耦变压器和移卷变压器。调压器的作用是将电压从零到最大值进行平滑地调节，保证电压波形不发生畸变，以满足试验所需的任意电压。

变压器高压侧出线端串联的限流电阻试验用于限制过电流和过电压。在试验过程中，若试品突然发生击穿或沿面击穿，回路中的电流瞬时剧增，产生的过电压会威胁变压器的绝缘，回路中串接限流电阻实际上起到一个保护作用。一般限流电阻选择在0.1Ω/V，试验中常用玻璃管装水做成水电阻，因为其热容量较大。水电阻最好采用碳酸钠加入水中配成。

在试验过程中要注意以下几点：

1）试验前应将试品的绝缘表面擦拭干净。

2）要合理布置试验器具。接线高压部分对地应有足够的安全距离，非被试部分一律可靠接地。

3）试验时，调压器应置零位，然后迅速平稳地升高电压至额定试验电压，时间为10～15s。当耐压时间一到，应速将电压降至输出电压的1/4以下，再切断电源，不准在试验电压下切断电源，否则可能产生使试品放电或击穿的操作过电压。

4）试验过程中，若发现电压表摆动、毫安表示值急剧增加、绝缘烧焦或有冒烟等异常现象，应立即降低电压、断开电源、挂接地线、查明原因。

5）试验前后，应用兆欧表测量试品的绝缘电阻和吸收比，检查试品的绝缘情况。前后两次测量结果不应有明显的差别。

试验过程中，若由于空气的湿度、设备表面脏污等，引起试品表面滑闪放电或空气击穿，不应认为不合格，应经处理后再试验。

交流耐压试验结果的判断方法如下：

1）一般在交流耐压持续时间内，试品不发生击穿为合格，反之为不合格。试品是否击穿，可按下述情况分析：①根据仪表的指示分析。一般情况下，若电流表指示突然上升，则表明试品已击穿。或采用高压侧直接测量时，若电压表指示突然下降，也说明试品已击穿。

②根据试品状况进行分析。在试验过程中，试品出现冒烟、闪络、燃烧等不正常现象，或发出断续的放电声，可认为试品绝缘有问题或已击穿。

2）交流耐压试验结果必须汇同其他试验项目所得的结果进行综合分析判断。除上述试验方法外，还可以进行色谱分析、微水分析、局部放电测量等。

二、电气设备的绝缘和特性试验

1. 电力变压器试验

（1）测量绝缘电阻和吸收比　测量变压器的绝缘电阻和吸收比，是检查其绝缘状态最简便的方法。在现场通过测量可以发现变压器的导电部分影响绝缘的异物、绝缘局部或整体受潮和脏污、绝缘油严重劣化、绝缘击穿和严重热老化等缺陷。

测量仪表按标准规定使用2500V 兆欧表，其量程一般不低于 10GΩ。测量部位有绕组和铁心。

1）测量绕组的绝缘电阻和吸收比。测量绕组的绝缘电阻时，应连同套管一起，依次测量各绕组对地和其他绕组间的绝缘电阻值，采用空闲绕组接地的方式，以避免各绕组中剩余电荷造成的测量误差。

测得的绝缘电阻值不应低于制造厂所测得的 70%。当无原始资料可查时，可参考表 4-1。当变压器温度在 10 ~ 30℃时，测得的吸收比应不小于 1.3。绕组电压在 35kV 以下的变压器不做吸收比试验。

表 4-1　油浸式电力变压器绕组绝缘电阻允许值　（单位：Ω）

高压绕组电压等级 \ 温度/℃	10	20	30	40	50	60	70	80
（3 ~ 10）kV	450	300	200	130	90	60	40	25
（20 ~ 35）kV	600	400	270	180	120	80	50	35
（66 ~ 220）kV	1200	800	540	360	240	160	100	70

注：同一变压器中压和低压绕组的绝缘电阻标准与高压绕组相同。

2）测量铁心的绝缘电阻。测量前先将铁心接地片拆开，然后分别测量铁心对夹件、方铁、穿心螺杆和垫脚的绝缘。测量结果不应低于制造厂所测得的 50%。如无初始值，当线圈温度为 20℃时对于（10 ~ 35）kV 的不低于 300MΩ，对于（3 ~ 6）kV 的不低于 200MΩ。

（2）测量泄漏电流　测量泄漏电流的作用与测量绝缘电阻的相似，但因施加电压较高，故灵敏度较高。

一般是测量绕组连同套管一起的泄漏电流值，绕组上所加的电压与绕组的额定电压有关，表 4-2 中列出了试验电压的标准。

表 4-2　电力变压器泄漏电流的试验电压标准　（单位：kV）

高压绕组额定电压	3	6 ~ 15	20 ~ 35	66 ~ 330	500
直流试验电压	5	10	20	40	60

测量时，加压至试验电压，待 1min 后读取的电流值即为所测得的泄漏电流值。为了使读数准确，应将微安表接在高电位处。

测量结果与历年相比不应有显著变化，一般情况下，当年测量值不应大于上一年测量值的150%。

（3）工频交流耐压试验 交流耐压试验是考核绝缘强度最有效的方法，它能有效地发现变压器绕组绝缘受潮、开裂或绕组松动以及绕组绝缘上附着污物等情况。

在进行此试验之前，必须先进行绝缘电阻及泄漏电流的测量，若已查明绝缘有缺陷的应设法消除，并重新测量合格后，才能进行交流耐压试验，以避免设备在较高试验电压的作用下遭受损伤。

注意在进行变压器交流耐压试验时，被试绕组必须短接，非被试绕组必须短接接地，否则会损坏绕组绝缘。试验电压的标准见表4-3。

表4-3 电力变压器交流耐压试验电压标准 （单位：kV）

额定电压	3	6	10	15	20	35	60	110
出厂试验电压	18	25	35	45	55	85	140	200
交接及大修试验电压	15	21	30	38	47	72	120	170

试验结果除了可以参阅前面的有关内容进行判断外，还可以从声音进行判断。若在试验过程中，听到清脆响亮的“哨哨”放电声，说明被试变压器固体绝缘已击穿；若“哨哨”声较小，说明被试变压器油中气泡引起局部放电；若听到像炒豆般的声音，观察电流表指示并无明显变化，则说明是悬浮的金属部件对地放电。

（4）测量绕组的直流电阻 通常采用较精密的双臂电桥进行变压器绕组的直流电阻（包括相电阻及线电阻）的测量，其目的是通过三相电阻的平衡性来检查。检查分接开关的接触是否良好、绕组或引出线有无折断、绕组层间或匝间有无短路现象。

测量时，必须在绕组的温度稳定时进行。

测量结果应满足：容量在630kV·A以上的变压器三相的相电阻与其三相平均值之比相差不超过2%；630kV·A以下的不超过4%，线电阻则不超过2%。

（5）电压比试验 电压比试验是在变压器一侧施加电压，用仪表测量另一侧电压，然后根据测量结果计算电压比。通常可采用双电压表法。

若计算出来的电压比与标准值有出入，则应检查：①绕组匝数是否正确；②分接开关状况；③绕组有无层间或匝间短路等。

（6）空载试验 变压器空载试验的目的是测量空载损耗和空载电流，空载损耗主要是铁心损耗，空载电流主要是铁心的励磁电流。为了准确地获得正常运行时的这两个参数，空载试验通常应在额定电压下进行。

现场试验时，高压侧开路，低压侧加压，试验电压是低压侧的额定电压，采用功率表法进行测量，接线方法如图4-4所示。

若试验后，发现空载损耗和空载电流均增大，则应检查：①绕组中是否存在层间或匝间短路；②硅钢片的绝缘状况是否松动、错位或气隙太大；③穿心螺栓、压板或上轭铁等绝缘部分是否损坏；④铁心有无多点接地等。

（7）短路试验 变压器短路试验的目的主要是测量变压器的短路损耗和阻抗电压。为了准确获得在正常运行时的这两个参数，短路试验通常要在额定电流下进行。

现场试验时，一般是将低压侧短路，从高压侧施加电压，当电压调整到额定电流值时，记录功率和电压值，将此值换算到参考温度下便是变压器的短路损耗和阻抗电压。接线方法如图4-5所示。

测得的短路电压和短路损耗应符合出厂试验值，允许偏差为±10%。当试验结果偏差较大时，则有可能由于下列缺陷造成：①变压器各结构件（如电容环、压板、夹件等）或油箱箱壁中，由于漏磁通所致的附加损耗过大；②油箱盖或套管法兰等的涡流损耗过大；③绕组的并绕导线不完全换位、股间短路等。

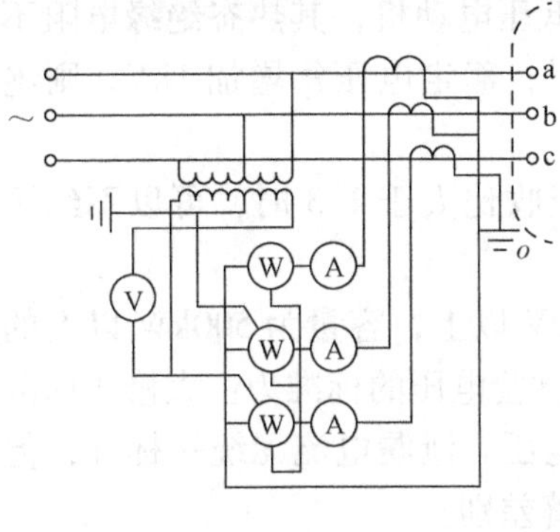

图4-4　三相变压器空载试验接线图

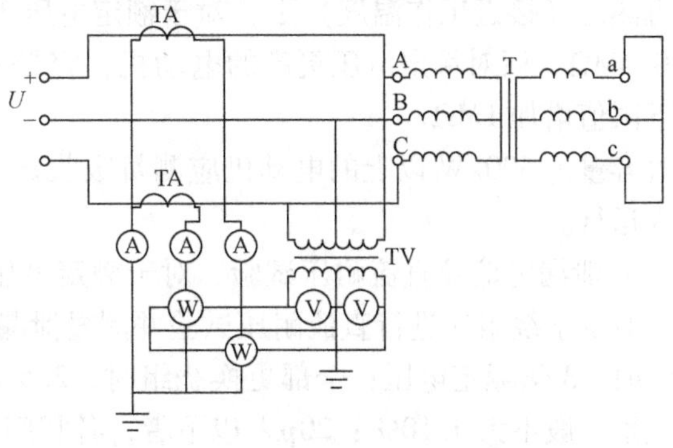

图4-5　三相变压器短路试验接线图

（8）变压器油试验

1）电气性能试验。电气性能试验包括电气强度试验和介质损失 $\tan\delta$ 试验。

变压器油的电气强度是指油温在15～35℃时，在标准电极下的击穿电压值。其试验接线方法与一般交流耐压试验相同，若连续两次试验电压高于变压器油的标准值，经1min不击穿，即可判断该变压器油的电气强度合格。

$\tan\delta$ 值的试验，采用高压交流电桥配以介损油杯在工频电压下进行，分别读取70℃和90℃的 $\tan\delta$（%）值。

绝缘油的 $\tan\delta$ 值与温度有关，特别是老化油的 $\tan\delta$ 值随温度的变化更显著。试验规程规定了绝缘油的 $\tan\delta$（%）标准为：注入设备前的新油及再生油90℃时不大于0.5%；注入设备后的新油及再生油70℃时不大于0.5%；运行中的油70℃时不大于2%。

2）油中溶解气体的气相色谱分析。运行经验表明，变压器在发生故障前，在其内部会析出多种气体，通过气相色谱法，可以根据气体的成分组成分析变压器的潜伏性故障，查找变压器的绝缘缺陷。

导致变压器析出气体的主要原因是局部过热、局部电晕放电和电弧等引起变压器油和固体绝缘的裂解。这些气体主要有氢气、烃类气体（甲烷、乙烷、乙烯、乙炔、丙烷、丙烯等)、一氧化碳、二氧化碳等。故障性质不同，裂解产生的气体就不同；故障点的能量不同，产生各种气体的速率也不同。

试验时，用专门的取样容器取油样，分析溶解气体的成分及含量，对照国家标准GB/T 7252—2001《变压器油中溶解气体分析和判断导则》，可判断变压器存在的潜在故障。

2. 交流电动机试验

交流电动机分为同步及异步电动机两类。由于异步电动机在工农业生产中应用广泛，故在这里主要介绍异步电动机在安装前和经过修理之后所要进行的有关试验项目。

（1）测量绝缘电阻和吸收比　测量电动机绝缘电阻时，应先拆开接线盒内连接片，使三相绕组6个端头分开，分别测量各相绕组对机壳和各相绕组之间的绝缘电阻。

测量时，应选择适当的兆欧表。对于500V以下的电动机，可采用500V兆欧表；500～

3000V 电动机采用 1000V 的兆欧表；3000V 以上电动机采用 2500V 的兆欧表。测试时，应按兆欧表的操作规定进行，否则会危及设备及人身安全。

电动机的冷、热状态不同，其绝缘电阻值随温度升高而降低。冷态（常温）下，额定电压 1000V 以下的电动机，测得的绝缘电阻值一般应大于 1MΩ，下限值不能低于 0.5MΩ。电动机热态（接近工作温度）下，对于额定电压 380V 的低压电动机，其热态绝缘电阻不应低于 0.4MΩ。而对额定电压更高的电动机，容量不太大时，额定电压每增加 1kV，则绝缘电阻下限值增加 1MΩ。

对容量为 500kW 以上的电动机应测量吸收比，一般吸收比大于 1.3 时，可以不经干燥便投入运行。

（2）泄漏电流及直流耐压试验　对于额定电压为 1000V 以上，容量为 500kW 以上的电动机，对定子绕组应进行直流耐压试验并测量泄漏电流。试验电压的标准为：大修或局部更换绕组时，3 倍额定电压；全部更换绕组时，2.5 倍额定电压。泄漏电流无统一标准，但各相间差别一般不大于 10%；20μA 以下者，各相间应无显著差别。

（3）工频交流耐压试验　工频交流耐压试验的内容主要是定子绕组一相对地和绕组相间的耐压试验，其目的在于检查这些部位间的绝缘强度。该试验应在绕组绝缘电阻达到规定数值后进行。

试验电压值是耐压试验的关键参数。试验电压的标准为：大修或局部更换绕组时，1.5 倍额定电压，且不低于 1000V；全部更换绕组时，2 倍额定电压再加上 1000V，且不低于 1500V。

试验应在电动机静止状态下进行，接好线后将电压加在被试绕组与机壳之间，其余不参与试验的绕组与机壳连在一起，然后接地。

若试验中发现电压表指针大幅度摆动，电动机绝缘冒烟或有异响，则应立即降压，断开电源，接地放电后进行检查。

（4）测量绕组直流电阻　直流电阻测量工具为精密的双臂电桥。测量绕组各相直流电阻时，应把各相绕组间连接线拆开，以得到实际阻值。若不便于拆开，则Y联结时从两出线间测得的是 2 倍相电阻；△联结时测得的是 2/3 倍相电阻。

运行中或刚停行的电动机，测量直流电阻前应静置一段时间，在绕组温度与环境温度大致相等时再测。一般 10kW 以下的电动机，静置时间不应少于 5h；10～100kW 的电动机不少于 8h。

测量结果应满足：电动机三相的相电阻与其三相平均值之比相差不超过 5%。

（5）电动机空转检查和空载电流的测定　以上试验合乎要求后，起动电动机空转，其空转检查时间随电动机容量增加而增加，但最长不超过 2h。

在电动机空转期间，应注意：定、转子是否相互摩擦；电动机是否有过大噪声；铁心是否过热；轴承温度是否稳定，检查结束时，滚动轴承温度不应超过 70℃。

在检查电动机空载状态的同时，应用电流表或钳形电流表测量电动机的三相空载电流。不同的电动机，空载电流的大小也不同，空载电流占额定电流的百分比随电动机极数及容量变化而变化，其测得的值应接近表 4-4 所列数值。

若测得的空载电流过大，说明电动机定子匝数偏少，功率因数偏低；若空载电流过小，说明定子匝数偏多，这将使定子电抗过大，电动机力矩特性变差。

表 4-4　异步电动机空载电流占额定电流的百分比（%）

极数 \ 功率/kW	0.125	0.5 以下	2 以下	10 以下	50 以下	100 以下
2	70~95	45~70	40~55	30~45	23~35	18~30
4	80~96	65~85	45~60	35~55	25~40	20~30
6	85~98	70~90	50~60	35~65	30~45	22~33
8	90~98	75~90	50~70	37~70	35~50	25~35

3. 开关电器试验

（1）高压开关试验　由于油断路器在电力系统中被广泛采用，故在这里主要介绍油断路器的常见试验项目。

1）测量绝缘电阻。测量绝缘电阻是油断路器试验中的一项基本试验，用 2500V 兆欧表进行测量。应分别测量合闸状态下绝缘拉杆对地和分闸状态下断口之间的绝缘电阻，以发现拉杆是否受潮，有无沿面贯穿性缺陷，检查内部灭弧室是否受潮或烧伤。

2）测量泄漏电流。测量泄漏电流是 35kV 及以上少油断路器的重要试验项目，它能比较灵敏地发现油断路器外表面带有的危及绝缘强度的严重污秽，拉杆、绝缘油及灭弧室受潮劣化等缺陷。

测量时试验电压标准为：对 35kV 及以下油断路器应施加 20kV 直流电压；对 35kV 以上的油断路器施加 40kV 直流电压。

测量的泄漏电流值一般不应大于 10μA，各相数值应相互比较。

3）测量 $\tan\delta$ 值。$\tan\delta$ 的测量一般只对 35kV 及以上的多油断路器进行，主要是检查非纯瓷套管的绝缘状况，同时也可检查灭弧室、提升杆、绝缘油等部分的绝缘缺陷。某一部分绝缘劣化将使 $\tan\delta$ 值明显增大。

$\tan\delta$ 的测量应在多油断路器分闸和合闸两种状态下三相分别进行。先在分闸状态下测量 $\tan\delta$，若测量结果与以前比较有显著增大时，必须落下油箱，进行分解试验，逐次缩小可疑范围，以确定究竟是套管还是油箱绝缘或灭弧室性能不良。根据《电气设备预防性试验规程》的规定，对 35kV 及使用非纯瓷套管的多油断路器，20℃时 $\tan\delta$ 的允许值比所用套管的 $\tan\delta$ 值可高 2% ~3%。

在合闸状态下测量 $\tan\delta$ 值，其目的是检查多油断路器拉杆的绝缘状况，并可初步判断灭弧室是否受潮和有无脏污等缺陷。

4）工频交流耐压试验。工频交流耐压试验是鉴定油断路器绝缘强度最有效的试验项目，应在上述绝缘试验项目合格之后进行。对于经过滤油或新加油的断路器，应在油充分静止的状态下再进行试验，一般需静止 3h 左右，以免油中气泡引起放电。

该试验应在合闸状态下导电部分对地之间和分闸状态的断口间进行。试验电压标准见表 4-5。

油断路器耐压试验前后绝缘电阻不下降 30% 为合格。试验中若有异常情况出现，如油箱内部发出轻微放电声、有冒烟现象等，都应查明原因，检修后再试。

表 4-5　油断路器交流耐压试验电压标准　（单位：kV）

额定电压	3	6	10	35	60	110	220
试验电压	22	28	38	85	140	225	425

5）测量导电回路的直流电阻。导电回路接触好坏是保证断路器安全运行的一个重要条件。导电回路电阻是指在合闸状态下从油断路器同一相的两个引线端头测得的直流电阻。动、静触点严重发热时，会直接影响油断路器的分闸时间和开断能力，甚至发生拒动情况，故在油断路器的安装及大、小修后，均应测量导电回路的电阻。

试验时多采用电压降法进行测量，即在被测回路中通以直流电流时，分别用电流表及电压表测出通过回路的电流及电压降，然后根据欧姆定律计算出直流电阻值。直流电阻值应该符合厂家的规定。

6）动作特性试验。油断路器的动作特性试验是油断路器性能的重要指标，它对断电保护、自动装置以及电力系统的稳定性等都有较大的影响，故在交接和大修时都必须进行这些试验。

试验内容包括油断路器分合闸和三相同期性、分合闸速度测定及分合闸时间测定。

（2）低压开关试验　1kV 以下的低压开关在交接及大修时均要进行绝缘电阻测量，使用1000V 兆欧表进行。

接触器和磁力起动器还要进行交流耐压试验，测试的部位是：主回路对地；主回路极与极之间；主回路进线与出线之间；控制与辅助回路对地之间。此外，还要检查触点接触的三相同期性，各相触点应同时接触，三相的不同期误差应小于0.5mm，否则需要调整。

低压断路器在交接和大修时，必须进行以下试验内容：①检查操作机构的最低动作电压，应满足合闸接触器不小于30%的额定电压，不大于80%额定电压，分闸电磁铁不小于30%额定电压，不大于65%额定电压；②测量合闸接触器和分、合闸电磁线圈的绝缘电阻和直流电阻，绝缘电阻值不小于1MΩ，直流电阻值应符合制造厂家规定。

三、电气设备的温度监测和老化试验

1. 温度监测

温度是电气设备参数中一个很重要的物理参量，由于在电气故障中有很多同时伴随温度的变化，因此可以通过监测温度来发现问题，以便及时处理。

下面主要介绍变压器及电动机的温度监测。

（1）变压器的温度监测　为了保证变压器的安全运行，要求各部件的温度与温升均不超过允许值。

变压器发热主要是由绕组损耗和铁心损耗引起的。变压器中温度最高的是绕组，其次是铁心，油温最低。而油温是由油箱下部至箱盖逐渐升高的，即下层和中层的油温要比上层的油温低。为了监视变压器运行时各部分的温度，规定以变压器的上层油温来确定变压器的允许温度，即上层油温最高不超过95℃。为防止变压器油质劣化过快，上层油温不宜经常超过85℃。

允许温升是允许温度与周围空气最高温度之差，如周围空气最高温度规定为+40℃，则上层油温的允许温升为55℃。只有当变压器的上层油温及温升均不超过允许值时，变压器才能安全运行。

1）测量变压器周围的气温。测量变压器周围气温的方法是：用不少于三支的温度计，将测量端浸于容积不小于1L的盛油狭口瓶内，放置在距变压器2～3m处的四周，并应置于被试变压器高度的中部，与周围的墙壁、设备门窗间应留有合适的距离，使测量结果不受到日光、气流以及表面热辐射的影响。周围气温的数值应以这些温度计读数的算术平均值为准。

注意，当强风冷却时，温度计应放置在冷空气进口处，此时可不浸在油杯内。

2）测量上层油温。在测量变压器的上层油温时，温度计的测量端应浸于油面之下 50～100mm 处进行测量。如设有温度计管座时，管中应充以变压器油，再插入温度计进行测量。

3）测量铁心的温度。测量铁心的温度时，应将温度计的测量端和铁心表面紧密接触，并使测量端和空气绝热，以免因气流散热给测量造成误差。

当用热电偶测温元件测量时，可将热电偶的测温头插到铁心片间，其深度均为 10～20mm，并至少应有三个测量点。

（2）电动机的温度监测　测量电动机的温度，可以根据温升情况发现下列故障，如轴承过热、负荷不平衡、线圈断路或短路、过负荷、绝缘状态劣化、接头焊接不牢、冷却管堵塞或不畅等。

测量时，电动机应在额定运行条件下，直接拖动规定的负载，取电动机各部分温升达到实际稳定时的值，即 1h 内定子铁心（或机壳）温升变化不超过 1℃。

测量周围环境温度时，可将温度计放置在距电动机 1～2m，高度为电动机高度一半的位置，并应不受外来电辐射热及气流的影响。采用强迫通风或闭路循环冷却系统的电动机时，可在进风口处测量冷却介质的温度。

2. 老化试验

所谓老化是指电气设备在运行过程中，其绝缘材料或绝缘结构因承受热、电和机械应力等因子的作用使性能逐渐变化，最后导致损坏的过程。因此，可通过热老化、电老化及机械老化试验等，考核绝缘材料及绝缘结构的耐老化性能，保证电气设备长期安全、可靠地运行。

由于各种电气设备运行的条件不同，它们所承受的主要老化因子也不相同。例如低压电动机，它承受的场强不高，它的损坏主要由电动机中产生的热造成，因此应该对用于这种电动机中的绝缘材料进行热老化试验。又如高压电力电缆，其绝缘材料承受较高的电场强度，对这种材料必须进行电老化试验。此外，各种老化因子往往相互作用，为了使试验能反映设备的实际运行情况，应把各种老化因子组合起来，进行多因子老化试验。

（1）热老化试验　热老化是指以热为主要老化因子使绝缘材料或绝缘结构的性能发生不可逆变化的过程。通过热老化试验，可以用来研究、比较和确定绝缘材料或绝缘结构的长期工作温度或在一定工作温度下的寿命。

规定用耐热等级来表征电气设备绝缘材料、绝缘结构和产品的长期耐热性。属于某一耐热等级的电气产品，不仅在该等级的温度下短时间内不会有明显的性能改变，而且在该温度下长期运行时绝缘也不会发生不该有的性能变化，并能承受正常运行时的温度变化。

表 4-6 中列出了国际标准下绝缘的耐热等级和极限温度。

表 4-6　绝缘的耐热等级和极限温度

耐热等级	Y	A	E	B	F	H	200	220	250
极限温度/℃	90	105	120	130	155	180	200	220	250

1）热老化试验原理及试验设备。有机绝缘材料在热的作用下发生着各种化学变化，包括氧化、热裂解、热氧化裂解以及缩聚等，这些化学反应的速率决定了材料的热老化寿命。因此，可应用化学反应动力学导出的材料寿命与温度的关系作为加速热老化的理论依据。绝缘材料寿命与温度的关系为

$$\log_2\tau = a + b/T \tag{4-6}$$

式中　τ——绝缘材料的寿命；

a、b——常数；

T——热力学温度。

式（4-6）表明，寿命 τ 的对数与热力学温度 T 的倒数有线性关系。

老化试验是根据上述寿命与温度的关系进行的。显然，提高试验温度可以加速材料的老化，因此，老化试验就是在比使用温度高的情况下求取寿命与温度的关系曲线，然后求取工作温度下的寿命，或在规定寿命指标下求取其耐热指标，即温度指数的过程。

老化试验用的主要设备是老化恒温箱。经验证明，绝缘材料的暴露温度升高 10℃，热寿命则降低一半。因此，要求老化恒温箱温度上下波动小，温度分布均匀。箱内应备有鼓风装置，以防材料在空气中氧化，同时为了减少材料承受温度的分散性，箱内装有转盘，材料放在转盘上。为使温度上下波动在 ±(2～3)℃范围内，恒温箱的温度控制器应该灵敏可靠，一般装有防止温度超过允许范围的自动保护装置。

2）热老化试验方法。热老化试验常把温度作为变量，用提高温度来缩短试验时间达到加速老化的目的。而其他因子（如机械应力、潮湿、电场以及周围媒质的作用）则维持在工作条件下的最高水平，在热暴露温度改变时也应维持不变。

热暴露温度的选择很重要，选择不当将导致错误的结论。如上所述，为了验证寿命的对数与热力学温度的倒数存在线性关系，至少选取三个热暴露温度。为了避免因试验温度过高导致老化机理的改变以及温度过低而导致时间过长，必须限制最高与最低试验温度。一般规定最高试验温度下的热老化寿命不小于 100h，最低试验温度下的寿命不小于 5000h，或最低试验温度不能超过工作温度 20～40℃，两试验温度的间隔在 20℃左右为宜。不同耐热等级或温度指数的绝缘材料的热暴露温度，可以参考国际电工委员会提供的参考温度选择。

在热老化过程中，经过一定时间间隔把绝缘材料或绝缘结构从恒温箱中取出，进行性能变化的测定，所以把整个老化过程分为若干周期，周期的组成视所选取的老化因子的不同而不同。例如进行电动机模型线圈的热老化试验时，老化周期为升温→热暴露→降温→机械振动→受潮→试验。又如进行绝缘材料的热老化试验时老化周期很简单，即为升温→热暴露→降温→试验。为了使不同试验温度下热以外的其他因子的作用保持不变，其老化周期数应相等或接近相等。国际电工委员会建议老化周期数为 10，但对于不同耐热等级，推荐了不同热暴露温度下的周期长度供参考。

（2）电老化试验　电老化是以电应力为主要老化因子而使绝缘材料或绝缘结构的性能发生不可逆的变化。这些老化效应的形式有：局部放电效应、电痕效应、树枝效应和电解效应等，它们有时单独作用，有时联合作用。

下面以局部放电效应为例介绍由局部放电所产生的电老化及其试验方法。

1）电老化机理与影响电老化寿命的因素。局部放电对绝缘材料有很大危害，它引起绝缘材料性能下降，直至绝缘完全损坏。绝缘材料在放电下的损坏机理很复杂，局部放电对绝缘材料的破坏过程中，常常留下不可逆的破坏痕迹，因而在材料的电气力学性能方面也会有明显的变化。例如：放电产生的低分子极性物质或酸类渗透到材料内部，使其单位体积电阻率下降，损耗因数上升；材料失去弹性而发脆或开裂等；放电起始电压、放电强度逐渐下降。

不同绝缘材料的电老化寿命也不同，其在放电作用下的老化速率除材料本身的结构外，还受到频率、电场强度、温度、相对湿度和机械应力等因素的影响。

2）电老化试验方法。由于各种绝缘材料的电老化机理不同，各种材料的结构也不同，所以目前电老化试验只能作为一定条件下绝缘材料耐放电性的比较，或求取材料的相对寿命。

绝缘材料耐局部放电性试验是电老化试验中的一种。其主要方法是击穿法，即在材料上加一定电压，直到材料击穿，记下所经历的时间，即为失效时间；然后根据不同电压（或场强）下获得的材料失效时间绘制寿命曲线，即场强-寿命关系线。

恒定场强下寿命与场强的关系见式（4-7），即电老化寿命定律

$$t_E = K/E^n \tag{4-7}$$

式中　t_E——场强 E 下的寿命；

E——场强；

K、n——常数。

电老化寿命定律表明电老化寿命与场强不是线性关系，而是反幂关系。电老化试验就是以该寿命定律为基础，在强化电场作用下，测出寿命与场强的关系曲线，从而求出寿命系数 n。

第二节　常用电气设备故障处理与维修技术

电气设备发生故障后，根据故障类型、性质等，有针对性地、妥善地处理，是保证设备恢复原有技术性能、使设备得以正常工作的重要手段。而定期对电气设备进行维修，有利于提高设备的安全水平和技术性能，使设备经常处于完好状态，防止电气设备突然出现故障，也是保证电力系统安全、可靠运行的重要措施。电力变压器、电动机及高低压开关电器都是电力系统中重要的电气设备，下面介绍它们的故障处理方法及维修技术。

一、电力变压器常见故障与维修技术

1. 电力变压器运行中的故障及处理方法

（1）异常响声　变压器没有转动部件，是静止设备，但它在加上电源后，由于呈周期性变化的磁通在铁心中通过，由交变磁场引起的电磁力会使铁心振动而发出连续均匀的“嗡嗡”声，俗称交流声，这是正常的。但若有异常响声应按发声情况进行分析与检查。

有较大而均匀的“嗡嗡”声，或随负载的急剧变化，呈现“割割割”的间歇响声时，可能是外加电压过高，检查证实后，应设法降低电压。若声音大而嘈杂，则说明内部振动加强或结构松动，必须密切注意，必须时可减少负荷，甚至停电修理。

有“嘶嘶”声时，说明变压器表面有闪络，检查套管是否太脏或有裂纹。若套管无闪络，则可能是变压器内部的问题。

若听到运行中变压器发出很大且不均匀的响声，夹有爆裂和“咕噜咕噜”声，表明有击穿现象，可能是绕组匝间短路、层间短路、引线对铁心局部放电或分接开关接触不良等问题，应立即停电修理。

（2）温度异常　若发现变压器上层油温升高超过 85℃，应首先检查校对温度计指示是

否正确，检查变压器冷却系统的运行情况是否正常。若无问题，则可能是负载过大，应降低负载；或者可能是三相负载不平衡，可调整三相负载的分配。若以上几项均正常，而温度继续上升，则要考虑是否起因于变压器内部故障，如绕组短路、油路堵塞等，应立即停电修理。

（3）油位异常　若发现变压器油枕的油面较当时油温应有的油面低时，应加油。加油时，将瓦斯保护装置改接至信号；加油后，待变压器内部空气完全排除后，方可将瓦斯保护装置恢复正常状态。若发现大量漏油而使油面迅速下降时，禁止将瓦斯继电器动作于信号，而必须采取停止漏油的措施，同时加油至规定的油面。

若油面因温度升高而逐渐升高，当油面高出规定油面时，应放油至适当高度，以免溢出。

另外，因渗漏油、放油未补充或气温急剧下降等原因造成油位指示器看不到油位时，都应将变压器退出运行，以便检查及补油。

（4）储油柜喷油或防爆管喷油　当出现储油柜喷油或防爆管薄膜破碎喷油时，表明变压器内部已有严重损伤。喷油使油面下降到一定程度时，瓦斯保护装置动作，使变压器两侧断路器跳闸。若瓦斯保护装置未动，油面低于箱盖时，由于引线对油箱绝缘的降低，会发出“吱吱”的放电声。此时，应切断变压器的电源，防止事故扩大。

（5）油色变化过甚　目前，我国生产的变压器油有10号、25号、45号三个牌号，新油呈亮黄色或天蓝色，运行后呈浅红色。若发现油色变暗，透明度降低，或闻到焦味、酸味，此时应取油样化验。化验项目有酸值、击穿电压、闪点、腐蚀性硫、氧化安全性、水分、水溶性酸和碱等，若不符合标准，则说明油质下降，易引起线圈对地放电，必须停止运行，换油后方可再投入运行。

（6）套管有严重的破损和放电现象　套管瓷裙出现严重破损和裂纹，或表面有放电及电弧的闪络时，会引起套管的击穿。由于此时发热很剧烈，套管表面膨胀不均而使套管爆炸，此时变压器应停止运行，更换套管。

（7）变压器着火　变压器着火是一种严重的故障。一旦发生首先应将变压器两侧的断路器断开，若因故不能断开，应立即手动拉开断路器，并拉开隔离开关，有强制送风的风扇也应该停止。然后用消防设备灭火，灭火应采用不导电的灭火器（如二氧化磷、四氯化磷、3211、干粉等）和黄砂；带电灭火时，严禁使用导电的灭火剂（如喷射水流、泡沫灭火器等），以防发生触电危险。

如果油在变压器的盖上燃烧，由于储油柜油压作用而流油，应从故障变压器的一个油门将油面放低一些，最好向变压器外壳浇水，使油冷却。当变压器铁壳爆炸时，必须迅速放出全部变压器油，引入贮油坑或封闭沟内。

2. 电力变压器维修技术

（1）吊心检修　变压器大修时，或者事故变压器经过外部检查和试验确定是内部故障时，应将铁心吊出进行检修。

吊心检修一般应在良好天气（相对湿度不大于75%），并且在无灰烟、尘土、水气的清洁场所进行，尽可能在室内。

一般检修步骤如下：

1）用干净的变压器油冲洗铁心、绕组和其他表面上的油泥和积垢。冲洗时应按从下到上、再从上到下的顺序冲洗，不能直接冲洗的地方，可以用软刷蘸变压器油刷洗，沟与凹处可用木片裹以浸过变压器油的布擦拭。

2）检查器身及箱盖的全部螺栓、螺母，对松动的加以紧固。若有螺栓缺螺母，则一定要找到，拧紧在原位置，决不允许它散落在油箱内或器身中。

3）检查变压器绕组是否有松动、变形或移位现象，绕组层间衬垫是否完整、牢固，木夹件是否完好。若绕组已损坏，则应根据损坏程度进行局部修理或重绕。另外，还应检查并清理绕组中的冷却油道，使其畅通。

4）检查铁心是否整齐、紧密，硅钢片涂膜是否完好，颜色有无异常；检查铁心是否牢固而有效，铁心与绕组间的油道是否畅通。若发现穿心螺栓、铁轭夹件和铁心叠片之间绝缘局部损坏时，应及时更换穿心螺栓上的绝缘管和绝缘衬垫。若发现硅钢片局部颜色变深、部分绝缘脱落、某些部位像起癣一样，则应将铁心拆开，将损坏的部分用钢丝刷或刮刀刮净后，用漆补涂。

5）检查线圈的引出线应无打结和弯曲现象，应包扎严密、固定牢固、焊接良好。引出线绝缘应无变形、变脆、破损，无断股。检查分接线焊接位置有无变色及破损，发现异常应剥开绝缘进行检查、处理。

(2) 其他部件的检修

1）套管的检修。电力变压器常用的高、低压绝缘套管结构简单，检修工艺不复杂。检修内容包括：①将套管表面除污、擦净，仔细检查有无破损及裂纹、有无闪烁放电痕迹。损伤严重者，原则上予以更换，不严重者允许用环氧树脂粘补修复。②检查瓷套和法兰接合处的胶结剂是否牢固可靠，有无脱落和松动现象。当发现胶结剂脱落或接合处松动时，则应重新胶合或更换新套管。③检查各油封、胶垫，若有渗漏应更换。若检修时已将套管拆下，则应更换全部胶垫。

2）油箱及散热管检修。检修内容包括：①仔细清扫油箱及顶盖的油垢，如有脱漆的地方应除去锈斑，用棉纱蘸汽油擦净后再涂防锈漆。②检查箱盖与箱体上的箱沿之间密封胶垫是否完好，有无渗漏，必要时更换新的耐油胶垫。③检查油箱及散热管有无渗油、焊接开裂等现象。如有渗油，在大修时，应将油箱中的油放出后进行焊补，在焊接不便的地方，可考虑使用胶粘法止漏。

3）储油柜和防爆管的检修。储油柜既可保证变压器油箱内经常充油，又可减少油和空气的接触，降低变压器油受潮和劣化的速度。防爆管的作用是当变压器油箱内压力太大时，冲破防爆管顶部的薄膜（玻璃或薄铁片），以防变压器爆炸。它们的检修内容如下：①将储油柜内的油从下部放油垢的孔放出，用清洁的变压器油对储油柜内部进行彻底的清洗，注意将积沉器中的污垢清除干净。②检查储油柜各部分是否完好，有无渗漏的地方，并检查储油柜与油箱的连通管有无堵塞，须冲洗干净。③检查设在储油柜端面上的油位计的情况是否良好、玻璃管有无堵塞或裂纹现象。玻璃管若看不清，则应清洗，使之透明；若已损坏，则应予以更换。④储油柜内的铁锈可用刀刮除干净，并用煤油清洗，然后用不会溶解于变压器油的清漆涂装。⑤清除防爆管的油垢和铁锈，并检查防爆管的薄膜和密封垫是否良好，必要时可进行更换。⑥检查防爆管与油箱盖、储油柜联管相连法兰面是否平整，须保证这些结合部位不会漏油。

4）吸湿器的检修。吸湿器的上部与储油柜相连，中部玻璃罩内装有变色硅胶，其干燥时为蓝色，受潮后为红色；下部进气口存有过滤用的变压器油，当变压器油热胀冷缩时，空气进出吸湿器都经变压器油过滤，避免灰尘、杂质进入储油柜内。当发现硅胶颜色变红时，可取出在110~140℃下烘焙8h，烘干后的硅胶可恢复蓝色；同时应清洗吸湿器内部，并更换吸湿器下部的变压器油。

(3) 变压器油的处理 纯净的变压器油具有优良的绝缘性能。运行一段时间后，变压器油会发生化学反应产生酸性物质和油泥，也会吸收水分和脏物，使绝缘程度下降。要想使变压器油恢复原有良好的特性，必须对其做相应的净化和再生。

1) 变压器油的净化。变压器油的净化主要是通过过滤，除掉油中的水分和杂质。常用的滤油设备是压力滤油机，它利用干燥纯净的滤纸的毛细管作用，吸收和黏附油中的水分及脏污，而使油干净。滤油时，依靠液压泵把带压力的污油从上部进油口送入，经过滤器中的滤油纸过滤后，由下部出油口流出清洁油。过滤中，应多次更换滤油纸，反复循环，直到油质合格。更换滤纸的次数可按下列规律进行：轻度脏污的油，2h更换一次滤纸；脏污较重者，0.5~1h更换一次；特别脏的还应缩短换纸时间。

2) 变压器油的再生。对于变压器油经长期氧化而造成的酸值升高、色泽变暗，不能用过滤的方法消除，而需要用其他方法除掉氧化产生的酸性物质。

对于容量较大的电力变压器，通常采用热虹吸净油器在运行过程中随时除掉氧化产生的酸性物质。净油器内的主要成分为除酸硅胶，其上部与油箱上部连通，下部与油箱底部相连，变压器运行时，器身加热变压器油，热油便从上部进入净油器，经硅胶净化后由下部返回油箱。

对于没有装设热虹吸净油器的小型电力变压器，去除酸性物质一般在滤油时进行，可将硅胶罐串在压力滤油机各种滤油系统中运行。

过滤的变压器油较多、油质较差时，应过一段时间就停下来检查一下硅胶的情况。若硅胶已严重脏污，失去吸附能力，则应更换新硅胶。

二、电动机常见故障与维修技术

1. 电动机运行时的常见故障及处理方法

电动机通过长期的运行，会发生各种电气故障和机械故障。主要故障如下：

(1) 通电后电动机不能转动，但无异响，也无异味和冒烟 原因可能是：①有两相以上电源未通；②有两相以上熔丝熔断；③过电流继电器调得过小；④控制回路接线错误。

针对以上四点，可分别采取对应的处理方法：①仔细检查电源回路开关，接线盒是否有松脱、断点，若有，则予以修复；②检查熔丝情况，若熔断，则应更换新熔丝；③调整过电流继电器的整定值，使其与电动机配合；④仔细检查控制回路的接线情况，若错误，则依据原理接线图正确接线。

(2) 通电后电动机不转，然后熔丝熔断 原因可能是：①缺一相电源；②定子绕组发生相间短路或接地故障；③熔丝截面过小；④电源线发生短路或接地故障。

针对以上四项，可分别采取下列对策：①检查刀开关是否有一相未合好或电源回路有一相断线；②检查定子绕组电阻值及绝缘情况，查出短路点，予以修复；③更换截面较大的熔丝；④检查电源线，消除故障点。

(3) 通电后电动机不转，但发出低沉的“嗡嗡”声 原因如下：①电源电压过低；

②电源一相失电或定子、转子绕组有断线故障；③绕组引出线始末端接错或绕组内部接反；④电动机负载过大或转子卡住。

针对上述几点，应首先切断电源，然后分别采取下列措施：①检查电源接线，是否将规定的△联结误接为丫联结并予以纠正；②检查电源和定子、转子绕组，查明断点，予以修复；③检查绕组极性，判断绕组首末端是否正确；④减少负载，消除机械故障。

（4）电动机起动困难，带负载运行时转速低于额定值 原因可能是：①电源电压过低；②笼型转子断裂或开焊；③转子绕组发生一相断线；④电刷与集电环接触不良；⑤负载过大。

可采取的措施分别是：①用万用表检查电动机输入端的电源电压，看是否将△联结误作为丫联结；②检查笼型转子断点，采用正确的方法进行修复或予以更换；③用万用表检查绕组断线处，查到断路点；④调整电刷压力及改善电刷与集电环接触面；⑤选择较大容量的电动机或减轻负载。

（5）电动机空载或负载时，电流表指针来回摆动 原因可能是：①绕线式转子发生一相断路或电刷、集电环短路装置接触不良；②笼型转子断线或开焊。

针对上述第①点，可以检查转子绕组回路，查到断路点，调整电刷压力与改善电刷状况，修理或更换短路装置。

（6）运行中电动机，回路电流正常，但温升超过规定值 可能原因是电动机的通风散热冷却系统发生故障，如通风道积垢堵塞、周围环境温度过高、空气流通不畅、散热不良等。可检查冷却系统情况，处理上述问题。

（7）电动机运行时响声不正常，有异响 原因可能有：①定子与转子相互摩擦；②轴承磨损或油内有砂粒等异物；③转子轴承严重缺油；④风道堵塞或风扇碰壳；⑤定子绕组错接或发生短路。

处理方法包括：①锉去定转子硅钢片突出部分，或更换轴承、端盖等；②清洗轴承或予以更换；③加新油；④清理风道，校正风扇，拧紧螺钉；⑤消除定子绕组故障。

（8）运行中电动机振动较大 原因可能有：①磨损造成轴承间隙过大；②气隙不均匀；③铁心变形或松动；④风扇不平衡；⑤机壳或基础强度不够，电动机地脚螺钉松动；⑥定子或转子绕组短路。

处理方法包括：①检修轴承，必要时更换；②调整气隙，使之均匀；③校正重叠铁心；④检修风扇，校正平衡，纠正其几何形状；⑤加固基础，紧固地脚螺钉；⑥检查绕组，寻找故障点，并予以修复。

（9）运行中的电动机过热甚至冒烟，有焦臭味 原因可能有：①电源电压过高，使铁心发热大大增加；②电源电压过低，电动机又带额定负载运行，电流过大使绕组发热；③电动机过载或频繁起动；④周围环境温度高，电动机表面污垢多，或通风道堵塞；⑤定子绕组发生相间、匝间短路或内部连接错误。

处理方法包括：①调整供电变压器分接头，降低电源电压；②减少负载，按规定次数控制电动机起动；③清洗电动机，改善环境温度，采取降温措施；④检修定子绕组，消除故障。

2. 电动机维修技术

（1）电动机的拆装 在检查、清洗、修理电动机内部，或换润滑油、轴承时，均需把电动机拆开。掌握正确的拆卸和装配技术，可以避免电动机各零部件遭受不应有的损坏，也可以避免将装配位置弄错，保证修理质量。下面介绍三相笼型转子异步电动机的拆卸工艺。

1）拆卸前的准备。拆卸前做好以下工作：

① 准备好各种拆卸工具，清洁现场。

② 在线头、轴承盖、螺钉、端盖等部件上做好记号。

③ 拆除电源线和保护接地线。

④ 拧下地脚螺母，将电动机搬离基础，移至解体现场。

2）拆卸。电动机的拆卸按以下步骤进行：

① 拆卸带轮。将带轮上的固定螺栓或销子松脱，用顶拔器将带轮慢慢拉出来。

② 拆下电动机尾部风罩和尾部扇叶。

③ 拆下前后轴承外盖，松开两侧端盖紧固螺栓，使端盖与机壳分离。

④ 抽出转子。在抽出转子前，应在转子下面气隙和绕组端部垫上厚纸板，以及碰伤铁心和绕组。小型电动机的转子可以直接用手抽出，大型电动机需用起重设备吊出。

⑤ 拆下前后轴盖和轴承内盖。

3）装配。电动机的装配工序大体与拆卸顺序相反。装配时应注意下列事项：

① 装配电动机前应彻底清扫定子、转子内间表面的尘垢。

② 装配端盖时，先要查看轴承是否清洁，并加入适量的润滑脂。端盖的固定螺栓应均匀地交替拧紧。

装配过程中，应保持各零件的清洁，正确地将各处原先拆下的零件原封不动地装回。

（2）转轴的修理　转轴是电动机向工作机械输出动力的部件，同时它还要支持转子铁心旋转，保持定子、转子之间有适当的、均匀的气隙，所以它除了必须具备足够的机械强度和刚度外，还要求它的几何中心线直，横截面保持正圆，表面平滑，无穴坑、波纹、刮痕。

转轴常见的故障有轴弯曲、轴颈磨损、轴裂纹或断裂等。轴的这些损坏，往往导致转子和定子相互摩擦，或轴与轴承内圈配合松动。若轴与轴承内圈配合不紧，它们会在转子转动时发生相对滑动，造成轴承过热。这些故障的修理可参见本书第三章相关章节。

（3）轴承的修理　中小型电动机的轴承大量使用的是滚动轴承。其装配方便，维护简单，不易造成定子和转子相互摩擦。轴承的检查和修理可参阅第二章、第三章有关章节。

（4）定子绕组的局部修理工艺　绕组是三相异步电动机的“心脏”，而定子三相绕组出现故障的机率最大，其局部故障表现为绕组绝缘电阻下降、绕组接地、绕组断路和绕组相间或绕组匝间短路等故障，只要故障不太严重，一般情况下，可通过局部修理将其修复。

1）绕组绝缘电阻下降的检修。绕组绝缘电阻下降的直接原因，除一部分是绝缘老化外，主要是受潮，通常采用干燥处理后即可修复。

干燥处理就是对绕组加热，使潮气随热气流移动和散发出去。常用的干燥方法有烘房干燥法、热风干燥法、灯泡干燥法等。

2）绕组接地故障的检修。所谓接地，是指绕组与机壳直接连通，俗称碰壳。造成绕组接地故障的原因很多，如电动机运行中因发热、振动、受潮使绝缘性能劣化，在绕组通电时被击穿；或因定子与转子相互摩擦，使铁心过热，烧伤槽楔和槽绝缘；或因绕组端部过长，与端盖相碰等。

绕组接地时，电动机起动不正常，机壳带电，接地点产生电弧，局部过热，会很快发展成为短路，烧断熔断器甚至烧坏电动机绕组。

绕组接地故障的检查方法很多，下面介绍用兆欧表检测的方法。

对于500V以下的电动机，可采用500V的兆欧表；500～3000V的电动机采用1000V的兆欧表；3000V以上的采用2500V的兆欧表。测量方法如下：测量前，应先校验兆欧表，然后正确接线，将“L”接线柱接至主绕组的一端，“E”接线柱接至电动机外壳上无绝缘漆的部位；然后转动手柄至额定转速，指针稳定后所指的数值即为被测绕组的对地绝缘电阻。若指针指到零，则表示绕组接地。若指针摇摆不定，则说明绝缘已被击穿，只不过尚存着某个电阻值而已。

3）绕组短路故障的检修。定子绕组的短路分为相间短路和匝间短路两种。造成绕组短路故障的原因通常是由于电动机电流过大、电源电压偏高或波动太大、机械力损伤、绝缘老化等。绕组发生短路后，使各相绕组串联匝数不等、磁场分布不匀，造成电动机运行时振动加剧、噪声增大、温升偏高甚至烧毁。

常用的短路故障检查方法有下面几种：

① 外观检查法。短路较严重时，在故障点有明显的过热痕迹，绝缘漆焦脆变色，甚至能闻到焦煳味。如果故障点不明显，可使电动机通电，运行20min左右停车，迅速拆开电动机，用手摸绕组端部，凡是发生短路的部分，温度比其他地方都高。

② 电流平衡法。使电动机空载运转，用钳形电流表或其他交流电流表测三相绕组中的电流。若三相空载电流平衡，则绕组完好；若测得某相绕组电流较大，再改变相序重测，如该相绕组电流仍大，则证明该相有短路存在。

无论发生哪种短路故障，只要短路绕组的导线还未严重烧坏，就可以局部修补，方法如下：

① 绕组相间短路的修补。绕组相间短路多由于各相引出线套管处理不当或绕组两个端部相间绝缘纸破裂（或未嵌到槽口）造成，此时只需处理好引线绝缘或相间绝缘，故障即可排除。

② 绕组匝间短路修补。匝间短路往往是由于导线绝缘破裂或在焊接断线时温度太高造成的。

若损坏不严重，可先对绕组加热，使绝缘物软化，用划线板撬开坏导线，垫入好的绝缘材料，并趁热浇上绝缘漆，烘干即可。若损坏严重，可将短路的几匝导线在端部剪开，将绕组烘干后，用钳子将已坏的导线抽出，换上同规格的新导线并处理好接头。

4）笼型转子断条的修理。笼型转子是由铜条或铸铝条构成的，断条是指笼条中一根或多根铜（铝）条断裂，使其不成通路的故障。造成断条的原因往往是铜条或铝条质量不良，焊接或浇注工艺不佳，或由于运行起动频繁、操作不当、急促的正/反转及超载造成强烈冲击。

发生断条故障后，电动机输出力会减小、转速下降、定子电流时大时小、电流表指针呈周期性摆动，有时还伴有异常的噪声。

常用的检验方法有：

① 外观检查法。抽出转子，仔细观察铁心表面，若出现裂痕或烧焦变色的现象，则该处可能发生断条。

② 铁粉显示法。在转子绕组中通入低压交流电，电流为150～200A，这样每根笼条周

围形成磁场，当将铁粉均匀地撒在转子表面时，利用磁场能吸引铁屑的原理，若笼条完好，铁粉就能整齐均匀地按铁心槽排列；若某一条周围铁粉很少甚至没有铁粉，而其他笼条周围都有铁粉，则表明无铁粉的笼条已断路。

转子断条常用以下几种方法予以修复：

① 补焊法。若断裂发生在转子外表面，可用喷灯将转子加热到450℃左右，用 $w_{Sn}=63\%$、$w_{Zn}=33\%$、$w_{Al}=4\%$ 的焊料予以补焊，最后将修补处多余的焊料铲平或车平。

② 冷接法。在断裂处用与槽宽相近的钻头钻孔并攻螺纹，然后拧上一根与其相配的螺钉，再车掉或铲掉螺钉多余的部分，使转子表面的圆柱体保持平滑为止。

③ 换条法。若断裂严重，用前两种方法无法修复，可以用换条法换上新的笼条。即用长钻头将废笼条钻通，除去多余屑渣，打入直径与孔径相同的新笼条。然后将两端焊在端环上形成整体。

当铸铝转子断条较多，无法补焊或更换铝条进行修理时，可将铝条全部熔掉后改为铜条笼结构。

三、开关电器常见故障与维修技术

开关电器用于电路的接通和开断。当电路中通过电流，尤其通过很大的短路电流时，在开关触点之间会产生电弧。电弧的存在说明电路还没有真正断开，所有开关电器必须具备足够的灭弧能力，以免高温电弧烧坏触点，影响开断质量。

按作用及结构，开关电器分为以下两类：①高压开关，包括高压断路器、隔离开关、熔断器和负荷开关等；②低压开关，包括断路器、接触器、磁力起动器、熔断器、刀开关、组合开关和负荷开关等。

下面介绍其中几种开关电器的常见故障及维修技术。

1. 高压断路器

高压断路器在电路中十分重要，它不仅要能接通和断开正常的负荷电流，而且当发生短路故障时，还可以和继电保护装置配合，迅速跳闸以切断电源，从而起到保护设备、减少停电范围、防止事故扩大的作用。高压断路器的类型很多，其中油断路器是我国目前应用最普遍的一类。

（1）油断路器的常见故障和处理方法

1）油断路器拒绝合闸。油断路器发生拒绝合闸故障时，应先检查操作电源的电压值，如与规定不符合，应先予以调整，然后再进行合闸。如果操作电源的电压值满足规定，则应尽可能根据其外部异常现象去发现故障的原因。

① 当把操作手柄置于合闸位置而信号灯却不发生变化时，则可能合闸回路中没有电压，应仔细检查回路是否断线或熔断器是否熔断。

② 指示“跳闸”位置的信号消失而“合闸”信号不亮，此时应检查“合闸”信号灯泡是否已损坏。

③“跳闸”信号消失，然后又重新点亮，可能是由于直流回路中电压不够，导致操作机构未能将油断路器合闸铁心正常吸起，或是操作机构机械部分有毛病（或调整不正确）。

④“跳闸”信号消失，“合闸”信号点亮，但旋即熄灭，“跳闸”信号复亮，油断路器虽曾合上过，但因某种机械上的故障，挂钩未能合上。应仔细检查，予以排除。

2）油断路器拒绝跳闸。当电力系统或设备发生故障，油断路器应该自动跳闸而不跳闸时，可能会引起严重的事故，因为这种拒绝动作的结果是引起全部电源跳闸。

其机械方面的原因是：跳闸铁心卡涩，或顶杆套上的上部螺纹松动，或由于联锁装置故障造成断路器的辅助触点接触不好，导致跳闸回路不通。

其电气方面的原因是：①操作回路断线（如熔断器熔断）或跳闸线圈两端电压过低造成断路器无法跳闸等，这种情况下，当断路器合闸时，指示灯不亮；②继电保护回路出现故障，如继电器线圈损坏或接点不通等。为了防止以上情况发生，应定期进行继电保护校验。

3）油断路器误跳闸。如果油断路器跳闸而其继电保护装置未动作，且在跳闸时未发现短路故障或接地故障，则为误跳闸，必须查明原因。

检查油断路器时，应将其两侧的隔离开关拉开以隔离电源。在排除人为误操作之后，应检查油断路器的操作机构及操作回路的绝缘状况，如果还查不出来，则应检查继电保护装置。

4）油断路器着火。油断路器着火的原因有：油断路器开断时动作缓慢或开断容量不足；油断路器油面上的缓冲空间不足，使电弧燃烧时压力过大；油不干净或受潮而引起油断路器内部的闪络；外部套管污秽或受潮而造成对地闪络或相间闪络。

油断路器着火时，如果油断路器未自动切断，应立即手动切断，并拉开两侧隔离开关，使其与电源完全脱离，不使火灾有蔓延的危险，然后用干式灭火器灭火，如不能扑灭时再用泡沫灭火器。

（2）油断路器的维修

1）用合格的变压器油清洗灭弧片及绝缘筒，检查有无烧伤、断裂、受潮等情况。

2）检查动、静触点表面是否光滑，有无变形、烧伤等情况，轻者可用锉刀或砂纸打光，重者则予以更换。

3）检查支持绝缘子有无破损，如有轻微掉块可用环氧树脂修补，严重时应更换。

2. 隔离开关

隔离开关主要用于设备或电路检修时隔离电源，形成一个明显可见的、具有足够间距的断口。隔离开关没有专门的灭弧装置，不能开断负荷电流，只可开断一些小电流回路（如电压互感器、避雷器回路等）。隔离开关一般与断路器配合使用，严禁带负荷进行分、合闸操作。

（1）隔离开关的常见故障和处理方法

1）触点过热。触点是电器的重要组成部分，一些严重的故障往往开始表现为触点过热，若未及时发现和处理，很容易发展成触点烧毁、拉出电弧和飞弧短路，使故障扩大。

引起触点发热的原因很多，如触点压紧弹簧松弛及接触部分表面氧化，使接触电阻增加，而触点在运行中的发热就是电流在接触电阻上的功率损耗，致使触点温度升高，氧化速度明显加快，形成恶性循环，最终导致触点的烧毁，并进而引发电弧和短路。另外，隔离开关在拉合过程中引起电弧而烧伤触点，或者用力不当使接触位置不正，引起触点压力降低，致使隔离开关接触不良而发热。

隔离开关发生触点过热时，应将其退出运行或减少负荷。停电检修时，应仔细检查压紧弹簧，必要时可更换新的。用0号砂纸打磨触点表面，并涂凡士林。

2）绝缘子表面闪络和松动。绝缘子是用来支持隔离开关并使带电部分与地绝缘的。发生表面闪络的原因往往是由于表面受潮或脏污，检修时可冲洗绝缘子使其干净，而平时应定期用干燥及干净的布将其擦拭。当由于胶粘剂发生膨胀或收缩引起绝缘子松动时，应更换新的绝缘子，将换下来的重新胶合处理。

3）隔离开关拉不开。隔离开关拉不开的原因可能是传动机构和刀口处生锈等，此时不得用蛮力强行拉开，应该用手把慢慢摇晃，注意绝缘子及机构的每一部分，根据它们的变形和变位，找出故障点。

4）隔离开关合不上。隔离开关合不上的原因可能是轴销脱落，楔栓退出铸铁断裂等造成刀杆与操动机构脱节，遇到这种情况时，应停电进行处理。若不能停电，应用绝缘棒进行合闸操作，或用扳手转动每相隔离开关的转轴。

5）隔离开关误动作。误合隔离开关后，不论发生任何情况，也不论合上了几相，都不许立即拉开，必须用断路器将这一回路断开或查明确无负荷后，方允许拉开。

误拉隔离开关引起电弧时，若刀片刚离开刀嘴，应立即合上，停止操作；若刀片离开刀嘴有一定距离时，应拉开到底，不许立即重合。

（2）隔离开关的维修

1）检查有无损坏的零件，用90°角尺检查刀闸的垂直度，检查有无缺块、烧伤、变形、弯曲等缺陷，若有，则应及时更换。

2）检查母线连接处或接地线有无松动、脱离现象，若有，则应立即拧紧螺母。

3）检查绝缘子有无裂纹、放电痕迹，软铜片是否破裂、折断，若有，则应进行更换。

4）用0.05mm的塞尺检查动、静触点之间的紧密程度，其塞入深度不应大于6mm。若接触不紧，对于户内型隔离开关可以调整刀片双侧弹簧的压力；对于户外型隔离开关则可将弹簧片与触点结合的铆钉钉死。

5）检查触点接触面是否聚积氧化物及斑点，若有，可用钢丝刷、砂布、浸油的抹布擦除。如发现难于消除或有凹陷及烧损痕迹，则应换新的。

6）检查触点弹簧及其压力，压力不够则应重新更换触点弹簧。

7）用凡士林油或其他润滑油润滑传动机械部分，若有失效、损坏的，应进行更换。

3. 熔断器

熔断器是开关电器中的一种纯保护电器，当电路中发生短路或严重过载时，直接利用熔断器中的熔体产生的热量引起本身熔断，从而使故障电气设备免受损坏，以维持电力系统其余部分的正常工作。

熔断器的额定电流值应与线路相适应。可根据电路中电流的变化或熔断指示器的动作情况，判断熔断器是否熔断。当熔体熔断时，应先拉开开关，检查线路是否发生短路或严重过载，并排除故障。有些熔断器可只换上新的熔体，有的则必须整体更换。

更换熔体时，必须避免熔体受到机械损伤。安装前，应检查熔体外观有无损伤、变形、截面变小等缺陷，瓷绝缘部分有无破损或闪络放电痕迹。安装时，必须保证接触良好，如果接触不良会使接触部位过热，热量传至熔体，引起熔体熔断而误动作。

运行中，若发现熔体氧化或有闪络放电现象，应及时更换。如接触处有过热现象，应及时处理。

4. 负荷开关

（1）高压负荷开关的维修　高压负荷开关与隔离开关很相似，所不同的是它多了一套简单的灭弧装置，故它可以开断负荷电流，但不能切断短路电流，不能用作过载短路保护元件。

高压负荷开关在投入运行前，应将绝缘子擦干净；给各转动部分涂上润滑油；接地处的接触表面要打光，保持接触良好；母线固定螺栓应拧紧，同时负荷开关的连线母线要配置合适，不应使负荷开关受到来自母线的机械应力。

高压负荷开关的操作比较频繁，其主闸刀和灭弧闸刀的动作顺序是：合闸时，灭弧闸刀先闭合，主闸刀后闭合；分闸时，主闸刀先断开，灭弧闸刀后断开。多次操作后，应检查紧固件是否松动，当操作次数达到规定值时，必须检修。

负荷开关分闸后，闸刀张开的距离应符合制造厂的规定要求。若达不到要求时，可改变操作拉杆到扇形板上的位置，或改变拉杆的长度。

合闸操作时，灭弧闸刀上的弧动触点不应剧烈碰撞喷口，以免将喷口碰坏。

当负荷开关与熔断器组合使用时，可进行短路保护。高压熔断器的选择应考虑在短路电流大于负荷开关的开断能力时，必须保证熔断器先熔断，然后负荷开关才能分闸。

负荷开关的触点受电弧的影响损坏时，必须进行检修，损坏严重的要予以更换。

（2）低压负荷开关的维修　低压负荷开关又称铁壳开关，它是由刀开关和低压熔断器结合的组合电器，常用于电动机、照明等配电电路中，可开断负荷电流及短路电流。

负荷开关安装时，电源进线应接静触点一方，用电设备接在动触点一方。合闸时，手柄应向上，不能倒装或平装。其铁外壳应可靠接地。

负荷开关的检修内容如下：

1）清除污垢，检查外部及其紧固情况，检查操作机构是否灵活，必要时加以调整。

2）清除触点烧损痕迹，检查与调整动、静触点的接触紧密程度，并检查三相是否同时接触。

3）更换有裂纹的、损坏的绝缘子。

4）检查接地是否良好。

5. 低压断路器（自动空气开关）

低压断路器广泛应用于低压配电装置中，它是一种既能手动又能自动接通和分断电路，当电路有过载、短路及失压时能自动分断电路的电器。

低压断路器以空气作为灭弧介质，主要由灭弧装置、导电系统、操作机构和脱扣装置等组成。低压断路器在安装及运行前应做一般常规检查。内容包括：①检查外观有无损伤破裂。②检查触点系统和导线连接处有无过热现象。③检查灭弧栅片是否完好，灭弧罩是否完整，有无喷弧痕迹和受潮情况。如果灭弧罩受损，应停止使用，进行修配或更换，以免在开断电路时发生飞弧现象，造成相间短路。④检查传动机构有无变形、锈蚀、销钉松脱现象。⑤检查相间绝缘主轴有无裂痕、表层剥落和放电现象。⑥检查过流脱扣器、失压脱扣器、分励脱扣器的工作状态。如整定值指示位置是否与被保护负荷相符，电磁铁表面及间隙是否清洁、正常，弹簧的外观有无锈蚀，线圈有无过热及异常响声等。

低压断路器运行一段时间后，要定期维护检修，内容包括：

（1）触点的检修　首先应清除触点表面的氧化膜和杂质，可用小刀轻轻刮，也可用砂布擦拭。注意镀银的接触表面只能用干净的抹布擦拭，以免损坏银层。

若触点表面积聚了灰尘，可用吹风机吹掉或用刷子刷掉。触点表面若积聚了油垢，可用汽油清洗干净。

被电弧烧出毛刺的触点表面，可用细锉仔细锉平凸出麻点，并要注意保持接触表面的形状和原来一样。

然后检查触点的压力，若压力不符合制造厂的规定，可更换失效或损坏的弹簧。

调整三相触点的位置，保证三相同时闭合。

(2) 操作机构的检修　低压断路器在操作过程中，经常会出现合不上或断不开的毛病，遇到这种情况时，可检查操作机构各部件有无卡涩、磨损，持勾和弹簧有无损坏，各部分间隙是否符合规定的数值。

注意，各机构的转动部分应定期涂上润滑油。

每次检修之后，应做几次传动试验，看机构运行是否正常。

6. 接触器

接触器是利用电磁吸力和弹簧反作用力配合动作而使触点闭合或分断的一种电器。根据触点通过的电流性质不同，分为交流接触器和直流接触器。

接触器动作频繁，特别要注意定期检查，看可动部分零件是否灵活、紧固件是否牢靠、触点表面是否清洁。

接触器在使用时不得去掉灭弧罩。灭弧罩易碎，装拆时必须十分小心。

接触器的常见故障及处理方法如下：

(1) 触点过热甚至熔焊　当触点压力不够、触点表面接触不良或接触电阻增大、通过触点的电流过大时，会使触点严重发热，甚至发展到动、静触点焊在一起的熔焊现象。

处理方法有：调整触点压力，用小刀或细锉处理触点因电弧而形成的蚀坑或熔粒，调换开断容量更大的接触器。若触点不能修复，则予以更换。

(2) 衔铁振动和吸合噪声大　其主要原因有：衔铁歪斜；铁心与衔铁的接触面接触不良，表面有锈蚀、油污、尘垢；反作用弹簧力太小；衔铁受卡，不能完全吸合；短路环损坏或脱落。

处理方法有：调正衔铁位置；清洁衔铁表面，用汽油或四氯化碳清洗；更换反作用弹簧；消除衔铁受阻因素；更换短路环。

(3) 线圈过热或烧毁　其主要原因有：流过线圈的电流过大；线圈技术参数不符合要求、衔铁运动受卡等。

处理方法有：寻找引起线圈电流过大的因素，更换符合要求的线圈，使衔铁运动顺畅。

(4) 触点磨损　一种原因是电气磨损，触点电弧温度使触点材料汽化或蒸发，三相接触不同步；另一种原因是机械磨损，由于触点闭合撞击，相对滑动摩擦造成的。

处理方法有：调换接触器，调整三相触点使其同步，排除短路故障等。

四、变频器的维修

变频器也称电动机变频调速器，是一种频率变换器。它是利用电力半导体的通断作用将工频电源变换为另一频率的电能控制装置。它具有高频率的驱动性能和良好的控制特性。

高频器效率高，节能效果显著，应用范围很广，它可从一般要求小范围的调速传动到高精度、快响应、大范围的调速传动，可从单机传动到多机协调传动。

1. 变频器的检查维护

变频器的检查维护目的是清除灰尘、检查电气连接，以便尽早发现异常，及时排除故障。

（1）日常检查　不拆卸外盖进行通电和起动，目测运行情况。一般检查内容有：

1）键盘面板显示是否正常。

2）有无异常的振动、噪声和气味。

3）冷却风扇工作是否正常。

4）变频器引出导线是否有过热、松动。

5）周围环境温度与湿度是否正常。

6）变频器及控制装置是否有积尘和其他异物。

（2）定期检查　定期检查主要是针对不停电无法实施检查的项目以及电气特性的测试等。定期检查时要切断电源、拆下外盖。变频器断电后，主电路滤波电容器上仍有较高的充电电压，自行放电完一般需5～10min，必须等充电指示灯灭后，用万用表测量确认此电压低于DC 25V时，才可开始检查作业。主要检查项目如下：

1）内部集尘情况及清扫。

2）电气连接部位及机器部件连接部位紧固检查，重点是各端子板导线连接情况是否紧固及绝缘有无破损和异常。

3）检查滤波电容有无漏液，电容量是否降低。高性能的变频器带有自动指示滤波电容容量的功能，由面板可显示电容量及出厂时该电容器的初始值，并显示电容量降低率，推算的电容器寿命等。若变频器无此功能，则需用电容测试仪测量并比较，若测量值小于初始值的85%，就应予以更换。

4）电阻、电抗器、继电器、接触器检查，主要看有无异常松动和断线。

5）检查控制电路板有无松动，电容器有无漏液。

6）冷却风扇和通风道的检查。

（3）绝缘电阻的确定　变频器出厂时，已进行过绝缘测试，用户一般不必再进行绝缘测试。但变频器使用一定时间后，检修时需要做绝缘电阻测定。绝缘电阻的测定应严格按变频器使用手册中规定的方法进行。

2. 变频器的主要故障及处理方法

（1）参数设置类故障　变频器的参数设置至关重要。设置不正确、参数不匹配，就有可能导致变频器不工作或不能正常工作、或频繁发生保护动作，甚至损坏。由于参数设置类故障使变频器无法正常工作时的处理办法有：

1）根据故障代码或产品说明书进行参数修改。

2）对照最初运行时调试好的正常参数值逐一检查，恢复正常设置再试车。

3）恢复产品出厂设置值，以面板操作方式进行试车。再对现场需重新设置的参数逐一修改，并做好记录，使参数恢复正常。

（2）过电流和过载故障　变频器过电流和过载故障是最常见的故障。其原因可分为外部原因和变频器本身内部原因，分别叙述如下：

1）外部原因。

① 变频器电源缺陷，输出回路动力断线、短路，电动机本身的内部匝间或相间对地短

路故障引起过电流或接地故障。

② 电动机负载突变，造成尖峰冲击电流使过电流保护动作。这种情况一般是暂时的或偶发的，重新起动后可恢复正常。如果经常发生，则需在工艺上采取措施，限制负载突变或更换大容量变频器。

③ 受电磁干扰的影响，电动机漏电流增大，产生轴电流、轴电压，从而引起变频器过电流，过热保护动作。强电磁干扰信号还会影响变频器控制电路，导致控制信号出错，引起过电流动作。

④ 由于系统的“接地”不好，在电动机绕组和外壳之间，在电动机电缆和“地”之间存在较大的寄生电容，从而产生高频漏电电流，引起过电流和过电压故障。

⑤ 变频器容量选择不当或与负载特性的不匹配，都会引起工作异常，造成过电流、过载，甚至损坏。

2）内部原因。

① 参数设置不当。如加减速时间设置过短、加减速曲线过陡，造成起动、制动时的过电流。风机、泵类设备最高速度设置过高，致使高速运行时过载等。

② 变频器内部元件损坏。变频器内部电源回路元件损坏经常引起无显示、不工作或无法正常工作的问题。整流侧和逆变侧的功率半导体器件及相关外围电路的元器件损坏，会引起过电流、欠电压，变频器保护动作等。变频器本身控制电路的检测元器件损坏，以及变频器本身遭到电磁干扰、产生误动作等。

（3）过电压故障　变频器的过电压故障，是整流后的直流母线上的电压超过允许值，引起自动停机保护的一种故障。

变频器工作需要正常的工作电压范围，输入电压超过（或低于）这个范围时，则有可能使变频器不工作或损坏。另外，在电动机制动的过程中，电动机处于再生发电状态，如果变频器没有能量回馈单元和制动单元，或有制动单元而能力不足时，也会造成机内直流母线带电压升高，引起过电压保护动作而停机。处理这类故障时，需要增加再生制动单元，或修改变频器参数，将减速时间延长，就可降低制动时直流母线的电压值。

（4）其他故障

1）过热保护。分为变频器过热保护和电动机过热保护两种。电动机过热，应着重检查电动机负载电流是否过大，起动、制动状况是否异常，反复“起动-工作”周期是否与变频器匹配，电源电压的高低是否正常，电动机的环境温度及通风散热条件是否改变等。变频器过热除检查冷却风扇和通风情况外，还需进一步检查设置是否合适，与电动机正常工作有关的参数是否已被修改等。

2）电磁干扰。在生产过程中，现场环境恶劣，许多设备都会产生静电、电场、电磁辐射，加之变频器本身及进出的控制线，动力线敷设、装置接地未按规定，使变频器产生误动作，不能正常工作，严重时损坏变频器。

3）由于不满足变频器正常运行所需条件，而使变频器硬件受损造成故障。这种故障在实际投产前的调试和正常运行中时有发生。其他，如外部电源电压过高、环境温度过高、机械负载卡死、电动机内部或线路短路、变频器所处环境导电粉尘太多等均有可能造成变频器损坏。

第三节　数控机床电气故障诊断与维修技术

数控机床是一种高度机电一体化的产品。当其发生故障时，依靠传统的维修手段及常规仪器和工具，很难判断故障性质及寻找故障点。本节简单介绍数控机床的检查以及软、硬件故障的处理。

一、数控机床数控系统的组成

数控机床是一种装有程序控制系统的机床，该系统能够逻辑地处理具有使用号码或其他符号编码指令规定的程序。程序控制系统即数控系统。

数控系统由信息载体、数控装置、伺服系统、测量装置四大部分组成。数控系统的组成如图 4-6 所示。

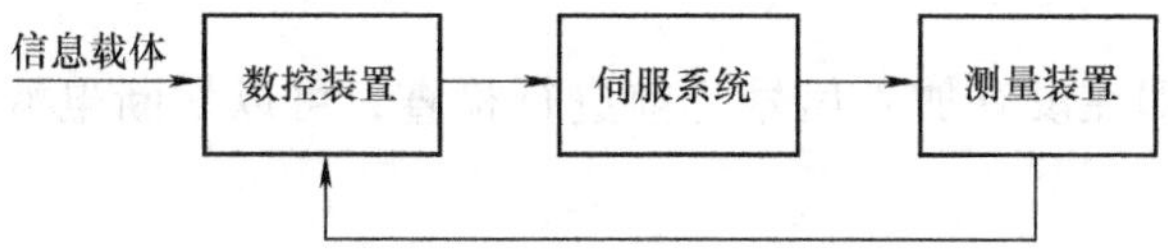

图 4-6　数控系统的组成

1. 信息载体

信息载体也称控制介质，是储存和运载信息的工具。由于用键盘输入信息后，信息便储存在计算机内存储器中，即使停电也不会消失，所以现在普遍采取键盘输入法。

2. 数控装置

数控装置的作用是接受输入信息后，经过计算变换成机床自动作业的指令信号，并将测量系统反馈回来的信息与指定的指令信息比较，发出机床工作的各种控制指令。

3. 伺服系统

伺服系统是机床的执行机构，其任务是将数控装置输出的位指令，迅速、准确地转换为坐标运动。

4. 测量装置

在闭环数控机床中，测量装置将机床各轴的实际位移测量出来，反馈到数控装置，与给定值进行比较，以决定机床的进给。

二、数控机床的日常维护

数控机床的数控系统使用了大量的电子元件，虽然它们在出厂前都经过了相当长时间的老化试验和其他方式的筛选，但在实际运行时，由于电路的发热、交变负荷、浪涌电流及反电势的冲击，可能会有某些元件性能较差，导致整个控制系统不能正常工作。因此，在日常工作中，应注意让元件能在正常电压、正常电流及正常温度下工作，以减少故障率。

当数控机床采用的是直流伺服系统时，要注意电刷的日常保养问题。可能出现电刷磨损到很短以致弹簧已压不住，甚至因为电刷的跳动使换向器表面烧了一条沟，却仍然在使用的现象。这些情况严重时，可使转子绕组短路，整个电动机烧毁。因此，平时就要注意观察电刷，并要保持换向器光整。另外，要定期清理残留在换向器表面的导电粉末，以免造成换向器片间短路。还要留意元件端子焊接松动等。

三、现场维修的一般检查方法

1. 常规检查

1）检查电源电压是否正常，断路器、热继电器、低压断路器是否有跳闸现象，各熔断器是否有熔断现象。

2）观察故障板，是否有元器件破损、断裂、过热及变色现象。

3）检查集成电路中电子元件是否有接点松动、焊接不良的现象。

4）检查电线、电缆是否断裂，连接线是否有断线，插接件是否有脱落。

5）注意观察机床在故障出现时，是否有噪声、振动、焦煳味、异常发热等现象。

6）检查冷却风扇是否旋转正常。

2. 静态检查

所谓静态检查，即在没有加入信号之前进行检查，可以切断电源检查，也可以通电来检查。

（1）断电检查

1）电阻。电阻的主要故障有过流烧毁、变值、断裂、脱焊等。用万用表的欧姆档进行测量，最好焊下电阻的一端再进行测量。

2）电容。电容的主要故障有击穿短路、断线开路、漏电、变质失效等。检查电容可用万用表的欧姆档，对0.1μF以上的电容，可观察其充放电现象和充电后的绝缘电阻。每次检查时，应将电容器从电路中焊下，并放电。对容量较小的电容可测其绝缘电阻，一般表针不动，如阻值为零，表明电容器已被击穿。

3）晶体管。用万用表 $R\times1k$ 档测量基极和集电极、发射极之间的电阻值，其正向电阻应为 20~50Ω，反向电阻则越大越好。而集电极与发射极之前的正反向电阻值都应大于 2kΩ，如果两次测量都很小就可能被击穿了。

4）集成电路。一些集成电路损坏后，输出引脚和输入引脚对地的电阻值会发生变化，用万用表 $R\times1k$ 档测量各点对地电阻，用比较的方法，找出类似的点进行测量，比较电阻不可相差过大。输出脚对地电阻不可过小，但各脚对地的正向阻值又不可过大。当经过多次测量，并仔细分析，认为确有问题时，才可焊下片子，予以更换，否则将使好片子受损报废。

（2）通电检查

1）电容。用示波器观察其上的电压波形的变化，确定它的时间常数是否正确。

2）晶体管。可测量各个极的电压，判断它的静态工作点是否正确。如果是硅管，它的基极与发射极之间的电压为0.6V左右，锗管则为0.2V左右。还可以通过基极电位的变化来观察集电极的电位变化，以确定是否正常工作。

3）逻辑电路。使用脉冲信号笔、逻辑测试笔和示波器观察其逻辑功能是否正确。

3. 动态检查

在现场检查出损坏的器件后，可在小范围内用稳压电源和示波器模拟输入信号，检验替代的器件能否继续工作。寻找替代器件时应考虑以下几点：

（1）电阻的替代 在数字电路中，除了振荡、定时、分压的电阻阻值要求较高外，其余电路只要满足功率即可，多采用金属膜电阻。在线性电路中，多采用精密电阻，替代时注意精度等级及电阻的阻值。

（2）电容器的替代 电容主要是要满足容量与耐压这两个主要参数，但在振荡电路中要求电容的介质损耗要小，在定时电路中，要求电容的容量值要精确。

（3）晶体管的替代 晶体管器件在拆卸前要记录下各极的位置，在取下器件后，再一次确认器件是否损坏，并记录型号、制造厂家，根据主要参数寻找替代品。

（4）集成电路的替代 当确定原集成电路已损坏后，方可拆下集成电路片。不论是数字电路还是模拟电路的集成片子，均可根据型号类型查找手册予以替代。

四、现场常见故障的诊断与排除

数控机床的故障现象尽管比较繁多，但按其发生部位，基本可分为如下几大部分：①机床本体上的电气部分；②伺服放大及位置检测部分；③计算机部分；④交流主轴控制部分。至于编程引起的故障多是由于考虑不周或输入时失误造成的，只需按提示及时修改即可。由于各部分故障的原因及特点不同，因而解决问题的方法也就有所不同。下面仅就各部分的现场常见故障及排除方法分别加以叙述。

1. 机床本体的电气故障

这部分的故障可利用机床自诊功能的报警号提示，调阅梯形图或I/O接口信号状态的检查，根据机床维修说明书所提供的图样、资料、排故流程图、调整方法并结合个人的工作经验检查故障。

1）各运动轴正向或反向的硬件超程。这类故障多是由于机床超程运动压上硬件限位开关所引起。一般是参阅各有关机床及控制系统的维修说明书，手动方式以报警方向的反方向运动而予以解除。按压“RESET”按钮，故障报警显示被清除。

2）数控车床、加工中心等机床，在换刀时找不到刀，其车床的回转刀台或加工中心的刀库总是旋转不停，找不到刀。这多与刀位编码用组合行程开关或干簧管、接近开关等元件的损坏、接触不好、灵敏度降低等因素有关。若根本不执行找刀动作，这与换刀回答或换刀完成用检测开关没有信号有关。

3）数控车床的主轴不执行分度动作。这与检测分度参考点用接近开关及分度角度预置用拨码盘的好坏有关。若加工中心不执行定向准停，这与检测定向准停参考点用接近开关的好坏及间隙的大小有关。

4）加工中心类机床其刀库的开门、关门，活动工作台的夹紧、松开、装入、卸出，活动工作台的选择等故障多与有关按钮、行程开关、接近开关、电磁阀、液压缸等的好坏及动作是否良好有关。

5）加工中心类机床其主轴上刀具的有无，刀具的夹紧、松开等故障，大多和有关接近开关的好坏，接近开关与感应挡铁间的间隙大小及主轴套筒内刀具夹紧、松开用连杆动作距离大小的调整有关。

6）加工中心类机床其自动刀具长度测量台的伸出、收回，测量完成与否等故障也和接近开关的好坏、液压缸是否良好等因素有关。

7）铁屑传送带电动机、主液压泵电动机、各进给轴电动机、主轴电动机等不工作，应首先检查有关断路器、热保护继电器是否动作。若有关断路器、热继电器合上后这些保护元件仍然动作，则应进一步检查电动机本身及有关主回路是否有短路、过载或其他原因所造成。

8）润滑装置的故障，应首先检查浮子开关、压力继电器、定时器等元件是否工作正常。

9）车床类机床其卡盘的夹紧、松开，夹紧力大小的调整，应首先检查工作压力是否合适，有关电磁阀、液压缸等是否工作正常。

10）立式或斜导轨式车床断电时，发生床鞍下滑现象应检查制动电磁铁的工作间隙。

总之，机床本体低压电器部分的故障占机床故障的比例是比较大的，原因也比较多。但是，首先应检查电气连接、按钮、行程开关、接近开关、断路器、热保护继电器、电磁阀、液压缸及相关继电器等方面的原因。确认无误后仍不能排除故障，再做深入的检查、调整，以免做无用功或扩大故障。

2. 伺服放大及检测部分

这部分的故障可利用计算机自诊断功能的报警号，计算机及伺服放大驱动板上的各信息状态指示灯、故障报警指示灯，参阅有关维修说明书上介绍的关键测试点的波形、电压值，计算机、伺服放大板上有关参数的设定、短路销的设置及相关电位器的调整，功能兼容板或备板的替换等方法来解决。比较常见的故障有：

（1）伺服超差故障　所谓伺服超差，即机床的实际进给值与指令的给定值之差超过限定的允许值。对于此类问题应做如下检查：

1）检查计算机与驱动放大模块之间、计算机与位置检测器之间、驱动放大器与伺服电动机之间的连线是否正确、可靠。

2）检查位置检测器的信号及相关的 D－A 转换电路是否有问题。

3）检查驱动放大器的输出电压是否有问题。若有问题，应予以修理或更换。

4）检查电动机轴与传动机械间是否啮合良好，是否有松动或间隙存在。

5）检查位置环增益是否符合要求。若不符合要求，对有关的电位器应予以调整。

（2）机床停止时，有关进给轴振动

1）检查高频脉动信号并观察其波形及振幅，若不符合要求应调节有关电位器。

2）检查伺服放大器速度环的补偿功能。若不合适，应调节补偿用的电位器。一般顺时针调节响应快，稳定性差易振动；逆时针调节响应慢，稳定性好。

3）检查位置检测用编码盘的轴、联轴器、齿轮系是否啮合良好，有无松动现象。若有问题应予以修复。

（3）机床运行时声音不好，有摆动现象

1）首先检查测速发电机换向器表面是否光滑、清洁，电刷与换向器间是否接触良好。若有问题应及时进行清理或修整。

2）检查伺服放大部分速度环的功能，若不合适应予以调整。

3）检查伺服放大器位置环的增益，若有问题应调节有关电位器。

4）检查位置检测器与联轴节间的装配是否有松动。

5）检查由位置检测器传来的反馈信号的波形及 D－A 转换后的波形幅度。若有问题，应进行修理或更换。

（4）机床失控

1）位置传感器或速度传感器的信号反相，是电枢线接反了，即整个系统不是负反馈而变成正反馈了。

2）速度指令给的不正确。

3）位置传感器或速度传感器的反馈信号没有或者是有接线断开情况。

4）计算机或伺服控制板有故障。

5）电源板有故障而引起的逻辑混乱。

（5）所有的轴均不运动

1）用户的保护性锁紧如紧停按钮、制动装置等没有释放或有关运动的相应开关位置不正确。

2）主电源熔丝断开。

3）由于过载保护用断路器动作或监控用继电器的触点未接触好呈常开状态而使伺服放大部分信号没有发出。

（6）电动机过热的原因

1）滑板运行时其摩擦力或阻力太大。

2）热继电器脱扣，电流设定错误。

3）励磁电流太低或永磁式电动机失磁时，为获得所需力矩也可引起电枢电流增高而使电动机发热。

4）切削条件恶劣，刀具的反作用力太大而引起电动机电流的增高。

5）运动夹紧、制动装置没有充分释放，也可使电动机过载而发热。

6）由于齿轮传动系的损坏或传感器有问题所产生的噪声进入伺服系统而引发的周期性噪声也可使电动机过热。

7）电动机本身内部匝间短路而引起的过热。

8）带风扇冷却的电动机，若风扇损坏，也可使电动机过热。

3. 计算机部分

这部分的故障主要利用计算机自诊断功能报警号，计算机板的信号状态指示灯，关键测试点的波形、电压值，有关电位器的调整，短路销的设定，有关机床参数值的设定，专用诊断元件，并参考计算机控制系统维修手册、电气图册等加以排除。

（1）电池报警故障　当数控机床断电时，为保存好机床控制系统的机床参数及加工程序，需靠后备电池予以支持。这些电池到了使用寿命，其电压低于允许值时，就产生电池故障报警。当报警灯亮时，应及时予以更换。否则，机床参数就容易丢失，系统就不能正常工作。因为关机换电池容易丢失机床参数，因此应该在机床通电时更换电池，以保证系统能正常地工作。

（2）键盘故障　在用键盘输入程序时，若发现有关字符没有输入、不能消除、程序不能复位或显示屏不能变换页面等故障时，应首先考虑有关按键是否接触良好，若不好应予以修复或更换，若不见成效或者所有按键都不起作用，可进一步检查该部分的接口电路、系统控制软件及电缆连接状况等。

（3）熔丝故障　这很可能使计算机内有关熔丝烧断。因此，维修人员要熟悉各熔丝所在部位及其保护范围，以便发生问题时能及时查出并予以更换。

（4）计算机的“没准备好”故障

1）应首先检查CRT显示面板上是否有其他故障指示灯亮及故障信息提示，若有问题应按故障信息目录的提示去解决。

2）检查伺服系统电源装置是否有熔丝断开、断路器跳闸等问题。若合闸或更换了熔丝后断路器再次跳闸，则应检查电源部分是否有问题；检查是否有电动机过热，大功率晶体管组件过电流等故障而使计算机的监控电路起作用；检查计算机各板是否有故障灯显示。

3）检查计算机所需交流电源、直流电源的电压值是否正常。若电压不正常也可造成逻辑混乱而产生“没准备好”故障。

4. 交流主轴控制部分

交流主轴控制系统发生故障时，应首先了解操作者是否有过不符合操作规程的意外操作，电源电压是否出现过瞬间异常，外观检查是否有断路器跳闸、熔丝断开等直观易查的故障。若没有上述问题再确认是属于有报警显示类故障，还是无报警显示类故障。并根据情况的不同，分别予以处理。下面以三菱FR-SE系列为例加以叙述，但在方法上对其他类型的控制系统也有一定参考意义。

（1）有报警指示灯故障　该主轴控制装置上由左至右有LED13、LED14、LED15、LED16四个指示灯，并按8.4.2.1编码方式分别标有AL8、AL4、AL2、AL1，其故障种类如下：

1）电动机过热，报警灯指示为0001。

① 若电动机超载或电动机起停过于频繁，应改变其工作状态。

② 若电动机内装风扇已损坏，应更换。

③ 若电动机进气口堵塞，应予清理。

④ 检查热保护继电器和电动机内装温度传感器，若不是上述原因则需检查电动机本身。

2）速度误差过大，报警指示为0010。

主轴以500r/min旋转时，指令的速度值与显示的速度值之间的误差大于规定的允许值并持续12s时产生报警。

① 首先检查电动机是否过载。

② 检查速度检测用编码器。看连线是否接触良好、机械传动部分是否有间隙、松动等。

③ 检查插件板SE—CPU1或SE—I01板是否有故障。

3）断路器跳开，报警指示为0100。

① 正常情况下该控制器的电源电压应是交流180V左右；在瞬变状态下，有可能低于该值。因此，应适当提高供电电压。

② IOC（整流/逆变）部分可能有问题。

4）缺相，报警指示为0100。

① 缺相，检查输入电压值。

② 熔丝F1、F2、F3熔断。检查是否有短路现象，若无其他问题，则需更换熔丝。

5）外部紧停，报警指示为0110。当SW7—2为接通时，若有外部紧停信号输入，此报警可出现。应彻底检查原因、排除故障，接通电源返回正常工作状态。当SW7—2为断开时，即使有外部紧停信号，也无上述报警指示。

6）IOC（整流、逆变控制器）断开。IOC断开可发生在逆变器部分，也可能发生在整流器部分。发生在逆变器部分时，报警指示为1000；发生在整流器部分时，报警指示为1100。当其中任何一组灯亮时，就意味着有电流通过。其原因可能有：

①大功率晶体管组件的损坏。断开主轴控制器与电动机间的连线，单独使主轴控制器进行工作。若IOC报警指示仍然存在，说明大功率晶体管组件损坏，应予以更换；若灯没亮，应继续进行下面的检查。

② 检查电动机负载是否过大。

③ 电动机连线是否有松动。

④ 电动机绕组是否有匝间短路或接地现象（绝缘电阻应大于1MΩ），若有匝间短路应进行修理或更换。

⑤ 供电电压值在主轴加速或减速时是否低于180V。

⑥ 电源电压波形不正常。用示波器在加速或减速时检查电源电压波形，当有局部下降时其时间必须在100μs以内，而且幅值下降必须在2%～3%以内。

⑦ 电源电压的频率变化不得超过±3%。

⑧ 电流检测电路有故障。整流器部分应在CH30、AGA间测量，其峰值在10V时出现故障；逆变器部分在CH43A、AGA间测量，其峰值也在10V时出现故障。

7）控制装置过热，报警指示为1001。

① 电动机过载或起停过于频繁，应改变工作状态。

② 当环境温度超过55℃时，应考虑环境降温措施。

③ 风扇工作不正常。

（2）无报警指示灯故障

1）电动机不工作。

① 检查电动机的连线是否断开。

② 检查交流输入电源是否正确。

③ 检查是否有外部紧停或清零复位信号输入。

④ 检查内部电路板、SE—PW板上的直流稳压源的电压值是否正确。若有问题，应进行修理。

⑤ 检查内部控制电路板是否有问题。将开关SW6—2拨到“OFF”位置（通常为“ON”），确定速度环为“断开”工作方式，并增加指令转速。在SE—I01板上的CH5—AGB间、CH4—AGB间应为标准正弦波形。

2）电动机只能慢慢旋转，而无故障显示。

① 检查电动机是否按正确的相序接到控制器的U、V、W端子上。

② 检查三相输入电源是否正常。

③ 外部转速指令是否正确。

④ 转速检测用编码盘可能有故障。

3）电动机只按一定的转速运转，而不随指令的变化而变化。在CH41—AGA端子间测量来自外部信号源的转速指令是否在0～10V间按线性变化。

4）无转速到达信号。

① SE—I01板上的输出电路有故障。加/减速一经完成，SE—CPU板上的LED7灯就应该亮，否则应更换SE—I01板。

② 若其他运转均正常，只是 LED7 不亮，则可能是转速到达检测电路有故障。应更换 SE—I01 板。此外，无转速到达信号，也可产生机床无进给动作故障。

5）振动及噪声大。

① 电动机自身的动平衡不好，应予以调整。

② 电动机绝缘电阻降低。该控制装置主回路与地之间、控制电路的 COM 端子与地之间、主回路与控制电路的 COM 端子间的绝缘电阻均应大于 20MΩ。若不符合要求，应予以处理。

③ 电动机轴承有问题。

④ 电动机的紧固螺钉松动。

⑤ 电动机轴向有窜动。检查是否有刮碰的痕迹。

⑥ SE—I01 板上的 CH5—AGA 端子间、CH6—AGA 端子间的基准正弦波是否平衡。

思　考　题

4-1　测量绝缘电阻使用什么仪器？设备的绝缘电阻取何时的测量读数？为什么？

4-2　进行交流工频耐压试验时要注意哪些问题？

4-3　当变压器着火时，应如何处理？

4-4　当发现运行中的电动机有冒烟现象时，应如何处理？

4-5　高压断路器在电路中起什么作用？若其拒绝跳闸，试分析电气方面的原因有哪些。

4-6　低压断路器定期维护和检修的内容有哪些？

4-7　如何对变频器进行日常检查和定期检查？

4-8　在数控机床的日常维护工作中，如何防止电箱过热？

第五章　液压系统的故障诊断与处理

在工业技术高度发展的今天，很多机电设备是机械、液压、电气、微机的结合体，它们在运行时发生的故障也是较复杂的，原因也是多方面的。本章主要讨论机械设备中液压系统的故障诊断及处理技术。

第一节　液压系统的故障分类及诊断方法

一、液压系统故障的分类

机械设备的液压系统故障主要表现在液压系统或其回路中的元件损坏，出现泄漏、发热、噪声等现象，导致系统不能正常工作。

故障按发生的原因可分为人为故障和自然故障两种。由于设计、制造、运输、安装、使用及维修不当等原因造成的故障称为人为故障；由于不可抗拒的自然因素（如磨损、腐蚀、老化及环境变化等）产生的故障称为自然故障。

故障类型按性质可分为突发性故障和渐进性故障两种。突发性故障的特点是具有偶然性，它与系统的使用时间无关，如管路破裂、液压件卡死、液压泵压力失调、运动速度突然下降、液压振动、液压噪声、油温急剧上升等，此类故障难以预测与预防；渐进性故障的特点是与系统的使用时间有关，尤其是在使用寿命的后期体现得最为明显，主要是与部件磨损、腐蚀、疲劳、老化、污染等劣化因素有关，它通常情况下是可以预防的。

故障按在线显现情况可分为功能性和潜在性故障两种。功能性故障是指液压系统不能正常工作或工作能力显著降低，如关键液压元件损坏等；潜在性故障一般是指系统故障尚未在功能方面表现出来，但可以通过观察分析及仪器测试出它的潜在程度。

液压系统发生故障的趋势符合可靠性工程中的故障曲线。一般在使用初期因设计、制造、运输、安装、调试等原因而故障率较高，随着使用时间的延长及故障的不断排除，故障率将逐渐降低。在使用中期，设备故障趋于较稳定期。而到了设备使用后期，由于长期使用过程中的磨损、腐蚀、老化、疲劳等，会使故障逐渐增多。但是，即使在有效的寿命周期内也不能排除出现突发性的各种严重故障。

二、液压系统故障的特点

与一般机械与电气故障相比，液压系统故障具有下列特点：

1. 隐蔽性

当液压系统损坏与失效时，由于不便装拆，现场检测条件也很有限，难以直接观测，加之随机性因素的影响，故障分析很困难。如大型液压阀板内部孔系结构复杂，如果出现串通与堵塞，液压系统就会出现严重失调，在这种情况下寻找故障点的难度很大。

2. 交错性

液压故障系统的症状与原因之间存在着各种各样的重叠与交叉。一个症状可能有多种原因，例如，执行元件的速度慢，引起的原因可能有：负载过大、执行元件磨损、系统内存在泄漏口、调压系统故障、调速系统故障及泵故障等。一个故障源也可能引起多处症状，例如，叶片泵定子内曲线磨损之后，会出现压力波动增大和噪声增大故障。一个症状也可能同时由多个故障源叠加起来形成，例如，当泵、换向阀和液压缸均处于磨损状态时，系统的效率会有较大幅度的下降，当逐一更换这些元件后，效率将逐步提高。

3. 随机性

液压系统在运行过程中，会受到各种各样的随机性因素的影响，如电网电压的变化、环境温度的变化、机器工作任务的变化等。由于随机性因素的影响，故障具体发生的时间和部位等不确定，引起判断困难。

4. 差异性

由于设计、加工材料及应用环境等的差异，各液压元件的磨损劣化速度相差很大，一般的液压元件寿命标准在现场无法应用，只能对具体的液压设备与液压元件确定具体的磨损评价标准，这又需要积累长期的运行数据。

三、液压系统故障诊断基本方法

1. 液压系统故障诊断的一般步骤

（1）首先了解故障情况　可向现场操作工和维修人员了解设备近期的工作性能变化情况、维修保养情况、出现故障征兆后曾采取的具体措施、已检查和调整过哪些部位等。

（2）确定故障诊断参数　液压系统的故障属于参数型故障，可通过测量参数提取有用的故障信息。液压系统的诊断参数有系统压力、系统流量、元件温升、元件泄漏量、系统振动和噪声等。系统压力不足会表现为液压缸动作无力，液压马达输出功率或转矩不力等现象。系统流量不足会表现为执行元件运动速度慢或停止不动。元件泄漏量大会表现为动作速度慢和系统温升快。

（3）分析　确定故障可能产生的位置和范围　对所检测的结果，对照液压系统原理图进行分析，以确保故障诊断的准确性。

（4）制订合理的诊断过程和诊断方法

（5）选择诊断用的仪器、仪表　诊断用的仪器、仪表有光电数字转速表、温度计、红外测温仪、压力表、油液分析仪、液压检测仪、各种接头和专用工具等。选择原则是：首先选用对系统尽可能不做任何拆卸的仪器、仪表；其次选用需连接于系统中的仪器、仪表；最后选用液压检测仪。但在故障很复杂时，也可先用液压检测仪来诊断。

要特别注意的是：在未确定故障产生的位置和范围之前，严禁任何盲目地拆卸、解体或调整液压元件，以免造成故障范围扩大或引发新的故障，使问题的解决更复杂化。

2. 直观检查法

直观检查法是液压系统故障诊断方法中一种最为简便的方法。它是指用眼看、手摸、耳听、嗅闻等手段对零部件进行检查和判断。该方法适用于一些较为简单的故障的检查，如破裂、漏油、松脱、变形等。直观检查法须在设备停机时进行。

（1）眼看　可观察各类仪表的指示状况，执行元件的速度或转速变化情况，各类元件的安装与连接状况，各类工作指示灯与故障指示灯工作的情况，液压油箱的油面高低情况以及油中有无气泡、是否混浊等。

（2）耳听　可用于液压泵是否有功率输出、液压泵运动件与轴承是否损坏、泵与马达是否有摩擦、系统内是否存在泄漏口、电磁铁是否吸合或放松、机器安装是否牢靠、是否存在液压冲击等。

（3）手摸　通过触摸液压元件表面或液压管道，可了解液压元件表面温升情况，也可判断其中是否有油液通过，以及流过的油是否具有较高的压力。

（4）嗅闻　主要用于判断电器元件及电磁铁是否烧坏、液压油是否变质等。

3. 仪表测量检查法

仪表测量检查法是检测液压系统故障最为准确的方法，主要是通过对系统各部分液压油的压力、执行元件的速度等的测量来判断故障点的。

（1）压力测量　压力是液压系统最重要的参数，压力测量应用于检测液压系统故障较为普遍。液压系统压力测量一般是在整个液压系统中选择几个关键点来进行，例如：泵的出口、执行元件的入口、多回路系统中每个回路的入口、故障可疑元件的出入口等部位。将所测数据与各关键点正常的压力值相对照，从而判定所测点前后油路上的故障情况。利用压力测量方法进行故障检查前，必须做好以下几个方面工作：

1）对所测系统各关键点的正常压力值要有明确的了解；若在液压系统原理图上没有标出某关键点的正常压力值，则需要通过计算或分析得出数值来。

2）准备多个不同量程的压力表，以提高测量的准确性。

3）准备多种常用的测压接头，以满足连接系统中元件、油管接口等的需要。

（2）流量测量　流量也是液压系统的重要参数，用流量计可准确地测出液压元件内泄漏及容积效率，还能方便地检测出液压回路的阻塞情况。

（3）测量液压元件表面温度　液压元件表面温度的大小是由其内部热量的产生和发散情况所决定的。引起液压元件温度升高主要有节流发热和摩擦发热两种情况。正常情况下，液压元件的表面温度在50℃以下，当发生故障时，温度可升至80℃以上。液压元件本身故障可引起其表面温度升高；系统中其他要素不正常，如冷却不当或压力流量调整不当，也会引起元件表面温度升高。因此，测量液压元件表面温度除要与正常情况下测得的标准值对照外，还必须结合其他方面获得的信息，对系统做出综合判断。

液压元件表面的温度测量，采用接触式温度计或红外测温仪器。后者灵敏度较高，更有利于在现场精密诊断液压系统故障。液压元件表面温度测量过程中必须注意环境温度、负载条件、冷却条件等的前后一致性；测量要在设备正常运行后，温度达到平衡状态时进行。

（4）测试执行元件的速度或转速　执行元件的运动速度或转速的变化，是液压系统中某些元件结构变化的反映。可通过考察执行元件的速度或转速的变化，结合一些其他方面的信息，来判断液压系统的故障状况。例如：液压马达转速下降，结合液压马达泄油管泄漏量较大，可判断是液压马达泄漏引起其转速下降。

考察执行元件的速度或转速变化，同时要以设备正常时测出的速度或转速度值作为判断故障的基准值。测试过程必须注意调整压力、流量与系统负载前后一致。

除上述方法外，还有逻辑分析法（故障树诊断法）、故障智能诊断法、模糊神经网络诊断法等。由于篇幅有限，在此不一一阐述。

第二节 液压油引起的故障分析及处理

一、液压油选用不当

液压油是液压系统中重要的工作介质，它能有效地传递能量，保证液压系统可靠、准确地工作。此外，液压油还有润滑液压元件和冷却散热的作用。要根据不同的应用场合、液压泵类型、工作温度和压力等，选用不同类型的液压油。正确选用和合理使用液压油，对于液压设备运行的可靠性、延长系统和元件的使用寿命、保证设备安全运行有着重要的意义。

国外有关学者对液压系统的故障原因进行过分类统计，见表5-1。从表中可以看出，液压油选用不当和使用不善是液压系统产生故障的主要原因，所以应当重视液压油的选择和使用，并在储运和使用过程中使液压油不受到或尽量少受到外界各种介质的污染。

表5-1 液压系统故障原因分类统计表

故障原因	比率（%）
液压油选用不当和使用不善	70
机械磨损	10
缺乏对液压设备的性能知识的了解	10
超载运行	5
其他	5

1）各类液压油都有其适宜的工作温度和极限温度，见表5-2。若工作环境温度高于液压油的工作温度，则会使油品的黏度变低，造成内泄漏增加，油泵容积效率下降，泵的磨损增加，导致工作不正常。而且泵的使用寿命会缩短。温度高也会影响液压元件使其彼此间配合间隙减小，造成元件失灵或卡死。

表5-2 不同品种液压油的工作温度

液压油的类型	连续工作温度/℃	短期极限工作温度/℃	液压油的类型	连续工作温度/℃	短期极限工作温度/℃
高水基型	38～50	65	矿物油	45～55	120
油包水乳化液	50～65	65	磷酸酯	65～80	150
水、乙二醇型	50～65	70			

2）各类液压油都有其使用极限压力，见表5-3。如果设计时液压油压力选择不当，则会影响液压泵的正常工作，致使液压系统压力不稳定或不足，从而带来一系列故障。

表5-3 各类液压油使用的极限压力

油品种类	使用极限压力/MPa	油品种类	使用极限压力/MPa
矿物油型液压油	425	水、乙二醇型	1400
矿物油加增黏剂	700	合成型	1400

二、液压油污染的原因

表 5-4 是液压油污染的原因，应针对这些原因采取必要的防范措施。

表 5-4 液压油污染的原因

污染原因	金属粉屑	铸造砂粒	尘埃	锈屑	焊屑	橡胶类磨屑	研磨粉液	纤维物类	涂料碎屑	液压油劣化物	水分	其他液体	空气	密封材料
制造时带入或清洗不干净	○	○	○	○	○	○	○	○	○	○	—	○	—	○
在保管运输中混入	—	—	○	○	—	—	—	—	○	—	○	○	—	—
维修时或平时有外部侵入	○	—	○	○	○	○	○	○	○	—	○	○	○	○
装置内部本身脱落的	○	—	○	○	○	○	○	○	○	○	○	—	○	○

三、液压油引起的故障的分析和处理

人们从大量的生产实践中总结出表5-5 所列的由于液压油（含液压油选择不当、液压油变质、液压油受到污染等）引起的液压系统故障的原因和应采取的措施。

表 5-5 液压油引起的液压系统故障

表现		容易产生的故障	与液压油有关的原因	应采取的措施
黏度	太低	（1）泵产生噪声，排出量不足，产生异常磨损甚至烧结 （2）由于机器的内泄漏，液压缸、液压马达等执行元件产生异常动作 （3）压力控制阀不稳定，压力计指针振动 （4）由于润滑不良，滑动面产生异常磨损	（1）由于油温控制不好，油温上升 （2）在使用标准机器的装置中，使用了黏度过低的油 （3）高黏度指数油长时间使用后黏度下降	（1）改进、修理冷却器系统 （2）更换液压油牌号，或使用特殊的机器 （3）更换液压油
	太高	（1）由于泵吸油不良，产生烧结 （2）由于泵吸油阻力增加，产生空穴作用 （3）由于过滤器阻力增大，产生故障 （4）由于管路阻力增大，压力损失（输出功率）增加 （5）控制阀动作迟缓或动作不良	（1）液压油黏度等级选择不当 （2）设计时忽视了液压油的低温性能 （3）低温时的油温控制装置不良 （4）在标准机器中使用了黏度过高的油	（1）改用黏度等级低的油 （2）设计低温时的加热装置 （3）修理油温控制系统 （4）更换或修理机器
防锈性不良		（1）由于滑动部分生锈，控制阀动作不良 （2）由于发牛铁锈，脱落后又卡住或烧结 （3）由于随油流动的锈粒，产生动作不良或伤痕	（1）在无防锈剂的汽轮机油或防锈性差的液压油中混入水分 （2）液压油中有超过允许范围的水混入 （3）从开始时就已发生的锈蚀继续发展	（1）使用防锈性良好的液压油 （2）改进防止水混入的措施 （3）进行冲洗，并进行防锈处理

（续）

表现	容易产生的故障	与液压油有关的原因	应采取的措施
抗乳化性不良	（1）由于多量的水而生锈 （2）促进液压油的异常变质（氧化、老化）	（1）新液压油的抗乳化性不良 （2）液压油变质后，抗乳化性变坏，水分离性降低	（1）使用抗乳化性好的液压油 （2）更换液压油
变质（老化氧化）	（1）由于产生油泥，机器动作不良 （2）由于油的氧化增强，金属材料受到腐蚀 （3）由于润滑性能降低，机器受到磨损 （4）由于防锈性、抗乳化性降低而产生故障	（1）由于在高温下使用液压油氧化变质 （2）由于水分、金属粉末、酸等污染物的混入促进油的变质 （3）由于局部受热	（1）避免在高温（60℃以上）下长时间使用 （2）除去污染物 （3）防止在加热器等处局部受热
发生腐蚀	（1）铜、铝、铁的腐蚀 （2）伴随着空穴作用的发生而产生的侵蚀 （3）泵、过滤器、冷却器的局部腐蚀	（1）添加剂有腐蚀性 （2）液压油的变质，腐蚀性物质的混入 （3）由于水分的混入而产生空穴作用	（1）注意添加剂的性质 （2）防止液压油受污染和变质 （3）防止水分混入
抗泡性不良	（1）油箱内产生大量泡沫，液压油抗泡性能变差 （2）泵吸入气泡而产生空穴作用 （3）液压缸、液压马达等执行元件发生爆震（敲击），发出噪声，动作不良和迟缓	（1）抗泡剂已消耗掉 （2）液压油性质不良	（1）更换液压油 （2）研究、改进液压装置（油箱）的结构
低温流动性不良	在比倾点低10～17℃的温度下，液压油缺乏充分的流动性，不能使用	（1）由于液压油的性质不适合 （2）由于添加剂的性质不适合	要选择合适的液压油
润滑性不良	（1）泵发生异常磨损，寿命缩短 （2）机器的性能降低，寿命缩短 （3）执行元件性能降低	（1）由于液压油混入水分 （2）液压油变质 （3）黏度降低	（1）选油时要考虑其润滑性 （2）更换液压油牌号 （3）更换液压油
受到污染	（1）泵发生异常磨损，甚至烧结 （2）控制阀动作不良，产生伤痕，泄漏增加 （3）流量调节阀的调节不良 （4）伺服阀动作不良，特性降低 （5）堵塞过滤器的孔眼 （6）促进液压油变质	（1）组装时机器、管路中原有的附着物发生脱落 （2）在机器运转过程中从外部混入污染物 （3）由于生锈 （4）在机器的滑动部分产生磨损粉末 （5）液压油的变质	（1）组装时要把各元件和管路清洗干净，对液压系统要进行冲洗 （2）重新检查装置的密封情况 （3）利用有效的过滤器 （4）换油 （5）换油

第三节　液压系统主要液压元件的故障与维修

不同的液压设备，由于组成液压系统的液压基本回路不同，组成各基本回路的元件也不同，出现的故障也就不同。液压系统大部分故障并不是突然发生的，常常伴随着一些预兆，如噪声、振动、冲击、爬行、污染、气穴和泄漏等，如果能及时发现、控制、修理，系统故障就可以消除或减少。

各种液压系统都是由具有各种功能的液压元件有机地组合而成的，这些元件通常分为驱动元件、执行元件、控制元件和辅助元件四个部分。由于篇幅所限，本节仅着重介绍液压泵和液压控制阀的常见故障和维修方法。

一、液压泵常见的故障与维修

液压泵是将机械能转换为液压能的能量转换装置，是液压系统的主要组成部分，其性能好坏直接影响液压系统的工作性能。常用的液压泵有齿轮泵、叶片泵、柱塞泵等。

1. 齿轮泵的故障与修理

齿轮泵种类繁多，但其基本结构相似，均有一对相互啮合的齿轮。齿轮装在泵体内，由前后盖板密封，齿轮轴装在前后盖板的滚动轴承或滑动轴承里，如图 5-1 所示。

齿轮泵的主要故障及其排除方法见表 5-6。

当然，在实际工作过程中故障的出现不是单个的，往往是几种故障同时出现，而且产生的原因也交织在一起，互相关联，互相制约。因此必须仔细地观察故障现象，深入分析产生故障的原因，才能确定排除故障的方法。

2. 齿轮泵主要零件的修理

（1）齿轮的修理　齿轮外圆因受不平衡径向液压力的作用，与泵体内孔摩擦而产生磨损及刮伤，导致径向间隙增大。轻者可不必进行修整，对使用无明显影响；严重者需要更换齿轮。齿轮两侧端面与前、后盖之间因有相对运动而磨损，轻者有刮伤痕迹，可用研磨方法将痕迹研去并抛光，即可重新使用；而磨损严重者，应将齿轮放在平面磨床上修磨端面，把磨损和刮伤痕迹磨去。但需注意，凡是一只齿轮端面磨损，另一只齿轮也必须同样在平面磨床上修磨，以保证两只齿轮的厚度差在 0.005mm 内，表面粗糙度值应达 $Ra1.25\mu m$，端面与孔中心线的垂直度误差不超过 0.005mm，并用油石适当将锐边倒钝，但不宜倒角。

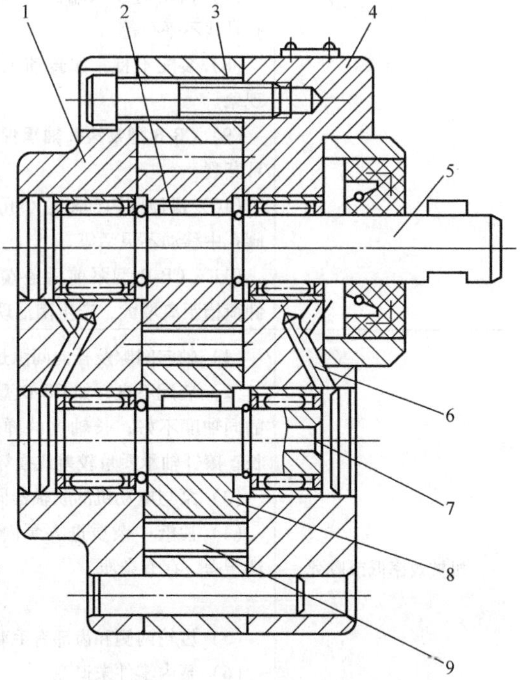

图 5-1　CB-B 型外啮合齿轮泵的结构

1—后盖　2—平键　3—泵体　4—前盖　5—长轴　6—泄油孔　7—短轴中心通孔　8—齿轮　9—泄油槽

表5-6 齿轮泵常见故障及其排除方法

故障现象	产生原因	排除方法
噪声大	(1) CB-B型齿轮泵由于泵体与前、后盖是硬性接触(不用纸垫),若泵体与前、后盖的接触面平面度不好,则在旋转时进入空气;同时,该泵的泵盖上长、短轴两端之密封过去采用铸铁压盖,倒角大,与泵盖又是硬性接触,不能保证可靠密封(现采用塑料压盖,若塑料压盖损坏或因热胀冷缩关系也会产生类似情况);此外,若齿轮泵各接合面及管道密封不严、密封件损坏等也会混入空气	(1) 若泵体与泵盖端面平面度不好,可在平板上用金刚砂研磨或在平面磨床上修磨,使其平面度误差不超过0.005mm(同时要注意端面与孔的垂直度要求);泵盖孔与铸铁(或塑料)压盖密封处的泄漏,可用环氧树脂胶粘剂涂敷(涂敷前应用丙酮或无水酒精清洗干净);同时,紧固各连接件,要换密封件等
	(2) 泵与电动机连接的联轴器碰擦	(2) 泵与电动机应采用弹性连接;若联轴器中的圆柱、橡皮圈损坏应换新,且安装时应保持两者同轴度误差不超过0.1mm
	(3) 齿轮的齿形精度不好或接触不良	(3) 更换齿轮或对研修整,也有采用修正齿轮以减小噪声的
	(4) CB-B型齿轮泵中的骨架式密封圈密封性能较差和损坏,或装配时骨架密封圈内弹簧脱落,致使空气混入	(4) 可采用密封性能较好的双唇口密封圈,若损坏应更换,防止空气混入
	(5) 泵内个别零件损坏	(5) 拆检,更换损坏件
	(6) 轴向间隙过小	(6) 修复后保证轴向间隙
	(7) 齿轮内孔与端面不垂直,端盖上两孔轴线不平行等	(7) 拆检,修复有关零件的精度
	(8) 装配不良,如转动主动轴时有轻重现象	(8) 见"齿轮泵的装配及调整"
	(9) CB-B型泵滚针轴承保持架损坏或滚针断裂	(9) 在装配时滚针应充满轴承座圈内孔,若损坏则更换滚针或滚针轴承
	(10) 溢流阀内部阻尼小孔堵塞及滑阀在阀孔中移动不灵活等	(10) 拆检溢流阀,清洗或修复
	(11) CB-B型泵前后盖端面修磨后,两卸荷槽距离增大,产生困油现象	(11) 修整卸荷槽尺寸,使之符合设计要求(两卸荷槽间距=2.78m,m为齿轮的模数)
机械效率低或咬死	(1) 轴向间隙及径向间隙过小	(1) 修复后保证轴向间隙或径向间隙
	(2) 装配不良,如CB-B型泵的盖板与轴的同轴度不好;长轴上的弹簧固紧圈脚太长;滚针轴承质量较差或损坏等	(2) 见有关齿轮泵修理的内容
	(3) 泵与电动机的联轴器同轴度不好	(3) 两者的同轴度误差不超过0.1mm
	(4) 油液中杂质进入泵内或装配前未清洗干净,存有杂质	(4) 严防周围灰砂、铁屑及冷却水等进入油池,以保持油液清洁。同时,在装配前应仔细清洗待装配零件
	(5) 齿轮两侧和齿部有毛刺	(5) 在装配前仔细清除毛刺
	(6) 泵内零件未退磁	(6) 在装配前应将全部零件退磁
	(7) 两盖板螺孔孔距加工时产生偏移,在装配拧紧螺钉时使两盖板错位	(7) 两盖板螺纹在装配时重新攻螺纹,使之用螺钉连接时无错位现象
	(8) 轴承损坏	(8) 更换轴承

（续）

故障现象	产 生 原 因	排 除 方 法
容积效率低、压力提不高	（1）轴向间隙与径向间隙过大，内泄漏大 （2）各连接处泄漏 （3）油液黏度太大或太小 （4）溢流阀失灵，如滑阀与阀体中的阻尼小孔堵塞；滑阀与阀体孔配合间隙太大；调压弹簧质量不良等 （5）若是新泵，可能泵体有砂眼、缩孔等铸造缺陷 （6）进油位置太高	（1）见“齿轮泵主要零件的修理” （2）紧固各连接处，严防泄漏 （3）该系列齿轮泵选用的油液黏度应按泵的工作要求合理选用 （4）见“压力控制阀的修理” （5）更换泵体 （6）进油高度不得超过500mm
CB-B型泵的压盖及骨架密封圈有时被冲出	（1）压盖堵塞了前后盖板的回油通道，造成回油不畅而产生很大压力 （2）骨架密封圈与泵的前盖配合过松 （3）装配时将泵体方向装反，使出油口接通卸荷槽，形成压力，冲出骨架密封圈 （4）泄漏通道被污物阻塞	（1）将压盖取出重新压进，注意不要堵塞回油通道，且不出现漏气现象 （2）检查骨架密封圈外圈与泵的前盖间的配合间隙，骨架密封圈应压入泵的前盖，若间隙过大，应更换新的骨架密封圈 （3）重新装配泵体 （4）清除泄漏通道之污物

在齿轮泵重新进行装配时，如果无结构上的限制，可将两只齿轮反转180°安装，利用其原来非啮合的齿面进行工作，这样既不影响泵的工作性能又可以延长齿轮泵的使用寿命。

（2）泵体的修理　泵体内壁的磨损多发生在吸油腔的一侧，这是由于齿轮和轴承受到高压油单方向作用引起的。其磨损量不应大于0.05mm。磨损后可用刷镀方法修复，修复后其圆度、圆柱度误差应小于0.01mm，表面粗糙度值应达$Ra0.8\mu m$。

此外，泵体端面虽然不产生磨损，但是，考虑到齿轮端面经过磨削或研磨之后，其厚度将减小，会使齿轮端面间隙增大。在这种情况下，为了保证其正常间隙，泵体的端面也应磨削或研磨，使其厚度也相应减小，保证装配后获得正常间隙。

若泵的吸油孔和排油孔直径相同，在对磨损的内表面修整之后，也可在装配时将泵体反转180°安装，使其原先磨损很小的一侧处于吸油腔的一侧。

（3）端盖的修理　端盖与齿轮端面相对应的表面会产生磨损和擦伤，形成圆形磨痕。端盖磨损后，采用磨削或研磨方法磨平整，加工后表面粗糙度值为$Ra1.25\mu m$。端面与轴孔中心线的垂直度应给予保证。

（4）油泵轴与轴承的修理　当轴承径向间隙大于0.01mm时应更换新件。齿轮泵长、短轴与轴承配合部分会产生磨损，当磨损较严重时，可用电镀或刷镀技术修复。

3. 叶片泵的故障与修理

（1）叶片泵常见故障及其排除方法　叶片泵在工作过程中所出现的故障现象与齿轮泵相似。但由于结构不同（叶片泵结构如图5-2所示），引起故障的原因及排除方法也有所差异。叶片泵常见故障及其排除方法见表5-7。

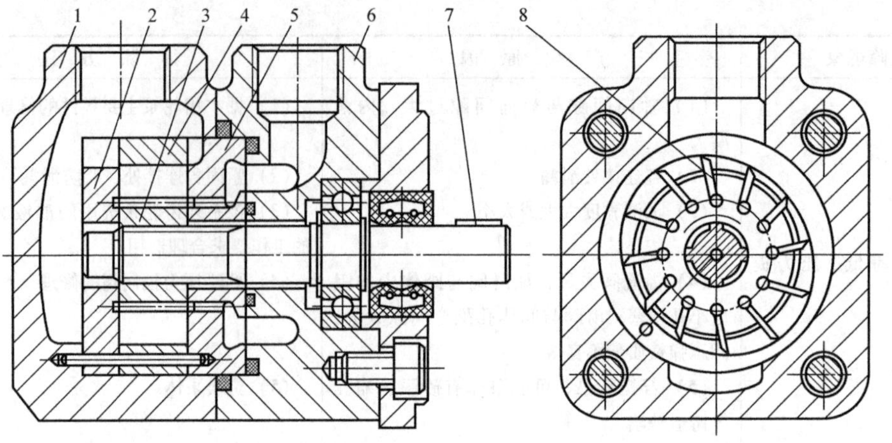

图5-2 YB型叶片泵结构

1—左体壳 2—配油盘 3—转子 4—定子 5—配油盘
6—右体壳 7—花键轴 8—叶片

表5-7 叶片泵常见故障及其排除方法

故障现象	产生原因	排除方法
容积效率低，压力提不高	（1）个别叶片在转子槽内移动不灵活甚至卡住	（1）检查配合间隙，若配合间隙过小应单槽研配
	（2）叶片或转子装反	（2）纠正叶片或转子方向
	（3）轴向间隙过大，内泄漏严重	（3）见“叶片泵主要零件的修理”
	（4）定子内曲线表面有刮伤痕迹，致使叶片与定子内曲线表面接触不良	（4）放在装有特种凸轮工具的内圆磨床上进行修磨
	（5）配油盘内孔磨损	（5）若磨损严重，需换新配油盘
	（6）叶片与转子槽的配合间隙太大	（6）根据转子叶片槽单配叶片
	（7）定子进油腔处磨损严重；叶片顶端缺裂或拉毛等	（7）定子磨损一般在进油腔，可翻转180°装上，在对称位置重新加工定位孔并定位；叶片顶端有缺陷或磨损严重，应重新修磨
	（8）进油不畅	（8）清洗滤油器，定期更换工作油液，检查工作油液的黏度是否太大或太小，加足油池中的油液等
	（9）对于YBP型变量泵	
	1）限压弹簧调整不当或弹簧疲劳，偏心距太小，致使泵的流量不足	1）重新调整限压弹簧压缩量或更换限压弹簧
	2）流量调节螺钉调整不当，因为当变量泵在低于限定压力的流量时，可调节流量调节螺钉，以改变定子的最大偏心量，如果调节不当，则会影响泵的输油量	2）重新调整流量调节螺钉
	3）滑套在孔中卡住	3）使滑套在孔中移动灵活
	4）其他同定量叶片泵	4）同定量叶片泵

（续）

故障现象	产　生　原　因	排　除　方　法
泵不出油	（1）泵旋转方向反了 （2）叶片与转子槽配合过紧而卡死 （3）油面过低 （4）油液黏度过大，使叶片移动不灵活 （5）对于 YBP 型变量泵，如轴向间隙太小，定子在摆动轴上摆动不灵活，甚至卡死等致使定子不偏心 （6）泵体有砂眼、气孔与疏松等铸造缺陷，高、低压油互通 （7）配油盘与壳体接触不良，高、低压油互通 （8）花键轴断裂	（1）纠正泵的旋转方向 （2）单配叶片，使每片叶片在转子槽内移动灵活 （3）定期检查油池中的油液，并加注至油标规定线 （4）调换为黏度较小的油液 （5）修复后使轴向间隙合适，使定子在摆动轴上摆动灵活 （6）更换泵体 （7）一般由于配油盘在压力油作用下容易变形，应修整配油盘的接触面 （8）更换花键轴
噪声大	（1）定子内曲表面拉毛 （2）配油盘端面与内孔不垂直或叶片端面与侧面不垂直 （3）配油盘压油窗口的节流槽太短 （4）主轴密封圈过紧（用手感觉到轴和端盖处有烫手现象） （5）叶片倒角太小 （6）进油口密封不严，空气混入 （7）进油不畅 （8）泵轴与电动机轴同轴度不良 （9）在超过规定的压力下工作，这不仅会产生噪声，还会显著降低泵的使用寿命 （10）电动机振动或其他机械振动影响泵的振动 （11）高、低压两个泵的压油腔相通，或使用蓄能器时，高压油向泵内倒流	（1）抛光定子内曲表面 （2）修磨配油盘端面和叶片侧面，使其垂直度误差不超过 0.01mm （3）为清除困油及噪声现象，在配油盘压油腔处开有节流槽，若太短，可适当用什锦锉修长，使得在一片叶片过节流槽时，相邻的一片应开启 （4）适当调换密封圈 （5）将原叶片一侧倒角或加工成圆弧形，其目的是使叶片运动时减少作用力突变 （6）紧固进油管路各接头 （7）加足油液，加大进油管道面积，清除滤油器污物，调换为黏度较小的油液等 （8）校正同轴度，要求同轴度误差不大于 0.1mm （9）一般情况下，应在低于泵的额定压力下工作 （10）泵和电动机与安装板连接时应安装一定厚度的橡胶垫 （11）在系统内增装一个单向阀，防止高压油向泵内倒灌，如下图所示 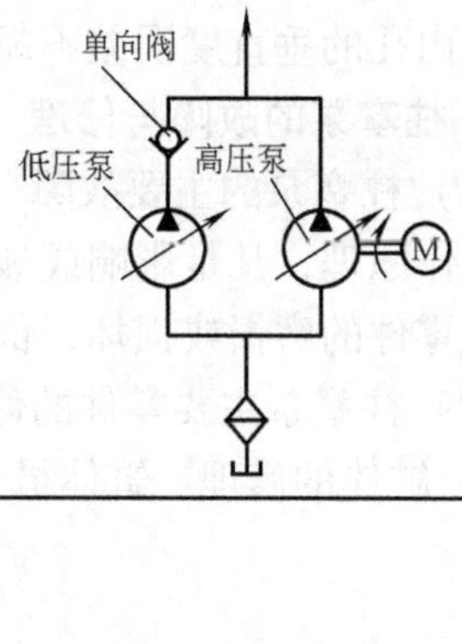

（2）叶片泵主要零部件的修理 修理的主要内容如下：

1）定子的修理。定子的主要损坏部位在内表面，特别是吸油腔所对的内表面。这是由于吸油侧的叶片在根部有较高的压力油作用，加上离心力造成的压力，使其紧靠在定子内表面上，从而造成内表面磨损。双作用叶片泵的定子内表面由四段圆弧和四段过渡曲线构成，曲线表面若磨损严重，出现了沟痕，可先将磨损表面用粗砂纸磨平消除沟痕，再用细砂纸磨光。有条件的修理厂家，也可放在装有特种凸轮工具的内圆磨床上修复（此凸轮和定子内环呈同一曲线）。经济而方便的方法是：将定子翻转180°安装，并在对称位置重新加工定位孔，使原进油腔变为压油腔，如图5-3所示。定子修理后，内表面与端面垂直度误差为0.008mm，表面粗糙度值为$Ra0.4\mu m$。

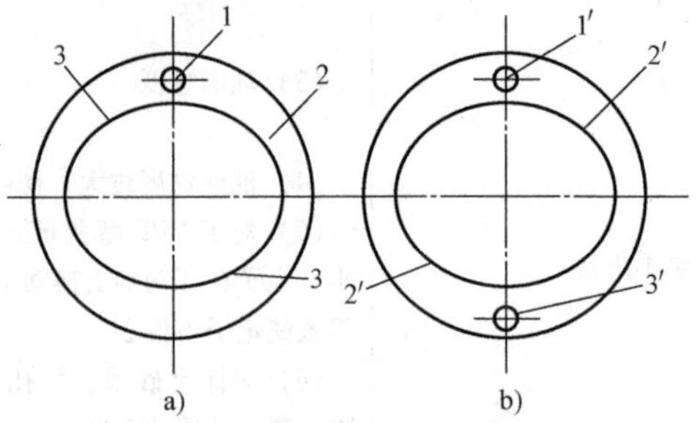

图5-3 定子转180°安装

a）修前安装位置 b）修后安装位置

1—定位孔 2—定子 3—磨损处

1′—增加定位孔 2′—磨损位置

3′—原定位孔（不起作用）

2）转子的修理。转子的两个端面最易磨损。端面磨损后间隙增大，内部泄漏增加。磨损轻微时可在平板上研磨、平整和满足表面粗糙度要求或用油石将毛刺和拉毛处修光、研磨；磨损严重时应将转子在平面磨床上磨平，直至消除磨损痕迹，达到表面粗糙度值$Ra0.2\mu m$。当转子面磨削加工后，为保证转子与配油盘之间的正常间隙（0.04～0.07mm），也应对定子端面进行磨削加工，其磨削量等于转子端面的磨削量加上原端面的磨损量。

转子的叶片槽因叶片在其内频繁的往复运动而产生磨损，引起油液内漏。叶片槽磨损后，可在工具磨床上用超薄砂轮修磨，两侧面的平行度误差为0.01mm，表面粗糙度值应达$Ra0.1\mu m$。

3）叶片的修理。叶片易磨损的部位是与定子内环表面接触的顶端和与配油盘相对运动的两侧，而叶片两侧大平面的磨损较缓慢。叶片磨损后，可用专用夹具修复其顶部的倒角及两侧。叶片大平面的磨损可放在平面磨床上修磨，但应保证叶片与叶片槽间的配合间隙在0.013～0.018mm范围内。

4）配油盘修理。配油盘的端面和内孔最易磨损。端面磨损轻微时，可在平板上研磨平整和满足表面粗糙度要求；当磨损较严重时可将配油盘以内孔定位，在内圆磨床上修磨端面。内孔磨损轻微时，只需用细砂纸磨光；磨损严重时，可先在内圆磨床上扩大内孔，镶套后，再磨削加工到要求的尺寸精度和表面粗糙度。

配油盘端面表面修磨加工后，其与转子接触平面的平面度误差在0.005～0.01mm之间，端面与内孔的垂直度误差不超过0.01mm，端面粗糙度值为$Ra0.2\mu m$。

4. 柱塞泵的故障与修理

（1）柱塞泵的主要故障 其主要故障是不能吸油或吸油量不足以形成压力。根据柱塞泵的工作原理，凡是影响或破坏柱塞与柱塞孔组成的密闭空间的密封性，以及密闭空间容积的有关零件的磨损或损坏，都会引起故障。

（2）柱塞泵主要零件的修理 修理的主要内容如下：

1）缸体的修理。缸体最易磨损的部位是与柱塞配合的柱塞孔内壁以及与配油盘接触的端面，这两个配合间隙增大，都将使内泄漏增加。端面磨损后可先在平面磨床上精磨端面，然后再用氧化铬抛光膏抛光。加工后，端面平面度误差应不超过0.005mm，表面粗糙度值达 $Ra0.2\mu m$。

2）配油盘的修理。配油盘与缸体接触的端面会产生磨损，出现磨痕，使密封面表面粗糙度增大，引起内泄漏增加。磨损的端面可在平板上研磨，消除磨痕，获得合适的表面粗糙度。端面修磨后，表面粗糙度值不得低于 $Ra0.05\mu m$，但也不得高于 $Ra0.2\mu m$。表面粗糙度值过高或过低，均不利于润滑油的储存，会加速磨损。磨修后端面平面度误差应不超过0.005mm，两端面的平行度误差不超过0.01mm。

3）斜盘的修理。斜盘与滑靴接触的表面会产生磨损，可在板上研磨至 $Ra0.08\mu m$，平面度误差不超过0.005mm。

液压泵的检修，除了对主要零件进行修理之外，对于其他零件，如弹簧、密封件等，当它们损坏失效后，通常换用符合质量要求的新件。

二、液压控制阀的常见故障与维修

液压控制阀的作用是控制和调节液压系统中油液的压力、流量和流向，以满足各种工作要求。根据其用途和特点，可分为压力控制阀（如溢流阀、减压阀、顺序阀等）和换向阀。

1. 压力控制阀的修理

压力控制阀的作用是控制和调节液压系统中工作油液的压力，其基本工作原理是借助于节流口的降压作用，使油液压力和弹簧张力相平衡。

（1）压力控制阀的常见故障及排除方法　压力控制阀的常见故障及排除方法见表5-8。

表5-8　压力控制阀的常见故障及其排除方法

故障现象	产生原因	排除方法
压力波动大	（1）钢球不圆或锥阀缺裂，钢球或锥阀与阀座密合不好	（1）调换钢球或修磨锥阀，研磨阀座
	（2）弹簧变形太大或太软，甚至在滑阀中卡住，使滑阀移动困难	（2）更换弹簧
	（3）滑阀拉毛或弯曲变形，致使滑阀在阀体孔内移动不灵活	（3）除去毛刺或更换滑阀
	（4）油液不清洁，将阻尼孔阻塞，同时，由于滑阀与阀体孔配合间隙较小，而在小孔、缝隙处的流速较大，油液中的污物在小孔、缝隙及径向间隙内集聚，有时又被压力油冲走，造成开口变化	（4）更换油液，清除阻尼孔内污物及阀体内杂质
	（5）滑阀或阀体孔圆度及母线平行度不好，使滑阀卡住	（5）检查滑阀与阀体孔精度，使其圆度及母线平行度误差不超过0.0015mm
	（6）液压系统中存在空气	（6）排除系统中的空气
	（7）液压泵流量和压力波动，阀无法起平衡作用	（7）修复液压泵

（续）

故障现象	产生原因	排除方法
噪声大	（1）滑阀与阀体孔配合间隙或圆度误差太大，引起泄漏 （2）弹簧弯曲变形 （3）滑阀与阀体孔配合间隙过小 （4）锁紧螺母松动 （5）液压泵进油不畅 （6）压力控制阀的回油管贴近油箱底面，使回油不畅	（1）研磨阀孔，重配滑阀，使之各项精度达到技术要求 （2）更换弹簧 （3）修磨滑阀或研磨阀体孔 （4）调压后应紧固锁紧螺母 （5）清除进油口处滤油器的污物，紧固各连接处、严防泄漏，适当增加进油面积 （6）回油管应离油箱底面50mm以上
调整无效（压力提不高或压力突然升高）	（1）滑阀在开口（关闭或开启）位置被卡住，使压力无法建立 （2）弹簧变形或断裂等 （3）阻尼孔堵塞，使滑阀在一端的液压力作用下，克服平衡弹簧的弹簧力将阀的排油通道打开，因而压力阀所控制的压力较低，特别是突然出现压力调不高时，这种可能性很大 （4）进、出口装反，无压力油去推动滑阀移动 （5）压力阀的回油不畅 （6）锥阀与阀座配合不良而产生漏油 （7）调压弹簧压缩量不够 （8）调压弹簧选用不适合	（1）使滑阀在阀体孔内移动灵活 （2）更换弹簧 （3）清洗和疏通阻尼孔通道 （4）调整进、出油口油管位置 （5）应尽可能缩短回油管道，以使回油通畅 （6）研磨阀座与修磨锥阀 （7）调节调压螺钉，增加压缩量 （8）更换合适的调压弹簧
泄漏	（1）锥阀与阀座配合不良 （2）密封件损坏 （3）滑阀与阀体孔配合间隙太大 （4）各连接处螺钉未固紧 （5）YF型溢流阀的主阀阀芯与阀盖孔配合处磨损及主阀阀芯与阀座密封处损坏 （6）接合处的纸垫被冲破	（1）研磨阀座，修磨锥阀，使其配合良好 （2）更换密封件 （3）重做滑阀，重配间隙 （4）紧固各连接处螺钉 （5）更换主阀阀芯，重配间隙并更换密封件 （6）更换耐油纸垫，且需保证通油舒畅
减压阀不起减压作用	（1）滑阀上的阻尼小孔堵塞 （2）滑阀在阀孔中卡住 （3）弹簧永久变形 （4）钢球或锥阀与阀座配合不好	（1）清洗及疏通阻尼通道 （2）清洗或研配滑阀，使之移动灵活无阻 （3）更换弹簧 （4）更换钢球或修磨锥阀，研磨阀座
压力继电器失灵	（1）弹簧永久变形 （2）滑阀在阀孔中移动不灵活 （3）薄膜片变形或失去弹性 （4）钢球不圆 （5）行程开关不发信号	（1）更换弹簧 （2）清洗或研配滑阀 （3）更换薄膜片 （4）更换钢球 （5）修复或更换行程开关

（2）压力控制阀主要零件的修理　压力控制阀的主要磨损件是滑阀或锥阀、阀体孔及阀座。当阀体孔磨损后，可采用珩磨或研磨修复。修复后内孔的圆度、圆柱度误差均不应超过0.005mm。由于阀体孔修理后尺寸变大，需更换滑阀，以保持配合间隙在0.015～0.025mm范围内。

压力控制阀的阀座因钢球或锥阀随着压力的波动而经常启闭，故钢球或锥阀与阀座接触处易于磨损或损坏，轻者可调换钢球及修磨锥阀；阀座损坏严重时可用120°钻头钻刮，然后研磨至配合良好。

压力控制阀中的弹簧发生永久变形或损坏时，应更换。新弹簧的尺寸、性能应与原弹簧相同，且两端面磨平，保持与弹簧自身轴线垂直。

2. 换向阀的修理

换向阀的作用是利用阀芯和阀体的相对运动，变换油液流动的方向，接通或关闭油路。

（1）换向阀的常见故障及其排除方法　换向阀的常见故障及排除方法见表5-9。

（2）换向阀主要零件的修理　换向阀长期使用后，阀体内孔和阀芯表面会产生磨损，间隙增大。一般采取与压力控制阀的阀体和阀芯相同的修理方法进行修理。修理后配合圆柱面的圆度和圆柱度误差均应不超过0.005mm，表面粗糙度值不大于$Ra0.2\mu m$，间隙不得超过0.015mm。

表5-9　换向阀的常见故障及其排除方法

故障现象	产生原因	排除方法
阀芯不能移动	（1）换向阀阀芯表面划伤、阀体内孔划伤、油液中杂质使阀芯卡住、阀芯变形等原因，致使阀芯移不动	（1）拆开换向阀，仔细清洗，研磨修复阀体，修磨、校直阀芯或更换阀芯
	（2）阀芯与阀体内孔配合间隙过大或过小。间隙过大，阀芯在阀体内歪斜，使阀芯卡住；间隙过小，摩擦阻力增加，阀芯移不动	（2）检查配合间隙。间隙太小，研磨阀芯；间隙太大，重配阀芯，也可以采用电镀工艺，增大阀芯直径。阀芯直径小于20mm时，正常配合间隙在0.008～0.015mm范围内；阀芯直径大于20mm时，正常配合间隙在0.015～0.025mm范围内
	（3）弹簧太软，阀芯不能自动复位；弹簧太硬，阀芯推不到位	（3）更换弹簧
	（4）电磁换向阀的电磁铁损坏	（4）更换或修复电磁铁
	（5）液压控制的换向阀两端的节流阀或单向阀失灵	（5）仔细检查节流阀是否堵塞，单向阀是否泄漏，根据情况进行修复
	（6）控制液动换向阀阀芯移动的压力油油压太低	（6）检查压力低的原因，对症解决
	（7）油液黏度太大，阀芯移动困难	（7）更换成黏度适合的油液
	（8）油温太高，阀芯热变形卡住	（8）找出油温高的原因，根据情况降低油温
	（9）连接螺钉有的过松，有的过紧，致使阀体变形，阀芯不移动。另外，安装基面平面度超差，紧固后阀体也会变形	（9）松开全部螺钉，重新均匀拧紧。如果因安装基面平面度超差阀芯移不动，则重磨安装基面，使基面平面度达到规定要求

（续）

故障现象	产生原因	排除方法
电磁铁的线圈烧坏	（1）线圈绝缘不良 （2）电磁铁铁芯轴线与阀芯轴线同轴度不良 （3）供电电压太高 （4）阀芯被卡住，电磁力推不动阀芯 （5）回油口背压过高	（1）更换电磁铁线圈 （2）拆卸电磁铁重新装配 （3）按规定电压值来纠正供电电压 （4）拆开换向阀，仔细检查弹簧力是否太强、阀芯是否被脏物卡住以及其他推不动阀芯的原因，然后找出解决办法，进行修复并更换电磁铁线圈 （5）检查背压过高的原因，对症来解决
换向阀出现噪声	（1）电磁铁推杠过长或过短 （2）电磁铁铁芯的吸合面不平或接触不良	（1）修整或更换推杠 （2）拆开电磁铁，修整吸合面，清除脏物

第四节　液压设备的合理使用与维护

正确地使用和维护液压系统，是进一步降低故障发生率，提高工作效率的保证。所以，使用和维护阶段要做到对液压设备的合理使用和维护，从而保证液压系统的正常工作。

一、液压设备的合理使用

液压设备要做到正确合理使用就必须做到“点检”和“定检”，来保证设备的正常运行。通过点检和定检，能够及早发现问题，并从中找出故障的发生规律，确定出系统元件、液压油、密封件等主要元件的更换周期，为排除系统故障提供保证。表5-10列出了液压系统点检的项目和内容，表5-11列出了液压系统定检的项目和内容。

表5-10　点检项目和内容

点检时间	项目	内　容
起动前检查	油量	油箱是否注满，油量要加至油箱上限标记
	行程开关和限位块	是否紧固
	手动、自动循环	是否正常
	电磁阀	是否处于原始状态
起动和起动后的检查	油温	是否在30~60℃范围内，不得高于60℃；如果油温过低，如低于10℃时，应使系统无负荷运转20min以上，并使溢流阀处于卸荷位置
	压力	系统压力是否稳定，并在规定范围内
	噪声、振动	有无异常（主要倾听泵的噪声）
	漏油	系统是否有漏油，特别注意液压元件的工作情况
	电压	应保持在额定电压的85%~105%范围内

表 5-11 定检项目和内容

项目	内 容
管接头	定期紧固：系统压力 10MPa 以上，每月一次；10MPa 以下，三个月一次
过滤器	每月一次
密封件	按环境温度、系统工作压力而定
弹簧	按工作情况具体规定
油质	累计工作 1000h，应当换油；间断使用时，可根据具体情况每半年至一年换油一次
压力表	按具体情况而定
高压软管	根据使用工况，规定更换时间
液压元件	根据使用工况，对各元件进行性能测试

二、液压系统的精心维护

为了保证液压系统灵敏、准确、稳定、可靠地工作，预防液压系统产生故障，正确地操作液压系统、合理地维护液压系统是非常重要和必要的。

液压系统的精心维护包括液压系统的日常保养、定期保养、清洗，液压油的过滤，防止水分、液体和气体混入液压系统，加强液压油的检查和化验等内容。液压油品的维护前面已经叙述过，下面主要讨论液压系统的日常保养、定期保养和清洗等内容。

1. 液压系统的日常保养

认真严格地对液压系统进行日常维护保养，能够及时发现和排除小的故障，预防大的事故发生。日常维护保养的内容有：

1）开机工作前，应仔细检查各紧固件和管接头有无松脱，管道有无变形或损伤等。

2）试运行前，应先向液压泵内注满液压油，再进行无负载运转。

3）液压泵无负载运转时，应观察运转是否灵活，确认运转正常、无异常响声后，再施加负载工作。进入稳定工作状态后，要随时注意油温、压力、噪声情况等；观察各液压元件的工作情况，检查系统的泄漏和振动等。

4）调整工作装置系统分配阀的工作压力，应不超过或低于规定值。

2. 液压系统的定期保养

液压系统的定期保养一般分为四级保养。

（1）250h 检查保养　检查过滤器滤网上的附着物，若金属粉末过多，则说明液压泵磨损或液压缸拉缸。如果发现滤网损坏、污垢多，应及时更换滤网。

（2）500h 检查保养　运行 500h 后，必须更换滤芯。

（3）1000h 检查保养　运行 1000h 后，应清洗过滤器、油箱，更换滤芯和液压油。

（4）7000h 检查保养和 10000h 检查保养　此时须由专业人员检测，并进行必要的调整和维修。

要说明的是：液压泵、液压马达工作 10000h 后必须大修。

3. 液压系统的清洗

液压系统在装配过程中必然会对液压油、系统液压元件产生不同程度的污染，因此对新制造和刚维修好的液压系统在正式投入使用前，都要进行清洗。

液压系统的清洗就是在总装后、性能调试前，对整个液压系统进行冲洗。冲洗时借助清洗液在一定压力、流量，特别是在一定流速下，对整个系统各回路进行冲刷和洗涤。目的在于清除进入系统里的各种污染物，以排除系统在调试和早期运行中的故障。

（1）机械零件常用的清洗方法　常用的清洗方法有溶剂浸渍清洗、喷洗、擦洗和超声波清洗等。使用时，可把这些方法加以组合或进行多步清洗，依次在相邻的两个或三个清洗槽（机）中清洗，由于各清洗槽（机）清洗油污程度不同，所以清洗液的配方及加热温度也各不相同。

1）溶剂浸渍清洗。溶剂浸渍清洗是将要清洗的零件浸入带有加热设备的清洗槽中（加热温度一般为35～85℃），并在清洗液中通入压缩空气或蒸汽。使清洗液处于运动之中，浸渍时间为4～8h，对于油污严重的零件，清洗时还需手工擦抹。

2）喷洗。通过耐蚀泵把调配好的加热水溶液以0.3MPa的压力进行喷射清洗，一般情况下，被清洗零件经过预洗室、清洗室和热水清漂室三道连续喷射过程。此外，也可采用压缩空气产生的气流将污染物吹掉，其中采用脉动气流效果最佳。

3）擦洗。可采用软毛刷去除污物，以保持零件的精度和表面粗糙度。

4）超声波清洗。将适当功率的超声波射入清洗液中，产生具有几千个大气压数值的强大声压和机械冲击力（即空化作用），使置于清洗液中的零件表面上的污染物剥落。但过滤器这种多孔形零件具有吸收声波的作用，可能会影响清洗效果。

5）酸处理法。采用此法时，需对不同的金属材料采用不同的酸洗液清洗，将表面污染物除去后，放入由CrO_3、H_2SO_4和H_2O配合组成的溶液中浸渍，使表面产生耐蚀膜。

（2）液压元件的清洗　液压元件是液压系统中的重要部分，其清洁程度对系统工作的可靠性有直接影响。因此，在组装液压系统前，必须检查元件的清洁度是否符合要求。

液压元件清洗时可根据其结构、尺寸大小和被清洗表面上污染物的类型、性质及清洁度等要求，而采取适合的工艺方法进行清洗。对于工件上的氧化皮、砂粒、毛刺及锈迹等，可用压力喷射机或酸洗工艺等将其清除；若要清洗掉工件上的润滑油、硬脂酸、石蜡、凡士林及机械杂质等，可用清洗剂清洗。对于工件上的毛刺，可以采用振动去刺机、带磨料的尼龙去刺刷等清理。对于几何形状复杂的零件，则可采用超声波清洗。清洗完毕后，应进行全面检查。

所有零件清洗干净后，放入具有封闭性、便于清扫和保持清洁的干净地面，对于场地内的空气应经过过滤，且使场地内的气压高于外部气压，以防外部空气尘埃侵入。必要时还可用聚乙烯塑料将零件包裹起来，以便搬运和短期存放。场地内的湿度应保持在35%～45%为宜，温度一般为20℃，以保证零件不生锈。

液压缸可安装在一个单独的预清洗油箱系统中，用预清洗油液进行循环冲击清洗。所需油量至少是液压缸容量的5倍以上，通常经过5次反复冲洗后，方可清洗干净。

油箱需用绸布或乙烯树脂海绵等手工清洗，不能用棉纱或棉布来擦洗油箱。油箱死角内的焊渣及铁屑等，可用胶泥团或面粉团粘取。此外，还可进行吹粒、真空吸尘和蒸汽清洗。清洗完毕后，再进行酸洗，以彻底去掉表面氧化物，然后在油箱内表面上用防锈剂进行处理。

（3）管道循环酸洗　液压系统管道在安装之后，要进行循环酸洗。循环酸洗是整个液压系统管道施工中十分重要的环节。管道酸洗效果的优劣是衡量管道质量的主要标志，它将直接关系到液压系统的洁净度，最终影响到系统是否能正常运行。

循环酸洗简要工艺过程如下：管路连接→管路吹扫→管路充水并测量其体积→水试漏（压力为1MPa左右）→脱油（3h，40～60℃，pH=14）→清水冲洗（pH=7）→酸洗（6h，pH=1）→钝化（3h，30～40℃，pH=9～10）→干燥压缩空气吹扫→注油循环（3h，40～60℃左右）→干燥压缩空气吹扫。

（4）液压系统的在线冲洗和清洗　液压系统在组装完毕后需进行全面的冲洗与清洗，以清除系统在组装过程中侵入系统和元件中的污染物。冲洗时可利用该系统的油箱和液压泵，也可以采用专用的冲洗泵站。

为了提高冲洗效果，在冲洗过程中液压泵以间歇运动为佳，其间歇时间一般为10～30min，可在这一间歇时间内检查清洗效果。为了更有利于管内壁上附着物的脱落，在清洗过程中，可用木棍或橡胶锤等非金属棒轻轻敲击管道，可连续或间歇式地敲击。

冲洗液通常是实际使用的液压油或试车油，避免使用煤油、汽油、酒精和蒸汽等，以防腐蚀液压元件、管道、油箱及密封件等。冲洗液的用量一般以油箱工作容量的60%～70%为宜，冲洗时间不宜过长，一般为2～4h，在特殊情况下不超过10h。冲洗效果以回路过滤网上无污染杂质或要求的清洁度为标准。冲洗后的液压油需经检验才能确定能否继续使用。

思　考　题

5-1　液压系统故障诊断有哪些基本方法？

5-2　造成液压油污染的原因有哪些？常见的污染物是什么？

5-3　在液压系统中，液压油如何维护？

5-4　齿轮泵常见故障有哪些？

5-5　齿轮泵的主要零件如何修理？

5-6　液压系统的维护保养内容有哪些？

第六章 典型设备的修理

第一节 机械设备的大修理

为了保证设备正常运行和安全生产，对设备实行有计划的预防性修理，是工业企业设备管理工作的重要组成部分。按修理内容、修理的技术要求和修理工作量的大小划分类型，设备预防性计划修理可分为大修、项目修理（简称项修）和小修。在工业企业的实际设备管理工作中，大修已和二级维护保养合在一起进行，项修主要是针对性修理。对于动力设备、大型连续性生产设备、起重设备以及某些必须保证安全运转和经济效益显著的设备，有必要在适当的时间安排大修理。

实施机械设备的大修，要按一定的程序和技术要求进行。本节将在阐明机械设备大修基本概念的基础上，讨论设备大修前的各项准备及大修的过程。

一、设备大修的基本概念

在设备预防性计划修理类别中，设备大修是工作量最大、修理时间较长的一类修理。设备大修就是将设备全部或大部分解体，修复基础件，更换或修复机械零件、电器零件，调整修理电气系统，整机装配和调试，以达到全面清除大修理前存在的缺陷，恢复规定的性能与精度。

对设备大修，不但要达到预定的技术要求，而且要力求提高经济效益。因此，在大修前应切实掌握设备的技术状况，制订切实可行的修理方案，充分做好技术和生产准备工作；在施工中要积极采用新技术、新材料、新工艺和现代管理方法，做好技术、经济和组织管理工作，以保证修理质量、缩短停修时间、降低修理费用。

在设备大修中，要对设备使用中发现的原设计制造缺陷，如局部设计结构不合理、零件材料设计使用不当、整机维修性差、拆装困难等，可应用新技术、新材料、新工艺去针对性地改进，以期提高设备的可靠性。也就是说，通过“修中有改、改修结合”来提高设备的技术素质。

二、设备大修的内容和技术要求

1. 设备大修的内容

设备大修一般包括以下内容：①对设备的全部或大部分部件解体检查；②编制大修理技术文件，并做好备件、材料、工检具、技术资料等各方面的准备；③修复基础件；④更换或修复零件；⑤修理电气系统；⑥更换或修复附件；⑦整机装配，并调试达到大修理质量标准；⑧翻新外观；⑨整机验收。

除上述内容外，还应考虑以下内容：①对多发性故障部位，可改进设计来提高其可靠性；②对落后的局部结构设计、不当的材料使用、落后的控制方式等，视情况进行改造；③按照产品工艺要求，在不改变整机结构的情况下，局部提高个别主要部件的精度。

2. 设备大修的技术要求

对设备大修的技术要求，尽管各类机电设备具体的大修技术要求不同，但总的要求应是：

1）全面清除修理前存在的缺陷。

2）大修后应达到设备出厂的性能和精度标准。在实际工作中，应从企业生产需要出发，根据产品工艺的要求，制订设备大修的质量标准并在大修后达到该标准。

三、设备大修前的准备

机械设备大修前的准备工作很多，大都是技术性很强的工作，它的完善程度和准确性、及时性都会直接影响大修进度计划、修理质量和经济效益。各企业的设备维修组织和管理分工有所不同，但设备大修理前的准备工作内容及程序是大致相同的。

1. 预检

为了全面深入了解设备技术状态劣化的具体情况，在大修前安排的停机检查，通常称为预检。预检工作由主修技术人员负责，使用设备单位的机械员参加，共同承担。预检的时间长短与设备的复杂程度、设备的劣化程度及修理准备工作的管理有关。从预检结束至设备解体大修开始之间的时间间隔不宜过长，否则可能在此期间设备的技术状态已加速劣化，致使预检的准确性降低，给大修施工带来困难。设备状态监测与故障诊断技术的应用会缩短预检时间和提高预检的准确性，应在预检中和设备运行中大力推广、应用该技术。

通过预检来验证事先预测的设备劣化部位及程度，并注意发现事先未预测到的问题，从而全面深入了解设备的实际技术状态，结合已经掌握的设备技术状态劣化规律，作为制订修理方案的依据。

（1）预检前的调查准备工作　在预检前应做好以下调查准备工作：

1）仔细阅读设备说明书和出厂检验记录，熟悉设备的结构、性能、精度及其技术特点。

2）向企业技术部门、质量部门等了解产品工艺对设备的技术要求、设备的生产效率等情况，了解设备安装验收（或上次大修验收）后产品质量的情况。同时听取上述部门关于提高产品质量和生产效率以及对设备局部改进的意见和建议。

3）查阅设备档案，着重了解以下内容：① 设备安装验收（或上次大修理验收）的性能检验、精度检验记录；② 历次修理（包括小修、项修、大修）的内容，更换或修复的零件，修后的遗留问题；③ 历次设备事故报告，历次设备故障情况及修理内容，修后的遗留问题；④ 设备运行中的状态监测记录，设备技术状况普查记录。

4）向现场操作工和维修工了解：①设备的精度是否满足产品的工艺要求；②设备性能是否下降；③气动、液压系统及润滑系统是否正常，有无泄漏；④设备附件是否齐全，有无损坏；⑤控制、监测系统是否可靠正常；⑥安全防护装置是否齐全，是否灵敏、可靠；⑦设备运行中易发生故障的部位及原因；⑧设备现在存在的主要缺陷，大修中需要修复或改进的具体意见等。

5）查阅设备图册，为核对、测绘大修时需更换或需修复的零件做好图样准备。

通过上述各项调查，并进行整理、归纳分析，可以对此次大修的内容及需要更换、修复的零件有一个较全面、系统的初步概念。在此基础上提出预检的具体内容，并做出报告请生产计划部门安排预检。

（2）预检内容及步骤

1）预检的内容。在实际工作中，应从设备的预检前调查结果和设备的具体情况出发，确定预检内容。下面为金属切削机床类设备的典型预检内容，可供参考。

① 按出厂精度标准对设备逐项检验，并记录实测值。

② 检查设备外观：有无掉漆，指示标牌是否齐全清晰，操纵手柄是否损伤等。

③ 检查机床导轨：若有磨损，测出磨损量；检查导轨副可调整镶条尚有的调整余量，以便确定大修时是否需要更换。

④ 检查机床外露的主要零件如丝杠、齿条、光杠等的磨损情况，测出磨损量。

⑤ 检查机床运行状态：各种运动是否达到规定速度，尤其高速时运动是否平稳、有无振动和噪声，低速时有无爬行，运动时各操纵系统是否灵敏和可靠。

⑥ 检查气动、液压系统及润滑系统：系统的工作压力是否达到规定；压力波动情况；有无泄漏，若有泄漏，查明泄漏部位和原因。

⑦ 检查电气系统：除常规检查外，注意用先进的元器件替代原有的元器件。

⑧ 检查安全防护装置：包括各种指示仪表、安全联锁装置、限位装置等是否灵敏可靠，各防护罩有无损坏。

⑨ 检查附件有无磨损、失效。

⑩ 部分解体检查，以便根据零件磨损情况来确定零件是否需要更换或修复。原则上尽量不拆卸零件，尽可能用简易方法或借助仪器判断零件的磨损。对难以判断的零件磨损程度和必须测绘、核对图样的零件才进行拆卸检查。

2）通过预检达到的要求。通过预检掌握设备状况，确定更换件、修复件，具体要求是：

① 更加明确产品工艺对设备精度、性能的要求。

② 全面深入地掌握设备技术状态劣化的具体情况。

③ 确定需要更换或修复的零件，尤其要保证大型复杂铸锻件、焊接件、高精度关键件和外购件的更换或修复。

④ 测绘或核对的更换件、修复件的零件图，要保证质量，保证制造或修配的需要。

3）预检的步骤。做好预检前的各项准备工作，按预检内容进行。在预检过程中对发现的故障隐患有可能在近期内发展以致发生故障时，要及时加以排除。故障隐患排除完后，恢复设备并交付继续使用。预检结束要提交预检结果，在预检结果中尽量定量地反映检查出的问题。如果根据预检结果判断无需大修，应向设备主管部门提出改变修理类别的意见。

2. 分析制订修理方案

通过预检，在详细调查了解设备大修前技术状况、存在的主要缺陷和产品工艺对设备的技术要求后，立即分析制订修理方案。

分析的主要内容有：

1）按产品工艺要求，设备的出厂精度标准能否满足生产需要。

2）对多发性重复故障部位，分析改进设计的必要性与可能性。

3）对关键部件，如精密主轴部件、精密丝杠副、分度蜗杆副的修理，本企业维修人员的技术水平和条件能否胜任。

4）对基础如床身、立柱、横梁等的修理，采用磨削、精刨或精铣工艺，在本企业或本地区其他企业实现的可能性和经济性。

5）为了缩短修理时间，哪些部件采用新部件比修复原有零件更经济。

6）如果本企业承修，哪些修理作业需委托外企业协作，与外企业联系并达成初步协议。如果本企业不能胜任和不能实现第3）项、第4）项内容，则应确定委托外企业如专业修理公司、设备制造公司等承修。

3. 编制大修技术文件

机械设备大修技术文件有修理技术任务书、修换件明细表、材料明细表、修理工艺、修理质量标准等。这些技术文件是编制修理作业计划，准备备品配件、材料，核算修理工时与成本，指导修理作业以及检查和验收修理质量的依据。它的正确性和先进性是衡量企业设备维修技术水平的重要标志之一。

（1）编制修理技术任务书　设备修理技术任务书的内容有以下几项：

1）设备大修前技术状况，包括说明设备修前工作精度下降情况，影响工作精度的主要几何精度检验项目实测值情况，设备的主要输出参数的下降情况，主要零部件（指基础件、关键件、高精度零件）的磨损和损坏情况，液压系统、润滑系统的缺损情况，电气系统的主要缺陷情况，安全防护装置的缺损情况，其他如附件缺陷、设备外观掉漆等需要说明的情况等。

2）主要修理内容。包括说明设备要全部（或除个别部件外其余全体）解体，清洗和检查零件的磨损和损坏情况，确定需要更换和修复的零件；扼要说明基础件、关键件的修理方法；说明必须仔细检查和调整的机构；结合修理需要进行改善维修的部位和内容；其他需要检查、修理和调整的内容；采用典型修理工艺规程或专用修理工艺规程等。

3）修理质量要求。对装配质量、外观质量、空运转试车、负荷试车、几何精度和工作精度检验逐项说明按哪种通用、专用技术标准（或技术条件）检查验收。通用技术标准（或技术条件）应说明其名称及编号，专用技术标准应附在修理技术任务书后面。

（2）编制修换件明细表　编制修换件明细表时，一般遵循以下原则：

1）需要锻、铸、焊接件毛坯的更换件，制造周期长、精度高的更换件，需外购的大型、高精度滚动轴承、液压元件、气动元件、密封件等，需采用修复技术的主要零件，零件制造周期不长、但需用量较大的零件等均应列入修换件明细表。

2）用铸铁、一般钢材毛坯加工，工序少而且大修理时制造不影响工期的零件，可不列入修换件明细表。

3）需以毛坯或半成品形式准备的零件，需要成对（组）准备的零件，都应在修换件明细表上加以说明。

4）对流水线上的设备或关键设备，可考虑按部件准备更换件。“更换部件法”经济效益非常显著。

（3）编制材料明细表　材料明细表是设备大修准备材料的依据。直接用于设备修理的材料如钢材、有色金属、电气材料、橡胶制品、润滑油脂、油漆等均应列入材料明细表。制造更换件用材料和大修时用的辅助材料和清洗剂、擦拭材料等不列入材料明细表。

在材料采购中，若需提出材料代用，应提出申请，经主修技术人员审查并在申请单上签字同意后方可代用。

（4）编制修理工艺 机械设备的修理工艺要具体规定机械设备的大修程序、零部件的修理方法、总装配试车的方法和技术要求等。它是设备大修理时必须认真遵守和执行的修理技术文件。

编制大修理工艺时应根据设备大修前的实际状况和企业的修理装备以及修理技术水平，做到技术上可行，经济上合理，切合生产实际要求。

机械设备大修工艺可编制成典型修理工艺和专用修理工艺两类。典型修理工艺是指对同一类型设备或者结构形式相同的部件，按通常可能出现的磨损情况而编制的修理工艺，它具有普遍指导意义。专用修理工艺是指对某一型号的设备，针对其实际磨损情况，为该设备某次修理或某项修理所编制的修理工艺，它具有针对性。一般来说，企业可对通用设备的大修采用典型修理工艺，并针对设备的实际磨损情况编写补充工艺和说明。对行业专用设备则编制专用修理工艺，经二三次实践验证后，可以修改完善成为这类设备的典型修理工艺。

机械设备大修工艺通常包括以下内容：

1）整机和部件的拆卸程序、方法以及拆卸过程中应检测的数据和注意事项。

2）主要零部件的检查、修理和装配工艺，以及应达到的技术条件。

3）总装配程序和装配工艺，应达到的精度要求、技术要求以及检查测量方法。

4）关键部位的调整工艺以及应达到的技术条件。

5）总装配后试车程序、规范及应达到的技术条件。

6）在拆卸、装配、检查测量及修配过程中需用的通用或专用的工、检、研具和量仪明细表，其中对专用工、检、研具和量仪应加以注明。

7）修理作业中的安全措施等。

（5）大修质量标准 机械设备大修质量标准是各类修理中要求最高的标准。在通常情况下，它是以机械设备的出厂标准为基准的，大修后机械设备的性能标准应能满足产品质量、加工工艺要求，并有足够的精度储备。但有时候，如果产品质量和加工工艺并不需要机械设备达到原有的某项性能或精度，则这项性能或精度也可不列入修理质量标准。如果机械设备原有的某项性能或精度不能满足产品质量和加工工艺要求，在确认该项目可以通过一定的技术措施解决的前提下，在修理质量标准中应相应提高其性能、精度指标。在特殊情况下，对于整机磨损损坏严重，已难于修复到出厂精度要求的金属切削机床类设备，由于某种需要，需进行大修时，也可适当降低精度标准。但是仍应满足修理后加工产品的工艺要求，在安全防护和环境保护方面，也应符合相应法律法规的规定。

综合各类机械设备的大修质量标准，主要包括以下几方面的内容：

1）机械设备的工作精度标准。它是用来衡量机械设备的动态精度的标准。主要包括：在规定的工件材料、形状、尺寸和规定的加工工艺规程条件下加工产品，加工后产品应达到的精度。

2）机械设备的几何精度标准。它是用来衡量机械设备的静态精度的标准，包括检验项目、各项目的检验方法及各项目的允许偏差。

3）空运转试验的程序、方法、检验内容和应达到的技术要求。

4）负荷试验的程序、方法、检验内容和应达到的技术要求。

5）外观质量标准。它包括机械设备外表面和外露零件的涂装、防锈、美观、表牌、标志牌等的技术要求。

在机械设备修理验收时可参照国家标准计量局和部委等制订和颁布的一些机械设备大修理通用技术条件，如金属切削机床大修理通用技术条件、桥式起重机大修通用技术条件、锻压设备大修通用技术条件等。若有特殊要求，则按其修理工艺、图样或有关技术文件的规定执行。企业可参照机械设备通用技术条件编制本企业专用机械设备大修质量标准。没有以上标准，大修则应按照该机械设备出厂技术标准作为大修质量标准。

4. 备件、材料、专用工检具的准备

主修技术人员在编制好修换件明细表和材料明细表后，应及时将明细表交给备件、材料管理人员。备件、材料管理人员在核对库存后提出订货。

主修技术人员在制订好修理工艺后，应及时把专用工检具明细表和图样交给工具管理人员。工具管理人员经核对库存后，把需用的库存专用工检具，送有关部门检定，按检定结果，如需修理则提请有关部门安排修理。同时要对需新制的专用工检具，提出订货。

5. 编制大修理作业计划

修理部门的计划员根据企业下达的设备大修计划和大修技术文件编制大修理作业计划，并由部门负责人组织企业设备管理部门的有关人员、主修技术人员和修理工（组）长共同审定。

大修作业计划的内容包括：①作业程序；②分部分阶段作业所需工人数及作业天数；③对分部作业之间相互衔接的要求；④需要委托企业外其他单位协助的项目及其时间要求等。

对于结构复杂的高精度、大型、关键设备的大修计划应采用网络技术编制。实践证明，网络技术对人力、物力、设备、资金等资源的合理使用，缩短修理工期，提高经济效益都有显著的效果。

四、设备的大修过程

机械设备大修不同于设备的制造，它的主要特点是：在修理技术和修理工作量方面，大修前难以预测得十分准确。因此，在大修过程中，应从实际情况出发，及时地采取各种措施来弥补大修前预测的不足，并保证修理工期按计划或提前完成。

机械设备大修过程一般如图6-1所示。在实际工作中应按大修作业计划进行，并同时做好作业调度、作业质量控制、竣工验收等主要管理工作。

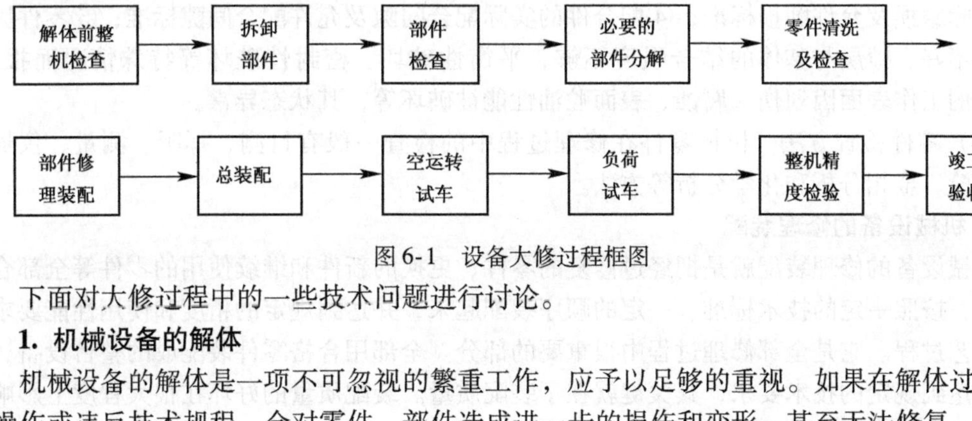

图6-1 设备大修过程框图

下面对大修过程中的一些技术问题进行讨论。

1. 机械设备的解体

机械设备的解体是一项不可忽视的繁重工作，应予以足够的重视。如果在解体过程中野蛮操作或违反技术规程，会对零件、部件造成进一步的损伤和变形，甚至无法修复，从而造成修理质量事故，延误修理工期，造成经济损失。

在预检时必要的解体是为了检查和核实零件的磨损情况和其他损伤情况。大修过程中的解体的目的是：对便于继续使用的零件进行清洗和检查，并进一步核实修换件存在的问题等。

机械设备解体时，一般应遵循下列原则：

1）解体前首先应读懂装配图，弄清装配关系，以便安排合理的解体程序，选用适宜的拆卸工具或设备。

2）在不影响需修换零部件解体的情况下，对不修理的零部件，应尽量不拆卸或少拆卸。

3）要严格遵守解体程序与解体方法。

4）解体过程中，对于对偶件应当成对放置；对于有特定位置的装配，需在零件上做出标记。

2. 机械零件的清洗

机械零件的清洗是大修作业中不可缺少的一项工作，也应引起足够的重视。因为零件清洗不彻底，会影响零件检测数据的真实与可靠性，进而影响大修理质量和设备使用寿命。

（1）清洗的对象　机械零件表面上存留的污染物如油污、锈蚀、积炭、水垢等，都是零件清洗的对象。

（2）机械零件的清洗方法

1）清除油垢。清除油垢的方法有：有机溶剂清洗、碱性化学溶剂清洗、电解脱脂等。

2）清除锈蚀。清除锈蚀的方法有：机械法除锈、化学法除锈、电化学法除锈等。

3）清除积炭。清除积炭的方法有：机械法除积炭、化学法除积炭、有机溶剂除积炭等。

3. 机械零件的检查

机械零件的检查分为修前检查和修后检验。修前检查在预检时进行，通过检查，把零件分为继续使用件、更换件和修复件三类。修后检验是指检验零件修理后的质量，以确定零件是否能用。无论修前检查还是修后检验，都应综合考虑零件的技术条件，都应选择合适的检查或检验方法。

（1）机械件检查时需综合考虑的技术条件　机械件检查时需综合考虑下列技术条件：①零件的工作条件与性能要求；②零件的缺陷（如裂纹）对其使用性能的影响；③磨损零件的实际磨损及允许磨损标准；④配合件的实际配合间隙及允许配合间隙标准；⑤零件因镀层性能不好、镀层与基体的结合强度不够、平衡性破坏、密封性破坏等特殊情况而报废；⑥零件的工作表面因划伤、腐蚀、表面贮油性能被破坏等，其状态异常。

（2）零件检查方法　机械零件在修理过程中的检查一般有目测、耳听、测量、仪器测试、试验、金相分析和化学分析等方法。

4. 机械设备的修理装配

机械设备的修理装配就是把经过修复的零件、更换的新件和继续使用的零件等全部合格的零件，按照一定的技术标准、一定的顺序装配起来，并达到规定的精度和使用性能要求的整个工艺过程。它是全部修理过程中很重要的部分。全部用合格零件装配成的整台设备，未必能够达到规定的技术要求，其关键就在于装配质量。装配质量的好坏在很大程度上影响设备的性能，因此必须予以足够的重视。

(1) 装配的一般工艺原则 装配时的顺序应与拆卸的顺序相反。装配时要根据零、部件的结构特点，采用合适的工具或设备，严格仔细按顺序装配，注意零、部件之间的配合精度要求。

1) 过渡配合和过盈配合零件装配时，如滚动轴承的内圈或外圈与轴或基座装配时，必须采用专门的工具和工艺措施进行，需要时进行加热加压装配。

2) 摩擦副装配前，接触表面可涂上适量的润滑油，以利于装配和减少表面磨损。

3) 油封件的装配要使用工具压入。装配前对配合表面要仔细检查和清洁，不能有毛刺。装配后密封件不得覆盖润滑油、水和空气的通道，密封部位不得有渗漏。

4) 有平衡要求的旋转零件如飞轮、磨床主轴等，装配前要按要求进行静平衡或动平衡试验，合格后才能装配。

5) 装配完毕，必须严格仔细地检查和清理，防止有遗漏或错装的零件。确认没问题后，使设备手动或低速运行。

(2) 装配精度 机械设备的质量是由其工作性能、使用效果、精度和寿命等指标综合评定的，它主要取决于结构设计、零件的制造质量和装配精度。

装配精度一般是指：

1) 各部件的相互位置精度。例如卧式车床，各部件的相互位置精度有主轴轴线对溜板箱移动的平行度、主轴中心与尾座顶尖孔中心的等高度等。

2) 各运动部件之间的相对运动精度。各运动部件间的相对运动精度有直线运动精度、圆周运动精度、传动精度等。

3) 零件配合表面之间的配合精度和接触精度。配合精度是指配合表面应达到规定的间隙或过盈的标准，它直接影响配合的性质。接触精度是指配合表面之间应达到规定的接触面积大小和分布的标准，它主要影响配合零件之间接触变形的大小，从而影响配合性质的稳定性和寿命。

一般来讲，机械设备的装配精度要求高，对零件的制造精度要求也高。零件的加工偏差越小，装配的设备就越能接近比较理想的装配精度。但是无限制地提高零件制造精度的做法很不经济，甚至有时是不可能达到的。为了既经济又能保证装配精度，可以应用尺寸链原理采用相应的装配方法来保证装配精度和设备的修理质量。

(3) 装配方法 获得机械设备装配精度的装配方法有完全互换法、部分互换法、选配法、修配法和调整法等。它们各有特点和应用场合，但都需要用尺寸链原理验算其装配精度。在机械设备的大修中，修理装配时常用的方法是完全互换法、修配法和调整法，有时这几种方法需要一起使用。

1) 完全互换法。完全互换法装配是指无需任何选择、修理或调整，使用合格的零件就能装配成符合精度要求的机械设备。这种装配方法简单，备件易供应，既能保证装配质量，又可提高生产率，是一种比较理想的修理方法。完全互换法适用于下列情况：

① 按设备原设计结构的特点，分析到原有尺寸链是完全互换法解算的，如各种典型的变速箱传动零件，装配前应按原设计的尺寸和精度加工制造。

② 在修理过程中需要更换的零件，它的结构参数已经标准化，如齿轮、蜗轮、花键轴、螺纹零件等，装配前按原设计尺寸和精度购买备件或加工制造。

③ 标准件、外购件及需外协的零件，为保证完全互换，制造时需要按标准尺寸和公差

加工。

2）修配法。修配法是把零件的尺寸公差放大制造，使零件装配时能够有一定的返修余量，经过个别零件的修配加工，最后达到所要求的装配精度。用修配法装配，能够最大程度地放宽尺寸链零件的加工公差，而且可以保证所规定的装配精度，特别是对装配精度要求高的多环尺寸链更为有利。但是它的装配质量很大程度取决于装配人员的技术水平，还有装配的每套零件都不能互换。这种方法适用于单件小批装配和维修作业，或者加工尺寸精度不易达到而必须通过修配的方法才能保证其装配精度的情况。

3）调整法。修配法最大的缺点是装配时要进行修配加工，增加了装配劳动量。调整法可以克服这一缺点。它是将补偿件移动一定的距离或者装入一个具有补偿量的补偿零件来实现误差的补偿。因此，调整法和修配法，在本质上和应用尺寸链基本原理上是相同的，主要区别在于调整法是不修磨掉金属层来补偿误差。

当然实现补偿件的调整，必须要在结构设计时专门设置可以调节和可以增补尺寸误差的机构或补偿零件。机器修理装配时只能是在已经确定机器结构的前提下，试装时经过测量与验算，确定补偿量大小，以合理的补偿量为依据，一方面适当地放大有关组成零件的制造公差，另一方面以必要的调整来提高装配精度。

应用调整法装配不仅可以保证达到装配精度，而且可以实现对机器磨损的补偿。当机器使用相当长时间以后，可以重新调整或更换补偿件使其恢复原有的精度。因此补偿件的调节补偿量要考虑由于零件放大制造公差而产生的装配超差，还要考虑能补偿机器的磨损。

5. 机械设备修理精度检验

机械设备大修后要按验收标准进行验收，不同设备有各自的验收标准和检验方法，其中金属切削机床的验收最为典型。金属切削机床的验收是按几何精度和工作精度标准进行验收的，几何精度的验收一般在机床静态下进行，工作精度的验收在机床的试车检查中进行。

机床的几何精度是指最终影响机床工作精度的那些零部件的精度，它包括基础件的单项精度、各部件间的位置精度、部件的运动精度、定位精度、分度精度和传动链精度等。工作精度则是指机床在正常、稳定的工作状态下，按规定的材料和切削规范，加工一定形状工件时所测量的工作精度。

国标标准化组织（ISO）制定了各种机床的精度检验标准和机床精度检验通则，我国也制定了与国际标准等效或相近的标准。在这些标准中规定了机床精度的检验项目、内容、方法和公差，它们是机床精度检验的依据。

机床精度检验前，首先要做好安装和调平工作。按照机床使用说明书的要求，将机床安装在符合要求的基础上并调平。调平的目的是保证机床的静态稳定性，以利于检验时的测量，特别是那些与零部件直线度有关的测量。

GB/T 4020—1997中规定对卧式车床几项主要几何精度的检验项目是：纵向导轨在垂直平面内直线度的检验、横向导轨的平行度的检验，溜板箱在水平面内移动直线度的检验、主轴锥孔轴线的径向圆跳动的检验、主轴定心轴颈径向圆跳动的检验、主轴轴向窜动的检验、主轴轴肩支承面的端面圆跳动的检验、主轴轴线对溜板移动的平行度的检验、主轴箱主轴轴线和尾座顶尖的等高度的检验等。

6. 机床试验

机床试验的目的是通过规定的试验方法来考核机床的修理质量。由于机床的几何精度是在静态（无机械运动和负载的作用）下进行检验的，因而它不能完全代表机床的修理质量。机床在运动状态和负载作用下能否保持原有的几何精度，必须通过机床的各种试验，如机床空运转试验、负荷试验和工作精度试验等才能鉴定。下面以卧式车床为例来说明。

（1）机床空运转试验 机床空运转试验的目的是进一步鉴定机床各部件动作的正确性、可靠性，操作是否方便正常，以及各运动部位的温升、噪声等是否正常。

1）机床主传动系统的试车检查。主轴试车从低速开始，依次逐级运转至高速，每级运转时间不少于5min，高速运转时间应不少于30min，使主轴承达到稳定温度。低速运转时，检查操纵手柄停车动作的正确性及离合器的松紧程度；高速运转时，检查主轴承的温度应不超过65℃，其他轴承的温度应不超过50℃。检查主轴转速在300r/min时，操纵手柄扳到停止位置，主轴是否能在2～3转内停止转动。如不能停止转动，则应调整制动拉紧螺钉。

2）进给机构的试车检查。主轴在最高转速和最大纵、横进给量运动时，应工作速度平稳，没有冲击和较大的振动。检查开合螺母手柄的动作，应准确可靠，无阻滞或过松的感觉，检查进刀手柄和开合螺母手柄的互锁程度。检查自动走刀脱落蜗杆机构的工作灵活可靠性，能否在定铁位置上自动停止。

3）溜板刀架部分的试车检查。检查刀架移动应均匀平稳，旋转丝杠手柄应灵活，反向空程应小于1/20转。

4）尾座部分检查。顶尖套筒移动时，在整个移动范围内应松紧一致，转动手柄应灵活，锁紧机构松紧应适当，准确可靠。

5）挂轮部分试车检查。检查挂轮中交换齿轮啮合间隙和运转是否正常。

6）润滑系统检查。检查主轴箱液压泵供油情况以及各油孔是否畅通。

7）电气部分检查。检查机床电气操纵、起动、停止等工作是否正常。

（2）机床负荷试验 机床负荷试验是考核机床主传动系统能否达到设计允许的最大转矩功率，并考核这时机床所有机构是否正常工作，有无振动、噪声和温升等。在负荷试验时，主轴转速的降低应在空载转速的5%以内，可以将摩擦离合器左边一组摩擦片适当调整2～3个切口，待切削完毕以后，再调松至正常位置。

卧式车床负荷试验的方法是将ϕ100mm×250mm的中碳钢试件，一端用卡盘夹紧，另一端用顶尖顶住，使用YT5硬质合金45°标准右偏刀，主轴转速为58r/min，背吃刀量为12mm，进给量为0.6mm/r，进行强力切削外圆。

（3）机床工作精度试验 机床工作精度试验的目的是：试验机床在加工工件过程中，各个部件之间的相互位置精度能否满足被加工零件的精度要求。在试验之前，必须对其几何精度进行复查。

卧式车床工作精度试验是：

1）精车外圆试验。以ϕ50mm×250mm的中碳钢为试件，卡盘夹持，采用高速工具钢精车刀精车外圆，切削速度为94m/min，主轴转速为600r/min，背吃刀量为0.15mm，进给量为0.1mm/r。试件经切削之后，检查外圆的圆度和圆柱度。要求圆度误差小于0.01mm，圆柱度误差不大于0.01/100mm，表面粗糙度值$Ra \leqslant 1.6\mu m$。

2）精车端面试验。采用铸铁试件，试件直径为ϕ300mm，使用BK8硬质合金45°标准右偏刀，主轴转速为120r/min，背吃刀量为0.2mm，进给量为0.15mm/r，切削时试件用卡盘夹持。被加工的端面，其平面度误差应小于0.02mm（只允许中凹）。

3）切断试验。切断试验用来检查机床加工系统的刚性，试件为 ϕ40mm × 100mm，45钢，采用标准 YT15 硬质合金 4mm 的切刀，主轴转速为 76r/min，进给量为 0.1 ~ 0.2mm/r，切断时不应有明显的振动。切断加工时可将纵向溜板固紧，小刀架楔铁适当调紧。如果发现主轴刚度不足，可调整主轴前轴承的径向间隙，而后轴承不调整。因为后轴承是锥度轴承，调得过紧后轴承大端相对滑动力增大，会使轴承产生过热而烧损。

第二节　机床关键部件和机构的修理

机床是一个由许多零部件组成的复杂系统，它的关键部件和机构直接影响机床的性能，决定了机床的使用寿命。因此，修理时要在充分了解其磨损、损坏和精度丧失程度的基础上，根据各部件和机构的特点以及技术要求，确定修理方案和编制修理工艺，并认真实施，使各关键部件和机构的修理达到预定的要求。

本节将主要讨论机床导轨、主轴及其轴承、机床螺旋机构的损坏情况和常用的修理方法。

一、机床导轨的修理

机床导轨既是机床运动零件的基准，又是很多结构件的测量基准，因此导轨的精度直接影响机床的工作精度（即被加工零件的几何精度）和机床构件的相互位置精度（即机床本身的几何精度）。一般情况下，导轨的损伤或其精度的下降程度决定了机床是否要进行大修。在机床修理中，导轨修理是最重要的内容之一。

由于导轨副的运动导轨和床身导轨直接接触并做相对运动，它们在工作过程中受到重力、切削力等载荷的作用，不可避免地会产生非均匀磨损。尤其在起动或静止过程中，难以形成流体摩擦状态，加上部分导轨（如床身导轨）暴露在外，防屑、防尘条件较差，长期使用后会导致局部磨损、拉毛、咬伤、变形等损伤，结果是导轨的精度下降。如果导轨在垂直和水平平面内的直线度、平面度或导轨之间的平行度和垂直度等下降，就必须及时进行修理。

着手修理前，应对导轨进行清理和检测。导轨的检测，一是可用肉眼检查表面是否拉毛、咬伤、碰伤以及局部磨损，二是可对导轨各项精度的实际状况进行技术测量。

目前机床导轨常用的修理方法主要有以下几类：

1. 导轨的刮研修理

未经淬硬处理的导轨，如果损伤深度或变形不大，常采用手工刮研方法进行修理。另外，运动导轨和特殊形状导轨面的修理，由于不便精磨，也常采用刮研方法。

（1）导轨刮研的基本要求

1）合适的工作环境。导轨刮研要求工作场所洁净，周围没有严重振源的干扰，环境温度变化不大，避免阳光直接照射或其他热源产生局部受热（会使导轨因温差变形而无法掌握刮研显示的点子）。特别是对于较长的床身导轨和精密机床导轨，要严格控制环境因素，最好在恒温室内进行刮研。

2）刮研前机床床身的安装。床身导轨常作为基准，且其修理的工作量往往也最大。因此刮研前要将床身用可调整的机床垫铁垫平，使床身导轨尽可能地在自由状态下保持最好的水平，以免在刮研过程中产生新的变形。垫铁的位置应与机床实际安装时一致，这对于刚度较差的长床身和精密机床床身特别重要。

3）刮研前的预加工处理。对于损伤严重（深度超过0.5mm）的机床导轨，应先对导轨表面进行刨削或车削加工后再刮研修理；另外，有些机床，如龙门刨、大立车和龙门铣等，应在机床拆修前去除其工作台表面的冷作硬化层，即将损伤较多的工作台表面自车或刨削。床身在烤铲油漆时，有时也会引起一些变形，因此一般也安排在精刮导轨之前进行。

4）刮研前后测量导轨精度。由于机床各个部件的几何精度决定了机床总装后的精度，因此拆卸前应对有关导轨的精度进行测量，记录数据，拆卸后再次测量，比较前、后两次测量的数据，作为刮研各部件和导轨的参考修正值。这样，就可以保证总装后各项精度一次达到规定要求。

此外，精刮刚度较差的长床身和精密机床床身时，应该把影响导轨精度（产生变形）的部件预先装上，或采用相当于该部件重量的物体来代替。例如在精刮立式齿轮磨床床身导轨时，应先装上齿轮箱；精刮精密外圆磨床床身导轨时，液压操纵箱应预先装上。

（2）导轨的修理基准与刮研顺序　常见的基准选择与修理顺序如下：

1）机床导轨是机床移动部件的基准，其精度（如水平面内和垂直平面内的垂直度）直接影响加工件的精度，同时这些移动部件的驱动装置（如丝杠螺母、齿轮齿条、液压缸活塞等）在床身上的安装平面或轴孔中心线与导轨也应保证相互平行、垂直或成某种角度，如图6-2所示，这就涉及合理地选择刮研修理基准的问题。

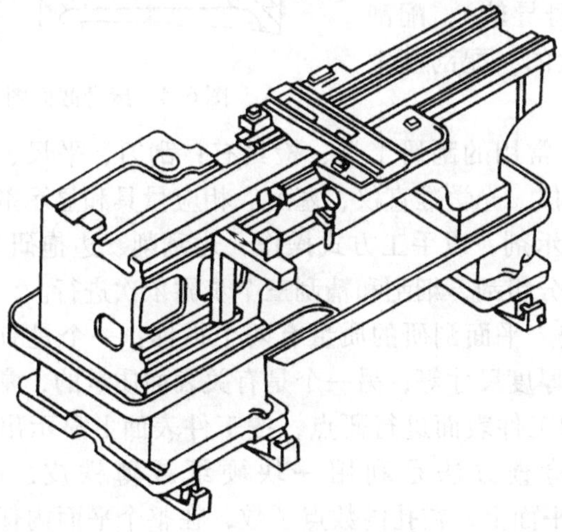
a)

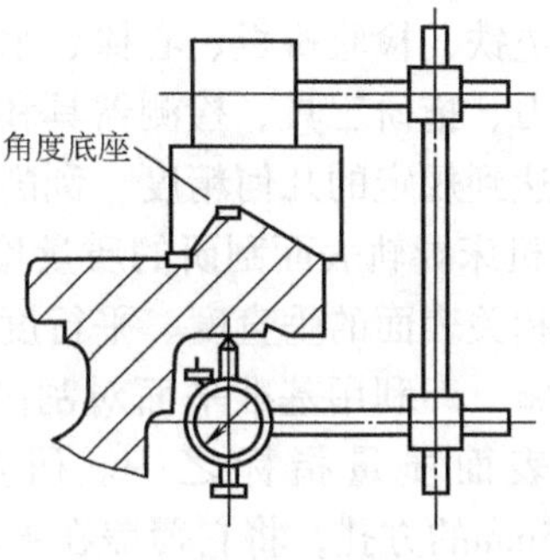

b)

图6-2　测量基准的选择

a）测量溜板结合面对进给箱安装面的垂直度　b）测量V形导轨对齿条安装面的平行度

一般选择机床制造时的原始基准，如选不需修理的固定结合面或轴孔作为机床导轨的修理基准。有时可选择修刮工作量大，形状复杂，或刮研困难的表面作为修理基准，将它修复后，再以它为基准修理与之有关的其他表面和导轨。另外，在不影响传动性能的前提下，也可选择测量方便、工具简单的表面作为基准。而修理基准的数量，对于常见的直线移动导轨，在其直线度的两个测量平面内各取一个。例如，卧式车床床身导轨的修理基准，在水平平面内，可选择三杆托架安装平面或进给箱安装平面；在垂直平面内，可选择主轴箱安装平面或纵向齿条安装平面，如图6-3所示。

2）机床导轨是由各运动部件构成的数组互相关联的导轨副，它们之间的相互位置关系各有要求，刮削时要按正确的顺序，才能保证相互位置关系。一般按下列原则进行：①先刮削与传动部件有关的基准导轨，如床身导轨、滑座溜板的上导轨、横梁的前导轨和立柱导轨等；②先刮削形状复杂（控制自由度较多的）或施工困难的导轨，后刮削简单的、容易施工的导轨。如V形与平面组合形式导轨，如图6-4所示，导轨面1、2、3为溜板导轨面，导轨面4、5、6为尾座导轨面，应先刮V形导轨，再刮平面导轨；③双V形、双平面或矩形等相同形式的组合导轨，应先刮磨损量较小的那条导轨；④修刮导轨时，如果该部件上有不能调整的基准孔，应先修整该孔（如丝杠、螺母、工作台、主轴等装配基准孔）来作为刮削时的基准孔，以免总装时影响准确传动；⑤导轨副的配刮，一般先刮大工件（如床身导轨），配刮小工件（如工作台导轨）；先刮刚度大的，配刮刚度较小的；先刮长导轨，配刮短导轨。

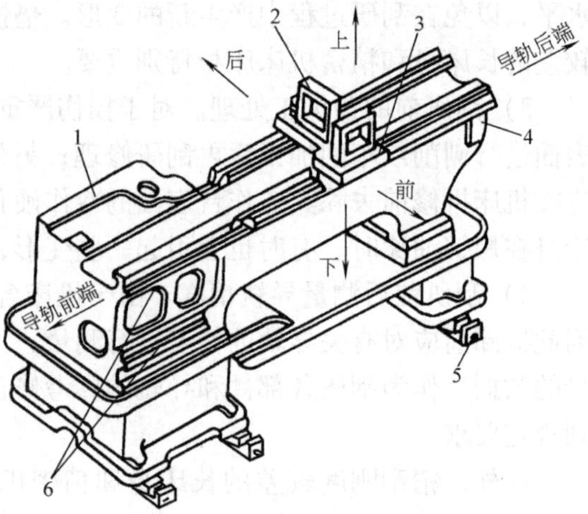

图6-3　机床安置与测量

1—主轴箱安装面　2—水平仪　3—检验桥板
4—托架安装面　5—调整垫铁　6—进给箱安装面

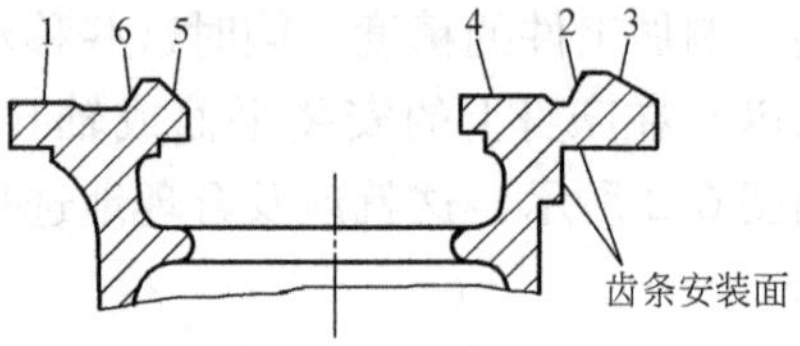

图6-4　床身截面图

（3）刮研工具、检具及基本工艺　常用的刮研工具、检具有：刮刀、平尺、角尺、平板、角度垫铁、检验桥板、心棒、水平仪、光学准直仪、塞尺、相应量具和显示剂等。刮研是利用刮刀、拖研工具、检测器具和显示剂，以手工方式操作，边刮削、边拖研、边测量，直至导轨达到规定的几何精度。刮削时分粗刮、细刮和精刮三个步骤依次进行。

（4）机床导轨表面刮研的质量检查　平面刮研的质量有两个指标：一个是有关几何形状的，如相关表面的垂直度、平行度和厚度尺寸等；另一个是有关表面质量的，常用研点检查法来检验，即利用基准平面对刮削的工件表面进行研点，按工件表面上显示出点子的多少，作为表面质量指标之一。研点检查方法是利用一块硬纸或薄铁皮，挖出一个25mm×25mm的方孔，将它覆盖在被检平面上，在孔内数点子数，在整个平面内任何位置上进行抽检，均应达到规定的点数。规定的点子数可参考表6-1。

表6-1　机床导轨刮研每刮方内要求的点子数

机床精度等级	滑动导轨		移置导轨		塞铁和压板
	每根导轨宽度/mm				
	≤250	>250	≤100	>100	
普通机床	10	6	8	6	10
较高精度机床	16				16
高精度机床	20				20

（5）导轨表面和结合面的要求　导轨的加工精度应保证达到各类机床的精度标准和技

术条件的规定，并留有一定的精度储备量。

采用配磨加工方法的两配合件的结合面，应用涂色法检验接触面积，检验方法按JB/T 9876—1999《金属切削机床　结合面涂色法检验及评定》的规定。接触面积应均匀，接触指标不得低于表6-2中的有关规定。配磨加工后的导轨表面和特别重要的固定结合面的表面质量应按JB/T 9872—1999《金属切削机床　机械加工件通用技术条件》的规定。表面粗糙度 *Ra* 值的指标不得大于表6-3中的有关规定。

每刮方内研点数与GB/T 131—2006表面粗糙度值的对应要求可参考表6-4中的有关规定。

表6-2　导轨表面和结合面的接触指标（%）

机床精度等级	静压、滑（滚）动导轨		移置导轨		特别重要的固定结合面	
	全长上	全宽上	全长上	全宽上	全长上	全宽上
Ⅲ级和Ⅲ级以上	80	70	70	50	70	45
Ⅳ级	75	60	65	45	65	40
Ⅴ级	70	50	60	40	60	30

注：1. 只有宽度上的接触达到规定指标，才能作为长度上的计算值。
　　2. 镶条按相配导轨的接触指标检验。

表6-3　导轨表面和结合面的表面粗糙度 *Ra* 值指标　　（单位：μm）

机床精度等级	铸铁导轨	镶钢或钢导轨	移置导轨和特别重要的固定结合面
Ⅲ级和Ⅲ级以上	0.63	0.32	0.80
Ⅳ级	0.80	0.40	1.60
Ⅴ级	1.25	0.80	1.60

表6-4　每刮方内刮点数与表面粗糙度对应参考表

每刮方内研点数	GB/T 131—2006表面粗糙度 *Ra* 值/μm
6～8	2.5
>8～10	1.25
>10～13	0.63
>13～16	0.32
>16～20	0.16
>20～25	0.08

2. 机床导轨的精刨（或精车）修理

对于大型、重型机床床身或圆锥或圆环形导轨来讲，人工刮研法劳动强度大、工效低，必须设法用机床加工方法代替刮研。对于未经淬硬处理的导轨面，可采用精刨（直导轨）、精车（圆导轨）或精磨的方法修理，其中精刨法和精车法的精度，一般低于刮研法和精磨法。

（1）工作母机（龙门刨床、立式车床）运动精度的调整和刀具的选择　由于工件（导轨）的精度直接取决于刨床或车床的精度，因此在修理前要根据导轨的精度要求来调整精刨（车）母机的精度。一般可按表6-5中的要求对精刨母机进行调整和修刮。

表6-5　精刨机床工作台的运动精度

工作台移动的直线度/mm		导轨全长/m			
		≤4	≤8	≤12	≤16
在垂直平面内	在每米长度上	0.01			
	在全长上（中凸）	0.02	0.03	0.04	0.06
在水平面内	在每米长度上	0.01			
	在全长上	0.02	0.03	0.04	0.06
工作台移动时的倾斜每米及全长上		1000:0.01			

精刨刀有用高速工具钢做的，也有镶硬质合金刀片的。根据导轨的形状和位置，精刨刀可分为以下几种：①平面导轨精刨刀；②垂直平面精刨刀；③导轨下部滑面精刨刀；④V形导轨精刨刀；⑤燕尾导轨精刨刀。

具体的刀具结构和制造工艺可根据需要查阅有关手册。

（2）基本操作工艺　机床导轨在精刨（车）前一般要预加工，去除导轨表面的拉毛、划伤、不均匀磨损或床身的扭曲变形，表面粗糙度值达 $Ra5\mu m$ 即可精刨（车）。

精刨（车）时，应尽可能使导轨处于自由状态，减少装夹所产生的内应力。一般精刨（车）三刀或四刀，总加工余量为0.08~0.10mm。切削速度为3~5m/min，第一刀背吃刀量为0.04mm，第二、三刀背吃刀量为0.02~0.03mm，最后在无进给下往复两次。为了正确掌握进给深度，必须用百分表测量，以控制刀架的进给深度。在精刨（车）时，用洁净的煤油不间断地润滑刀具，中途不能停车，以免产生刀痕。精刨（车）修理导轨，去除的金属层比刮研法和精磨要多，多次修理会影响机床导轨的刚度，因此要尽量控制切削量。

3. 机床导轨的精磨修理

“以磨代刮”是除“以刨代刮”外，在机床导轨表面精加工时常用的工艺方法，特别是经淬硬处理的导轨面的修复加工，一般均采用磨削工艺。

（1）导轨的磨削方法

1）端面磨削。砂轮端面磨削的设备、磨头结构较简单，万能性较强，目前在机修上应用较广泛。但其缺点是生产效率和加工表面粗糙度都不如周边磨削，且难于实现用切削液做湿磨的目的，需要采取其他冷却措施来防止工件的发热变形。

磨削时工件的进给速度：粗磨为5~7m/min，精磨为0.8~2m/min。表面粗糙度值可达到 $Ra1.25\mu m$。若磨头和机床的精度高，且操作掌握得好，也能达到 $Ra0.63\mu m$。

2）周边磨削。周边磨削的生产效率和精度虽然比较高，但磨头结构复杂，要求机床刚度好，且万能性不如端面磨削，因此目前在机修中应用较少。

磨削时工件的进给速度：粗磨可达20m/min，精磨为1.8~2.5m/min。表面粗糙度值可达到 $Ra1.25\mu m$，较高精度的磨头可达 $Ra0.32\mu m$。磨削时可加大量切削液，因此可避免工件的发热变形。

（2）导轨磨削的设备　导轨磨床按其结构特点，可分为双柱龙门式、单柱工作台移动式和单柱落地式。其中龙门式主要采用周边磨削法，落地式主要采用端面磨削法。维修企业大多采用落地式导轨磨床，对各类机床的床身、工作台、溜板、横梁、立柱、滑枕等导轨进行修理。

（3）导轨磨削工艺

1）工件的装夹。工件装夹的原则是尽可能使工件处于自由状态，减少装夹产生的内应力。对于一些细长形床身零件，由于刚度不够高，在装夹时要采用多点支承，垫铁位置应和说明书上规定的安装用机床垫铁位置一致，并使各垫铁支承点受力均匀。对于长工作台的装夹，为了防止自重及磨削变形，还应增加一定数量的“千斤顶”作为辅助支承，如图6-5所示。对于小床身与或其他零件，装夹时一般采用三点支承，在工件的侧向另加6个夹紧螺钉，既可用来找正工件，又可防止工件在磨削过程中发生水平方向的位移，如图6-6所示。

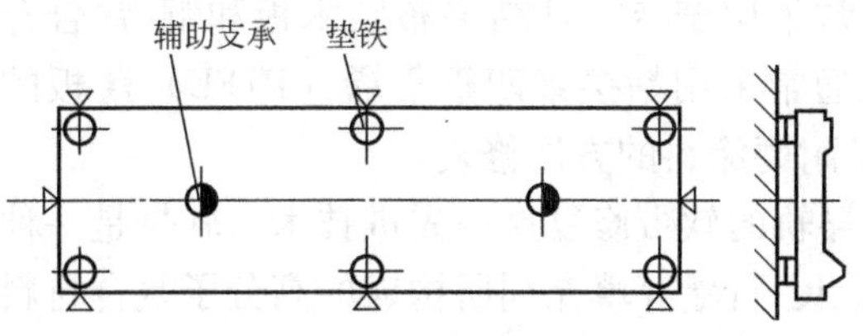

图6-5　装夹长工作台示意图

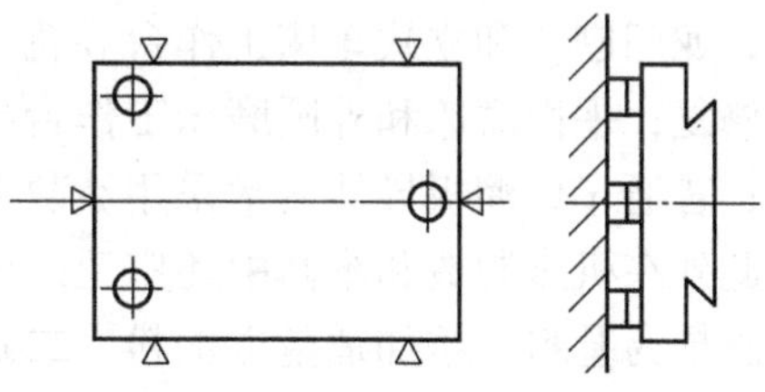
图6-6　装夹小工件示意图

对某些刚度差的床身，在磨削时应尽可能接近于装配后的情况，将有关部件（或配重）装上后再进行磨削。如磨床类床身要将操纵箱装上后进行磨削或按等力矩原则，装上配重，以保证总装后的精度，如图6-7所示。

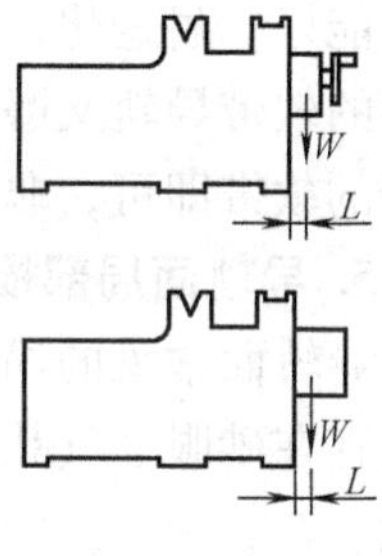

图6-7　预装部件及配重

2）床身或其他工件的找正。找正的原则是：以机床床身上移动部件的装配面或基准孔（如轴承孔）的轴心线为基准，在水平和垂直方向分别找正。

在磨削导轨时，既要恢复移动部件的直线移动，又要保持导轨与移动部件的位置关系。否则在总装时往往会影响到装配质量甚至发生故障。例如车床床身，应考虑导轨与进给箱安装平面（水平方向）和齿条安装平面（垂直方向）的关系，否则可能造成导轨面与三杆平行度的超差。

3）防止磨削时的热变形。各类磨床在磨削工件时，都要向砂轮切削工件处喷射切削液，以带走切削热，冲刷砂轮和带走切屑，即“湿磨法”。但对于一般企业来说，常用的落地式导轨磨床难以实现。若采用“干磨法”，工件磨削发热后中间凸起，被多磨去一些，冷却后就变成中凹。针对这种情况，可在磨削中用风扇吹风，使零件冷却。或者在磨削一段时间后，停机等待自然冷却或吹冷后再进行磨削。

4）砂轮的选择与修整。磨削导轨对砂轮的要求是：发热少，自砺性好，具有较高的切削性和获得较低的表面粗糙度值。推荐选用以下砂轮：

端面磨削用：GC，$36^{\#}$，$R_1 \sim R_3$，V

WA，$36^{\#}$，$R_1 \sim R_3$，V

周边磨削用：WA，$60 \sim 80^{\#}$，ZR_2，V

碳化硅GC和白刚玉WA比较，WA砂轮磨削的表面粗糙度值较低。而GC大气孔砂轮，对散热和防止堵塞都有一定的效果。根据实际经验，淬硬钢导轨采用大气孔砂轮磨削效果更好。

端面磨削用砂轮的磨削面应修窄，端面留 2～3mm 的刃带即可，如图 6-8 所示。这样可以减少发热和刃边崩碎。

4. 导轨的镶装、粘结等方法修理

在导轨上镶装、粘结、涂敷各种耐磨塑料和夹布胶木或金属板，也是实际工作中常用的导轨修复方法。由于镶装的这些材料摩擦系数小，耐磨性好，使部件运行平稳，大大减少了低速爬行现象，还可以补偿导轨磨损尺寸，恢复原机床尺寸链。例如，龙门刨床和立式车床工作台导轨，通常采用镶装、粘结夹布胶木板和铜-锌合金板的方法修复；平面磨床和外圆磨床工作台导轨通常采用粘接聚四氟乙烯（PTFE）薄板的方法修复；普通车床溜板导轨通常采用涂敷 HNT 耐磨涂料的方法修复。

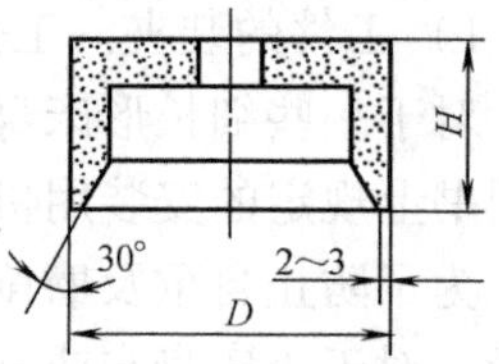

图 6-8 端磨砂轮的修整

此外在机床制造和维修中还广泛采用了导轨的软带修复这一先进技术。软带是一种以聚四氟乙烯为基料，添加适量青铜粉、二硫化钼、石墨等填充剂所构成的高分子复合材料，或称填充聚四氟乙烯导轨软带。将软带用特种粘结剂粘接在导轨面上，就能大大地改善导轨的工作性能，延长使用寿命。因为所粘接的软带具有特别高的耐磨性能和很低的滑动阻力，吸振性能好，耐老化，不受一般化学物质的腐蚀（除强酸和氧化剂外），自润滑性好。如果修复后的软带导轨又磨损至不能满足工作要求时，可将原软带剥去，胶层清除干净后，重新粘接新的软带即可，非常简便。

5. 导轨面局部损伤的修复

导轨面常见的局部损伤有碰伤、擦伤、拉毛、小面积咬伤等，有些伤痕较深。此外，有时还存在砂眼、气孔等铸造缺陷。可采用焊接、粘接、刷镀等方法及时进行修复，防止其恶化。

二、机床主轴部件的修理

主轴部件是机床实现旋转运动的执行体，由主轴、主轴轴承和安装在主轴上的传动件、密封件等组成，它们带动工件或刀具旋转，传递动力和直接承受切削力，因此要求其轴线的位置准确稳定。它的回转精度决定了工件的加工精度，它的旋转速度在很大程度上影响机床的生产率。主轴部件是机床上的一个关键部件，其修理的目的是恢复或提高主轴部件的回转精度、刚度、抗振性、耐磨性，并达到温升低、热变形小的要求。

1. 主轴的修理

各类机床主轴的结构形式、工作性质及条件各不相同，磨损或损坏的形式和程度也不一致，但总体来说，主轴的磨损常发生于以下部位：①与滚动轴承或滑动轴承配合的轴颈或端面；②与工件或刀具（包括夹头、卡盘等）配合的轴颈或锥孔；③与密封圈配合的轴颈；④与传动件配合的轴颈。

主轴的损伤主要是发生在有配合关系的轴颈表面，可采用以下方法修理：

（1）修理尺寸法　即对磨损表面进行精磨加工或研磨加工，恢复配合轴颈表面几何形状、相对位置和表面粗糙度等精度要求，调整或更换与主轴配合的零件（如轴承等），保持原来的配合关系。采用此法时，要注意被加工后的轴颈表面硬度不能低于原图样要求，以保证零件修后的使用寿命。修理尺寸法在工艺及其装备上较简单、方便，在许多场合下只需将不均匀磨损或其他损伤的表面进行机械加工，修复速度快，成本低。

（2）标准尺寸法　即用堆焊、粘接等方法在磨损表面覆盖金属，然后按原尺寸及精度要求加工，恢复轴颈的原始尺寸和精度。

例　CA6140 车床主轴的修理方案和工艺：

1）首先按照图 6-9 所示的检测方法，对其主轴精度进行检查。其中主轴的主要技术条件为：

① 轴颈 A、B 处的圆度公差为 0.005mm。

② 轴颈 A、B 处的径向圆跳动公差为 0.005mm；

③ 轴颈 A、B 处和莫氏 6 号锥孔表面用涂色法检查，要求接触面积达 70% 以上；

④ 短锥 C 对轴颈 A、B 处的径向圆跳动公差为 0.008mm；

⑤ 端面 D 对轴颈 A、B 处的轴向圆跳动公差为 0.008mm；

⑥ 轴颈 E、F 对轴颈 A、B 处的径向圆跳动公差为 0.01mm；

⑦ 莫氏 6 号锥孔对轴颈 A、B 处的径向圆跳动公差（在主轴锥孔中插入检验棒进行检查）为：近主轴端为 0.005mm，距主轴端 300mm 处为 0.01mm。

主轴最容易因磨损而丧失精度的部位是三个支承处，即轴颈 A、B、F 部位。

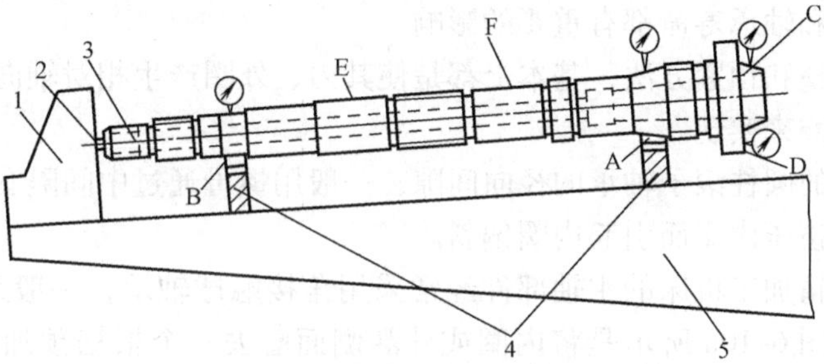

图 6-9　CA6140 车床主轴精度检查

1—挡铁　2—钢珠　3—堵头　4—V 形架　5—底座

2）根据检测结果，确定磨损部位的修理方案。

如前所述，先考虑修理尺寸法，即精磨修理轴颈。加工时注意零件的结构强度、表层的强化层或表面硬度的削弱问题，具体规定如下：

① 主轴与滑动轴承相配合的轴颈修磨后的尺寸不得小于原图样尺寸的 5% ~10%。

② 渗碳淬硬的轴颈其修磨加工层深度不得大于 0.5mm；渗氮轴颈修磨加工层深度不得大于 0.05mm。

③ 修磨后轴颈表面硬度不得小于原图样要求的下限值。

④ 磨损的主轴锥孔经修磨加工后，锥孔端面的位移量应控制在表 6-6 所列范围内。

表 6-6　主轴锥孔端面位移量

锥度（莫氏）	1	2	3	4	5	6
位移量/mm	1.5	2	3	4	5	6

此外，如锥孔内安装标准工装夹具或刀具，还要考虑锥孔修磨变大后，这些工装夹具、刀具是否还合适。

3）CA6140 车床主轴修理工艺。

① 在主轴两端内孔中分别镶装两个堵头。

② 在车床上装上中心架，分别在两端堵头上钻研中心孔，保证轴颈A、B处对两端中心孔的径向圆跳动误差小于0.01mm。

③ 在外圆磨床上精磨主轴颈A、B处，如有必要，轴颈F处、短锥C处和端面D处也精磨一下，各项精度要达到原图样要求。

④ 拆除堵头，在万能外圆磨床上装上中心架，校正轴颈A、B处径向圆跳动以保证其在0.005mm以内，用内圆磨具磨削右端莫氏6号锥孔至规定要求。

2. 主轴轴承的修理

主轴部件上所用的轴承有滚动轴承和滑动轴承。滑动轴承具有工作平稳和抗振性好的特点，这是滚动轴承所难以替代的。而且各种多油楔的动压轴承及静压轴承的出现，使滑动轴承的应用范围得以扩大，特别是在一些精加工机床（如外圆磨床、精密车床）上均采用了滑动轴承。

（1）滚动轴承的调整和更换　对于磨损后的滚动轴承，精度已丧失，应更换新件。对于新轴承或使用过一段时期的轴承，若间隙过大则需调整。

在滚动轴承的装配和调整中，保持合理的轴承间隙或进行适当的预紧（负间隙），对主轴部件的工作性能和轴承寿命都有重要的影响。

滚动轴承的调整和预紧方法，基本上都是使其内、外圈产生相对轴向的位移，通常通过拧紧螺母或修磨垫圈来实现。

对于主轴常用的圆柱滚子轴承的径向间隙，一般用螺母通过中间隔套压着轴承内圈来实现调整，以免直接挤压内圈而引起内圈偏斜。

高速、轻载、精加工机床的主轴部件经常采用角接触球轴承，一般采用如图6-10所示的几种方法调整。图6-10a所示是将内圈或外圈侧面磨去一个根据预加载荷量确定的厚度a，当压紧内圈或外圈时，即得原定的预紧量。此结构要求侧面垂直于轴线，且重调间隙时必须把轴承从主轴上拆下，很不方便。图6-10b所示是在两个轴承之间装入两个厚度差为$2a$的垫圈，然后用螺母将其夹紧，缺点同上。图6-10c所示是在两个轴承之间放入一些弹簧（沿圆周均布），靠弹簧力保持一个固定不变的、不受热膨胀影响的预加载荷。它可持久地获得可靠的预紧，但对弹簧的要求比较高，此结构常见于内圆磨头。图6-10d所示则是在两轴承外圈之间放入一适当厚度的外套，靠装配技术使内圈受压后移动一个a的量，它操作方便，在装配时的初调和使用时的重调中都可用，但要求有较高的装配技术。

在主轴部件的一个支承上，常有两个或两个以上的轴承分别承受径向载荷和轴向载荷，需要分别控制径向和轴向间隙。因此，在结构上应尽可能做到在两个方向上分别调整。图6-11a所示是两个轴承共用一个螺母调整；图6-11b所示则采用两个螺母分别调整，当然其结构复杂些。

此外，在用螺母调整轴承时，还应考虑到防松措施和尽量减少或避免拧紧螺母时主轴产生弯曲变形的问题。具体的结构可参看有关手册。

（2）滑动轴承的修理、装配与调整　滑动轴承按其油膜形成的方式，可分为流体（或气体）静压轴承和流体动压轴承；按其受力的情况，可分为径向滑动轴承和推力滑动轴承。

1）静压轴承具有承载能力大、摩擦阻力小（流体摩擦）、旋转精度高、精度保持性好等优点，因此广泛应用在磨床及重型机床上。静压轴承一般不会磨损，但由于油液中极细微的机械杂质的冲击，主轴轴颈仍会产生极细的环形丝流纹，一般采用精密磨床精磨或研磨至

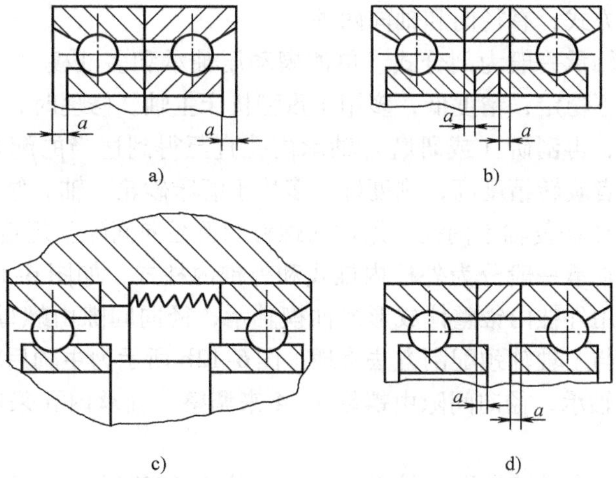

图 6-10 角接触球轴承游隙的调整

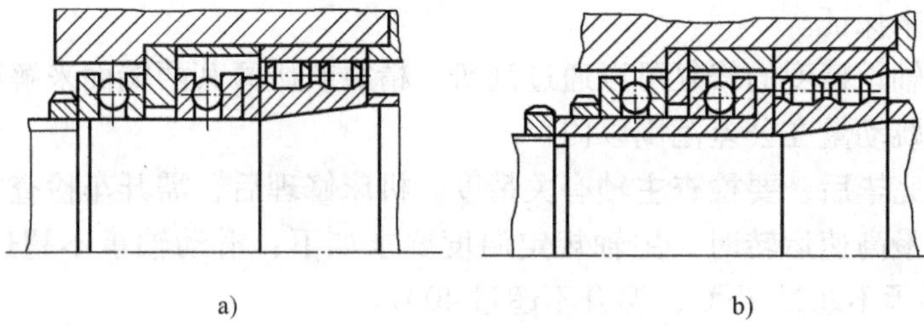

图 6-11 轴承间隙调整机构

*Ra*0.04 ~0.16μm。若修磨后尺寸减小量在 0.02mm 之内，原静压轴承仍可使用；若主轴与轴承间隙超过了公差范围，或轴承内孔拉毛或有损伤现象，则应更换新轴承，这是因为一般静压轴承与主轴的间隙是无法调整的。在更换新轴承时，轴承与主轴的间隙在制造时给予保证。

2）动压轴承磨损的主要原因，是润滑油中有磨损微粒或润滑不足。修理的目的就是恢复轴承的几何精度和承载刚度。对已磨损或咬伤、拉毛的轴承内孔，要修复其圆度、圆柱度、表面粗糙度，与主轴配合的轴颈和端面的接触面积和前、后轴承内孔的同轴度要求；同时还要检查轴承外圆与主轴箱体配合孔的接触精度是否满足规定要求。通常动压轴承内孔表面粗糙度值应不大于 *Ra*0.4μm。

动压轴承内孔与主轴轴颈的配合间隙直接影响主轴的回转精度和承载刚度。间隙越小，承载能力越强，回转精度越高；但间隙过小也会受到润滑和温升等因素的限制。动压轴承的径向间隙一般选取方法如下：高速和受中等载荷的轴承，取轴颈直径尺寸的 0.025% ~0.04%；高速和受重载的轴承，取轴颈直径尺寸的 0.02% ~0.03%；低速和受中等载荷的轴承，取轴颈直径尺寸的 0.01% ~0.012%；低速和重载的轴承，取轴颈直径尺寸的 0.007% ~0.01%。

由于磨损，轴承内孔与主轴轴颈间的配合间隙将逐渐变大。绝大多数动压滑动轴承的间隙是可调整的，只要轴承没有损坏，且有一定的修理和调整余量，就可不必更换轴承，而只需进行必要的修理和调整即可继续使用。

轴承间隙的调整方式，有径向和轴向两种。

径向调整间隙的轴承一般为剖分式、单油楔动压轴承和多油楔（三瓦或五瓦式）自动调位轴承。前者旋转不稳定，精度低，多用于重型机床主轴。修理时，先刮研剖分面或调整剖分面处垫片的厚度，再刮研（或研磨）轴承内孔直至得到适当的配合间隙和接触面，并恢复轴承的精度。后者旋转精度高，刚度好，多用于磨床砂轮主轴。修理时，可采用主轴轴颈配刮（或研磨）方法修复轴承内孔，用球面螺钉调整径向间隙至规定的要求。

轴向调整间隙的轴承一般分为外柱内锥式和外锥内柱式，如图6-12所示。图6-12a所示为主轴前轴承，采用外柱内锥整体成形多油楔轴承，径向间隙由螺母5、6来调整，轴承内锥孔可用研磨法或与主轴轴颈配刮方法修理；图6-12b所示为主轴后轴承，采用外锥（内柱）薄壁变形多油楔轴承，径向间隙由螺母3、4来调整，轴承内孔采用研磨或与主轴轴颈配刮的方法修理。

滑动轴承外表面与主轴箱体孔的接触面积一般应在60%以上。而活动三瓦式自动调位轴承的轴瓦与球头支点间保持80%的接触面积时，轴承刚度较高，常通过研磨轴瓦支承球面和支承螺钉球面来保证。

轴向推力滑动轴承精度的修复可以通过刮研、精磨或研磨其两端面来解决。修复后调整主轴，使其轴向圆跳动量在公差范围以内。

主轴部件修理完毕后，要检查主轴有关精度。机床修理后，需开车检查主轴的运转温升情况。机床主轴以最高速运转时，主轴规定温度要求如下：滑动轴承不超过60℃，温升不超过30℃；滚动轴承不超过70℃，温升不超过40℃。

三、机床螺旋机构的修理

机床螺旋机构通常为丝杠副，广泛应用于机床低速直线进给运动机构以及运动精度要求较高的机床传动链中。丝杠副包括滑动丝杠传动、滚动丝杠传动、流体静压丝杠传动三种类型。本节主要介绍在金属切削机床中用得最多的滑动丝杠传动调整与修理的相关知识。

1. 磨损或损伤的检查与调整

滑动丝杠传动在机床中主要用于机构调整装置和定位装置。在使用过程中，丝杠和螺母会有不同程度的磨损、变形、松动和位移等现象，直接影响机床的加工精度。因此必须定期检查、调整和修理，使其恢复规定的精度要求。

（1）丝杠、螺母的润滑和密封保护　由于大部分的丝杠长期暴露在外，防尘条件差，极易产生磨粒磨损。因此在日常维护时，不但要清洁丝杠，检查有无损伤，还要定期清洗丝杠和螺母，检查、疏通油路，观察润滑效果。

（2）丝杠的轴向圆跳动　丝杠的轴向圆跳动对所传动部件运动精度的影响，远大于丝杠径向圆跳动的影响，因此，在机床精度标准中，丝杠轴向圆跳动均有严格要求，见表6-7。

如检查中发现丝杠的轴向圆跳动超过公差，则需进一步检查预加轴向负荷状况（例如丝杠端部的紧固螺母松动与否）和推力轴承的磨损状况，以便采取相应措施进行调整或更换。

（3）丝杠的弯曲　经长时间使用，有些较长的丝杠会发生弯曲。如卧式车床的床身导轨或溜板导轨磨损，溜板箱连同开合螺母下沉，丝杠工作时往往只与开合螺母的上半部分啮

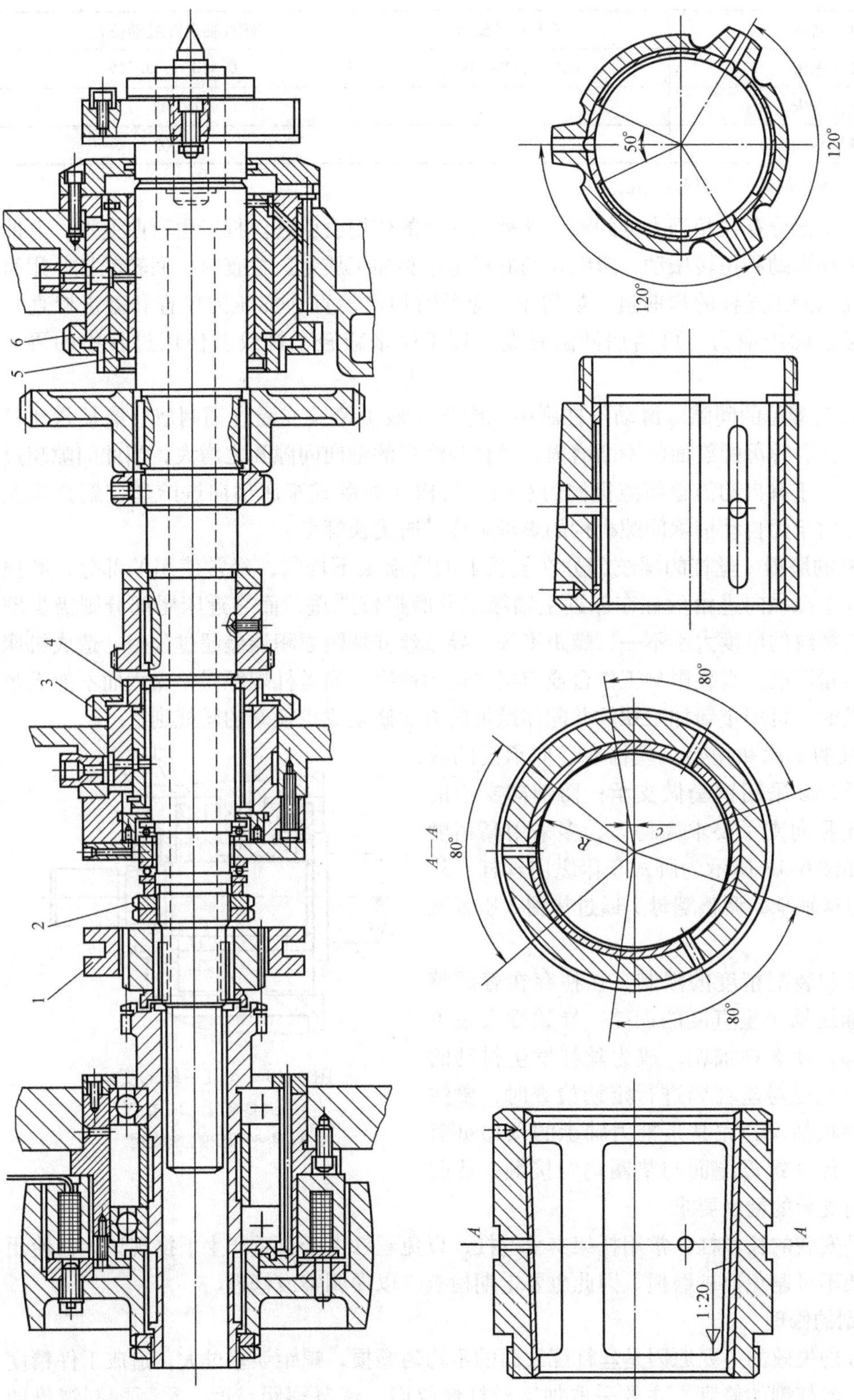

图 6-12 CQM6132 型主轴组件

1、2、4、5—螺母 3、6—锁紧螺母

表6-7　几种机床丝杠轴向圆跳动公差　（单位：mm）

机床名称	检验标准编号	丝杠轴向圆跳动公差
卧式车床	GB/T 4020—1997	D_a≤800，0.015
丝杠车床		0.002
螺纹磨床		0.002

注：D_a 为车床允许的最大工件回转直径。

合，而与其下半部分存在相当大的间隙。这种径向力的作用会引起丝杠产生弯曲变形，弯曲严重时会使传动蹩劲和扭转振动，影响切削的稳定性和加工质量。检查时，回转丝杠，用百分表可较准确地测出丝杠的弯曲量。如超差，应及时加以校直（如压力校直和敲击校直）。校直时要尽量消除内应力，可增加低温时效处理工序来减轻车螺纹及使用过程中的再次变形。

（4）丝杠与螺母的间隙　滑动丝杠副中的螺母一般由铸铁或锡青铜制成，磨损量比丝杠大。随着丝杠、螺母螺旋面的不断磨损，丝杠与螺母的轴向间隙随之增大，当此间隙超过公差范围时，对于有自动消除间隙机构的双螺母结构（如卧式车床横向进给丝杠副）应及时调整间隙；对于无自动消除间隙机构的螺母则应及时更换螺母。

（5）丝杠的磨损　丝杠的螺纹部分在全长上的磨损很不均匀，经常使用的部分，磨损较大，如卧式车床纵向进给丝杠在靠近主轴箱部分磨损较严重，而靠近床尾部分则极少磨损。这使丝杠螺纹的厚度大小不一，螺距不等，导致丝杠螺距累积误差超过公差，造成机床进给机构进刀量不准，直接影响工作台或刀架的运动精度。当丝杠螺距误差太大而不能满足加工精度要求时，可用重新加工螺纹并配作螺母的方法修复或更换新的丝杠副。

（6）丝杠的支承和托架　丝杠在径向承受的载荷小，转速低，多采用铜套做支承；而轴向支承的精度和刚度比径向支承要求高得多，多采用高精度推力轴承。如图6-13所示为卧式车床纵向丝杠，3、4为D级推力球轴承，调整螺母1通过垫圈2压紧推力轴承。

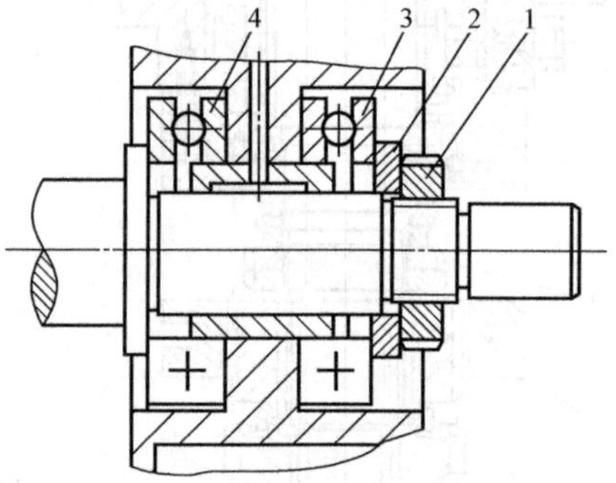

图6-13　丝杠一端的支承
1—调整螺母　2—垫圈
3、4—D级推力球轴承

由于加工和装配精度的限制，往往存在着调整螺母端面与螺纹轴线垂直度的误差，导致推力集中在轴承的局部，使磨损加剧，成为丝杠发生抖动的主要原因。因此在对丝杠副进行定期检查时，要注意各支承的磨损情况，尤其是推力轴承的预加负荷和磨损情况，保证螺母端面与垫圈均匀接触，从而保证丝杠轴向支承的精度要求。

对于水平安装的长丝杠，常用托架支承丝杠，以免丝杠由于自重产生下挠现象。在使用过程中，托架不可避免要被磨损。因此也要定期检查，以便调整或修理。

2. 丝杠副的修理

滑动丝杠副失效的主要原因是丝杠螺纹面的不均匀磨损，螺距误差过大，造成工件精度超差。因此，丝杠副的修理，主要采取加工丝杠螺纹面，恢复螺距精度，重新配制螺母的方法。

在修理丝杠前，应先检查丝杠的弯曲量。普通丝杠的弯曲度超过 0.1mm/1000mm 时（由于自重产生的下垂量应除去）就要进行校直。然后测量丝杠螺纹的实际厚度，找出最大磨损处，估算一下丝杠螺纹在修理加工后厚度减小量，如果超过标准螺纹厚度的 15% ~ 20%，则该丝杠予以报废，不能再用。在特殊情况下，也允许以减小丝杠外径的办法恢复原标准螺纹的厚度，但外径的减小量不得大于原标准外径的 10%。对于重负载丝杠，螺纹部分如需修理，还应验算其厚度减小后，刚度和强度是否仍能满足原设计要求。

对于未淬硬丝杠，一般在精度较好的车床上将螺纹两侧面的磨损和损伤痕迹全部车去，使螺纹厚度和螺距在全长上均匀一致，并恢复到原来的设计精度。精车加工时要尽量少切削，并注意充分冷却丝杠。如果原丝杠精度要求较高，也可以在螺纹磨床上修磨，修磨前应先将丝杠两端中心孔修研好。

淬硬的丝杠磨损后，应在螺纹磨床上进行修磨。

如果丝杠支承轴颈或其端面磨损，可用刷镀、堆焊等方法修复，恢复原配合性质。

丝杠螺纹部分经加工修理后，螺纹厚度减小，配制的螺母与丝杠应保持合适的轴向间隙，旋合时手感松紧合适。用于手动进给机构的丝杠副，经修理装上带有刻度装置的手轮后，手柄反向空行程量应在规定范围内。对于采用双螺母消除间隙机构的丝杠副，丝杠螺纹修理加工后，主、副螺母均应重新配制。

卧式车床的纵向丝杠、镗床的横向进给丝杠，由于是通用备件，丝杠磨损后也可更换新件。

四、机床电气设备维修

1. 机床电气设备的日常维护

机床电气设备的日常维护对象包括：电动机、电器和控制线路。

（1）电动机的日常维护

1）电动机应经常保持清洁，不允许有水滴、油污或金属屑等异物进入电动机内部。

2）经常检查电动机是否有超负荷运行的情况，检查三相电流是否平衡，三相电流任何一相与其三相平均值相差不允许超过 10%。

3）经常检查电动机电源的电压、频率是否与铭牌相符，并检查电源三相电压是否对称。

4）经常检查电动机的温升是否正常。可根据铭牌上所标示的电动机绝缘等级检测电动机的温升。

5）经常检查电动机的振动、噪声及是否有不正常气味，是否冒烟。

6）检查电动机轴承部位的工作情况，是否有过热、漏油的情况，轴承的振动和轴向位移不应超过规定值。

7）对工作环境较差的电动机应经常检查绝缘电阻。低压电动机的绝缘电阻应大于 0.5MΩ，高压电动机定子绕组绝缘电阻为 1MΩ/kV，转子绝缘电阻应大于 0.5MΩ。

8）检查电动机传动机械部分是否正常，联轴器、带轮或传动齿轮是否跳动。

9）检查电动机的引出线是否绝缘良好、连接可靠；检查接地装置是否牢固可靠。

10）对绕线转子异步电动机，应检查电刷与集电环间的接触是否良好，检查电刷的磨损情况，当发现有不正常火花时，应进一步检查电刷或清理集电环表面，并校正电刷弹簧。

11）对直流电动机，应检查换向器表面是否光滑圆整，有无机械损伤或火花灼伤。

（2）电器及控制线路的日常维护

1）保持电气控制箱、操纵台的外部及内部清洁。严禁有水滴、油污和金属屑等进入内部，以免损坏电器造成事故。

2）检查机床各部件之间的连接导线，不应有脱落或散头现象，也不得被切削液、油污等腐蚀。

3）操纵台上的按钮、主令开关的手柄、信号灯及仪表护罩都应保持清洁完好。

4）检查接触器、继电器，观察电磁线圈是否过热，动作时有无卡住或滞缓现象，动、静触点接触是否良好。

5）校验各继电器，检查各整定值是否恰当。

6）检查电器的操作机械是否灵活、可靠。

7）检查各类指示信号装置和照明装置是否完好。

8）检查电气柜、台、盒及各电器、导线通道的散热情况是否良好，并应防止水分和潮气侵入。

9）检查电器和机床的所有裸露导体零件是否接到保护接地的专用端子上，并是否达到了保护电路连续性的要求。

在遵循以上各项进行机床电气设备的日常维护之外，还要注意以下几点：①加强在高温、梅雨、严寒季节对电气设备的检查和维护；②日常维护时，必须注意安全，电气设备的接地或接零必须可靠；③在熔断器熔断后，更换熔体时，必须按要求选配，不得放大或缩小原有规格。

2. 机床电气设备的故障分析与检修

虽然对机床电气设备采取了日常维护保养工作，但仍不能避免电气设备在长期运行的过程中发生故障。产生的原因包括：由于机械振动、过电流产生的热效应、恶劣环境的影响等造成的自然故障以及由于操作不当、安装不合理等造成的人为故障。

机床在运行中一旦发生故障，应立即切断电源，对故障进行分析，然后采取相应的措施进行检修。

（1）故障分析方法及步骤

1）通过调查研究，向机床操作工人了解故障发生的前后详细情况及具体的症状和故障现象。如是否有烟雾、火花现象，是否听到异常声响，有无异味，熔断器是否熔断，各电气设备有无异常等。

2）根据故障现象，从机床电气原理图上进行分析，确定产生故障的可能范围。在不损伤电气和机械设备的条件下，可直接通电试验，或卸下负载进行试验，以分清故障是在电气部分还是机械等其他部分，是在电动机还是控制线路，是在主电路还是在控制电路。

3）进行外表检查。对于简单控制电路，可根据故障可能发生的范围仔细检查各电器元件，以确定故障的确切部位；对于较复杂的控制电路，一般采取通电试验法仔细观察各电器元件的动作情况，根据原理图的控制原理，逐一排除故障回路中的公共支路上的故障，从而缩小故障点的范围。

4）经外表检查仍未发现故障点时，可采用测量法寻找。可用万用表、钳形电流表、兆欧表、试电笔等仪表对电路的电阻、电流、电压等参数进行测量，以便迅速有效地找出故障原因。测量时，要防止感应电、回路电及其他并联支路的影响，以防止产生误判断。

5）找出故障点后，针对故障性质与具体部位可采取相应的处理措施，尽量进行原电器元件的修补，不要轻易更换电器元件或改动线路，更不能随意更换规格不同的电器元件，以免产生故障。

6）有些机床电器元件的动作是由机械、液压驱动的，应请机修人员共同进行检查。

（2）机床电器的检修

1）机床电器检修工艺要求。

① 必须采用正确的修理方法和步骤。

② 不得损坏完好的零部件。

③ 不得降低电器固有的性能。

④ 修理后能满足质量标准要求。

2）电器检修质量标准。

① 电器外观整洁、无破损和碳化现象。

② 所有的触点均应完整、光洁，接触良好。

③ 压力弹簧和反作用力弹簧应具有足够的弹性作用。

④ 操纵、复位机构都必须灵活可靠。

⑤ 各种衔铁无卡阻现象。

⑥ 灭弧罩完整、清洁、安装牢固。

⑦ 整定数值大小应符合电路实用要求。

⑧ 指示装置能正常发出信号。

⑨ 绝缘电阻合格，通电试验能符合和满足电路的要求。

3）机床电器检修的注意事项：

① 在找出故障点和检修时，应注意不能把找出的故障点作为寻找故障的终点，还必须进一步分析查明产生故障的根本原因。

② 在修理工作中，一般情况下应尽量做到复原。但是，有时为了尽快恢复机床的正常运行，根据实际情况也允许采取一些适当的应急措施。

③ 机床需要通电试运行时，应和操作者配合，避免出现新的故障。

④ 每次排除故障后，应及时总结经验，并做好维修记录。

第三节 数控机床的维修

数控机床是典型的机电一体化产物，它有一般机床所不具备的许多优点，如自动化程度高、生产率高、产品质量高等。并且它在机械结构和材料上也有很多变化，例如导轨、主轴等关键零部件的变化。

一、数控机床关键零部件的特点

1. 导轨

数控机床的导轨，要求在高速进给时不振动，低速进给时不爬行；灵敏度高，能在重负载下长期连续工作；耐磨性高，精度保持性好等。目前数控机床上常用的导轨有滑动导轨和滚动导轨两大类。

（1）滑动导轨 现代的数控机床广泛采用优质铸铁-塑料或镶钢-塑料型滑动导轨，大大提高了导轨的耐磨性。优质铸铁的一般牌号为HT300，表面淬火硬度为45～50HRC，研磨表面粗糙度值至Ra0.20～1.10μm；镶钢导轨常用55钢或合金钢，淬硬至58～62HRC；而导轨塑料一般用于导轨副的运动导轨，常用的有聚四氟乙烯导轨软带和环氧树脂涂层两类。

1）聚四氟乙烯导轨软带。它广泛应用于中小型数控机床、进给速度在15m/min以下的运动导轨。

2）环氧树脂涂层。它是以环氧树脂和二硫化钼为基体，加入增塑剂并混合为膏状，与固化剂配合使用的双组分耐磨涂层材料。它附着力强，可用涂敷工艺或压注成形工艺涂到预先加工成锯齿形状的导轨上，涂层厚度为1.5～2.5mm。国产的HNT（环氧树脂耐磨涂料）多用于轻负载的数控机床导轨。德国产的SKC3则更适用于重型机床和不能用导轨软带的复杂配合面上。

（2）滚动导轨 由于数控机床要求运动部件在对指令信号做出快速反应的同时，还有恒定的摩擦阻力和无爬行现象，因而越来越多的数控机床开始采用滚动导轨。

1）滚动导轨的特点。滚动导轨是在导轨面之间放置滚珠、滚柱（或滚针）等滚动体，使导轨面之间为滚动摩擦而不是滑动摩擦的导轨。滚动导轨与滑动导轨相比，优点是：灵敏度高，摩擦阻力小，且其动摩擦与静摩擦系数相差甚微，因而运动均匀，尤其是低速移动时，不易出现爬行现象；定位精度高，重复定位误差小于0.2μm；牵引力小，移动方便；磨损小，精度保持好，寿命长。但滚动导轨抗振性差，对防护要求高，结构复杂，制造比较困难，成本较高。

滚动导轨适用于机床的工作部件要求移动均匀、运动灵敏及定位精度高的场合。目前滚动导轨在数控机床上已得到广泛的应用。

2）滚动导轨的类型。根据滚动体的种类，滚动导轨有以下三种类型：

① 滚珠导轨。这种导轨的承载能力小，刚度低。为了避免在导轨面上压出凹坑而丧失精度，一般采用淬火钢制造导轨面。滚动导轨适用于运动的工作部件质量不大（通常小于200kg）和切削力不大的机床上。图6-14a所示为工具磨床工作台导轨，图6-14b所示为磨床的砂轮修整器导轨以及仪器的导轨等。

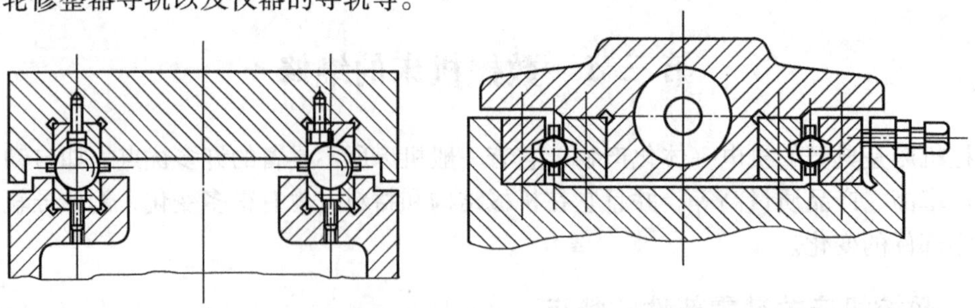

图6-14 滚珠导轨

a）工具磨床工作台导轨 b）磨床的砂轮修整器导轨

② 滚柱导轨。滚柱导轨如图 6-15 所示，这种导轨的承载能力及刚度都比滚珠导轨大。但对于安装的偏斜反应大，支承的轴线与导轨的平行度偏差不大时也会引起偏移和侧向滑动，这样会使导轨磨损加快或降低精度。小滚柱（小于 ϕ10mm）比大滚柱（大于 ϕ25mm）对导轨面的不平行敏感，但小滚柱的抗振性好。

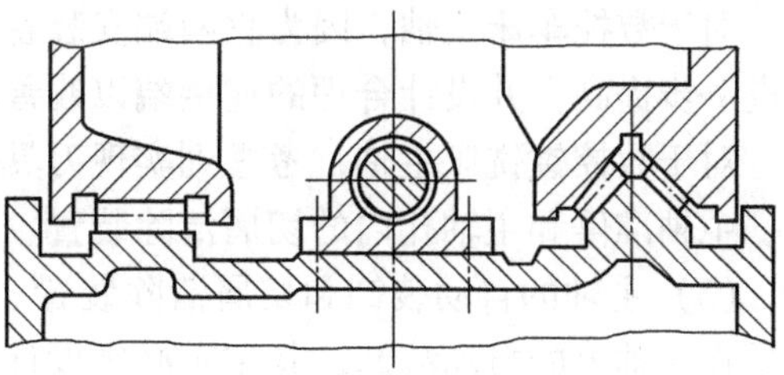

图 6-15　滚柱导轨

目前数控机床采用滚柱导轨的较多，特别是载荷较大的机床。

③ 滚针导轨。滚针导轨的滚针比滚柱的长径比大。滚针导轨的特点是尺寸小，结构紧凑。为了提高工作台的移动精度，滚针的尺寸应按直径分组。滚针导轨适用于导轨尺寸受限制的机床上。

2. 主轴部件

数控机床的主轴部件，既要满足精加工的要求，又要具备粗加工时高效切削的能力，因此在旋转精度、刚度、抗振性和热变形等方面，都有很高的要求。在布局结构方面，一般数控机床的主轴部件，与其他高效、精密自动化机床没有多大区别，但对于具有自动换刀功能的数控机床，其主轴部件除主轴、主轴轴承和传动件等一般组成部分外，还有刀具自动夹紧、主轴自动准停和主轴装刀孔吹净等装置。

（1）主轴轴承配置方式

1）前支承采用双列短圆柱滚子轴承和 60°角接触双列向心推力球轴承组合，后支承采用向心推力球轴承，如图 6-16a 所示，此配置形式使主轴的综合刚度大幅度提高，可以满足强力切削的要求，因此普遍应用于各类数控机床的主轴。

2）前支承采用高精度双列向心推力球轴承，如图 6-16b 所示。向心推力球轴承具有良好的高速性能，主轴最高转速可达 4000r/min，但它的承载能力小，因而适用于高速、轻载和精密的数控机床的主轴。

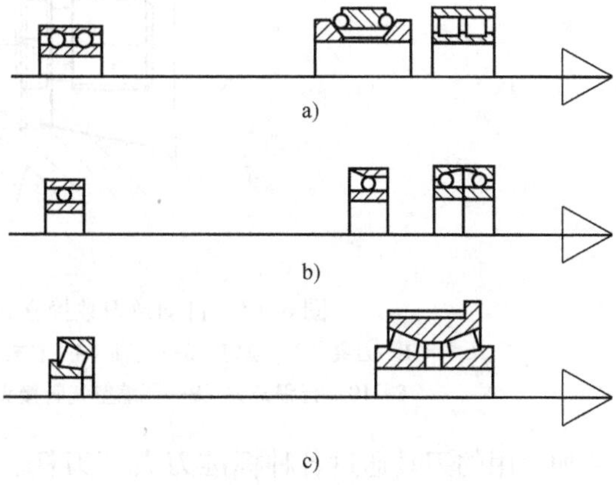

图 6-16　数控机床主轴轴承配置方式

3）双列和单列圆锥滚子轴承，如图 6-16c所示。这种轴承能承受较大的径向和轴向力，能承受重载荷尤其能承受较强的动载荷，安装与调整性能好。但是这种配置方式限制了主轴最高转速和精度，因此适用于中等精度、低速与重载的数控机床主轴。

（2）主轴部件的润滑和密封　为了尽可能减少主轴部件温升引起的热变形对机床工作精度的影响，通常用润滑油的循环系统把主轴部件的热量带走，使主轴部件与箱体保持恒定的温度。在某些数控镗、铣床上采用专门的制冷装置，能比较理想地实现温度控制。某些数控机床主轴采用高级油脂，用封闭方式润滑，每加一次油脂可以使用 7～8 年，为了使润滑油和润滑脂不致混合，通常采用迷宫式密封。

对于数控车床主轴，因为它两端安装着结构笨重的动力卡盘和夹紧液压缸，主轴刚度必须进一步提高，并设计合理的连接端以改善动力卡盘与主轴端部的连接刚度。

对于数控镗铣床主轴，考虑到实现刀具的快速或自动装卸，主轴上还必须设计有刀具装卸、主轴准停和主轴孔内的切屑清除装置。

（3）主轴的自动装卸和切屑清除装置　在带有刀具库的自动换刀数控机床中，为实现刀具在主轴上的自动装卸，其主轴必须设计有刀具的自动夹紧机构，如图6-17所示。

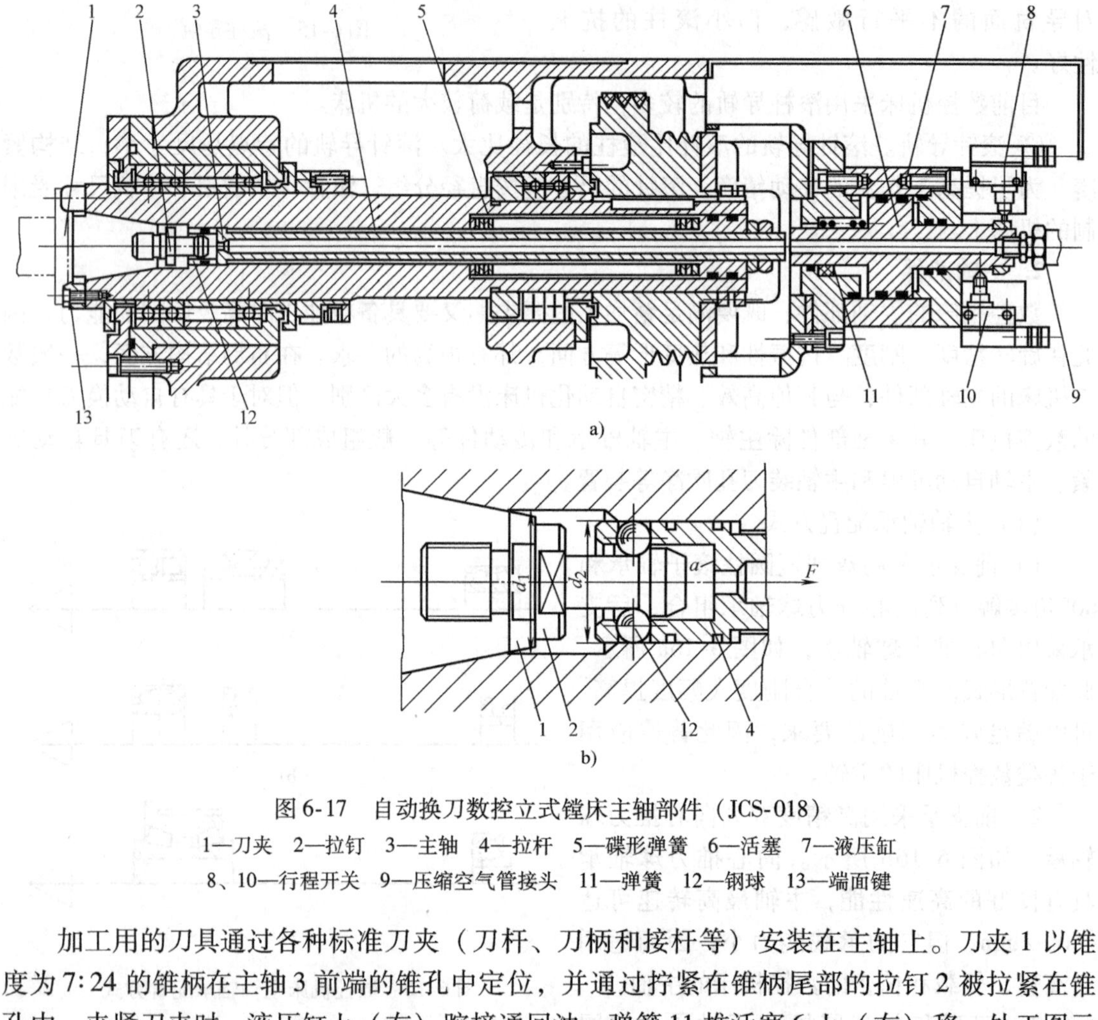

图6-17　自动换刀数控立式镗床主轴部件（JCS-018）

1—刀夹　2—拉钉　3—主轴　4—拉杆　5—碟形弹簧　6—活塞　7—液压缸
8、10—行程开关　9—压缩空气管接头　11—弹簧　12—钢球　13—端面键

加工用的刀具通过各种标准刀夹（刀杆、刀柄和接杆等）安装在主轴上。刀夹1以锥度为7∶24的锥柄在主轴3前端的锥孔中定位，并通过拧紧在锥柄尾部的拉钉2被拉紧在锥孔中。夹紧刀夹时，液压缸上（右）腔接通回油，弹簧11推活塞6上（右）移，处于图示位置，拉杆4在碟形弹簧5作用下向上（右）移动；由于此装置在拉杆前端径向孔中的四个钢球12，进入主轴孔中直径较小的d_2处，如图6-17b所示，被迫径向收拢而卡进拉钉2的环形凹槽内，因而刀杆被拉钉拉紧，依靠摩擦力紧固在主轴上。切削转矩则由端面键13传递。换刀前需将刀夹松开时，液压油进入液压缸上（右）腔，活塞6推动拉杆4向下（左）移动，碟形弹簧被压缩；当钢球12随拉杆一起下（左）移至进入主轴孔中直径较大的d_1处时，它就不再能约束拉钉的头部，紧接着拉杆前端内孔的台肩端面a碰到拉钉，把刀夹顶松。此时行程开关10发出信号，换刀机械手随即将刀夹取下。与此同时，压缩空气由管接头9经活塞和拉杆的中心通孔吹入主轴装刀孔内，把切屑或脏物清除干净，以保证刀

具的安装精度。机械手把新刀装上主轴后，液压缸7接通回油，碟形弹簧又拉紧刀夹。刀夹拉紧后，行程开关8发出信号。

自动清除主轴孔中的切屑和尘埃是换刀操作中的一个不容忽视的问题。如果在主轴锥形孔中掉进了切屑或其他污物，在拉紧刀杆时，主轴锥孔表面和刀杆的锥柄就会被划伤，使刀杆发生偏斜，破坏刀具的正确定位，影响加工零件的精度，甚至使零件报废。为了保证主轴锥孔的清洁，常用压缩空气吹屑。图6-17所示的活塞6的心部钻有压缩空气通道，当活塞向左移动时，压缩空气经拉杆4吹出，将锥孔清理干净。喷气小孔要有合理的喷射角度，并均匀分布，以提高吹屑效果。

（4）主轴准停装置　自动换刀数控机床主轴部件设有准停装置，其作用是使主轴每次都准确地停止在固定不变的周向位置上，以保证换刀时主轴上的端面键能对准刀夹上的键槽，同时使每次装刀时刀夹与主轴的相对位置不变，提高刀具的重复安装精度，从而可提高孔加工时孔径的一致性。图6-17所示主轴部件采用的是电气准停装置，其工作原理如图6-18所示。在传动主轴旋转的多楔带轮1的端面上装有一个厚垫片4，垫片上装有一个体积很小的永久磁铁3。在主轴箱箱体的对应于主轴准停的位置上，装有磁传感器2。当机床需要停车换刀时，数控装置发出主轴停转的指令，主轴电动机立即降速。在主轴以最低转速慢转很少几转，永久磁铁3对准磁传感器2时，后者发出准停信号。此信号经放大后，由定向电路控制主轴电动机，准确地停止在规定的周向位置上。这种装置可保证主轴准停的重复精度在±1°范围内。

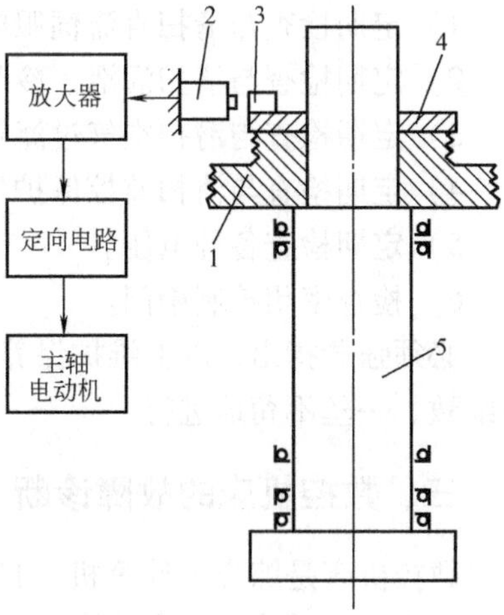

图6-18　主轴准停装置的工作原理（JCS-018）

1—多楔带轮　2—磁传感器　3—永久磁铁　4—垫片　5—主轴

二、数控机床的维护保养

严格按照规定对数控机床进行精心维护和保养，对保证数控机床良好的技术状态和延长其寿命有十分重要的意义。

1. 对数控机床操作人员的要求

操作人员的素质和他们正确使用机床、精心维护机床对数控机床的技术状态有很重要的影响，因此，必须对他们有如下基本要求：

1）能正确熟练地操作，掌握编程方法，避免因操作失误造成机床故障。

2）应熟悉机床的操作规程、维护保养和检查的内容及标准，润滑的具体部位及要求等。

3）对运行中发现的任何异常征兆要认真处理和记录，会应急处理，并与修理人员配合做好机床故障的诊断和修理工作。

2. 数控机床的日常维护和保养

数控机床的日常维护和保养内容主要有：

（1）保持设备清洁　主要部位例如工作台、导轨、操作面板等，每班都应清扫。每周对整机进行彻底的清扫和擦拭。特别应注意导轨、刀库中刀具上的切屑，要及时清扫。

（2）对各部位进行检查 需要日常检查的主要部位有：液压、润滑、冷却装置的油位、油压；气动系统的气压；空气过滤装置、油雾润滑装置等；各紧急停车按钮及限位开关等。需定期检查的主要部位及内容有：传动带的张紧、磨损情况；液压油、润滑油、切削液的清洁度；电动机及电刷、换向器的磨损情况、导轨副的间隙等。

（3）对于检查结果，可酌情进行必要的调整与更换 例如更换油液、传动带、电刷、换向器等。

3. 数控机床的定期维护和保养

1）定期检查与清扫直流伺服电动机。

2）定期检查与清扫润滑、冷却装置。

3）定期检查与清扫空气过滤器。

4）定期检查与清扫监控保护环节。

5）定期检查各种电压。

6）检查密闭控制柜门。

必须强调指出，以上维护保养工作必须严格按照说明书上的方法和步骤进行，并且要耐心细致、一丝不苟地进行。

三、数控机床的故障诊断

数控机床是综合了计算机、自动控制、电气、液压、机械及测试等应用技术的复杂系统，加之数控系统、机床整体种类繁多，功能各异，很难找出一种适合各种数控机床和数控系统的故障诊断方法。本节仅介绍一些数控机床故障诊断常用的一般步骤和一般方法，实际上这些方法是互相联系的，在实际的故障诊断中，往往是各种方法的综合应用。

1. 对数控机床维修人员的要求

1）具有大专以上文化程度，具有较全面的专业技术（指电子技术、计算机技术、电动机及拖动技术、自动控制技术、机械设计和制造技术、液压技术、测试技术等专业技术）知识。

2）具有较丰富的机电维修的实践经验，并善于在数控机床维修实践中积累和总结，不断提高维修水平。

3）熟悉并充分消化随机技术资料，特别是对整个系统很了解。

4）熟悉机床各部分的组成、工作原理及作用，掌握机床的基本操作。

2. 数控机床故障诊断的一般步骤

当数控机床出现故障时，首先由操作人员做临时紧急处理。这时不要关掉电源，应保持机床原来的状态，并及时对出现的故障现象和信号做好记录，以便向维修人员提供尽可能详尽和准确的故障情况。记录的主要内容有：故障的表现形式；故障发生时的操作方式和操作内容；报警号及故障指示灯的显示内容；故障发生时机床各部分的状态与位置；故障发生时有无其他偶然因素，例如突然停电、外线电压波动较大、有雷电、某部位进水等。

维修人员在对数控机床故障诊断时，一般按下列步骤进行：

（1）详细了解故障情况 维修人员在询问时，一定要仔细了解。例如，当机床发生振动、颤振现象时，一定要弄清是在全部轴上发生还是在某一轴上发生。如果是在某一轴上发生，要弄清是在全行程发生还是在某一位置发生；是一运动就发生还是仅在快速、进给状态某速度、加速或减速的某一状态下发生。

（2）对机床进行初步检查　在了解故障情况的基础上对机床做初步检查。主要检查CRT上的显示内容，控制柜中的故障指示灯、状态指示灯或报警装置。在故障情况允许的前提下，最好开机试验，观察故障情况。

（3）分析故障，确定故障源查找方向和手段　有些故障与其他部分联系较少，容易确定查找的方向；而有些故障，其导致原因很多，难以用简单的方法确定出故障源的查找方向，就需要仔细查阅有关的机床资料，弄清与故障有关的各种因素，确定出若干个需查找的方向，并逐一进行查找。

（4）由表及里进行故障源查找　故障源查找的一般方法是从易到难、从外围到内部逐步进行。难易是指技术上的复杂程度、判断故障存在的难易程度、拆卸装配的难易程度。例如，有些部位可直接接近或经过简单拆卸即可接近进行检查，而有些部位则需要进行大量的拆卸工作之后才能接近进行检查，显然应该先检查前者。

3. 数控机床故障诊断的常用方法

（1）根据报警号进行故障诊断　计算机数控系统大都具有很强的自诊断功能。当机床发生故障时，可对整个机床包括数控系统自身进行全面的检查和诊断，并将诊断到的故障或错误以报警号或错误代码的形式显示在CRT上。

报警号（错误代码）一般包括的故障（或错误）信息有：程序编制错误或操作错误；存储器工作不正常；伺服系统故障；可编程控制器故障；连接故障；温度、压力、油位等不正常；行程开关（或接近开关）状态不正确等。

维修人员可根据报警号指出的故障信息进行分析，缩小检查的范围，有目的地进行某个方面的检查。

（2）根据控制系统LED灯或数码管的指示进行故障诊断　这种方法如果和上述方法同时运用，可更加明确地指示出故障源的位置。

（3）根据可编程序控制器（PLC）状态或梯形图进行故障诊断　数控机床上使用的PLC控制器的作用主要是进行开关量，例如位置、温度、压力、时间等的管理与控制，其控制对象一般是换刀系统、工作台板转换系统、液压系统、润滑系统、冷却系统等。这些系统具有大量的开关量测量反馈元件，发生故障的概率必然较大。特别是在设备稳定磨损期，NC系统与各电路板的故障较少，上述系统发生的故障可能会是主要的诊断目标。因此必须熟悉上述系统中各测量反馈元件的位置、作用、发生故障时的现象及后果，熟悉PLC控制器，特别是弄清梯形图或逻辑图，以便从本质上认识故障，分析和诊断故障。

由于进行故障诊断时常常要确定一个传感元件是什么状态以及PLC的某个输出是什么状态，所以必须掌握PLC控制器的输入、输出状态。数控机床都能够从CRT上或LED指示灯上非常方便地确定PLC控制器的输入、输出状态。

（4）根据机床参数进行故障诊断　机床参数（也称机床常数）是通用的数控系统与具体的机床匹配时所确定的一组数据，它实际上是NC程序中未定的数据或可选择的方式。机床参数通常存于RAM中，由制造厂家根据所配机床的具体情况进行设定，部分参数需通过调试来确定。

由于某种原因，例如误操作，可能使存在RAM中的机床参数发生改变甚至丢失而引起机床故障。在维修过程中，有时也要利用某些机床参数对机床进行调整或做必要的修正。因此维修人员要熟悉机床参数，并在理解的基础上很好地利用（指查找故障、维修时的调整或修正），才能做好故障诊断和维修的工作。

(5) 根据诊断程序进行故障诊断　诊断程序是对数控机床各部分（包括数控系统在内）进行状态或故障检测的软件，当数控机床发生故障时，可利用该程序诊断出故障所在范围或具体位置。

诊断程序一般分为起动诊断（Startup Diagnostics）、在线诊断（Online Diagnostics）、离线诊断（Offline Diagnostics）三套程序。

起动诊断指从通电开始到进入正常的运行准备状态止，CNC 内部诊断程序自动执行的诊断。一般情况下，该程序数秒之内即可完成。它诊断的目的是确认系统的主要硬件可否正常工作，主要检查的硬件有：CPU、存储器、I/O 单元等印制板或模块；CRT/MDI 单元、阅读机、软盘单元等装置或外设。若被检测内容正常，CRT 则显示表明系统已进入正常运行的基本画面，否则，将显示报警信号。

在线诊断是指在系统通过起动诊断进入运行状态后由内部诊断程序对 CNC 及与之相连接的外设、各伺服单元和伺服电动机等进行的自动检测和诊断。只要系统不断电，在线诊断也就不会停止。在线诊断的诊断范围大，显示信息的内容也很多。

离线诊断是利用专用的检测诊断程序进行的旨在最终查明故障原因，精确确定故障部位的高层次诊断。离线诊断的程序存储及使用方法多不相同。有些机床将上述诊断程序与 CNC 控制程序一同存入 CNC 中，维修人员可以随时调用这些程序并使之运行，在 CRT 上观察诊断结果。但要注意，离线诊断程序往往由受过专门训练的维修专家调用和执行，以免调用和使用不当给机床和系统造成严重危害。所以厂商在供货时往往不向用户提供离线诊断程序或把离线诊断程序作为选择订货内容。

因篇幅限制，在此不展开讨论数控机床各系统的常见故障及处理方法，关于数控机床的数控系统常见故障及处理、伺服驱动系统常见故障及处理、机械系统常见故障及处理等可参看数控机床维修技术类的相关书籍。

第四节　内燃机的修理

内燃机分为活塞式内燃机、燃气轮机、喷气式发动机等几大类。活塞式内燃机又可按活塞的运动方式分为往复活塞式内燃机和旋转活塞式内燃机两种。目前汽车发动机大多数采用往复活塞式内燃机。本节讨论这类内燃机的修理。

一、内燃机总体构成

1. 总体构成

现代汽车用内燃机的分类形式很多，按照所用的燃油，可分为汽油机和柴油机两大类；按完成的工作循环，可分为四冲程发动机和两冲程发动机；按冷却方式，又可分为水冷、风冷和油冷三种。但不管是何种内燃机，其工作原理基本上是相同的，即都要完成进气、压缩、燃烧、做功和排气五个过程。总体上都是由气缸体、气缸盖、曲轴箱、活塞连杆、曲轴飞轮、配气等机构以及供油系、点火系（汽油机）、冷却系、润滑系等组成。

2. 内燃机的大修标志

（1）气缸磨损　气缸的圆度误差每100mm大于0.1mm（汽油机）或0.125mm（柴油机），气缸圆柱度误差每100mm大于0.35mm（汽油机）或0.5mm（柴油机）时，应进行大修。

（2）功率下降　正常维护以后，满载爬坡行驶，变速器比原档次降低1/3～1/2档，个别降1个档，加速性能显著下降，严重丧失工作能力，直到无法起动等，应进行大修。

（3）机油消耗量过大　机油油耗超过正常油耗的5～8倍，机油管串气严重并带有油滴，排气管冒蓝烟等，应进行大修。

（4）运动零件发生异响　各受力机构在交变载荷作用下受到额外冲击，工作条件严重恶化时，应进行大修。

本节将主要讨论汽车用内燃机（通常称发动机）的主要零部件、总成或系统的损伤情况、原因分析及修复修理的常用方法。

二、气缸体和气缸盖的修理

气缸体和气缸盖是发动机的主要基础零件，水冷式发动机的缸体一般与曲轴箱铸成一体，风冷式发动机的缸体与曲轴箱用螺柱连接。由缸体和其他零件构成发动机工作的空间，直接承受燃气的高温、高压作用和腐蚀介质的侵蚀，工作条件恶劣，容易产生变形、裂纹和腐蚀等损伤，所以它是发动机修理中的重要修理对象。

气缸体和气缸盖的损伤形式及其原因比较复杂，主要形式有裂纹，变形，气门阀座口、气阀杆导孔和气缸（套）的磨损以及连接螺孔的损坏等。

1. 气缸体和气缸盖裂纹的修补

气缸体和气缸盖通常是用灰铸铁或铝合金制成的，裂纹是其主要的损伤形式之一。

（1）裂纹产生的原因及其部位　气缸体与气缸盖产生裂纹的原因，除铸造本身质量所致外，通常还有以下因素：

1）气缸体与气缸盖是燃烧室的组成部分，由于周期性高温、高压作用，在结构薄弱处易产生疲劳裂纹，例如气缸盖的裂纹主要产生于燃烧室内和两个燃烧室之间，尤其是直接受热作用的各进、排气阀座孔过梁处，喷油嘴孔的周围等。而气缸体的裂纹主要产生于各气缸孔之间隔墙和冷却水腔隔壁的薄弱处。

2）使用维护不当。例如在气缸处于高温工作状态时突然加入冷却水或无水起动后加水，严冬季节、冷却水中未加防冻液、停机时未放净冷却水等都可能导致裂纹。

（2）裂纹的检查　拆下的气缸体、气缸盖，可采用喷丸处理、磁力检测试验、着色检查等方法使裂纹显露出来，也可用压力试验（水压、油压、气压）检验有无裂纹。水压试验的规范为：压力294～392kPa，保压时间5min以上。

（3）裂纹修补方法　气缸体和气缸盖的裂纹，除了在关键部位上（如气门座孔间）出现贯穿性裂纹应报废外，其余的均可修复，常用的修复方法有：环氧树脂粘接、强密扣合、补焊等。

2. 气缸体与气缸盖变形的修理

气缸体与气缸盖变形的主要原因有：

1）铸造时残余内应力未得到充分消除，在使用过程中内应力重新分配，致使缸体、缸盖变形。

2）上紧气缸盖和主轴承盖螺栓时，由于拧紧力大小不一或拧紧顺序不当等，引起缸体、缸盖的翘曲或螺栓孔周围局部产生凸起等变形。

3）压入缸套时，过盈量过大或台肩凸出量各缸不一致，导致缸盖压紧后产生翘曲变形。

4）长期超负荷运转、过热或高温下拆卸缸盖会产生拱曲变形。

气缸体与气缸盖翘曲、拱曲变形的结果，必然会破坏缸体、缸盖接合面和气缸体基准面的平面度。变形量一般可通过标准平板的接触检查或用钢直尺和塞尺检测，其平面度应满足表6-8的技术要求，否则必须进行修理。

应根据气缸体与气缸盖变形的严重程度、部位以及设备条件和技术水平等选择具体的修理方法。目前在实际中主要采用的方法有铲刮、敲压、磨削或铣削等。

表6-8　气缸体、气缸盖平面度要求（单位：mm）

名称 项目	气缸体上平面	侧置式发动机气缸盖下平面		顶置式发动机气缸盖下平面
		铸铁	铝	
整个平面	<0.20	<0.25	<0.5	<0.25
每25mm×25mm	<0.05	<0.05		根据车型要求
局部凹陷	<0.08			<0.06

对于气缸盖产生的翘曲和拱曲变形，可采用热校直法进行修复；而对于气缸体、气缸盖弯曲的修理，则可采用铣削、磨削、刮削等方法。

3. 气缸体、气缸盖其他缺陷的修理

（1）水道口腐蚀的修理　水道口腐蚀的修理步骤：①将受腐蚀的水道口加工成台阶孔或圆孔，深度为3mm；②用4mm厚的铝板或铜板加工成与修补的水道口同样形状的出水口，并有适当过盈量；③用手锤将补板镶入孔内，修整后钻出水道口。若腐蚀程度较轻，可用砂布清洁后涂上环氧树脂。

（2）气门导管的镶修　气门导管与气门杆磨损后，一般更换导管。导管与导管座孔有一定过盈量，一般为0.02~0.06mm。导管选用新旧导管对比测量，新导管比压出的旧导管大0.01~0.02mm。镶导管的方法为：将导管表面涂一层机油，导管镶面朝上垂直放在导管座孔上，把导管压入。镶配后，要求上端与缸体或缸盖平面保持规定的距离。距离太小会增加进、排气的阻力，距离太大则影响气门和导管的散热性。

三、气缸的修理

气缸的磨损程度是决定发动机是否进行大修的主要依据之一。由于气缸的内表面直接受到燃气的高温、高压和腐蚀作用，同时也受到活塞组件运动产生的摩擦力、侧推力以及振动敲击的作用，导致气缸内表面产生磨损、擦伤、拉缸等缺陷，外表面产生穴蚀（湿式气缸套）等。

铝合金气缸体易磨损，均采用气缸套，大多数铸铁气缸体也采用气缸套。无缸套的缸体结构称为整体式气缸。根据是否与冷却介质直接接触，气缸套可分为干式气缸套和湿式气缸套，如图6-19所示。

1. 气缸磨损的原因及其检测

气缸内表面磨损规律为：沿气缸轴向（纵向），上部磨损大于下部磨损，在活塞处于上止点时与第一道活塞环对应的部位磨损最大；沿径向（横向），承受侧推力方向（或进气阀侧）的磨损大于其他方向磨损。这种磨损分布使气缸内表面圆度和圆柱度误差增大，破坏活塞与气缸套的配合间隙，影响活塞环对气缸套的压力大小与均匀性，从而产生漏气、窜机油等现象。

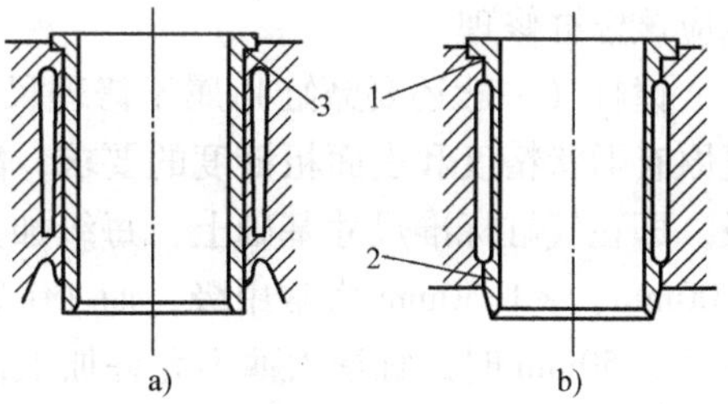

图 6-19 气缸套

a）干式气缸套 b）湿式气缸套

1、2—径向定位圆柱面 3—轴向定位面

（1）气缸内表面磨损不均匀的原因

1）纵向。气缸套上部处于燃烧的高温、高压区，油膜难以形成而产生半干摩擦，且由于燃烧产物积聚多，容易形成腐蚀和磨料磨损。同时，活塞行至高温、高压的上止点时，活塞上的第一道环的径向压力远大于其他各环的径向压力，且随着活塞的向下移动，径向压力逐步减小。以上各因素都会造成其上部磨损加剧，形成气缸上部磨损大于下部磨损的规律。

2）横向。曲柄连杆回转产生侧推力，使其承受推力一侧（垂直于活塞销轴线方向）的磨损加剧。其次，气缸体的变形破坏了气缸中心线与曲轴中心线的垂直度而产生偏磨。此外，由于进气中的磨粒过滤不良，致使进气阀侧较其他方位磨损严重。而冷态下未雾化的汽油冲刷掉缸壁上的机油，也加剧了气缸的磨损，成为使其圆度或圆柱度超差的一个重要原因。

（2）气缸内表面磨损的检测　气缸的测量方法有很多种，在此仅介绍两种。

1）用一个旧活塞环和塞尺测量。方法如下：①将活塞环平放在活塞处于上止点位置时的第一道活塞环所对应的位置，然后用塞尺测量活塞环的开口间隙；②将活塞环移动至气缸底部，测出其开口间隙；③将上、下两处测得的开口间隙之差除以 3，即可得出气缸的圆柱度。

2）使用量缸表测量。这种方法测量精度高，如图 6-20 所示。在活塞行程内取上、中、下三个位置，每个位置沿曲轴轴向和径向两个方向进行测量，便可得出气缸的圆度和圆柱度。测量时，量缸表的测头应放在标准套孔内校对，手持量杆应灵活自如，微微摆动，以测得真实数据。

2. 气缸的修理技术标准及方法

对于气缸圆度误差，汽油发动机超过 0.1mm、柴油发动机超过 0.125mm 时，应进行镗缸修理；对于气缸圆柱度误差，汽油发动机超过 0.35～0.4mm、柴油发动机超过 0.5mm 时，应进行镗缸修理。此外，有时气缸的圆度和圆柱度都没有超过规定，但是在气缸上有严重沟槽、拉痕或麻点，

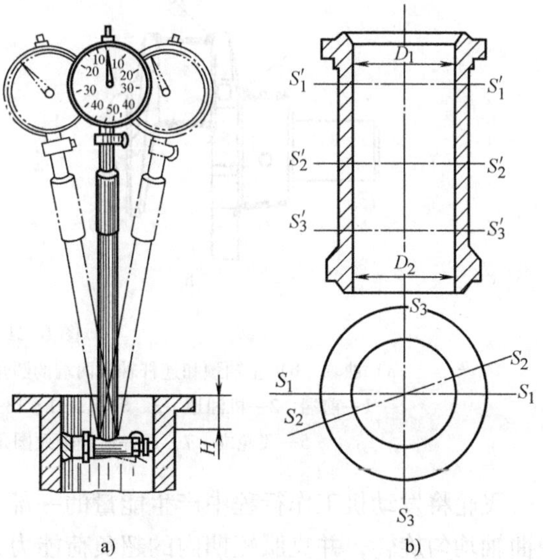

图 6-20 用量缸表测量气缸

也应该镗缸修理。

镗缸（一般还要磨缸）属于修理尺寸法，即采用镗、磨缸到加大一级的修理尺寸，恢复原有形状精度和表面粗糙度的要求，配换加大的活塞。加工时，气缸修理尺寸一般分为六级，即在气缸标准尺寸基础上，每级加大0.25mm，直至加大到1.5mm，其中+0.50mm、+1.00mm、+1.50mm为常用级，而+0.25mm、+0.75mm、+1.25mm为辅助级。气缸磨损超过1.50mm时，缸壁太薄不允许加工，应镶装气缸套（干式）或换装卸套（湿式）。

如果采用镗缸和磨缸后再镀复修理的方法，工艺较复杂，成本较高，但能恢复原尺寸。不仅可保证发动机原来的工作状态，而且还可以提高气缸的使用寿命。

对于整体式的气缸与气缸体，经过多次镗缸后，还可采用镶套方法进行修复。套的材料应与缸体材料相同，壁厚一般可取2.5mm。套在结构上分带凸缘和不带凸缘两种，前者的压配过盈量为0.04~0.07mm，后者的压配过盈量为0.01~0.06mm。压配好后再做最后精加工，以消除压配后的变形，并达到修理尺寸和形状精度的要求。

四、曲轴飞轮组的修理

1. 曲轴的检修

（1）曲轴的结构　曲轴是发动机的主要零件，它与连杆配合，将作用在活塞上的气体压力变为旋转动力，传递给汽车的传动机构，同时还驱动发动机其他机构，如风扇、水泵、机油泵、空气压缩机等工作。其结构和部分部件名称如图6-21所示。

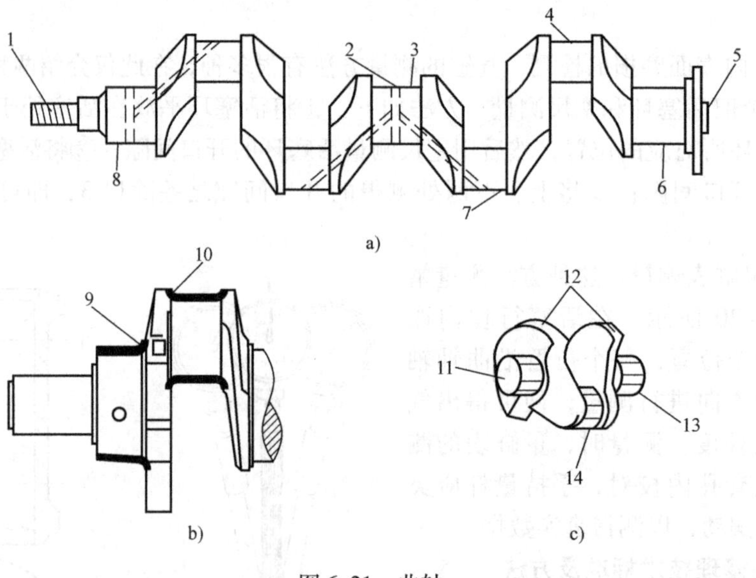

图6-21　曲轴

a）曲轴　b）主轴颈和连杆轴颈两端的圆角　c）每一道连杆轴颈相对位置的平衡重

1—前端　2—机油道　3、6、8、11、13—主轴颈　4、14—连杆轴颈（曲柄销）

5—飞轮端　7、10—连杆轴颈圆角　9—主轴颈圆角　12—平衡重

飞轮将发动机工作行程中产生能量的一部分储存起来，用来克服其他辅助行程的阻力，使曲轴均匀旋转，并克服短期内的超负荷能力，使汽车起步及起动发动机等。

曲轴的结构形状比较复杂，刚性差，工作条件恶劣，故容易损伤。损伤的主要形式是轴颈磨损，曲轴弯曲、扭曲，轴颈表面出现裂纹甚至发生断裂等。

（2）曲轴的检查与分析

1）裂纹的检查。检查裂纹的最好方法是磁力检测法。也可用锤击法，即用锤子轻轻敲击平衡重，从发出的声音来判断，若声音钝哑则说明有裂纹。

2）曲轴弯曲的检查。将发动机解体后，观察其曲轴的各道轴承，如果发现其中某一道的磨损比其他的明显严重时，说明曲轴弯曲。通常中间的轴承磨损较为严重在磨削曲轴之前要进行弯曲检验。锻造曲轴弯曲后可进行校直，而铸造曲轴弯曲则必须更换。如图6-22所示，检验时将曲轴放在V形架上，校正曲轴中心线水平后，用百分表的测头对准中间曲轴轴颈，慢慢转动曲轴一圈后，百分表指针所指示的最大和最小两个读数差的1/2，即是曲轴的弯曲度。

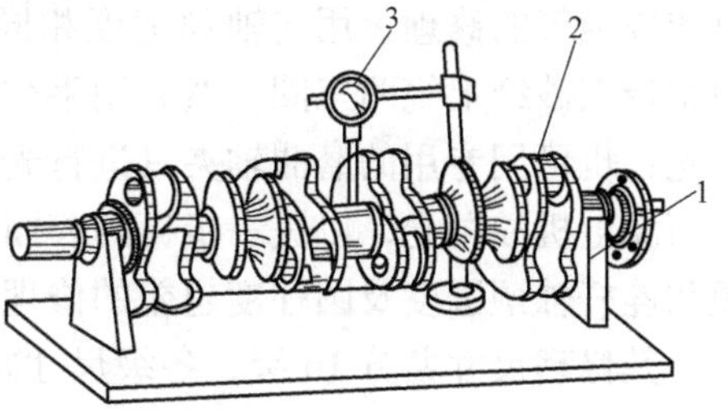

图6-22　曲轴弯曲检验

1—V形架　2—曲轴　3—百分表

没有V形架时，可将气缸体下底面朝上，两端的轴承可替代V形架的作用，也可将曲轴装夹在车床前后顶尖上。

3）轴颈磨损的分析。曲轴的主轴颈和连杆轴颈都易产生磨损而使圆度和圆柱度超差。如发动机刚起动时，由于主轴承下瓦片进入的机油很少或还没有机油进入，常导致主轴承下瓦片及曲轴主轴颈的严重磨损。在连杆轴颈顶部（远离曲轴中心线的一侧），常常由于做功行程中过大的冲击载荷而引起磨损，例如在发动机的负荷突然增大或不正常燃烧的情况下，轴颈的润滑油膜被破坏，导致接触部位磨损。机油中的杂质也是造成轴颈磨损的主要原因，在斜油孔周围的轴颈表面，常常会由于杂质聚集而产生不均匀磨损。另外，如果与曲轴轴颈相配的轴瓦长度过短或轴瓦内表面开有环形油槽，也会使曲轴轴颈局部表面磨损甚至出现明显的磨台，如图6-23所示。

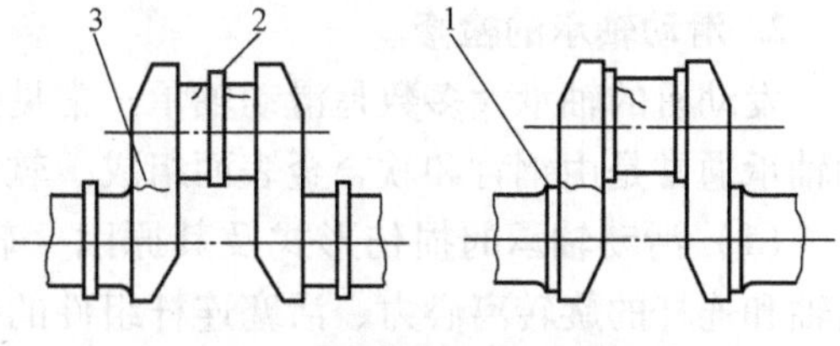

图6-23　曲轴磨损产生裂纹和磨台

1、2—磨台　3—裂纹

4）轴颈的圆度和圆柱度的检测。用千分尺在轴颈同一横截面进行多点测量，最大直径和最小直径之差，即是轴颈的圆度误差。用千分尺在轴颈两端（距端面10～30mm）进行测量，两尺寸之差，即是轴颈的圆柱度误差。关于曲轴轴颈所允许的尺寸偏差可在有关维修手册中查到。

（3）曲轴的修理方法

1）曲轴裂纹的修理。曲轴出现裂纹，一般应报废。必要时，可对锻造曲轴进行焊接修理。施焊前要将焊接部位加热至350～450℃，用$\phi 3$～$\phi 4$mm的低碳钢焊条焊接，焊后修整焊处，钻出油孔，检验无裂纹、无弯曲后磨削至技术条件要求。

2）曲轴弯曲的修理。曲轴的弯曲度在0.05～0.10mm范围内，可在曲轴磨床上磨削轴颈修复；弯曲度大于0.1mm时，则应考虑校直。对于弯曲变形小的小型曲轴一般进行冷校直。大型曲轴宜采用热校直或表面敲击法。用热校直时，将曲轴最大向上弯曲的轴颈表面急速加热至250～550℃，再让它冷却下来即可达到校直的目的。表面敲击法分为手工敲击和机械敲击两种，图6-24所示为手工敲击法。机械敲击法的原理和敲击部位与手工敲击法相同。

必须指出，无论采用何种方法校直弯曲，都不可能使弯曲变形完全消除，应结合磨削给予进一步消除，以满足要求。

图6-24　手工敲击法

3）曲轴轴颈磨损的修理。①对于轴颈轻微擦伤、毛糙、斑痕和烧蚀等的修理：用与轴颈宽度相同的细砂纸缠绕在轴颈上，用布带在砂纸上绕两三圈，然后用手往复拉动布带的两端，直至磨光；也可用专用的磨曲轴夹具进行光磨。清洗干净，并在轴颈表面涂上机油抛光，以进一步提高表面的光整。②对于曲轴主轴颈和连杆轴颈圆度及圆柱度超差的修理：采用修理尺寸法，将轴颈尺寸磨削至下一级修理尺寸。其修理尺寸共分16级，各级尺寸减小量为0.125mm（有时也采用0.25mm），轴颈最大减小量不得超过2mm（或原轴颈公称直径的3%），按轴颈的相应级别选配轴瓦。

磨削曲轴应在曲轴磨床上进行。基准选曲轴飞轮接盘外圆（磨连杆轴颈）和右端滚动轴承座孔，前端可选正时齿轮轴颈及起动爪螺孔做定位基准，也可选择其他未磨损处如轴颈与曲柄间的过渡圆角部位等，以保证各轴颈间的位置精度。具体的曲轴磨削工艺和规范，可查阅有关加工手册。

另外，对于中、小型曲轴轴颈的磨损也可采用热喷涂或堆焊等修复工艺进行修理，恢复尺寸，特别是当曲轴严重烧伤或磨损时，要先恢复尺寸，然后再进行磨削。

应该指出，无论采取哪种修理方法都应十分注意，曲轴在修理后各轴颈与曲柄间的过渡圆角应光滑，其半径不得小于轴颈直径的5%，并注意润滑油孔的保护和孔口的修整。此外，某些进口汽车磨轴后在更换推力轴承时，其宽度比原来加大，磨削曲轴时，就应将曲轴的轴向承推面磨削，以适应加大宽度的轴承。

2. 滑动轴承的检修

发动机的轴承大多数是滑动轴承，常见的滑动轴承有厚瓦式、薄瓦式和衬套式三种。滑动轴承通常是由钢背和软合金表面组成。软合金通常有巴氏合金、铜-铅合金和铝合金。

（1）滑动轴承的损伤形式及其原因　轴承的载荷来自三个方面：气缸内的燃烧压力、曲轴和连杆的旋转离心力、活塞连杆组件的往复惯性力。这些载荷共同作用于轴承，又从不同的角度加剧了轴承磨损。

发动机工作时，轴承总是在一个瓦片上有载荷，而在另一个瓦片上没有载荷。当气缸内的燃烧压力作用于活塞时，连杆轴承的上瓦片和主轴承的下瓦片承受载荷。因此造成这两片瓦上常留下明显的磨痕。特别是当发动机超负荷运行（汽车行驶阻力增加而没有及时换入下一个较低档位）时，将导致其严重磨损，当磨损严重时，连杆轴承上瓦片的合金会剥落而附着在下瓦片上。

曲轴和连杆的离心力与活塞杆组件的往复惯性力对轴承产生的载荷随发动机转速的增加而增大，因此超速行驶，会导致轴瓦合金层的疲劳破坏，严重时，会发现主轴承及连杆轴承的上、下轴瓦都有合金疲劳剥落。

除了上述载荷对轴承造成损伤外，其他一些因素也不容忽视，如合金本身质量、装配质量、润滑油质量以及使用水平等。

（2）轴承的选配及加工　轴承的轻微磨损是正常的，但轴瓦损伤后，或在发动机大修时，必须更换轴承。选配轴承前，应检查轴承座孔的技术状况，检查轴承盖是否平整、轴承孔的圆度和圆柱度是否超差、定位凸点是否完整等，如有问题，应采取相应措施解决。

1）曲轴轴承的选配。按曲轴轴颈修理尺寸选配轴承，轴承的厚度应与轴承座孔相适应，轴承厚度偏差不应超过0.03mm，轴承背面与座孔的接触面积应不小于85%，两端边缘必须高出轴承座平面0.04～0.06mm。

2）曲轴轴承的加工。选配好轴瓦并装入座孔后，需按轴颈尺寸和装配间隙要求修配轴瓦的内表面，常用的修配加工方法有刮削和镗削两种。

刮削法适用于修配量不大或做局部修理时。刮削后的接触面积应达到轴瓦表面积的75%以上。刮削主轴瓦时，注意要以磨修合格的曲轴为刮配基准，以保证各轴瓦与轴颈表面接触良好和修刮后各主轴承中心线同轴。

镗削加工由镗瓦机进行精镗，可减小轴瓦的装配误差，提高修配效率和位置精度。精镗轴瓦时，建议采用小进给量、小背吃刀量的高速精镗，其切削参数为镗削速度400～600r/min或更高，进给量为0.02～0.10mm/r，镗削背吃刀量为0.05～0.25mm，这样能获得更高的加工精度和较低的表面粗糙度。镗主轴瓦时，应以缸体下底面（基准面）为加工基准，采用可调支承，利用YG6硬质合金多刀镗削或采用一个活动刀盘，通过移位实现几道轴瓦的一次性安装加工，有利于提高加工精度。

3. 飞轮的检修

（1）飞轮的检测　飞轮是铸铁圆盘，在外边缘上压装齿环。飞轮不应有裂纹，工作表面应平整光洁，平面度误差不大于0.1mm，否则应修平，修平后的总厚度与基本尺寸相差应不小于1.2mm。

飞轮应进行静平衡试验，允许平衡量一般为100g·cm。飞轮与曲轴装合后，飞轮平面对曲轴轴线的全跳动应不大于0.2mm。

（2）飞轮的修理和装配　飞轮工作面成波浪形或起槽深度超过0.5mm时，应在车床上车光整。波浪形槽深不超过0.5mm时，允许不多于两道的环形槽存在，但应消除毛刺。飞轮平面对曲轴轴线的全跳动超过规定时，应在飞轮结合盘与飞轮之间加垫片调整，不允许用机械加工进行调整。

（3）飞轮齿环的修理　飞轮齿环一般是齿的端面磨损，若只有一个端面磨损，可将齿环拆下翻面装上使用。如两端面均磨损或磨损超过齿宽的30%以上，齿损坏超过两齿时，应换新齿环。齿环的牙齿损坏经焊补或翻面装配后均可使用。齿环装配一般采用热压配合，加热温度不得超过400℃，配合过盈值为0.25～0.64mm。

五、活塞连杆组修理

活塞连杆组包括活塞、活塞环、活塞销、连杆、连杆轴承及螺栓等零部件，它与曲轴飞轮组共同组成的曲柄连杆机构（图6-25）是构成内燃机的主要运动部件。

1. 活塞的检修

（1）活塞的损伤形成及原因　活塞是发动机的关键零件，其结构如图6-26所示，它也是发动机常见产生故障的部位之一。活塞是燃烧室的组成部分，不仅直接承受高温、高压和介质的腐蚀作用，还承受很大的往复惯性力和爆炸力的作用，产生摩擦磨损和其他损伤。常见的损伤形式有：活塞环与环槽的磨损、活塞裙部的磨损、活塞销与销孔的磨损、活塞顶部的烧损、活塞的拉伤和局部裂纹等。

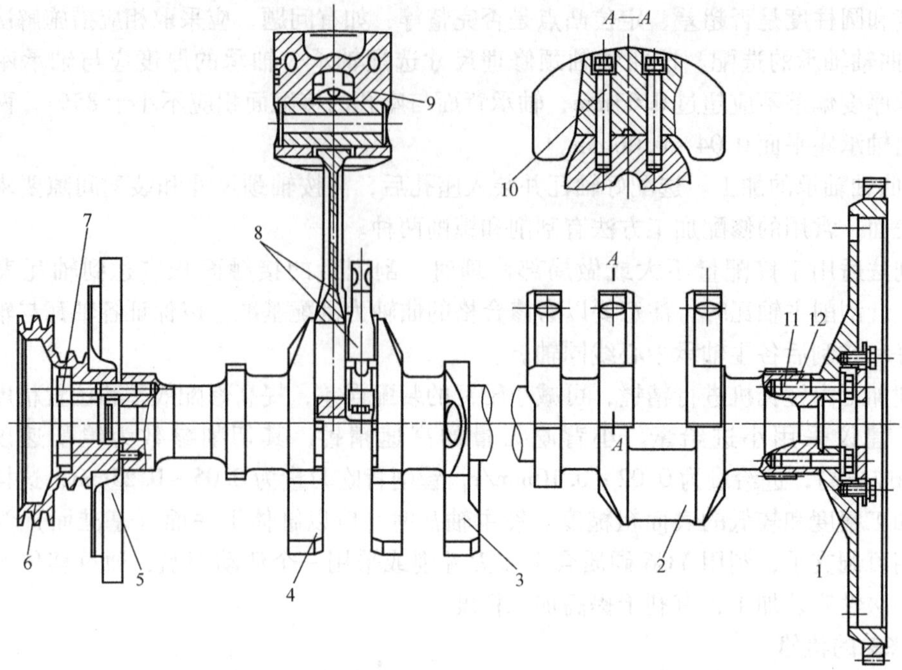

图6-25　曲柄连杆机构总成

1—飞轮　2—曲轴组　3、4—平衡块　5—扭振减振器　6—带轮

7—螺钉　8—连杆组　9—活塞组　10—螺钉　11—飞轮紧固螺钉　12—传动齿轮

对于活塞拉伤或刮伤，通常有以下原因：①燃烧室温度过高，活塞位于上止点时与气缸壁瞬时熔接，又随即拉开，这一过程不断反复，导致活塞拉（刮）伤；②冷却系的故障和不正常的燃烧造成活塞过热，导致活塞销周围的过大膨胀，引起活塞裙部的拉（刮）伤；③活塞销过紧，在燃烧室温度过高时活塞销被烧结在销孔中，造成活塞销孔边缘的拉伤；④如果只有一侧裙部拉伤，通常是由于发动机超负荷引起的。另外，从连杆轴承甩到缸壁上的机油不足也是一个原因；⑤活塞裙部与气缸的间隙不合要求（配缸间隙），间隙过大，导向不好，引起第一道环槽的上部（靠近活塞顶部）磨损，间隙过小（新活塞多见），会造成活塞裙部两侧同时出现刮伤；⑥连杆的弯曲，会造成活塞销上方部分活塞的刮伤。

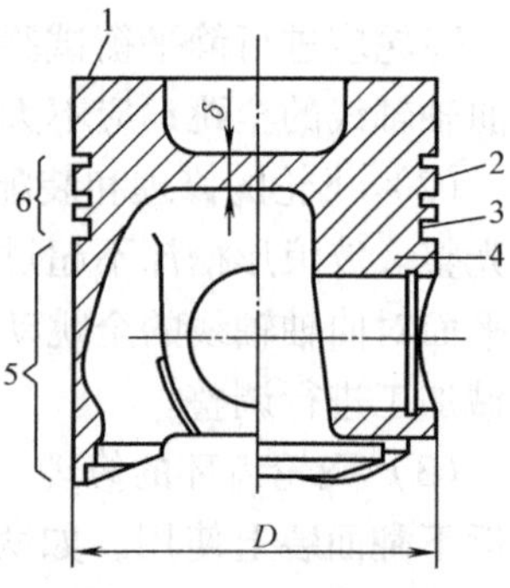

图6-26　活塞结构

1—活塞顶　2—环岸　3—环槽

4—销座　5—裙部　6—环带

（2）活塞的检测

1）活塞圆度的检测。活塞头部是圆形的，而裙部是椭圆形的，且活塞裙部呈上小下大的锥形，工作时受热后，活塞销座处由于有较多的金属而产生较大的膨胀，使裙部在工作时保持圆柱体，获得合适的配缸间隙，如图6-27所示。活塞裙部的磨损极限见表6-9。

2）活塞与气缸孔径配合间隙的检测。新活塞的配缸间隙通常在0.0127～0.0635mm之间，间隙越小，活塞敲缸及引起气缸椭圆磨损的可能性也就越小，但也不能太紧。在用活塞的间隙稍大，如直径为101.6mm的新活塞的典型间隙为0.0381～0.0508mm，在用活塞的间隙应小于0.0889mm。

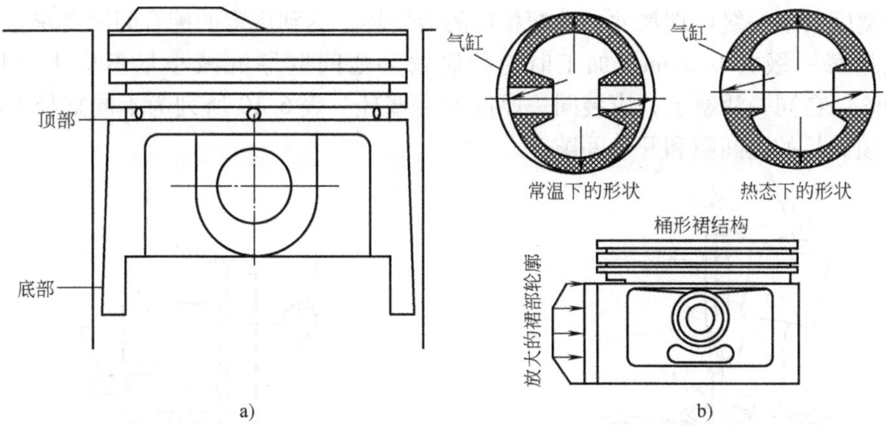

图 6-27 活塞裙部结构

表 6-9 活塞裙部磨损极限 （单位：mm）

外圆直径	圆度公差	圆柱度公差
$d \leqslant 100$	0.10	0.10
$100 < d \leqslant 150$	0.125	0.125
$150 < d \leqslant 200$	0.125	0.15
$200 < d \leqslant 350$	0.15	0.15
$350 < d \leqslant 400$	0.20	0.20
$400 < d \leqslant 500$	0.25	0.25

如图 6-28 所示，将活塞倒置于气缸内，用适当的塞尺与活塞同时插入气缸承受最大侧压力一面的缸壁与活塞裙部之间，即与活塞销座孔垂直的方位，然后用弹簧秤按规定拉力拉塞尺，以能将塞尺轻轻拉出为宜。

3）活塞销座孔的检验。活塞销座孔磨损以后出现孔不圆，最大磨损在座孔的上、下方，导致座孔中心线与活塞垂直中心线产生误差，因此应进行垂直度检测。

如图 6-29 所示，将活塞套装在柱销上，贴紧角铁架，让活塞外圆表面抵压着百分表的触头，记下百分表的读数；取下活塞，从另一面套入活塞，又同样测量并记录，两面读数之差应不超过 0.05mm，否则，应更换活塞。

活塞销座孔中心线与活塞垂直中心线应相交，偏差不得大于 0.1mm。

4）活塞环槽的磨损及边隙的检测。通常第一道环槽的磨损最严重。活塞环与环槽磨损后，常使环槽磨成喇叭口或磨台，增大了活塞环与环槽的边间隙，会出现窜机油、漏气现象，边隙过大时易引起活塞环翘曲与折断。因此在修理活塞前，要检查环槽尤其是第一道环槽的磨损程度。

通常可采用样板和塞尺测量环槽的宽度，也可直接用一个新环放入槽中，用塞尺测出边隙大小。测量时要认真清除环槽的积灰，然后按圆周分布，逐点进行。

（3）活塞的修理和更换　活塞的修理，一般只限于以下几种情况：

1）活塞环槽的修理。当气环环槽（第一、二道环槽）、油环环槽的宽度增大量分别为 0.2～0.5mm、0.2～0.3mm 时，可进行修理。具体方法是：车削或磨削环槽的上、下平面，增大环槽宽度到下一级修理尺寸，选配相应的活塞环，达到规定的配合间隙要求。活塞环槽宽度加大量每一级为0.3mm，加工时应控制两环槽间壁厚的减小量不应大于原壁厚的20%～30%，在同一活塞上，应装同一厚度的活塞环。表6-10所列为不同缸径的活塞环在装配时必须满足的边间隙和开口间隙。

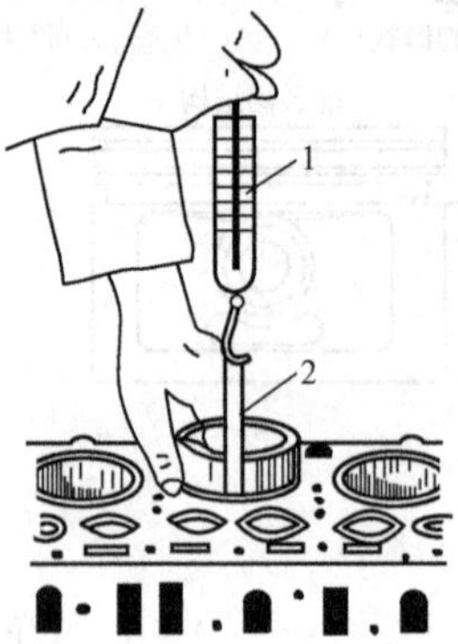

图6-28 活塞与气缸的间隙检验
1—弹簧秤 2—塞尺

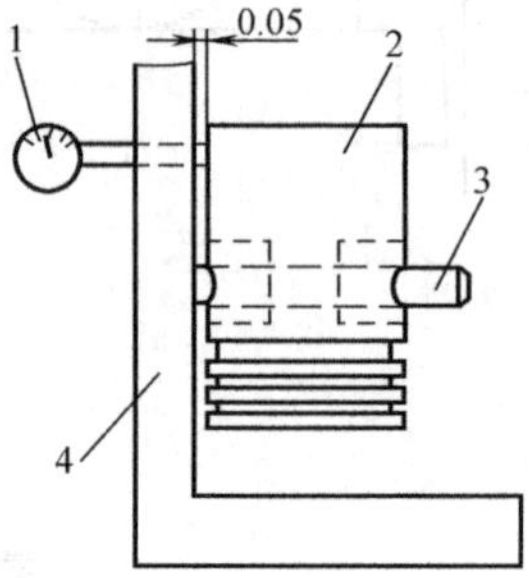

图6-29 活塞销座孔中心线的垂直度检验
1—百分表 2—活塞
3—柱销 4—角铁架

表6-10 活塞环装配的边间隙和开口间隙标准 （单位：mm）

气缸直径 d 或机型	气环				油环			
	边间隙		开口间隙		边间隙		开口间隙	
	第一、二环	其余各环	第一、二环	其余各环	最小	最大	最小	最大
$d \leqslant 100$	0.05～0.1	0.035～0.07	(0.005～0.015)d	(0.004～0.015)d	0.035	0.10	0.003d	0.015d
$100 < d \leqslant 150$	0.1～0.2	0.08～0.2	(0.005～0.015)d	(0.004～0.015)d	0.035	0.20	0.003d	0.015d
$150 < d \leqslant 225$	0.15～0.30	0.12～0.30	(0.005～0.015)d	(0.004～0.015)d	0.05	0.30	0.003d	0.015d
$225 < d \leqslant 300$	0.20～0.35	0.16～0.35	(0.005～0.015)d	(0.004～0.015)d	0.065	0.35	0.003d	0.015d
$d > 300$	0.25～0.45	0.20～0.45	(0.005～0.015)d	(0.004～0.015)d	0.075	0.45	0.003d	0.015d

2）活塞销座孔的修理。活塞销在活塞销座孔内和连杆小头孔内，普遍采用浮式结构，如图6-30所示。活塞销与销座孔配合精度高，两者间的间隙值一般在（0.0005～0.001）d（d为活塞销直径）范围内。有些内燃机在室温下两者间没有间隙，靠高温工作时铝合金活塞销座与钢活塞销的热膨胀量不同而得到很小的配合间隙。活塞销座孔磨损后，配合间隙必然增大。修理时将座孔铰削后，要求表面光滑，座孔尺寸、圆度和圆柱度以及座孔中心线对活塞垂直度中心线的垂直度等应符合技术要求。

3）活塞的更换。发动机大修时必须更换活塞。此外，活塞有下列损伤时也要更换：活塞有裂纹；活塞表面严重拉伤，或活塞的直径已磨损到极限尺寸；活塞环槽严重磨损或槽边缺损；活塞销座孔尺寸已磨损到极限；气缸磨损后进行镗缸加大尺寸。

更换时，要仔细测量活塞与气缸的尺寸，应按气缸的修理尺寸（如果镗缸的话）选配活塞。注意以下一些事项：①同一台发动机上，应选用同一工厂生产的成组活塞；②活塞的圆柱度和圆度及其他尺寸，均应符合技术要求；③同一组活塞的直径差应不大于0.025mm；重量差应不超过5%。若超过，应车削活塞裙部内壁下部向上至20mm处。

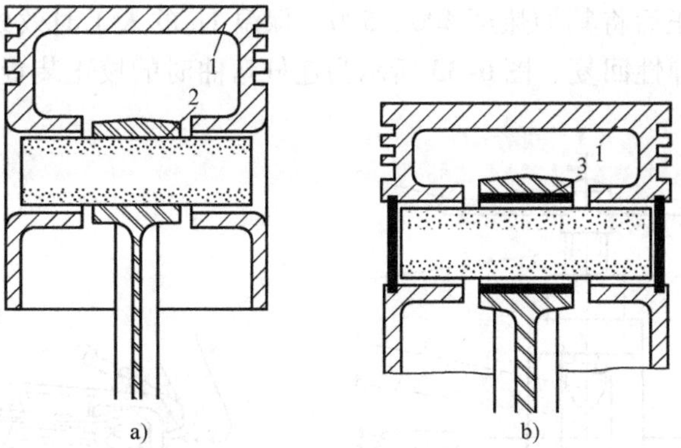

图 6-30　活塞销的连接方式
a）半浮式活塞销　b）全浮式活塞销
1—铝活塞　2—活塞销　3—连杆衬套

2. 连杆组的检修

连杆组连接活塞和曲轴，如图 6-25 所示。它将活塞顶部的气体作用力传给曲轴，使活塞的往复运动变为曲轴的旋转运动。因此，连杆组除承受气体压力外，还承受活塞组的惯性力作用。连杆组在冲击、交变载荷下工作，常见的损伤形式有连杆的弯曲、扭曲、连杆轴承和连杆铜套的损伤以及连杆和连杆螺栓产生裂纹等。

（1）连杆的变形检测及修理　连杆的弯曲主要发生在其大、小头孔轴线所构成的平面内，两轴线的平行度误差不应大于 100∶0.03mm；而连杆的扭曲则发生在与上述平面垂直的平面内，两轴线的平行度误差不应大于 100∶0.06mm，否则均应进行矫正。图 6-31 所示为弯曲的连杆引起的连杆轴承磨损的特征：连杆轴承呈对角线方向的上、下两边磨损。

连杆的弯曲和扭曲变形，可用专用的连杆检验器检查，也可用千分表在平台上进行测量，如图 6-32 所示。

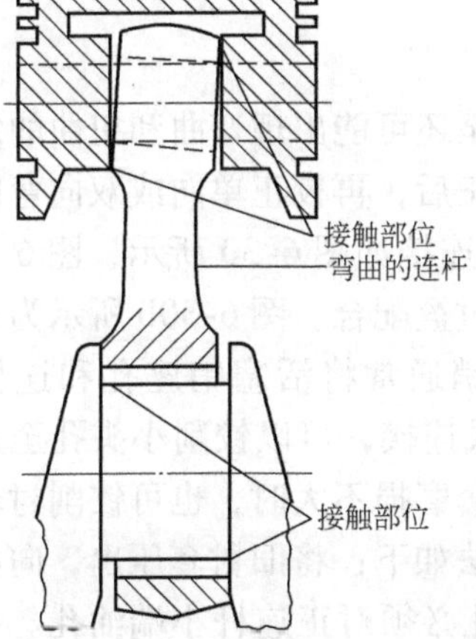

图 6-31　连杆弯曲引起的连杆轴承磨损

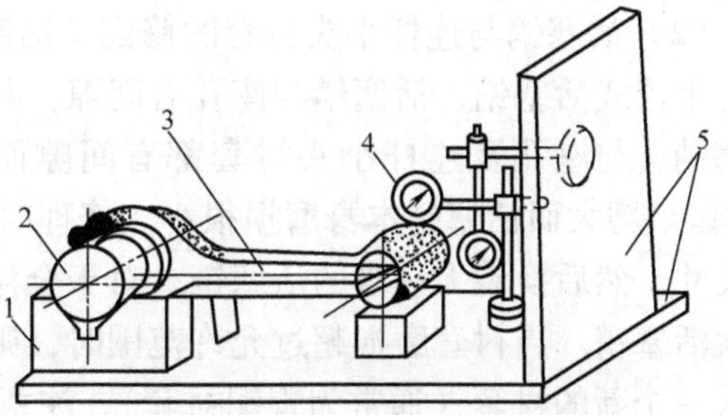

图 6-32　连杆弯曲和扭曲的检测
1—V 形架　2—标准销轴　3—连杆
4—千分表　5—平板

当连杆弯曲、扭曲变形较小时，可采用保压一段时间的冷校正法；当变形较大时，则应采用热校正，或冷校正后将其加热至400～500℃保温1h的人工时效处理方法，以消除校正时产生的应力和避免弹性回复。图6-33所示为连杆弯曲时的校正装置。图6-34所示为连杆扭曲时的校正装置。

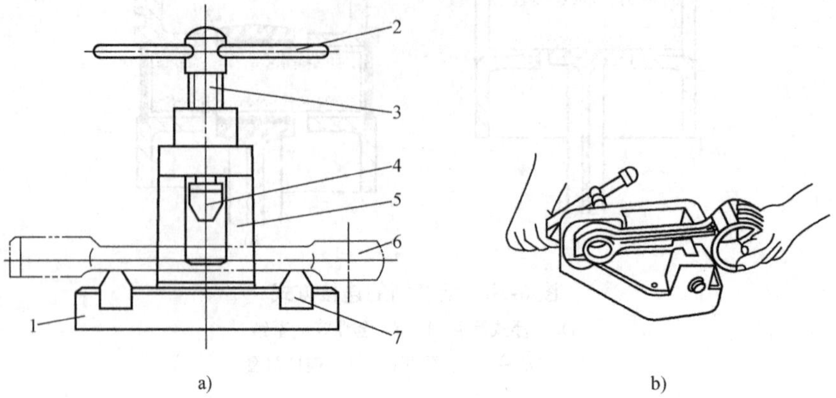

图6-33　连杆弯曲校正装置

1—底座　2—手柄　3—螺杆　4—压头　5—支架　6—连杆　7—垫块

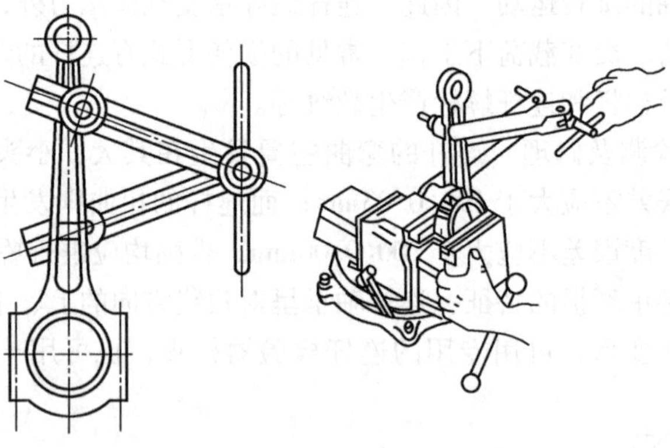

图6-34　连杆扭曲校正装置

而实际中，连杆的弯曲和扭曲往往是同时存在的，甚至还可能出现弯曲和扭曲的复合变形状态，此时校正的一般顺序是先校正扭曲变形，基本校正后，再校正单向或双向弯曲。

（2）活塞销与连杆小头衬套的修配　活塞销与连杆的连接如图6-30所示，图6-30a所示为半浮式活塞销，活塞销与座孔有间隙，与连杆小头为过盈配合。图6-30b所示为全浮式活塞销，与座孔及连杆小头衬套都有间隙而浮动。活塞销通常将活塞销座孔和连杆小头（衬套）磨大而活塞销本身磨损很小。修理时，对于半浮式连接，可以铰削小头孔至加大一级尺寸，然后换装大一级的活塞销。对于全浮式连接，衬套磨损不大时，也可铰削衬套采用加大活塞销。当衬套磨损超过允许范围时，则应更换。方法如下：将旧衬套压出，向小头孔压入一个新的衬套（通常为青铜衬套），注意新衬套的油孔必须对正连杆小端油孔。一般用压力机或台虎钳压入，过盈量为0.1～0.2mm。压入后用专用冲子将衬套两端向外挤压，使衬套与连杆孔紧密贴合。然后切去衬套伸出的部分，锉平，锪45°倒角。最后，铰削衬套内孔如图6-35所示，达到规定的形状、尺寸和表面粗糙度要求。铰削过程中，要经常用活塞销试配，如图6-36所示，直至能用拇指压入为宜（室温，表面涂薄层机油）。

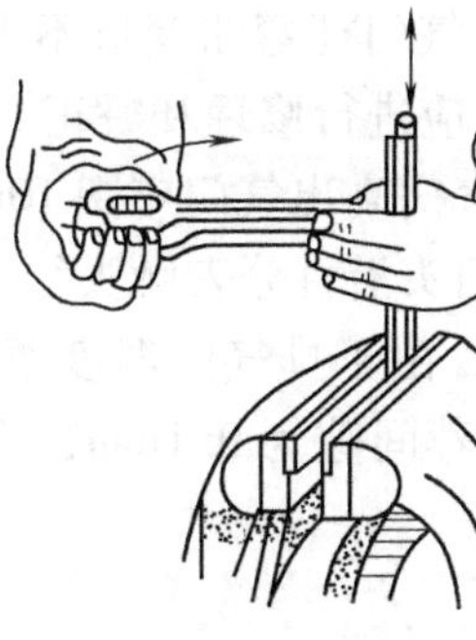

图6-35　连杆衬套的铰削

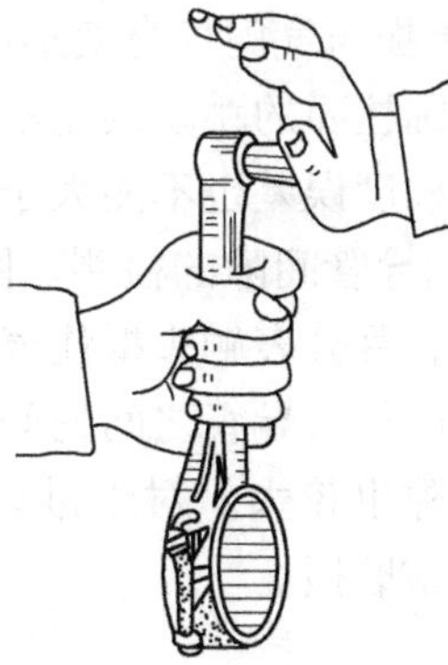

图6-36　活塞销与连杆衬套配合

（3）连杆组其他部分的检修

1）连杆及连杆螺栓应进行无损检测，不得有任何裂纹，否则更换新件。

2）连杆大头与曲柄臂之间，一般应有0.1～0.25mm的轴向间隙，如超过规定，可在连杆大头侧面堆焊修复。

3）连杆螺栓和螺母损伤、变形、有裂纹等应予更换。

六、配气机构的修理

配气机构的基本功能是确保发动机进气行程时，混合气及时进入气缸；排气行程时，将气缸内的废气及时排出气缸。配气机构在工作时，必须进、排气流畅，减小进、排气阻力，提高充气效率。在压缩、做功期间，气门又必须关闭严密，从而保证发动机正常工作。

汽车发动机一般采用气门式配气机构，它由气门组、传动组和驱动组三部分组成，如图6-37所示。气门组包括气门、气门座、气门导管、气门弹簧、气门弹簧座及销紧置等零件；传动组包括挺柱、推杆、摇臂、摇臂轴等零件；驱动组包括凸轮轴、凸轮轴轴承和止推装置等。

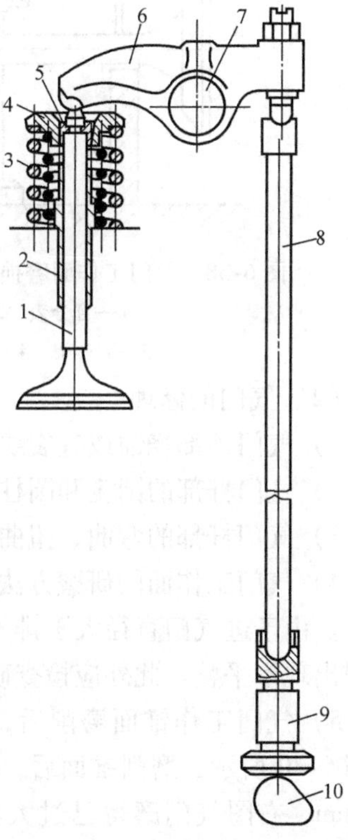

图6-37　四冲程内燃机用的一种气门式配气机构

1—气门　2—气门导管　3—气门弹簧　4—气门弹簧座　5—卡块　6—摇臂　7—摇臂轴　8—推杆　9—挺柱　10—凸轮

1. 气门的损伤与检修

气门在工作时，与气门座相互撞击，并受高温、高压气体的侵蚀，使工作面（密封锥面）出现环状凹陷、斑点等现象或工作面加宽起槽。气门杆与导管磨损后间隙增加，产生弯曲和偏歪等。这些都会导致气门密封性能的下降。

（1）气门的检测

1）外观检查。气门顶部有无裂纹、熔蚀、烧损和锥形面的磨损、凹槽、斑痕、气孔等。

2）气门工作面磨损与气门杆身变形的检测。检测方法如图6-38所示。检验中要求气门工作锥面对气门杆外圆柱面的跳动误差不应超过0.03mm，气门杆弯曲变形不大于0.02mm，而气门杆的圆度和圆柱度误差也不能大于0.02mm。否则，应进行修理和矫正。

3）气门杆与气门导管间隙的检测。图6-39所示，让气门高出气门座圈10mm左右，将百分表固定在缸体上，百分表触头抵住气门头边缘，把气门头沿百分表触头往复推动，百分表的指针摆差即是气门杆与导管之间的间隙值。应该注意，由于排气门温度要高于进气门，排气门与导管间的间隙也较大。对于进口小汽车，一般推荐间隙为0.1mm，当磨损量大于该值一半时，即为异常磨损。

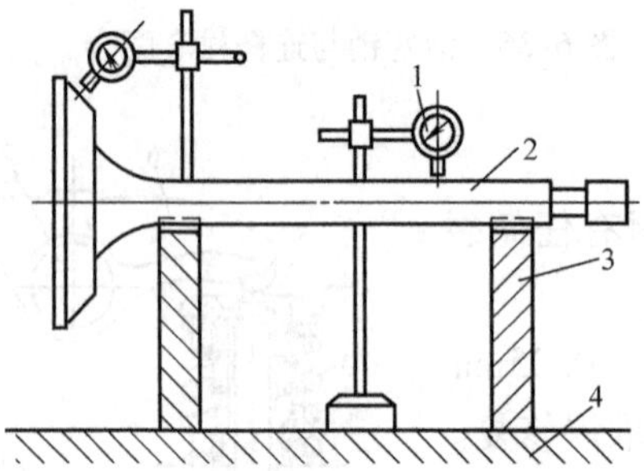

图6-38　气门工作面磨损及气门杆变形的检验
1—百分表　2—气门
3—V形架　4—检验平台

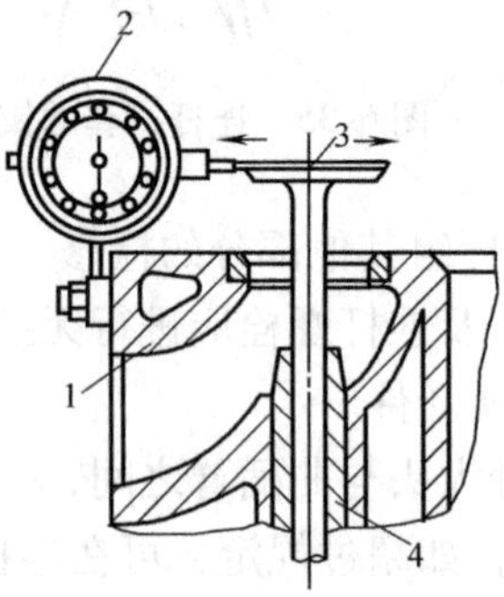

图6-39　气门杆与导管间隙检测
1—缸体　2—百分表
3—气门　4—导管

（2）气门的修理

1）气门顶部烧蚀或有裂纹，应予报废。

2）气门杆部的圆度和圆柱度误差大于公差时，应磨削后镀铬修复或报废。

3）气门杆部的弯曲、扭曲超过规定时，可用压力机校正，并用检验器检验。

4）气门工作面的研磨方法：气门工作锥面一般在气门研磨机（也称磨气门机）上进行磨削。由于进气门直径大于排气门，能接触到整个砂轮宽度，因此应先磨进气门，以免砂轮外圆出现不平整。此外应检查砂轮轴的径向圆跳动和根据气门杆直径选好合适的弹簧夹头。

5）气门工作锥面磨削后，气门边缘不应太尖，如图6-40所示，磨削锥面后，气门边缘厚度至少为0.8mm，右图气门磨得已过大，因为气门边缘太薄（小于0.8mm）时，气门尤其是排气门在工作时达到红热状态，很容易造成烧毁或变形。在特殊情况下，可缩小气门头部外圆直径以弥补边缘厚度的不足，但最大缩小量应控制在原尺寸的1.5%～3.0%内。否则，应给予更换或用堆焊合金层修复。

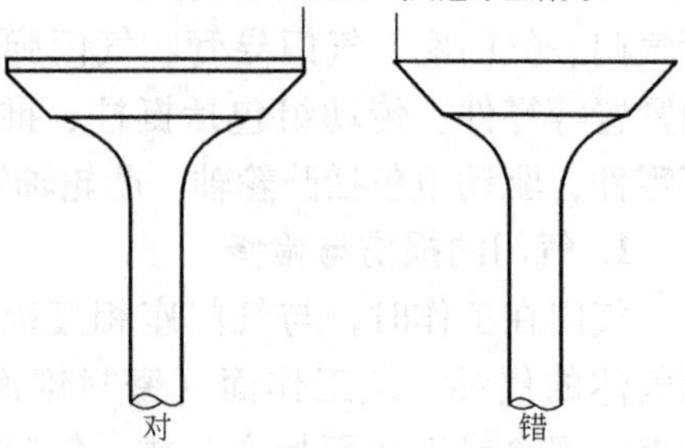

图6-40　气门边缘的厚度

2. 气门座的损伤与检修

（1）气门座的损伤

1）气门座工作锥面的损伤。如由于磨损而导致接触面宽度超过2mm，表面烧蚀出现斑点、凹陷等现象，应进行铰削或磨削。

2）气门座圈（部分铸铁气缸盖没有）松动、裂纹或严重烧蚀等，应更换座圈。

（2）气门座的检修

1）气门座的铰削和磨削。在修理气门座之前，必须先将气门导管修配好，以作为铰刀的定心和导向基准，否则会造成气门座与导管不同轴。

气门座的铰削修理尤其适用于青铜气门座。铰削应分粗铰和精铰两步进行，粗铰是为了消除损伤缺陷，并使工作锥面宽度达到要求，而精铰则是改善表面质量，降低表面粗糙度值，提高密合性，以减少互研的劳动量。铰刀通常为硬质合金材料，可手动操作，也可靠电动机带动。

气门座的磨削，一般采用定型砂轮高速修磨，有偏心和同心两种磨气门座机。这种方法修磨质量较好，效率也高，甚至可取消配研。但是定型砂轮要经常修整。

2）气门座工作面锥角。气门座一般采用 45°锥角，有时进气门座也采用 30°锥角。

为了提高气门与气门座的密封性能，修理时常将气门座工作面锥角做成比气门锥角稍小 0.5°～1.0°，以减小密封接触宽度、提高单位面积上的接触压力，从而提高密封性能，如图 6-41 所示。

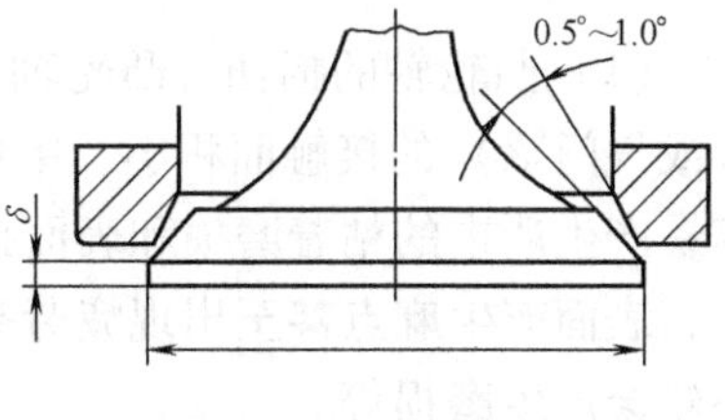

图 6-41 气门与气门座的接触关系示意图

3）气门座圈。气门座圈是一个圆环，以较大的过盈量压在气缸盖上。气门座圈通常由合金铸铁或青铜制成，厚度为其内径尺寸的 8%～15%，外径应满足过盈配合要求，一般控制在座圈外径的 0.1%～0.35%范围内，更换座圈时，应镗削或研磨气缸盖，并换上加大尺寸的气门座圈。

4）气门座的研磨。在正常加工条件下，气门、气门座及气门导管均可达到规定修理标准，气门与气门座不需研磨。若修理条件差，达不到规定标准，就要采用研磨，使气门与气门座的工作接触面获得良好密封。

研磨时应注意气门与气门座互研均匀，且不损坏其工作表面，并保持接触压力均匀；防止研磨膏或其他杂质掉入气门与导管之间，以免气门杆和导管磨损。

5）气门与气门座的密封检查。气门与气门座磨好后，应进行密封检查。首先用肉眼观察，其密封面应整洁无斑痕，呈灰色无光泽的接触环带。此外，还可利用铅笔画线检查、可涂色检查或做密封性试验。充气式密封性试验示意图如图 6-42 所示，试验规范为：充气压为 0.6～0.7MPa，若保持 30s 不下降，则视为密封性能良好；否则，应查明原因，或重新互研后试验，直至合格为止。

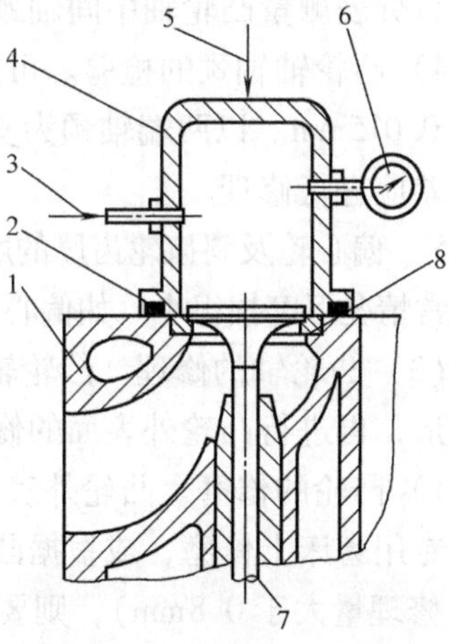

图 6-42 充气式密封性试验示意图
1—气缸盖 2—密封圈 3—充气进口 4—充气座 5—按压力方向 6—压力表 7—气门 8—气门座圈

3. 凸轮轴的损伤与检修

凸轮轴起驱动和控制各缸气门开启、关闭的作用，使其符合发动机的工作循环及着火顺序，并带动机油泵分电器、汽油泵分电器等工作。

凸轮轴结构如图 6-43 所示，材料通常为碳钢或合金钢。绝大多数发动机每个气缸有两个凸轮，一个控制进气门，一个控制排气门。而先进的小型高性能发动机和赛车发动机都采用每缸四气门和双凸轮轴结构，以提高发动机的换气性能。

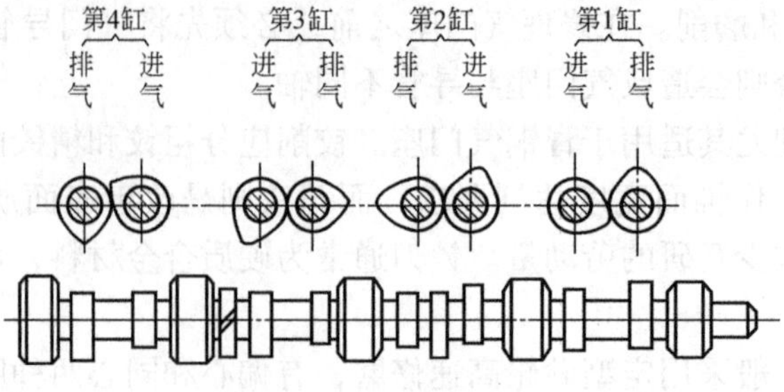

图6-43 凸轮轴结构

（1）凸轮轴的损伤 凸轮轴在工作时受到周期性的冲击载荷，其上凸轮与挺柱（或摇臂或气门罩）的接触面积小、单位面积压力高、相对滑动速度变化大、润滑条件较差，很容易产生严重的粘着磨损和表面接触疲劳磨损，破坏凸轮原有的轮廓，改变发动机的容积效率，表面产生麻点甚至出现疲劳裂纹。此外，凸轮轴还可能产生弯曲变形，轴颈、齿轮和偏心轮会产生磨损等。

（2）凸轮轴的检修

1）无损检测。凸轮轴应进行无损检测，可用磁力检测或超声波检测。若出现裂纹应予以更换。

2）凸轮的检测。用凸轮样板和千分尺对凸轮进行测量，如各部分磨损超过规定值应进行修理或更换新凸轮轴。一般发动机要求如下：凸轮升程不应减小到0.4mm；凸轮尖端的圆弧磨损应符合配气相位的规定；凸轮大、小端高度差不得超过0.12mm；凸轮的基圆径向圆跳动误差应不大于0.04mm；凸轮升程高度对轴线的偏角不应超过±10°；凸轮升程最高点对正时，齿轮键槽中心线位置偏差不应超过±45′。

3）凸轮轴弯曲的检验。将凸轮轴夹持在车床两顶尖上或放置于一对V形架上，在平板上用百分表测量凸轮轴中间轴颈。如弯曲变形超过要求，应进行校正。

4）凸轮轴轴颈的检验。可用千分尺测量轴颈的圆度和圆柱度误差，圆柱度误差一般不超过0.015mm。以两端轴颈为支承，检查中间两轴颈时，径向圆跳动误差应不大于0.1mm。如超差应进行修理。

5）偏心轮及斜齿轮齿厚的磨损量。磨损量均不应超过0.5mm。这两者的受力均不大，因而通常情况下磨损很小。如偏心轮所驱动的汽油泵，其弹簧压力一般在13.35~40.04N之内。

（3）凸轮轴的修理 凸轮轴修理前，必须首先消除凸轮表面的疲劳裂纹和凸轮轴的弯曲变形，再进行凸轮外表面的修复。

1）凸轮的修磨。凸轮外表面的磨损以顶部和过渡边缘处最为严重。凸轮的修整应在凸轮轴专用磨床上修磨，或根据凸轮标准样板进行磨削，恢复凸轮的原有形状。如凸轮磨损过大（修理量大于0.8mm），则要用合金焊条堆焊（焊接时将凸轮轴平放在水中，只露出焊接的凸轮表面），再按标准样板修磨至原尺寸。

需要注意的是：①修磨后表面要具有足够硬度，即45HRC以上；②修磨后整个凸轮会变小，推杆可能不够长（尤其是摇臂上没有可调机构的情况）；③修磨后凸轮的基圆不能减小至与凸轮轴其他部分等高，一般情况下，基圆的减小量在1.27mm以上时，就应更换凸轮轴；④某些凸轮轴（如福特小气缸发动机）上凸轮的锥度方向是不同的，修磨时要注意调整磨头。

2）凸轮轴轴颈的修理。与凸轮相比，轴颈的磨损通常很小。当凸轮轴轴颈磨损超过极限尺寸，而圆度和圆柱度未超差时，可更换轴承或将轴颈尺寸磨小，配以相应尺寸的轴承。轴颈的修理尺寸一般分四级，分别为 -0.25mm、-0.5mm、 -0.75mm 和 -1.00mm，但要注意磨小以后的最小轴颈应大于凸轮总高度 1~1.5mm。

如凸轮轴直接装在气缸体轴承孔内，可采用镀铬后修磨加工轴颈。

3）凸轮轴其他部分的修理。凸轮轴装正时齿轮处的螺纹损坏，可以堆焊修复或更换凸轮轴；键槽磨损时，应堆焊后重新加工出键槽；键磨损时，应更换新键；偏心轮的磨损超过规定，可修复；正时齿轮磨损过度则应更换。

因篇幅限制，润滑系、冷却系的修理在此不再阐述，若有需要请参阅其他书籍。

七、内燃机电系的维修

内燃机的电系部分主要是指电起动系统，该系统主要由起动电动机、蓄电池、充电发电机、调节器和起动按钮等部分组成，下面介绍几个主要部件的维修。

1. 起动电动机的维修

起动电动机一般采用低压直流电动机。在使用的过程中，常会出现下列故障：起动机不能转动、运转无力、齿轮不能与飞轮齿圈啮合和内燃机起动后起动电动机仍不停止工作等。除电动机本身磨损及质量因素外，使用不当及维修不妥也是产生故障的主要原因，因此，要十分注意起动电动机的日常维护和采取正确的维修工艺以降低故障率。

（1）起动电动机的日常维护

1）每工作班在轴承衬套的加油处滴加机油，确保轴承润滑。

2）经常清除导线及接线柱上的灰尘、油污及氧化物。

3）经常检查起动电动机上各零件及导线的紧固情况。

4）经常检查触点是否清洁、电刷贴合是否紧密等情况。

（2）起动电动机主要部件的维修

1）电刷和电刷架。起动电动机的电刷高度一般为 20~25mm。当磨损量为高度的 1/3 左右时，应更换同规格的新电刷，新电刷在电刷架中不应有卡滞现象。电刷导线不允许有松动现象，电刷弹簧的压力应在 0.1~0.15MPa 范围内，否则应进行修理或调整。

若电刷与换向器接触不好，表面凹凸不平时，可用 0 号细砂纸垫在换向器表面上，对电刷进行修磨，磨成接触面呈圆弧形状。无法修磨者应更换新电刷。

电刷架要保证电刷在架内灵活，即不卡滞，也不允许过度松旷。电刷架在后端盖上的固定不得有松动现象。

2）用万用表检验电枢线路图，不得有短路和断路现象。用汽油或酒精将换向器表面的污物清洗干净。若换向器表面有严重烧损、磨损和划伤，造成表面不光滑或失圆时，可根据情况予以修理或更换。

检查电枢两端轴颈与轴承衬套的配合间隙，其值应在 0.04~0.12mm 范围内，电枢轴的直线度误差应小于 0.1mm，否则应予以校正。

3）磁场线圈。用万用表检查磁场线圈有无断路、短路现象，用兆欧表检查线圈与壳体的绝缘情况。当发现线圈表面的绝缘部分破损时，可在稍加清理后，用布带重新包扎好，再浸漆处理即可。

4）单向接合器。起动电动机依靠单向接合器将转矩传递给内燃机，常用的单向接合器有弹簧式、滚柱式、摩擦片式和自动脱离式等。

维修弹簧式单向接合器时，先将各零部件分离，然后清洗干净。重点检验扭力弹簧有无折断、裂纹和弹性失效等，必要时应予以更换；检查齿轮有无出现断齿、裂纹和磨损，严重时应予以更换；检查齿轮衬套磨损后与电枢轴的配合间隙，其值应不超过0.2mm，否则应进行修理或更换。

滚柱式单向接合器适用于小型起动电动机，维修时主要检验滚柱和外圈内表面的磨损情况。因磨损过大时，会失去传递扭力的作用。修理时，可根据具体情况更换新滚柱。

5）电磁开关。用万用表检查线圈有无断路和短路现象，吸动线圈的电阻值应在0.6～0.8Ω范围内。保持线圈的电阻值应在0.8～1.0Ω范围内。线圈损坏时应更换或重绕。

仔细检查活动铁心与开关轴及线圈壳体的配合情况，应保证运动自如。检查开关内的触点表面和轴上的接触盘表面是否平整，应无烧蚀现象，否则可用细砂纸磨平。

2. 蓄电池的维修

蓄电池是起动电动机的电源，也可做照明设备的补充电源。一般采用铅酸蓄电池，它由内外壳、正负极板、隔板、硫酸电解液等部分组成。

铅酸蓄电池由于长期使用或维护不当，会引起零件损坏或丧失工作能力，因此，要对蓄电池进行定期的检查与维护。

（1）蓄电池的日常维护

1）定期检查蓄电池外壳、联条、电桩、盖子和封口胶等有无损坏，如发现外壳破裂、极板严重硫化、隔板损坏和内部短路等，必须进行解体修理或更换蓄电池。

2）每次工作后擦净蓄电池表面，以免自行放电。不要在阳光下曝晒蓄电池，冬天应注意保暖。

3）蓄电池上不应放置铁质工具等导体，以免造成极板短路。极板头接线后，可涂上一层工业用凡士林，以防氧化。工作时应经常检查接线是否牢固。

4）定期检查电解液液面高度，如果电解液不曾溢出，但液面降低了，应添加蒸馏水，绝对不能加稀硫酸或其他不纯净水，并要及时检查电解液的密度。

5）经常保持蓄电池电量充足，保持加液口塞子通气孔的畅通。

6）每次使蓄电池起动的时间不应超过5～10s。如一次起动不起来，应休息2min后再起动第二次，以免蓄电池因长时间大量放电而受损。

7）若蓄电池两三个月内不用，可将蓄电池充满电，放在阴凉通风的室内存放。应将加液口盖旋紧以防自行放电，并用苏打水清洗外部。

（2）蓄电池的常见故障和处理

1）蓄电池自行放电。蓄电池在使用过程中或存放的情况下，虽不接通任何用电设备，存电量却逐渐减少。当自行放电的速度每天小于蓄电池容量的1%时，属正常现象；若大于此速度，就是自行放电故障。

常用的处理方法有：①检查蓄电池的导线有无搭铁、短路处，若有，应排除；②检查极板之间有无短路现象，若有，应打开蓄电池盖，取出极板，抽出木隔板，发现木隔板有穿孔应更换；③检查电解液，发现其已变混浊时表明内部含有杂质，应倒出电解液，加入蒸馏水清洗后，再加入新配制的电解液，并重新充电。

2）极板硫化。当极板表面覆盖了一层灰白色的硫酸铅结晶物时，称为极板硫化，这将影响蓄电池储电能力及寿命。常用处理方法如下：

① 硫化较轻时，可用小电流反复充、放电予以消除。

② 若硫化严重，先将蓄电池以其容量10%的电流放电至终止电压；再将原电解液全部倒出，加入蒸馏水进行清洗；然后加入蒸馏水，进行充电，调整电解液密度至正常，检验放电容量，当达到额定容量的80%时，则表示已可恢复工作。

③ 若极板严重硫化，应更换修复。

3）蓄电池内电解液损耗过快。电解液正常消耗时，只需15～30天补加一次蒸馏水就行了。如果电解液添加期缩短，需要经常补加蒸馏水，说明电解液损耗过快。其主要原因是充电电流过大，充电时间过长。针对以上两点，可调整充电发电机的端电压，同时避免内燃机运行时间过长。

如果长时间多次起动内燃机，放电电流过大也会造成电解液损耗过快。正常情况下，应避免多次重复起动。

检查木隔板是否损坏，极板是否短路，以免造成电解液中的水分蒸发过快。检查蓄电池外壳是否破裂、封口胶是否干裂，以免造成电解液的外漏。

3. 充电发电机的维修

内燃机上用的充电发电机一般采用硅整流发电机，为了保证其正常工作，必须正确使用和维护。

（1）充电发电机的日常维护

1）定期检查发电机定子、转子和整流元件是否有脱焊、短路和断路现象。

2）清洗积垢，用汽油或酒精擦净集电环和线圈等上的油污。

3）定期检查发电机定子、转子的绝缘情况，并检查电刷架和出线螺钉对地绝缘是否良好。

4）经常检查发电机温升，外壳不应烫手。

5）每次使用前，应仔细检查接线，保证接线正确、牢固，尤其是正、负极板切不可接错。

6）发电机在运行过程中，不许用一字（或十字）螺钉旋具等金属物将正极与机壳或负极短接，观察是否有火花来判断发电机是否发电，以免将元件损坏。

7）充电发电机的前后轴承每使用1000h后，应换油一次。所加润滑油以填满轴承室的2/3为宜，太多则容易造成润滑油溢出，溅在集电环上，把集电环弄脏，使其与电刷接触不良，影响发电机性能。

（2）充电发电机的常见故障和处理

1）充电发电机运行中不能对蓄电池充电。①停机检查发电机轴端的V带的松紧程度。若太松，适当拉开充电发电机与内燃机轴端带轮的距离，使V带有足够的张紧力。②用万用表逐个检查二极管。如果在正、负极性时电阻值都很小，说明二极管已被击穿损坏，应换上同型号、同规格的元件。③检查充电发电机定子磁极绕组和电枢绕组，若电阻值很大则表明绕组中有断路，应仔细检查予以接通。

2）充电电流不稳定。电刷与集电环接触不良会导致充电发电机电压忽高忽低。检查电刷，若脏污，可用汽油或酒精刷洗；若电刷被卡在刷握内不能上下滑动，应用0号砂布擦净刷握内壁，或适当磨小内刷，使其在刷握内上下滑动自如；若电刷压力不足，应换上压力足够大的弹簧，保持电刷与集电环接触良好。

二极管压装处松动会引起电流导通不良，也会引起充电发电机电压不稳定。可用万用表检查，若正向检查时，万用表指示的电阻值不稳定，时而为0，时而大于0，表明该二极管内部接触不良，应换上同型号、同规格的二极管。

有些时候充电电流的不稳定，是由于充电发电机调节器触点接触不良，使输出电压不能保持在规定范围内引起的。这时，应首先检查调节器触点是否脏污，若是，应擦洗干净；其次检查触点是否毛糙，若是，应予以修平；最后检查调节器各动、静触点的间隙是否太大，使调节器工作时触点未接通，此时应适当调小触点间隙。

思　考　题

6-1　机械设备大修前应做哪些准备工作？

6-2　机床导轨的修复有哪些主要方法？各适用于什么情况？

6-3　刮研修复机床导轨时的修复基准应怎么选择？刮研顺序应怎么安排？

6-4　机床主轴常见的磨损部位有哪些？

6-5　机床主轴的滚动轴承、滑动轴承的修理和调整各有何特点？请比较其方法的不同之处。

6-6　数控机床的导轨、主轴部件与一般机床相比，结构上有什么不同？

6-7　数控机床如何维护和保养？

6-8　数控机床故障诊断有哪些步骤？常用哪些方法？

6-9　气缸体、气缸盖常见的损伤和缺陷有哪些？怎么修理？

6-10　气缸怎么测量？常见的修复方法有哪些？

6-11　曲轴修理时的主要检测项目有哪些？怎么修理？

6-12　活塞的损伤有什么特点？更换活塞时要注意哪些问题？

6-13　连杆的变形应怎么校正？

6-14　凸轮轴的损伤主要发生在哪些部位？修理凸轮轴时要注意哪些问题？

参 考 文 献

[1] 张翠凤，龚光寅. 机械设备润滑技术 [M]. 广州：广东高等教育出版社，2001.
[2] 温诗铸，黄平. 摩擦学原理 [M]. 5 版. 北京：清华大学出版社，2002.
[3] 杨俊杰，周洪澍，等. 设备润滑技术与管理 [M]. 北京：中国计划出版社，2008.
[4] 杨志伊，等. 设备状态监测与故障诊断 [M]. 北京：中国计划出版社，2006.
[5] 马世宁，等. 现代设备维修技术 [M]. 北京：中国计划出版社，2006.
[6] 赵静一，等. 液压气动系统常见故障分析与处理 [M]. 北京：化学工业出版社，2009.
[7] 宋家成. 机床电气维修 [M]. 北京：中国电力出版社，2013.
[8] 云南省教育厅. 现代分析仪器导引 [M]. 昆明：云南大学出版社，2000.